21世纪高职高专土建系列工学结合型规划教材

全新修订

建筑构造与施工图识读

主　编　南学平　杨劲珍

副主编　马桂芬　李文龙　冯　晨

参　编　刘　娜　程彩霞

主　审　王延该

北京大学出版社

PEKING UNIVERSITY PRESS

内容简介

本书围绕建筑工程专业和相关专业学生培养建筑施工图识读的职业能力需求,结合国家现行最新规范和图集,并在总结编者多年的建筑制图、建筑构造和建筑施工图识图教学经验的基础上编写而成。

本书以阐述建筑施工图的形成原理和识读建筑施工图为目标,组织识读建筑施工图所需要的构造知识以及相关知识,内容共分12章,主要包括:制图标准与制图工具,建筑施工图形成的原理,建筑构造与建筑施工图概述,基础与地下室,墙体,楼板与地坪,楼梯,屋顶,门窗,变形缝,建筑装修和建筑施工图阅读与绘制。

本书既可作为高职高专院校建筑工程专业和相关专业的教学用书和指导书,也可供相关从业人员及本科学生参考使用,是一本适合教学、培训、自学的实用性教材。

图书在版编目(CIP)数据

建筑构造与施工图识读/南学平,杨劲珍主编.—北京:北京大学出版社,2014.8
(21世纪高职高专土建系列工学结合型规划教材)
ISBN 978-7-301-24470-8

Ⅰ.①建… Ⅱ.①南…②杨… Ⅲ.①建筑构造—高等职业教育—教材②建筑制图—识别—高等职业教育—教材 Ⅳ.①TU2

中国版本图书馆 CIP 数据核字(2014)第 147750 号

书　　　名:建筑构造与施工图识读
著作责任者:南学平　杨劲珍　主编
策划编辑:赖　青　杨星璐　刘晓东
责任编辑:刘晓东
标准书号:ISBN 978-7-301-24470-8/TU·0406
出版发行:北京大学出版社
地　　　址:北京市海淀区成府路 205 号　100871
网　　　址:http://www.pup.cn　新浪官方微博:@北京大学出版社
电子信箱:pup_6@163.com
电　　　话:邮购部 010-62752015　发行部 010-62750672　编辑部 010-62750667
印　刷　者:北京虎彩文化传播有限公司
经　销　者:新华书店
　　　　　　787 毫米×1092 毫米　16 开本　26.25 印张　618 千字
　　　　　　2014 年 8 月第 1 版
　　　　　　2020 年 8 月修订　2021 年 1 月第 7 次印刷
定　　　价:60.00 元

修订前言

　　"建筑构造与施工图识读"课程是高职高专学生进入大学后学习的与专业结合非常紧密的一门基础课程，书中的知识为后续专业课程的学习提供支持。识图能力的培养是学生在校期间需要培养的职业素养之一，识图能力的提高是一个与专业知识相关的需要反复学习的过程。基于上面两点，本书以培养学生识图能力为目标，结合相关专业知识学习，介绍了构造知识和施工图识读知识。

　　建筑构造和制图知识所涉及的各类规范在近年来有很多已经更新，如房屋建筑制图方面的规范，相应的结构设计规范，屋面工程防水规范和图集等，本书涉及各类规范处均采用现行规范和图集，这也是本书的特点之一。同时因为教学课时有限，虽然在构造知识的各章中都有相应的建筑施工图或者结构施工图介绍，但学到该章节时，学生并不一定都能理解透彻，所以用"阅读资料"或者"知识链接"等来介绍一些相关的常识、建筑史等，以方便学生自学，"观察与思考"用于与实践相连或启发学生思考等，还引入一些案例，做到多学时或少学时都能使用，初学者可以看，提高者也可以用，既可以作为学生用书，也可作为社会上相关从业人员的入门参考书，编排灵活、内容丰富、具有人文气息、适应性强是本书力图达到的目标之一，也是本书的特点之一。

　　总之，本书围绕认识建筑读懂建筑施工图的目标，注重理论联系实际，培养学生的识图能力的同时，也培养学生观察建筑的敏感性，实现学生从生活中学习、终身学习的可持续发展的目标。

　　本次修订了涉及《民用建筑设计统一标准》（GB 50352—2019）《建筑设计防火规范》〔GB 50016—2014（2018 年版）〕等相关标准内容以及一些疏漏和错误。

　　本书内容可按照 74～104 学时安排，推荐学时分配：第 1 章制图标准与制图工具 2～4 学时，第 2 章建筑施工图形成的原理 22～28 学时，第 3 章建筑构造与建筑施工图概述 4～6 学时，第 4 章基础与地下室 4～6 学时，第 5 章墙体 8～10 学时，第 6 章楼板与地坪 6～8 学时，第 7 章楼梯 8～10 学时，第 8 章屋顶 8～10 学时，第 9 章门窗 2～4 学时，第 10 章变形缝 2～4 学时，第 11 章建筑装修 2～4 学时，第 12 章建筑施工图阅读与绘制 6～10 学时。教师可根据实际情况灵活安排学时。

　　本书由湖北城市建设职业技术学院的南学平和杨劲珍担任主编，湖北城市建设职业技术学院的马桂芬、李文龙和冯晨担任副主编，浙江华洲国际设计有限公司刘娜和湖北城市建设职业技术学院程彩霞参与编写，湖北城市建设职业技术学院王延该担任主审。本书具体章节编写分工为：南学平编写第 1 章和第 3 章，杨劲珍编写第 2 章、第 6 章和第 7 章，马桂芬编写第 4 章和第 8 章，李文龙编写第 5 章和第 11 章，冯晨编写第 9 章和第 10 章，刘娜编写第 12 章，程彩霞对第 12 章提供了部分文字资料帮助。全书由南学平统稿。

　　在编写过程中，编者参考和引用了大量资料，在此谨向相关作者表示衷心感谢。由于编者水平有限，加上时间仓促，书中难免存在不足和疏漏之处，敬请各位读者批评指正。

编　者

2020 年 7 月

CONTENTS ● ● ● ● ● ● ● ●

目 录

第1章　制图标准与制图工具 ……… 1

1.1　建筑制图工具 ……………… 2

1.2　建筑制图标准 ……………… 7

本章小结 ………………………… 20

习题 ……………………………… 21

第2章　建筑施工图形成的原理 …… 22

2.1　投影的形成与分类 ………… 23

2.2　三面正投影 ………………… 27

2.3　点、直线、平面的投影 …… 30

2.4　基本形体的投影 …………… 41

2.5　组合体的投影 ……………… 47

2.6　剖面图与断面图 …………… 55

2.7　轴测图简介 ………………… 65

本章小结 ………………………… 74

习题 ……………………………… 74

第3章　建筑构造与建筑施工图概述 … 81

3.1　建筑的分类与等级划分 …… 82

3.2　建筑的构造组成及作用 …… 86

3.3　建筑模数协调统一标准 …… 87

3.4　房屋建筑施工图概述 ……… 90

本章小结 ………………………… 107

习题 ……………………………… 107

第4章　基础与地下室 …………… 109

4.1　地基与基础概述 …………… 111

4.2　基础的类型及基础平面图与详图 … 116

4.3　地下室 ……………………… 124

本章小结 ………………………… 131

习题 ……………………………… 131

第5章　墙体 ……………………… 133

5.1　墙体的分类与设计要求 …… 135

5.2　墙体的构造 ………………… 144

5.3　隔墙构造 …………………… 163

5.4　幕墙 ………………………… 168

本章小结 ………………………… 176

习题 ……………………………… 176

第6章　楼板与地坪 ……………… 180

6.1　楼地层的组成与设计要求 … 181

6.2　钢筋混凝土楼板 …………… 184

6.3　阳台和雨篷 ………………… 196

本章小结 ………………………… 204

习题 ……………………………… 204

第7章　楼梯 ……………………… 206

7.1　楼梯的形式与设计要求 …… 207

7.2　楼梯尺度要求 ……………… 214

7.3　钢筋混凝土楼梯构造 ……… 222

7.4　楼梯的细部构造 …………… 229

7.5　室外台阶与坡道 …………… 234

本章小结 ………………………… 237

习题 ……………………………… 238

第8章　屋顶 ……………………… 241

8.1　屋顶的形式与设计要求 …… 243

8.2　平屋顶的排水与屋顶平面图 … 246

8.3　平屋顶的防水 ……………… 250

8.4　平屋顶的保温与隔热 ……… 269

8.5　坡屋顶 ……………………… 280

本章小结 ………………………… 289

习题 ……………………………… 290

第9章　门窗 ……………………… 292

9.1　门窗的作用与分类 ………… 293

9.2　木门窗的构造 ……………… 298

9.3　门窗的图例 ………………… 308

本章小结 ………………………… 323

习题 …………………………… 323

第 10 章　变形缝 ……………… 325

10.1　变形缝的设置 ……………… 326

10.2　变形缝处的构造 …………… 329

本章小结 ………………………… 337

习题 ……………………………… 337

第 11 章　建筑装修 …………… 339

11.1　概述 ………………………… 340

11.2　建筑物主要部位的饰面装饰 …… 344

本章小结 ………………………… 365

习题 ……………………………… 366

第 12 章　建筑施工图阅读与绘制 ……… 367

12.1　建筑施工图首页图与总平面图 …… 368

12.2　建筑平面图 ………………… 380

12.3　建筑施工图中的立面图 …… 390

12.4　建筑施工图中的剖面图 …… 396

12.5　建筑施工图中的详图 ……… 399

本章小结 ………………………… 408

习题 ……………………………… 408

参考文献 ……………………… 410

第1章

制图标准与制图工具

教学目标

学会基本绘图工具的使用，了解绘图的一般步骤和方法；初步掌握建筑制图标准，为绘制和识读建筑施工图作准备。

教学要求

知识要点	能力要求	相关知识	权重
绘图工具和仪器的使用方法，绘图方法和步骤	建筑施工图图面内容由几大部分组成	CAD绘建筑施工图步骤	30%
工程字体，图幅，图标、图线，比例	常见的绘图比例，常见的绘图图线规定	CAD绘制建筑施工图时工程字体样式确定、图框图标的绘制，线粗细线型确定	30%
尺寸标注	建筑施工图的尺寸标注	CAD绘制建筑施工图时尺寸标注样式确定	40%

说到图，你能想到哪些图？是郑和七下西洋带的航海图还是今天利用电脑在网上搜索的地图呢？这是指引人们方向的地图，不是本书的"图"，本书中的图是指用于指导建筑物施工的"图样"。古代重要建筑如举世闻名的故宫、天坛，它们建造之前也需要人们今天建造房屋的技术文件，即"图样"（图纸），而且它们还需要按照比例制作"烫样"（即模型）。

古今中外只有按一定的规则，依靠工具仪器的辅助画出的图样，并且在其上标注出全部必要的尺寸，才能准确地表达出建筑物的形状和结构。

从这章开始学习用于施工的建筑图，首先学习绘制建筑图的工具和所遵循的规定，即制图标准。

1.1 建筑制图工具

 问题引领

想象一下，假设要抄绘图 1.1，那么要按怎样的步骤绘制呢？需要哪些工具呢？在绘制的过程中你有哪些疑问呢？

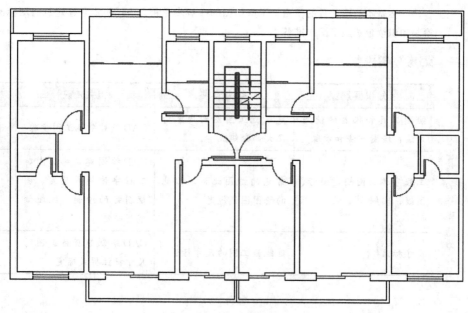

图 1.1 案例图

正确使用绘图工具、用品是保证绘图质量、加快绘图速度的一个必要条件。本节主要介绍一些人工制图中常用的工具及其使用方法。

1.1.1 铅笔

人工绘制图线和符号需要笔，绘图用的笔有铅笔、墨线笔，对监理、建筑工程技术、建筑工程造价、建筑工程管理等专业的学生来说，不用墨线笔，故下面只介绍铅笔。

画图时应根据需要选用软硬不同的绘图铅笔。铅芯的软硬用字母"B"和"H"表示，"B"前面的数字越大表示铅芯越软，"H"前面的数字越大，表示铅芯越硬。绘图铅笔由软到硬分为6B、5B…B、HB、H…6H13种。一般画底稿时用较硬（H或2H）的铅笔，加深时用较软（HB或B、2B）的铅笔，写字母时用H或HB铅笔。铅笔磨成锥形或楔形，可以用小刀削也可以在砂纸上磨（图1.2）。锥形适用于画底稿和写字，楔形适用于加深粗实线。

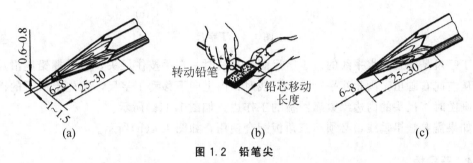

图1.2　铅笔尖

（a）削成楔形；（b）在砂纸上修磨；（c）削成圆锥形

1.1.2　图板

图板是用来固定图纸的，为一矩形木板，由正反面和四边镶有质硬而平直的木条组成，长边为水平方向，左侧短边是图板的工作边。图板的大小用号数表示，可根据图纸幅面的大小选用，0号图板适用A0号图纸；1号图板适用于A1号图纸，以此类推。关于图纸的幅面大小将在下节内容讲述。在固定图纸时，应将图纸置于图板的左上方，使图板下方留有放置丁字尺的位置，然后用胶带纸固定图纸的四角，如图1.3所示。

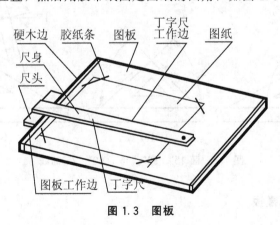

图1.3　图板

1.1.3　丁字尺

丁字尺由尺头和尺身两部分组成，尺头和尺身相互垂直，尺头的内边缘和带有刻度的尺身的上边缘为工作边，如图1.4所示。

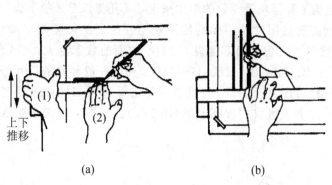

图 1.4 丁字尺

丁字尺是用来画水平线的。丁字尺画水平线时，左手按住尺头，右手握铅笔沿尺身上边缘从左向右画出，画相互平行的水平线时，由上向下移动丁字尺，按先上后下的次序画出，画图时将尺头的内边缘紧靠图板的工作边，如图 1.4(a)所示。

如果需要画铅垂线，必须与三角板配合使用，如图 1.4(b)所示。

1.1.4 三角板

三角板有两块，一块是 45° 的等腰直角三角形，另一块是有 30° 和 60° 的直角三角形，三角板与丁字尺配合使用可画垂直线及 30°、45°、60°、15°、75° 等倾斜线，如图 1.5 所示。

三角板画垂直线时通常与丁字尺配合使用，画相互平行的垂线时，应将三角板沿丁字尺上边缘从左向右滑动，依次画出，如图 1.4(b)所示。当然两块三角板配合也可以画垂直线或者画斜线。如图 1.5 画斜线时，是将三角板的一直角边靠紧丁字尺上边缘，左手按住丁字尺和三角板，右手握笔从下向上画出。

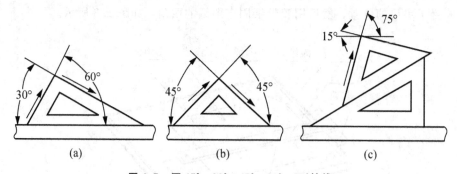

图 1.5 画 15°、30°、45°、60°、75° 的线

1.1.5 曲线板和建筑模板

曲线板在建筑制图里面用得比较少，它是用来绘制各种非圆曲线的工具，如图 1.6 所示。

建筑模板用来画各种建筑标准图例和常用符号，比如墙、柱子、门开启线、详图索引符号和标高符号等，如图 1.7 所示。

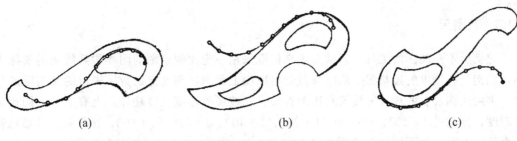

(a)   (b)   (c)

图 1.6 曲线板

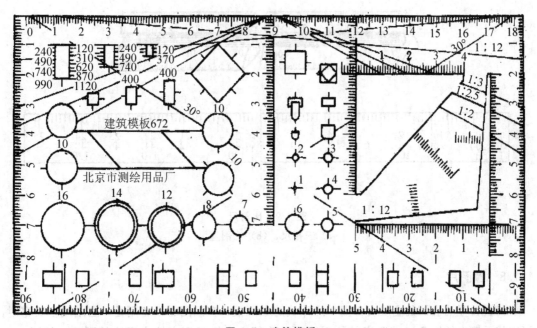

图 1.7 建筑模板

1.1.6 分规、圆规

分规是用来量取线段和等分线段的。分规两腿端部有钢针，当两腿并拢时，两针尖应合成一点。用分规可以试分线段，如图 1.8 图所示。

圆规是画圆及圆弧的绘图仪器，在建筑图绘制圆时经常用建筑模板，画圆弧时也比较少。

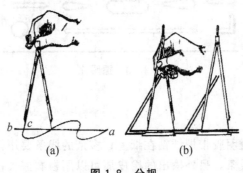

(a)   (b)

图 1.8 分规

1.1.7 比例尺

比例尺不是画图的工具，通常是用来量取采用一定比例绘图的图样的某线条的实际大小。比例尺有刻度的边与图上的线条重合量取图上距离，刻度上的数字表示的是实际的尺寸。常用比例尺有两种：三棱尺和比例直尺。三棱尺外形成三棱柱体，上有 6 种不同比例的刻度，分别是 1∶100、1∶200、1∶300、1∶400、1∶500、1∶600。比例直尺外形像普通直尺，上有 3 种不同比例的刻度即 1∶100、1∶200、1∶500，如图 1.9 所示。

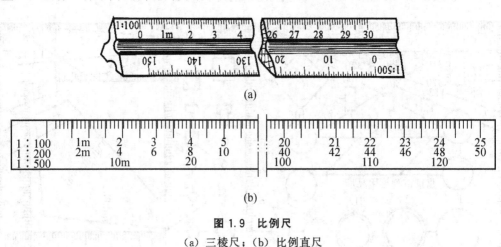

(a)

(b)

图 1.9 比例尺

（a）三棱尺；（b）比例直尺

1.1.8 擦图片

擦图片是有孔洞的金属或者塑料的片状的小薄板，在画图时很有用处。当图线多又密时，可以将要擦去的线条对准适当的孔再擦去孔中线，这样就不会擦去旁边的图线，如图 1.10 所示。

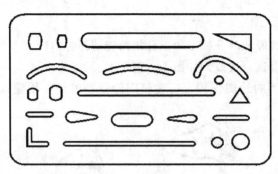

图 1.10 擦图片

1.1.9 其他制图用品

在绘制图样时要用透明胶带把纸粘在纸上；多余的线条要用橡皮擦掉，一般用比较软的橡皮擦去多余的铅笔线条，另外擦出的橡皮屑可以用板刷擦去；要用刀片或者小刀削铅笔，或者要用砂纸来磨铅笔芯；在画图过程中为了防止弄脏图纸，要注意采取措施保证手和工具的干净。

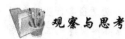

观察与思考

常用的工具介绍完了后，能否回答下列问题呢？假设要画图1.1，需要哪些工具呢？在画图过程中还有什么疑问吗？

1.2　建筑制图标准

问题引领

假设要画出图1.1，要经过哪些步骤呢？按制图过程想象一遍。

（1）准备：绘图前将手洗干净，准备好干净的画图工具。

（2）选择图幅、画图布局：采用多大的图纸画图？所画对象实际尺寸是多少？图上画多大？如何保证图在整个的图纸中布局合理呢？需要知道图的实际尺寸和绘图的尺寸比例，即绘图比例，还要知道图纸的大小规格规定。

（3）绘制图线，粗细分明：观察图中的图线，发现线有粗细不同了吗？什么时候用粗线什么时候用细线？

（4）标注尺寸：建筑图没有标注尺寸就无法施工，若标注尺寸，那么如何标注呢？该图上没有文字和数字，若有文字和数字的大小，采用多大的文字高度和数字高度呢？

（5）文本书写：画完图后有些说明性质的文字写在哪里呢？比如图画的是什么内容？图是否应该有个图名？谁画的、采用多大的比例画的，是否要说明呢？

本节就以上疑问进行解答，要学习图幅、图框、标题栏、比例、文字与数字、图线、尺寸标注等问题。

应用案例 1-1

某学生绘制出来的图很脏，擦了重画浪费时间，而且还是把图弄脏，他很苦恼，为什么有的同学画出来的图很干净整洁呢？同样是用相同的时间，有的图画得赏心悦目，有的图却使人感到呆板无趣呢？

分析

工程图是技术人员交流的语言，图形不仅要求正确无误，而且要求干净美观，这是有技巧的。首先在绘制的过程中要经常使手保持干净，手腕以及胳膊碰着图时应该用保护纸将该部分盖住。其次画图的工具要干净，尤其是丁字尺和三角板要很干净。然后是要及时清扫干净橡皮擦下来的微小粉屑。至于画图美观主要是图线的质量和粗细、文字数字的大小以及图面布局来决定的。

为了使房屋建筑制图基本统一，保证图面质量，提高制图效率，做到图面清晰、简明，符合设计、施工、存档的要求，适应工程建设的需要，国家制定和颁布了一系列标准，下面主要介绍《房屋建筑制图统一标准》（GB/T 50001—2017）和《建筑制图标准》（GB/T 50104—2010）中的部分内容。

阅读资料

我国的制图标准是从 1956 年第一机械从工业部发布的《机械制图》标准开始的。为适应各行业间和国际的技术交流，1993 年我国发布了国家标准《技术制图》。2001 年建设部颁布了国家标准《建筑工程制图标准》。现行的制图标准有《房屋建筑制图统一标准》（GB/T 50001—2017）、《建筑制图标准》（GB/T 50104—2010）、《总图制图标准》（GB/T 50103—2010）《建筑结构制图标准》（GB/T 50105—2010）。

1.2.1 图纸幅面规格

1. 图纸幅面

图纸幅面及图框尺应符合表 1-1 规定的格式。图纸的短边一般不应加长，长边可加长，但应符合制图规范规定。

2. 标题栏

图纸的标题栏及装订边的位置，应符合图 1.11、图 1.12 的规定。

表 1-1　幅面及图框尺寸　　　　　　　　　　　　　　单位：mm

尺寸代号　　　　　　幅面代号	A0	A1	A2	A3	A4
$B \times L$	841×1189	594×841	420×594	297×420	210×297
c	10			5	
a	25				

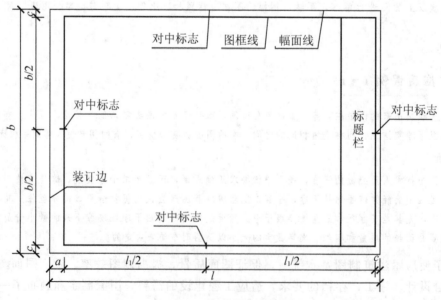

图 1.11　A0～A3 横式幅面

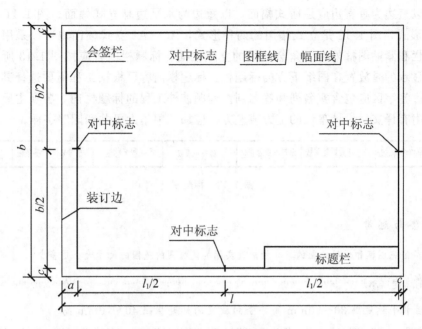

图 1. 11　A0～A1 横式幅面(续)

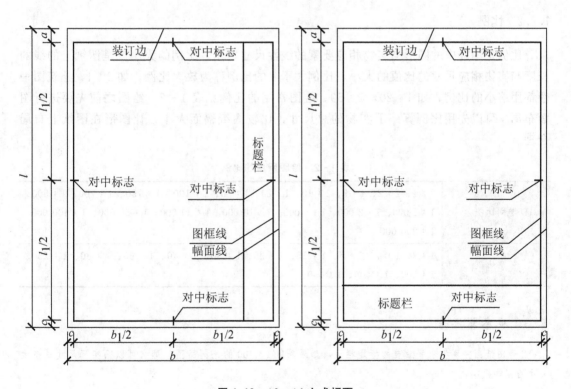

图 1. 12　A0～A4 立式幅面

图纸以短边为垂直边应是横式幅面，以短边为水平边是立式幅面。图 1.11 是横式幅面的两种形式，图 1.12 是立式幅面的两种形式，A0～A2 立式幅面也可以采用图框内右下角标题栏和紧贴图框外右上角会签栏的立式幅面。标题栏内容应按图 1.13 所示内容设置，图中显示的是放置在图纸下方的标题栏。标题栏内容可根据工程需要选择其尺寸、格式及分区。签字区应包含实名列和签名列。标题涉外工程的标题栏内，各项主要内容的中文下方应附有译文，设计单位的上方或左方，应加"中华人民共和国"字样。

设计单位名称区	注册师签章区	项目经理签章区	修改记录区	工程名称区	图号区	签字区	会签栏

图 1.13　标题栏

 观察与思考

2 号图纸画完图框和水平放置的标题栏后，实际的能画图的范围的尺寸大小是多少？

● 特 别 提 示

标题栏水平放置画 30～50mm 高，竖向放置的标题栏画 40～70mm 高。

1.2.2　比例

比例是图样中的图形与实物相应要素的线性尺寸之比。比例的大小就是图纸上的线的长度与实物相应尺寸的比值的大小，比例大于 1 的比例称为放大比例，如 2∶1，建筑图一般都用缩小的比例，如 1∶20，1∶50。绘图常用的比例见表 1-2。绘图之前先要进行图面布局，可以先用比例算一下实物的总尺寸，比较图纸幅面大小，让图形在图纸上布局合理。

表 1-2　绘图所用的比例

常用比例	1∶1、1∶2、1∶5、1∶10、1∶20、1∶50、1∶100、1∶150、1∶200、1∶500、1∶1 000、1∶2 000、1∶5 000、1∶10 000、1∶20 000、1∶50 000、1∶100 000、1∶200 000
可用比例	1∶3、1∶4、1∶6、1∶15、1∶25、1∶30、1∶40、1∶60、1∶80、1∶250、1∶300、1∶400、1∶600

 观察与思考

2 号图纸画完图框水平放置的标题栏后，如果采用 1∶100 的比例画图，那么可以画实际尺寸是多大尺寸的图样呢？

● 特 别 提 示

不论画图时采用何种比例，在图纸上标注的尺寸数字应为实际尺寸，与比例无关。

用 CAD 软件绘图时，一般先确定绘图比例，比如 1∶100，然后采用 1∶1 比例绘制，在打印出图时采用事先确定的绘图比例出图，比如 1∶100 出图。特别提醒的是，在 1∶1 绘图时确定某些参数时要考虑到绘图比例，因为所有的图线包括标注最后在出图时都要按绘图比例缩小。

1.2.3 图线

图线分两个方面来掌握，一是线的类型，即线型，不同时候采用不同的线型，关于什么时候采用什么样的线型，可以在看图时仔细观察，在后面的学习中会继续学习。二是线宽，不同的线宽有不同的表达内容。

从表1-3中可以看出各种线型，其中建筑施工图主要用实线、单长点画线，虚线和折断线，在以后的学习中再继续讲解各种线型的具体作用。图线宽度 b，应根据图样的复杂程度和比例选取(表1-3)。绘制较简单的图样时，可采用两种线宽的线宽组，其线宽比宜为 $b∶0.25b$。

表1-3　线宽组　　　　　　　　　　　　　　　　　　　单位：mm

线宽比	线宽组			
b	1.4	1.0	0.7	0.5
$0.7b$	1	0.7	0.5	0.35
$0.5b$	0.7	0.5	0.35	0.25
$0.25b$	0.35	0.25	0.18	0.13

观察与思考

(1) 观察图 1.1 的线条类型和线宽是怎样的；

(2) 图框线、标题栏的线型是怎样的，改为？

知 识 链 接

(1) 图框线标题栏的线型规定(表1-4)。

表1-4　图框线、标题栏的线宽　　　　　　　　　　　　单位：mm

幅面代号	图框线	标题栏外框线	标题栏分格线
A0、A1	b	$0.5b$	$0.25b$
A2、A3、A4	b	$0.7b$	$0.35b$

(2) CAD 绘图时先要确定线型。单击 CAD 状态栏下方的"线宽"按钮可以显示图线的粗细。

(3) 观察图 1.14～图 1.16 的线型和线宽的规定。

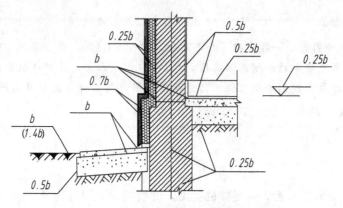

图 1.14　墙身剖面图图线宽度选用示例

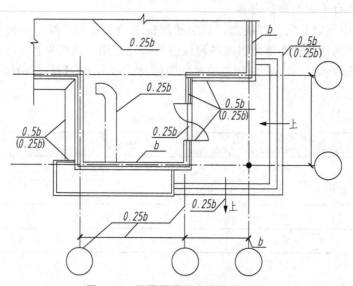

图 1.15　平面图图线宽度选用示例

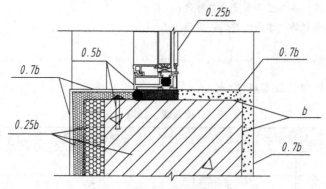

图 1.16　详图图线宽度选用

1.2.4 字体

图纸上所需书写的文字、数字或符号等，均应笔画清晰、字体端正、排列整齐；标点符号应清楚正确。

文字、字母、数字的字体大小称为字号，用字体的高度表示字号。文字的字高，应从表1-5系列中选用3.5mm、5mm、7mm、10mm、14mm、20mm。图样及说明中的汉字，宜采用长仿宋体，宽度与高度的关系应符合表1-5的规定。大标题、图册封面、地形图等的汉字，也可书写成其他字体，但应易于辨认。

表1-5 长仿宋字高宽关系

字高	20	14	10	7	5	3.5
字宽	14	10	7	5	3.5	2.5

拉丁字母、阿拉伯数字与罗马数字的字高，应不小于2.5mm。非汉字矢量字体最小高度为3mm。如需写成斜体字，其斜度应是从字的底线逆时针向上倾斜75°。斜体字的高度与宽度应与相应的直体字相等。

分数、百分数和比例数的注写，应采用阿拉伯数字和数学符号，例如：四分之三、百分之二十五和一比二十应分别写成3/4、25%和1：20。

观察与思考

在Word文档中写出常用的文字、数字、字母，变化它们的高度、字体，或者在CAD绘图软件中设置不同的字体和高度，体会仿宋体的特点。查有关资料看Word中的字号是如何规定的，单位是怎样的。

知识链接

CAD绘图添加数字和文字时，先要确定字形、字高和宽度因子，宽度因子是字宽、高比值，长仿宋体时取0.7。定位轴线中的数字为了更饱满些，有时宽度因子可以取1.0或者1.2。根据国家制图标准规定的线型和用途，见表1-6。

表1-6 根据国家制图标准规定的线型和用途 　　　　　　　　　单位：mm

名称		线型	线宽	一般用途
实线	粗	————————	b	主要可见轮廓线
	中粗	————————	$0.7b$	可见轮廓线
	中	————————	$0.5b$	可见轮廓线、尺寸线、变更云线
	细	————————	$0.25b$	图例填充线、家具线
虚线	粗	– – – – – –	b	见各有关专业制图标准
	中粗	– – – – – –	$0.7b$	不可见轮廓线
	中	– – – – – –	$0.5b$	不可见轮廓线、图例线
	细	– – – – – –	$0.25b$	图例填充线、家具线

续表

名称		线型	线宽	一般用途
单点长画线	粗	—·—·—·—	b	见各有关专业制图标准
	中	—·—·—·—·—	$0.5b$	见各有关专业制图标准
	细	—·—·—·—·—·—	$0.25b$	中心线、对称线、轴线
双点长画线	中	—··—··—··—	$0.5b$	见各有关专业制图标准
	细	—··—··—··—	$0.25b$	假想轮廓线、成型前原始轮廓线
折断线	细	⌇	$0.25b$	断开界线
波浪线	细	∿∿∿	$0.25b$	断开界线

1.2.5 尺寸标注

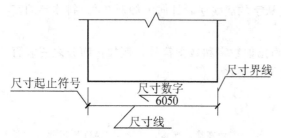

图 1.17 标题栏尺寸的组成

尺寸分为总尺寸、定位尺寸、细部尺寸 3 种。绘图时，应根据设计深度和图纸用途确定所需注写的尺寸。尺寸标注由尺寸界线、尺寸线、尺寸起止符号和数字 4 个部分组成，如图 1.17 所示。

1. 尺寸界线、尺寸线及尺寸起止符号

表 1−7 显示了其中的 3 个组成部分的特征。

表 1−7 尺寸界线、尺寸线及尺寸起止符号

尺寸的组成	线型	线宽	特征	距离或者长度规定	特别提醒
尺寸界线	实线	细线	与被注长度垂直	其一端应离开图样轮廓线不小于 2mm，另一端宜超出尺寸线 2～3mm	图样轮廓线可用作尺寸界线。总尺寸的尺寸界线应靠近所指部位，中间的尺寸界线可以稍短，但其长度应该相等
尺寸线	实线	细线	与被注长度平行	外部尺寸线距离图样最外轮廓线 不宜小于 10mm，平行的尺寸线的间距宜为 7～10mm	图样本身的任何图线均不得用作尺寸线。尺寸线与尺寸界线垂直相交但并不超出尺寸界线
尺寸起止符号	实线	中粗短线	倾斜方向应与尺寸界线成顺时针 45°角	长度宜为 2～3mm	注意倾斜方向

尺寸起止符号是半径、直径、角度与弧长的尺寸起止符号时，宜用箭头表示(图 1.18)。

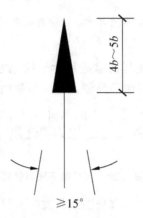

图 1.18　箭头起止符号

CAD 绘图软件标注尺寸时，先要确定标注的样式，在标注样式中尺寸线下的选项"基线间距"指的是基线标注时的尺寸线间的距离，尺寸界线下的选项"起点偏移量"，是指尺寸界线距离图形轮廓的大小(或者是标注尺寸时鼠标单击的尺寸标注原点距离尺寸界线的距离)，选项"超出尺寸线"是指尺寸界线与尺寸线垂直相交后超出尺寸线的大小，尺寸起止符号在软件中称为箭头，其选择类型是建筑标记。

特别提醒的是，《房屋建筑制图统一标准》的关于规定尺寸界线、尺寸线及尺寸起止符号的有关规定是只按比例出图以后的规定。

2. 尺寸数字

图样上的尺寸，应以标注的尺寸数字为准，不得从图上直接量取。图样上的尺寸单位，除标高及总平面以米为单位外，其他必须以毫米为单位。尺寸数字的方向应按图 1.19(a)的规定注写。若尺寸数字在 30°斜线内，也可以按图 1.19(b)的形式注写。

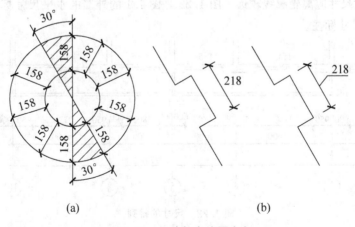

(a)　　　　　　　　　　　　(b)

图 1.19　尺寸数字注写方向

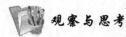
观察图 1.19(a)，水平方向和垂直方向的尺寸标注中的数字注写在尺寸线的哪个方向？尺寸界线是怎样倾斜的呢？尺寸标注中的数字与比例有关系吗？

尺寸数字一般应依据其方向注写在靠近尺寸线的上方中部。如没有足够的注写位置，最外边的尺寸数字可注写在尺寸界线的外侧，中间相邻的尺寸数字可错开注写(图 1.20)。

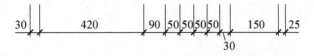

图 1.20　尺寸数字注写位置

尺寸宜标注在图样轮廓以外，不宜与图线、文字及符号等相交(图 1.21)。

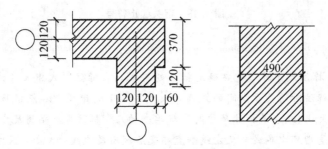

图 1.21　尺寸数字注写

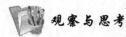
观察图 1.21，哪里是轮廓线作为尺寸界线呢？尺寸线一定是在图形的外侧吗？图中有 45°的图例线代表的是砖墙，490 能与图例线相交吗，如若用 CAD 软件绘图，一般用什么命令做到数字不与斜线相交呢？

3. 外部尺寸

外部互相平行的尺寸线，应从被注写的图样轮廓线由近向远整齐排列，较小尺寸应离轮廓线较近，较大尺寸应离轮廓线较远。图 1.22 是图 1.1 的外墙的水平尺寸标注。图 1.23 是某外墙的竖向尺寸标注。

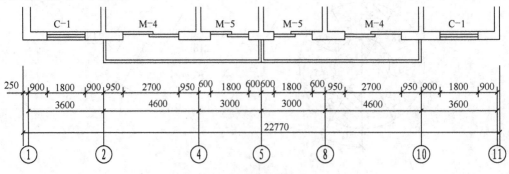

图 1.22　尺寸的排列

观察与思考

(1) 2 号图纸在图框范围里面扣除下方水平放置的标题栏，再留下上下左右的尺寸标注的尺寸，画图线的尺寸范围有多少呢？要标图名吗？

(2) 观察图 1.22 的 3 道尺寸，各表示是什么尺寸呢？

(3) 窗户如何定位呢？窗户用几条线表示呢？

4. 内部尺寸

在建筑图里面往往也会有尺寸标注，在平面图中一般会标注墙厚度，门宽、门的位置。如图 1.24 表示的是平面图中的内部尺寸。

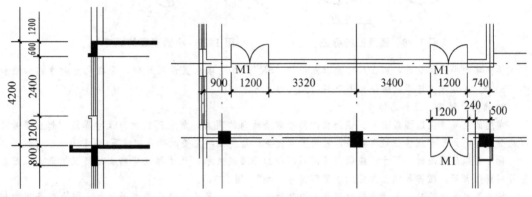

图 1.23 墙体的竖向尺寸 　　　　图 1.24 平面图中的内部尺寸

 观察与思考

图 1.23 中的窗户有多高呢？用几条线代表的？图 1.24 中的 M1 是指什么？有多宽？

 阅读资料

1. 半径、直径、球的尺寸标注

半径的尺寸线应一端从圆心开始，另一端画箭头指向圆弧。半径数字前应加注半径符号"R"（图 1.25）。较小圆弧的半径，可按图 1.26 的形式标注。

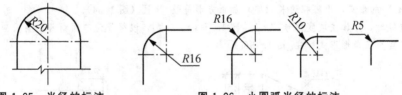

图 1.25 半径的标注 　　　　图 1.26 小圆弧半径的标注

较大圆弧的半径，可按图 1.27 的形式标注。标注圆的直径尺寸时，直径数字前应加直径符号"ϕ"。在圆内标注的尺寸线应通过圆心，两端画箭头指至圆弧（图 1.28）。较小圆的直径尺寸，可标注在圆外（图 1.29）。

图 1.27　较大圆弧的半径的标注

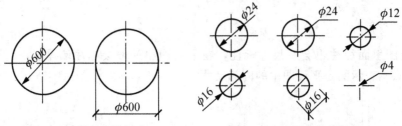

图 1.28　圆直径的标注　　　　图 1.29　小圆直径的标注

标注球的半径尺寸时，应在尺寸前加注符号"SR"。标注球的直径尺寸时，应在尺寸数字前加注符号"Sφ"。注写方法与圆弧半径和圆直径的尺寸标注方法相同。

2. 角度、弧度、弧长的标注

角度的尺寸线应以圆弧表示。该圆弧的圆心应是该角的顶点，角的两条边为尺寸界线。起止符号应以箭头表示，如没有足够位置画箭头，可用圆点代替，角度数字应按水平方向注写（图 1.30）。

标注圆弧的弧长时，尺寸线应以与该圆弧同心的圆弧线表示，尺寸界线应指向该圆弧的圆心，起止符号用箭头表示，弧长数字上方应加注圆弧符号"⌒"（图 1.31）。

标注圆弧的弦长时，尺寸线应以平行于该弦的直线表示，尺寸界线应垂直于该弦，起止符号用中粗斜短线表示（图 1.32）。

图 1.30　角度的标注　　　图 1.31　弧长的标注　　　图 1.32　弦长的标注

3. 薄板厚度、正方形、坡度、非圆曲线等尺寸标注

在薄板板面标注板厚尺寸时，应在厚度数字前加厚度符号"t"（图 1.33）。标注正方形的尺寸，可用"边长×边长"的形式，也可在边长数字前加正方形符号"□"（图 1.34）。

标注坡度时，应加注坡度符号"←"［图 1.35(a)、(b)］，该符号为单面箭头，箭头应指向下坡方向。坡度也可用直角三角形形式标注［图 1.35(c)］。

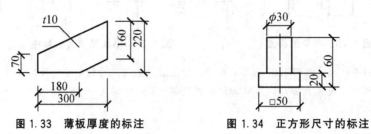

图 1.33　薄板厚度的标注　　　图 1.34　正方形尺寸的标注

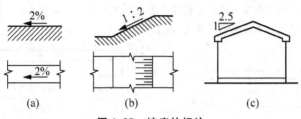

图 1.35　坡度的标注

外形为非圆曲线的构件,可用坐标形式标注尺寸(图 1.36)。复杂的图形,可用网格形式标注尺寸(图 1.37)。

4.尺寸的简化标注

杆件或管线的长度,在单线图(桁架简图、钢筋简图、管线简图)上,可直接将尺寸数字沿杆件或管线的一侧注写(图 1.38)。

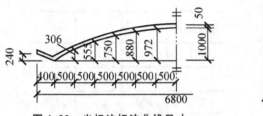

图 1.36　坐标法标注曲线尺寸

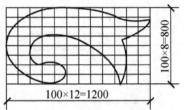

图 1.37　网格法标注曲线尺寸

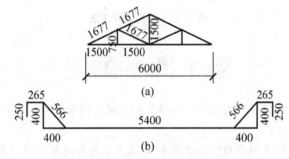

图 1.38　单线图尺寸标注方法

连续排列的等长尺寸,可用"个数×等长尺寸=总长"的形式标注(图 1.39)。在建筑图里楼梯的踏步的高度和宽度等经常采用这样的标注。

构配件内的构造因素(如孔、槽等)如相同,可仅标注其中一个要素的尺寸(图 1.40)。

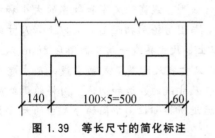

图 1.39　等长尺寸的简化标注

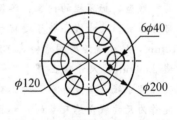

图 1.40　相同要素的尺寸标注

对称构配件采用对称省略画法时,该对称构配件的尺寸线应略超过对称符号,仅在尺寸线的一端画尺寸起止符号,尺寸数字应按整体全尺寸注写,其注写位置宜与对称符号对齐(图 1.41)。

　　两个构配件,如个别尺寸数字不同,可在同一图样中将其中一个构配件的不同尺寸数字注写在括号内,该构配件的名称也应注写在相应的括号内(图1.42)。

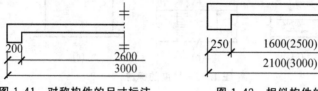

图 1.41　对称构件的尺寸标注　　　　　　图 1.42　相似构件的尺寸标注

　　数个构配件,如仅某些尺寸不同,这些有变化的尺寸数字,可用拉丁字母注写在同一图样中,另列表格写明其具体尺寸(图1.43)。

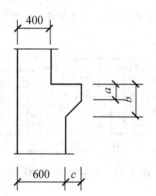

构件编号	a	b	c
Z-1	200	200	200
Z-2	250	450	200
Z-3	200	450	250

图 1.43　表格式标注法

本 章 小 结

　　本章主要介绍了《房屋建筑制图统一标准》和《建筑制图标准》中的部分内容,常用的绘图工具和仪器等,如下。

　　(1)建筑工程图样主要由图形和尺寸两部分组成。人工绘制工程图时的工具主要有铅笔、图板、丁字尺、三角板、建筑模板、擦图片、还有一些其他制图用品。比例尺是量图线的实际尺寸的。丁字尺画水平线,三角板画垂直线和斜线。

　　(2)建筑图样的图线有粗细和形式的不同;数字和文字有大小和字体的不同,尺寸标注要遵循统一规定。建筑图样的绘制要遵循统一的标准。这些标准包括图纸的幅面规格;图框线、标题栏的位置、线型,标题栏的内容;绘图比例,线型、线宽;文字和数字的大小和字形。尺寸标注由4部分组成。尺寸线平行于要标注的线,与图形轮廓相距10mm以上,尺寸线之间的距离是7~10mm,尺寸线距离图形轮廓10mm以上,尺寸界线一端距离图形2mm以上;另一端超出尺寸线2~3mm,尺寸起止符号2~3mm,尺寸线尺寸界限是细实线,尺寸起止符号是中粗线。数字在尺寸线是垂直和水平时,数字写在尺寸线的左边和上边。图样轮廓线可用作尺寸界线但不能作为尺寸线。总尺寸的尺寸界线应靠近所指部位,中间的分尺寸的尺寸界线可稍短,但其长度应相等。

　　(3)图样上的尺寸单位,除标高及总平面以米为单位外,其他必须以毫米为单位。

　　(4)注意在CAD绘图软件中如何根据建筑制图规范进行设置参数。

习　题

一、填空题

1. 图纸的幅面代号有_____种，图框线用_____线绘制。A2 图纸幅面大小为_____。

2. 尺寸标注 $R20$ 含义是_____，$SR60$ 含义是_____。

3. 制图标准规定，铅直尺寸线上的尺寸数字字头方向是_____。水平方向的尺寸，尺寸数字要从左到右写在尺寸线的上面，字头的方向是_____。

4. A2 幅面图纸的标题栏的边框用_____线绘制，分格线用_____线绘制。

5. 绘图所用的铅笔以铅芯的软硬程度划分，铅笔上标注的"H"表示_____，"B"表示_____，"HB"_____表示。

二、名词解释

1. 比例
2. 尺寸界线
3. 尺寸线
4. 尺寸起止符号

三、简答题

1. 常用的画图工具中丁字尺主要画什么线条？

2. 长仿宋体的高宽比是多少？

3. 图纸幅面有几种规格？标题栏画在图纸什么位置？

4. 图样上的尺寸单位是什么？尺寸标注中的数字与比例有关系吗？

5. 2 号图纸的图框距离幅面线的距离是多少？

6. 尺寸标注由几个部分组成？外部尺寸有几道？各表达了什么尺寸？

7. 绘图步骤是怎样的呢？

四、作图题

1. 用三角板试着画与水平线成 15° 的倍数的角的线条。

2. 画 2 号图纸的图框和标题栏。

3. 在 2 号图纸中练习写仿宋体，写常用的绘图中可能用到的字，写 10 号字。练习写数字和字母，写 10 号字。

4. 练习画线条，画粗细不同和线宽不同的线条的同心圆和同心正方形。

五、综合实训

1. 购买常用绘图工具。

2. 观察 CAD 图纸中的文字和数字、字母和标题栏。

3. 参观优秀学生作业展。

第 2 章

建筑施工图形成的原理

正确理解投影的概念，熟悉投影的分类及各种投影法在建筑工程中的应用，掌握平行投影的特性；掌握三面投影图的形成及投影特性；掌握点线面的投影特性；掌握各基本形体的投影特性；掌握组合体投影图的绘制及识读方法；熟悉剖面图的形成及种类，能熟练绘制和识读简单房屋的剖面图，熟悉断面图的形成及表示方法；熟悉轴测图的形成及轴测图分类，掌握正等轴测和正面斜轴测图的特点。

⚙️ 教学要求

知识要点	能力要求	相关知识	权重
投影的形成与分类	理解投影的概念，熟悉投影分类及其应用，掌握平行投影的特性	投影的形成、投影的概念、平行投影的特性	15%
三面正投影体系	熟悉三投影面体系的建立，掌握三面投影图的形成及投影特性	三投影面的位置；三面投影图的形成、物体三面投影规律	15%
点线面的投影	掌握点线面的投影特性，能根据投影判断点线面的空间位置	点的投影、直线的投影、平面的投影	10%
基本形体的投影	掌握各基本形体的投影特性，能识读各基本形体的投影图	棱柱、棱锥、棱台、圆柱、圆锥、圆台、球的投影	10%
组合体的投影	了解组合体的构型方式，能绘制并识读组合体投影图	组合体构型、组合体投影图的绘制、组合体投影图的识读	15%
剖面图与断面图	熟悉剖面图的形成及种类，能熟练绘制和识读简单房屋的剖面图；熟悉断面图的形成及表示方法	剖面图的形成、种类；断面图的形成及表示方法	15%
轴测图	熟悉轴测图的形成及其分类，能绘制平面形体正等轴测及正面斜轴测图	轴测图的形成、分类及其特点、轴测图绘制方法	20%

章 节 导 读

在建筑工程中，从设计到施工，都离不开工程图样，这是因为建筑物的形状、大小用语言或文字难以表述清楚，而工程图样能够准确而详尽地表达建筑物的外观造型、室内布局，结构构造、各种设备以及其尺寸，因此，工程图样被称为工程界的共同语言。既是语言，不懂语言就无法交流，所以从事建筑工程的技术人员，必须掌握建筑工程图样的绘制原理和识读方法，如果不会绘图，就无法表达自己的设计构思，如果不会读图，也不能理解别人的设计意图。

本章主要讲述了建筑图样绘制和识读的基本原理和基本方法，这些是建筑工程技术人员表达设计意图、交流技术、指导生产施工等必备的基本知识和技能，所以本内容是建筑及其相关专业的学生必须学习的内容，也是学习后继课程必备的知识基础。

2.1 投 影 的 形 成 与 分 类

 阅读资料

建筑图学历史

中国古代建筑图学的成就反映在现存古代建筑、出土文物以及历代人整理出来的专门著作中。举世闻名的故宫、天坛等建筑的大量图样由清代主持宫廷建筑设计样式的雷家族绘制，是中国古代建筑制图的珍品。1977 年，在我国河北省平山县出土的公元前 323—公元前 309 年的战国中山王墓中的青铜板上画有建筑平面图，这是世界上罕见的最早的工程图样，该图用 1∶500 正投影法绘制并标注有尺寸。宋代《营造法式》一书，绘有精致的建筑平面图、立面图、轴侧图和透视图等，是当时的一部关于建筑制图的国家标准、施工规范和培训教材。1799 年，法国数学家 G. 蒙日出版《画法几何》一书，奠定了工程制图的理论基础，后人又著有《建筑阴影学》和《建筑透视学》等。上述 3 本著作确立了现今建筑制图的基本理论并且没有多大的改变，今天只有绘图工具在不断地改进。

2.1.1 投影的基本概念

问题引领

某次观看表演，在幕布上看到各种动物的影子，幕布打开却看到是人的手的影子，你用手试过这个游戏吗？那么影子的形成需要哪些要素？怎么样才知道影子是由手形成的呢？

在光线（灯光或阳光）的照射下，物体必定会在某个平面上产生影子，如图 2.1（a）所示。影子只能反映出物体外形的轮廓，而详细的结构则被黑影代替而无法反映出来。投影是根据产生影子的这种自然现象，对其加以抽象和假设。假设光线可以穿透物体，将物体上的各顶点和各条棱线投射到某一平面上，经过抽象假设后，这些点和棱线的影子所构成的图形就称为投影。这种获得投影的方法称为投影法。

产生影子需要有物体、光线和承受影子的面，人们把光源称为投影中心，把光线称为投影线或投射线，承受影子的面称为投影面。把投影线、投影面和物体称为形成投影的三要素，如图 2.1(b)所示。

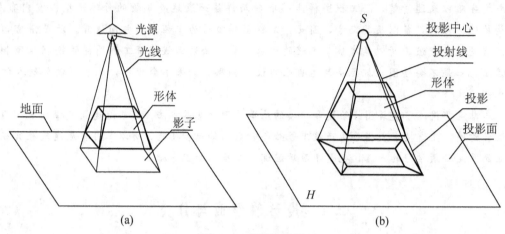

图 2.1　影子与投影

（a）物体的影子；（b）物体的投影

　观察与思考

观察图 2.1，比较影子与投影有何区别？

2.1.2　投影法的分类及其应用

对于同一形体，不同的投射方式和方向可以得到不同形状的投影。根据投射方式，一般把投影分为中心投影和平行投影两类。

1. 中心投影

如图 2.2(a)所示，投影中心 S 在有限距离内发出辐射状的投射线，用这些投射线做出的形体的投影称为中心投影。这种对形体进行投影的方法称为中心投影法。中心投影法的特点是投影线相交于一点，如果物体的位置发生变化，投影也随之变化。在日常生活中，照相、眼睛观察物体等均为中心投影的实例。

2. 平行投影法

当投影中心距离投影面无限远时，可以把投影线看成是互相平行的。由平行投影线做出的投影为平行投影，这种方法为平行投影法。

平行投影法可以分为正投影和斜投影。当平行投影线的投影方向垂直于投影面时，所做的平行投影为正投影，如图 2.2(b)所示。本章主要讲述正投影，除特别说明外，以后把正投影简称为投影。当平行投影线倾斜于投影面时，所做的平行投影为斜投影，如图 2.2(c)所示。

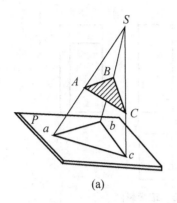 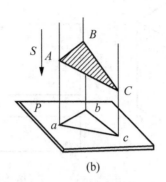 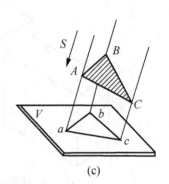

| (a) | (b) | (c) |

图 2.2　投影法的分类

（a）中心投影；（b）正投影；（c）斜投影

 观察与思考

　　在有阳光的白天，街道两旁的树木和建筑都会有各自的影子，同样树木在白天的不同时候形成的影子相同吗？晚上在路灯下，走在路上的人也会在地面留下影子，那么白天和晚上的影子和投影产生的图形有什么区别吗？

　　3. 工程上常用的投影图

　　1）透视图

　　用中心投影法将空间形体投射到单一投影面上得到的图形称为透视图，如图 2.3 所示。透视图与人的视觉习惯相符，能体现近大远小的效果，所以形象逼真，具有丰富的立体感，但作图比较麻烦，且度量性差，常用于绘制建筑效果图。

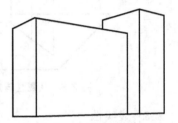

图 2.3　建筑透视图实例

　　2）轴测图

　　将形体连同其坐标系，沿不平行于任一坐标平面的方向，用平行投影法将其投影到一个投影面上，所得到的图形称为轴测图。如图 2.4 所示，形体上互相平行且长度相等的线段，在轴测图上仍互相平行、长度相等。轴测图虽不符合近大远小的视觉习惯，但仍具有很强的直观性，所以在工程上常作为辅助图样，并得到广泛应用。

　　3）正投影图

　　根据正投影法所得到的图形称为正投影图，如图 2.5 所示。正投影图直观性差，但能正确反映物体的形状和大小，并且作图方便，度量性好，所以工程上应用最广，绝大部分建筑工程图就是由正投影原理绘制的。

　　4. 平行投影的特性

　　1）从属性与定比性不变

　　直线上点的投影仍在直线的投影上；平面上点和直线的投影仍在平面的投影上，这种特性称为从属性不变。

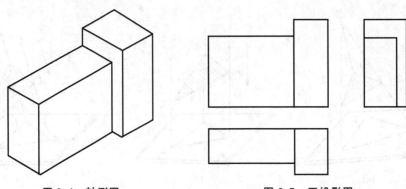

图 2.4 轴测图 　　　　　　　图 2.5 正投影图

直线上的点分直线成一定比例的两段,其投影分直线的投影成相同比例的两段,如图 2.6 所示,即 $AC:CB=ac:cb$,这种特性称为定比性。

2)平行性不变

两平行直线的投影仍互相平行。如图 2.7 所示,若已知 $AB/\!/CD$,必有 $ab/\!/cd$。

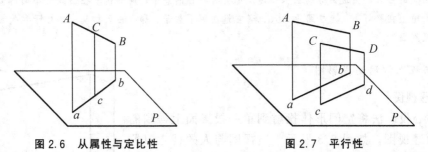

图 2.6 从属性与定比性 　　　　　　　图 2.7 平行性

3)显实性

若线段或平面图形平行于投影面,则其投影反映实长或实形,如图 2.8 所示。

已知 $DE/\!/P$ 面,必有 $DE=de$;已知 $\triangle ABC/\!/P$ 面,必有 $\triangle ABC\cong\triangle abc$。

4)积聚性

若线段或平面图形平行于投影线(正投影则垂直于投影面)时,其投影积聚为一点或一直线段。如图 2.9 所示,该投影称为积聚投影,这种特性称为积聚性。

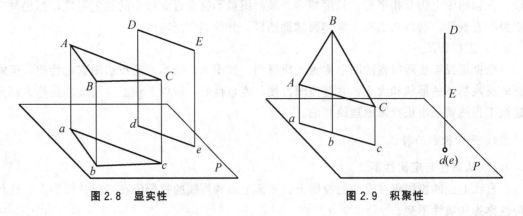

图 2.8 显实性 　　　　　　　图 2.9 积聚性

已知 $DE\perp P$ 面，则直线 DE 正投影积聚为一点。

已知 $\triangle ABC\perp P$ 面，则 $\triangle ABC$ 正投影积聚为直线段。

5）类似性

若平面图形倾斜于投影面，其投影的形状必定类似于平面图形形状，如图 2.10 所示。

已知平面图形 $ABCD$ 倾斜于投影面 P，则其投影 $abcd$ 形状类似于 $ABCD$，但投影 $abcd$ 与 $ABCD$ 的大小不等。

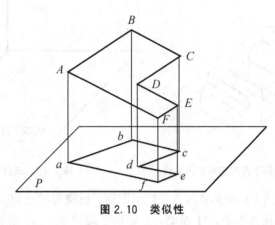

图 2.10　类似性

2.2　三面正投影

 问题引领

古诗云："横看成岭侧成峰"说的是从不同的角度对同一事物作观察，可以得到不同的认识。那么要完整地表达一个物体的外在轮廓，只从一个方向去投影可以吗？

2.2.1　三面正投影的形成

如图 2.11 所示，空间 3 个不同形体，他们在同一个投影面上的正投影都是相同的。由此可见，物体的一个投影不能唯一确定该物体的空间形状。

要想用正投影原理确定空间某一物体，只用一个投影面是不行的，一般需要有 3 个投影面。人们把 3 个互相垂直相交的平面作为投影面，由这 3 个投影面组成的投影面体系称为三投影面体系，如图 2.12 所示。处于水平位置的投影面叫作水平投影面，用字母 H 表示；处于正立位置的投影面叫作正立投影面，用字母 V 表示；与 H、V 面均垂直处于侧立位置的投影面叫作侧立投影面，用字母 W 表示。3 个投影面的交线称为投影轴，分别是 OX 轴、OY 轴、OZ 轴，3 个投影轴相交于一点 O，称为原点。

如图 2.13(a)所示，将形体置于三面投影体系中，使形体的顶、底面平行于 H 面，前、后面平行于 V 面，左、右侧面平行于 W 面。用正投影方法将形体向 H、V、W 投影，在 3 组不同方向平行投影线的照射下，得到形体的 3 个投影图。形体在 V 面上的正投影称

为正面投影或 V 面投影；在 H 面上的投影称为水平投影或 H 面投影；在 W 面上的投影称为侧面投影或 W 面投影。

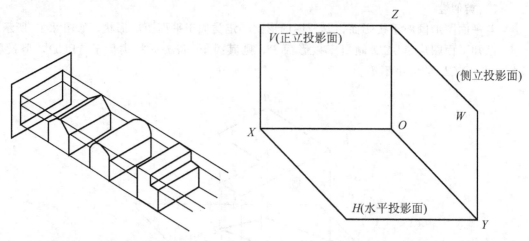

图 2.11　物体的一个正投影不能确定其空间形状　　　　图 2.12　三投影面体系

为了能在同一张图纸上绘制形体的 3 个投影图面，就需要把三面投影体系展开到同一平面上。展开规则是 V 面保持不动，H 面绕 OX 轴向下旋转 $90°$，W 面绕 OZ 轴向后旋转 $90°$，使 H、W 面与 V 面展开成为一个平面，如图 2.13(b)所示，此时 OY 轴分为两处，随 H 面旋转的标注为 OY_H，随 W 面旋转的标注为 OY_W。3 个投影面展开到一个平面后所组成的投影图称为三面投影图。由于投影面无边界范围，因而在绘图时，投影面边框线不用画出。

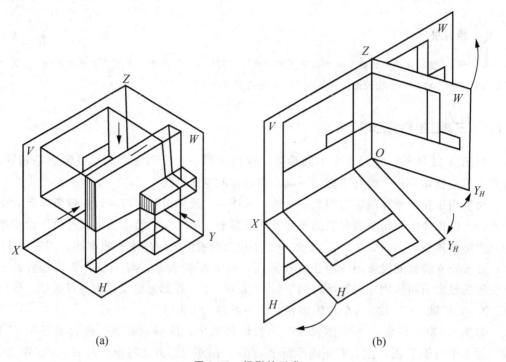

(a)　　　　　　　　　　　　　　　　　(b)

图 2.13　投影的形成

（a）直观图；（b）投影面展开

2.2.2　三面正投影图的投影特性

1. 投影对应规律

任何物体都具有长、宽、高 3 个方向的尺寸，如图 2.14(a)所示。在 V 面投影中反映物体的长度和高度；在 H 面投影中反映物体的长度和宽度；在 W 面投影中反映物体的高度和宽度。同时在物体的三面投影图上存在如下"三等"关系。

(1) V 面投影和 H 面投影的左右两端必须用竖直线对正，称为"长对正"。

(2) V 面投影和 W 面投影的上下必须用水平线拉平，称为"高平齐"。

(3) H 面投影和 W 面投影的前后距离一定相等，称为"宽相等"。

2. 方位对应规律

任何一个物体都有左、右、前、后、上、下 6 个方位，在三面投影图中，每个投影反映其中 4 个方位，H 面投影反映物体的左、右和前、后方位；V 面投影反映物体的左、右和上、下方位；W 面投影反映物体的上、下和前、后方位，如图 2.14(b)所示。

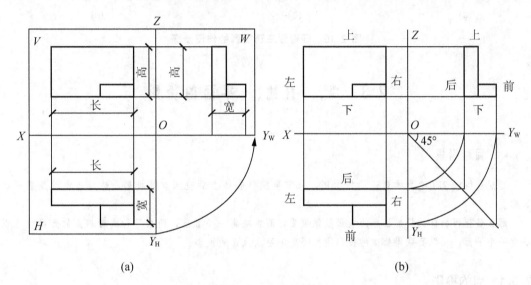

|(a)|(b)|

图 2.14　三面投影图

(a) 投影面展开；(b) 去掉边框后的三面投影图

 应用案例 2-1

根据图 2.15(a)所示立体图，绘制其三面投影图。

分析

图示物体是底板左前方被切去一角的直角弯板。为便于作图，应使物体的主要表面尽可能与投影面平行。画图时，应先画反映物体形状特征的投影图，然后再按投影规律画出其他投影图。

作图

（1）量取弯板的长和高画出反映特征轮廓的正面投影，再量取弯板的宽度按长对正、高平齐、宽相等的投影关系画水平投影和侧面投影，如图 2.15(b)所示。

（2）量取底板切角的长（X）和宽（Y）在水平投影上画出切角的投影，按长对正的投影关系在正面投影上画出切角的图线。再按宽相等的投影关系在侧面投影上画出切角的图线，如图 2.15(c)所示。必须注意：水平投影和侧面投影上"Y"的前、后对应关系。

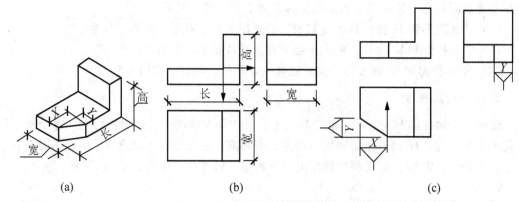

图 2.15　画弯板三面投影的作图步骤

2.3　点、直线、平面的投影

 问题引领

要想获得图 2.1 中物体影子的轮廓图，只需要获得物体上的轮廓点的投影，然后连线就是影子的轮廓。

那么要获得物体的投影图点的投影就很重要，两点决定一条直线，两条平行或者相交的直线就可以决定一个平面，所以要获得物体的投影图就要先学习点线面的投影。

2.3.1　点的投影

任何形体的构成都离不开点、线和面等基本几何元素，例如图 2.16 所示的三棱锥，是由 4 个面、6 条线和 4 个点组成。要正确表达或分析形体，必须掌握点、直线和平面的投影规律，研究这些基本几何元素的投影特性和作图方法，对指导画图和读图有十分重要的意义。下面讨论点的投影。

1. 点的投影规律

如图 2.17(a)所示，将三棱锥的顶点 S 分别向 H 面、V 面、W 面投射，得到的投影分别为 s、s'、s''（按约定空间点用大写字母如 S 表示，H、V、W 面投影分别用相应的小写字母 s、s'、s''表示）。从图中还可看出，空间点 S 到 H 面的距离 $Ss = s's_x = s''s_y$；空间点 S 到 V 面的距离 $Ss' = ss_x = s''s_z$；空间点 S 到 W 面的距离 $Ss'' = s's_z = ss_Y$。投影面展开后，得到图 2.17(b)所示的投影图。由投影图可看出，点的投影有如下规律。

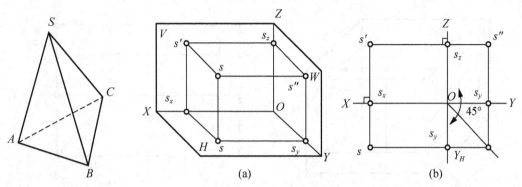

图 2.16 三棱锥直观图

图 2.17 点的投影规律

(a) 直观图；(b) 投影图

(1) 点的 V 面投影和 H 面投影的连线垂直于 OX 轴，即 $s's \perp OX$。

(2) 点的 V 面投影和 W 面投影的连线垂直于 OZ 轴，即 $s's'' \perp OZ$。

(3) 点的 H 面投影至 OX 轴的距离等于其 W 面投影至 OZ 轴的距离，即 $ss_x = s''s_z$。

(4) 点的三个投影到相应投影轴的距离，分别表示空间点到相应的投影面的距离。

 应用案例 2-2

已知点 A 的 V 面投影 a' 和 W 面投影 a''，求作 H 面投影 a，如图 2.18(a)所示。

分析

根据点的投影规律可知，$a'a \perp OX$，过 a' 作 OX 轴的垂线 $a'a_x$，所求 a 点必在 $a'a_x$ 的延长线上，并由 $aa_x = a''a_z$ 可确定 a 点的位置，如图 2.18(b)、2.18(c)所示。

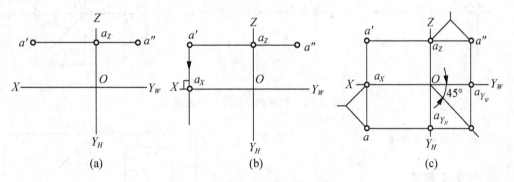

(a)   (b)   (c)

图 2.18 已知点的两投影求第三投影

2. 点的坐标

设空间点坐标为 $A(X, Y, Z)$，如图 2.19 所示，则：

$X = a'a_z = aa_Y$（空间点 A 到 W 面的距离）

$Y = aa_x = a''a_z$（空间点 A 到 V 面的距离）

$Z = a'a_x = a''a_Y$（空间点 A 到 H 面的距离）

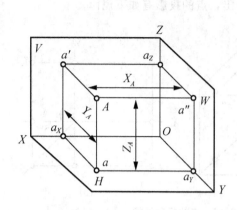 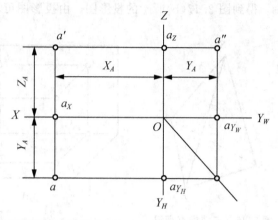

图 2.19　点的投影及其坐标关系

应用案例2-3

已知空间点 B 的坐标为 $X=12$，$Y=10$，$Z=15$，也可以写成 $B(12,10,15)$。单位为 mm（下同），求作 B 点的三投影。

分析

已知空间点的 3 个坐标，便可做出该点的两个投影，从而做出另一投影，如图 2.20 所示。

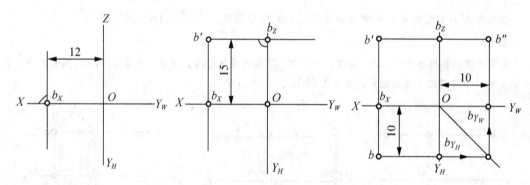

图 2.20　由点的坐标作三面投影

3. 两点的相对位置

观察与思考

图 2.21 中两个柱体的前表面左上角的两点 A、B 的位置关系是 A 在 B 的后面、左面、上面，这个很容易判断，在两柱体的三面投影图中表示出 A、B 两点的三面投影，那么能仅根据两点的三面投影位置并判断两点的相对位置关系吗？

两点的相对位置是指空间两个点的上下、左

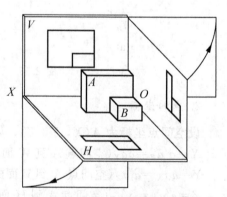

图 2.21　判断点的相对位置

右、前后关系，在投影图中，是以它们的坐标差来确定的。两点的 V 面投影反映上下、左右关系；两点的 H 面投影反映左右、前后关系；两点的 W 面投影反映上下、前后关系。

应用案例 2-4

已知空间点 $C(15，8，12)$，D 点在 C 点的右方 7，前方 5，下方 6。求作 D 点的三投影。

分析

D 点在 C 点的右方和下方，说明 D 点的 X、Z 坐标小于 C 点的 X、Z 坐标；D 点在 C 点的前方，说明 D 点的 Y 坐标大于 C 点的 Y 坐标。可根据两点的坐标差做出 D 点的三投影，如图 2.22 所示。

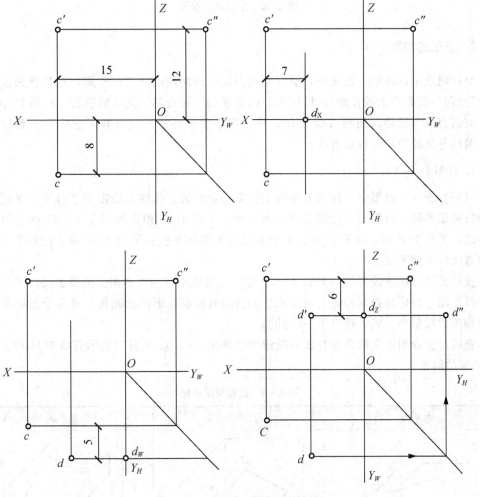

图 2.22　求作 D 点的三面投影

如图 2.23 所示，E 点和 F 点的 H 面投影重合，称为 H 面的重影点。因为 F 点的 Z 坐标小，其水平投影被上面的 E 点遮住成为不可见。重影点在标注时，将不可见的点的投影加上括号。

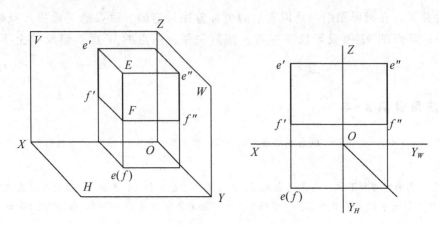

图 2.23　重影点的投影

2.3.2　直线的投影

空间两点可以决定一条直线，所以只要做出线段两端点的三面投影，连接该两点的同面投影（同一投影面上的投影），即可得空间直线的三面投影。直线的投影一般仍为直线。

空间直线与投影面的相对位置有 3 种：投影面平行线、投影面垂直线和一般位置直线。前两种又称为特殊位置直线。

1. 投影面平行线

只平行于一个投影面，而对另外两个投影面倾斜的直线称为投影面平行线。根据所平行的投影面不同，投影面平行线又有 3 种位置：平行于 H 面，倾斜于 V、W 的直线称为水平线；平行于 V 面，倾斜于 H、W 面的直线称为正平线；平行于 W 面，倾斜于 H、V 面的直线称为侧平线。

投影面平行线的投影特性见表 2-1。直线在它所平行的投影面上的投影反映实长，倾斜于投影轴，投影与投影轴的夹角分别反映直线对相应投影面的倾角；另两个投影分别平行于相应的投影轴，同时垂直于一个轴。

直线对投影面所夹的角即直线对投影面的倾角，α、β、γ 分别表示直线对 H 面、V 面和 W 面的倾角。

表 2-1　投影面平行线

水平线	正平线	侧平线

水平线	正平线	侧平线

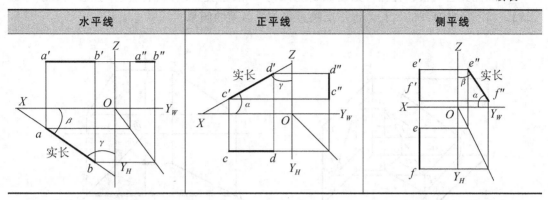

2. 投影面垂直线

垂直于一个投影面，与另外两个投影面平行的直线，称为投影面垂直线。根据所垂直的投影面不同，投影面垂直线也有 3 种位置：垂直于 H 面的直线称为铅垂线；垂直于 V 面的直线称为正垂线；垂直于 W 面的直线称为侧垂线。

投影面垂直线的投影特性见表 2-2。直线在它所垂直的投影面上的投影积聚为一点；另两个投影分别垂直于相应的投影轴，同时平行于一个轴。

表 2-2 投影面垂直线

铅垂线	正垂线	侧垂线

3. 一般位置直线

既不平行也不垂直于任何一个投影面，即与三个投影面都处于倾斜位置的直线，称为一般位置直线。

一般位置直线投影特性，如图 2.24 所示。一般位置直线的任何一个投影均倾斜于投影轴，均不反映直线的实长，也不反映直线与投影面的倾角。

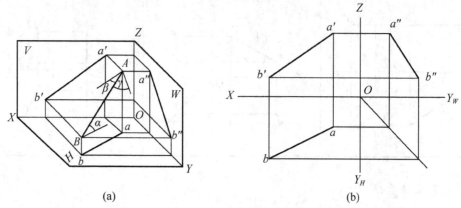

图 2.24　一般位置直线

(a) 直观图；(b) 投影图

应用案例 2-5

分析正三棱锥各棱线与投影面的相对位置，如图 2.25 所示。

（1）棱线 SB。sb 与 s'b'分别平行于 OY_H 和 OZ，可确定 SB 为侧平线，侧面投影 s"b" 反映实长，如图 2.25(a)所示。

（2）棱线 AC。侧面投影 a"(c")重影，可判断 AC 为侧垂线，a'c'＝ac＝AC，如图 2.25(b)所示。

（3）棱线 SA。三个投影 sa、s'a'、s"a"对投影轴均倾斜，所以必定是一般位置直线，如图 2.25(c)所示。

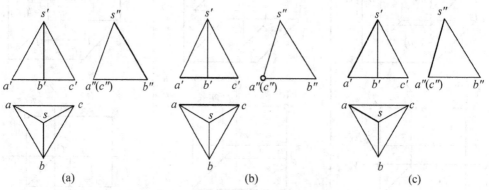

图 2.25　三棱锥各棱线与投影面的相对位置

其他棱线与投影面的相对位置请读者自行分析。

4. 直线上的点

阅读资料

一根树枝上长有一个枝桠，它们一起倒影到平静的水面上，那么属于树枝的枝桠的影子也一定在树

枝的投影上。即直线上的点的三面投影一定会在直线的同名投影上。

直线上点的投影必然落在该直线的同面投影上，并且点在直线上所分割的比例在其投影上不变，如图 2.26 所示。投影面垂直线上的点的投影必落在其垂直线的积聚投影上。

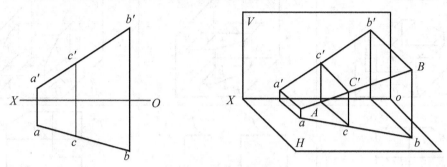

图 2.26 直线上点的投影

 观察与思考

如图 2.27 所示，参照立体图，补画三面投影中的漏线，标出字母，并判别直线的空间位置。

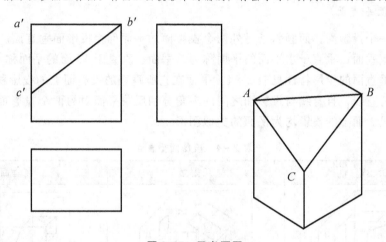

图 2.27 思考题图

2.3.3 平面的投影

平面对投影面的相对位置有 3 种：投影面平行面、投影面垂直面和一般位置平面。前两种又称为特殊位置平面。

1. 投影面平行面

平行于一个投影面，而垂直于另外两个投影面的平面称为投影面平行面。平行于 H 面的平面称为水平面；平行于 V 面的平面称为正平面；平行于 W 面的平面称为侧平面。

投影面平行面的投影特性见表 2-3。平面在它所平行的投影面上的投影反映实形，另外两个投影分别积聚为直线，且分别平行于平面所平行的投影面内的两个轴。

表2-3 投影面平行面

正平面	水平面	侧平面

2. 投影面垂直面

垂直于一个投影面，而倾斜于另外两个投影面的平面称为投影面垂直面。垂直于 V 面的平面称为正垂面；垂直于水平面的平面称为铅垂面；垂直于 W 面的平面称为侧垂面。

投影面垂直面的投影特性见表 2-4。平面在它所垂直的投影面上的投影积聚为一条与投影轴倾斜的直线，且直线与投影轴之间的夹角分别反映平面对另两个投影面的倾角；平面在另两个投影面上的投影均为平面的类似图形。

表2-4 投影面垂直面

铅垂面	正垂面	侧垂面

3. 一般位置平面

如图 2.28 所示，△ABC 与 H、V、W 面均倾斜，所以在三个投影面上的投影△abc、△a'b'c'、△a''b''c''均不反映实形，而为缩小了的类似形。3 个投影面上的投影均不能直接反映该平面对投影面的倾角。

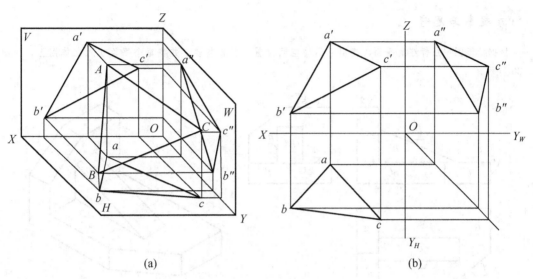

图 2.28 一般位置平面

（a）直观图；（b）投影图

应用案例 2-6

分析正三棱锥各棱面与投影面的相对位置，如图 2.29 所示。

（1）底面 ABC。V 面和 W 面投影积聚为水平线，分别平行于 OX 轴和 OY_W 轴，可确定底面 ABC 是水平面，水平投影反映实形，如图 2.29(a) 所示。

（2）棱面 SAB。三个投影 sab、s'a'b'、s"a"b" 都没有积聚性，均为棱面 SAB 的类似形，可判断 SAB 是一般位置平面，如图 2.29(b) 所示。

（3）棱面 SAC。从 W 面投影中的重影点 a"(c") 可知，棱面 SAC 的一边 AC 是侧垂线。根据几何定理，一个平面上的任一直线垂直于另一平面，则两平面互相垂直。因此，可判断棱面 SAC 是侧垂面，侧面投影积聚为一直线，如图 2.29(c) 所示。

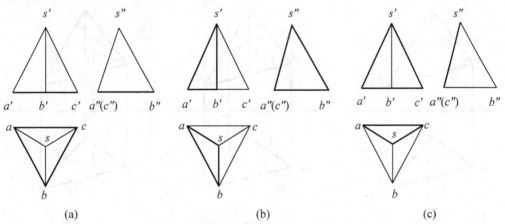

图 2.29 三棱锥各棱面与投影面的相对位置

　　根据投影图中所标注的平面，读出它们的空间位置和投影特性，并将每个平面注入立体图上，如图2.30所示。

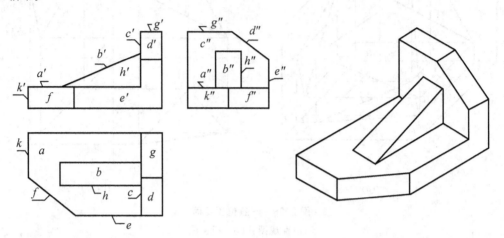

图2.30　思考题图

4. 平面上的直线和点

　　如果一直线通过平面上的两个点或通过平面上的一个点且平行于平面上另一直线，则该直线在该平面上。

　　如果一点位于平面内的某一直线上，则该点必定位于平面上。因此，在平面上取点，首先要在平面上取线。

应用案例2-7

　　已知平面 ABC 及其上一点 M 的投影 m′，如图2.31(a)所示，求作点 M 的另一个投影 m。

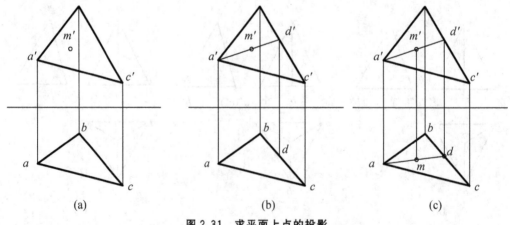

(a)　　　　　　　　　(b)　　　　　　　　　(c)

图2.31　求平面上点的投影

应用案例 2-8

已知平面 DEF 的投影，如图 2.32(a)所示，试通过点 D 在该平面上作一条水平线。

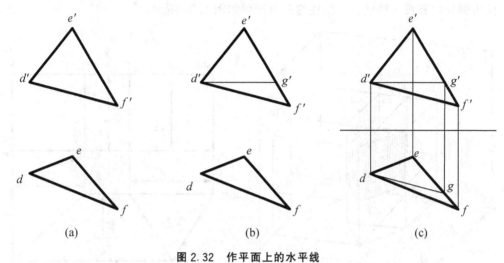

(a)　　　　　　　(b)　　　　　　　(c)

图 2.32　作平面上的水平线

2.4　基本形体的投影

阅读资料

某些建筑或者构筑物就是简单的基本形体或者基本形体的组合，如图 2.33 所示。

图 2.33　建筑的形体

形状各异的建筑形体，都可以看作是由一些简单的基本几何体组成。根据形体的表面几何性质不同，基本形体可分为平面体和曲面体两大类。

2.4.1　平面体的投影

由若干平面所围成的立体称为平面体。在建筑工程中多数构配件是由平面体构成的。常见的平面体有棱柱、棱锥、棱台等。求作平面体的投影，就是做出围成平面体的各表面的投影。

1. 棱柱体的投影

棱柱体的棱线互相平行。底面为多边形、棱线垂直于底面的棱柱称为直棱柱。当棱柱体的底面为正多边形时，称为正棱柱体。常见的有三棱柱、四棱柱、五棱柱等。下面以三棱柱为例分析其投影特性。三棱柱的三面投影如图 2.34 所示。

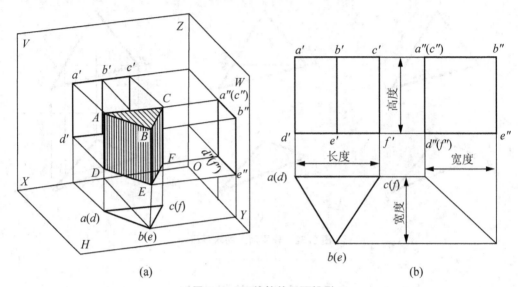

图 2.34　三棱柱的三面投影

（a）直观图；（b）投影图

图 2.34（a）为一直立的三棱柱，顶面 *ABC* 和底面 *DEF* 为水平面，棱面 *ABED* 和 *BCFE* 为铅垂面，棱面 *ACFD* 为正平面。

H 面投影：根据三棱柱在三面投影体系的位置，底面和顶面平行于 *H* 面，则在 *H* 面的投影反映实形，且顶、底面投影重合为三角形。三个侧面垂直于 *H* 面，其 *H* 面投影分别积聚为直线。

V 面投影：由于侧面 *ACFD* 平行于 *V* 面，则在 *V* 面的投影上反映实形。其余两个侧面与 *V* 面倾斜，在 *V* 面上的投影为类似的矩形，并与 *ACFD* 的 *V* 面投影重合，则 *V* 面投影为两个长方形。顶、底面垂直于 *V* 面，其在 *V* 面投影积聚为上下两条平行于 *OX* 轴的直线。

W 面投影：由于侧面 *ACFD* 垂直于 *W* 面，在 *W* 面上的投影积聚成平行于 *OZ* 轴的直线。顶、底面也垂直于 *W* 面，在 *W* 面上的投影积聚成平行于 *OY* 轴的直线，另两侧面在 *W* 面的投影为类似的矩形。

通过以上实例，可以得出直棱柱的投影特性：在与底面平行的投影面上的投影反映底面实形，另两个投影为一个或几个矩形，如图 2.34（b）所示。

2. 棱锥体的投影

底面为多边形、棱线交于一点的平面体称为棱锥体。当棱锥体底面为正多边形时，称为正棱锥体。常见的棱锥有三棱锥、四棱锥、五棱锥等。下面以四棱锥为例分析其投影特性。四棱锥的三面投影如图 2.35 所示。

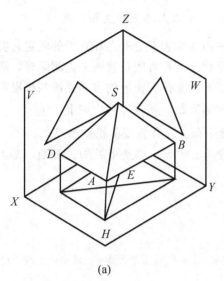 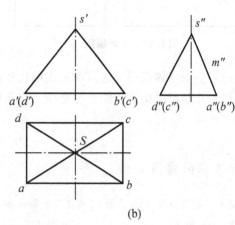

(a)   (b)

图 2.35 四棱锥的三面投影

（a）直观图；（b）投影图

图 2.35（a）为一四棱锥，底面 ABCD 为水平面，棱锥面 SAB 和 SCD 为侧垂面，棱锥面 SAD 和 SBC 为正垂面。

H 面投影：底面 ABCD 平行于 H 面，则在 H 面的投影反映实形。四个侧面倾斜于 H 面，则在 H 面的投影为类似的三角形，且与底面的投影重合。

V 面投影：前后侧面 SAB 和 SCD 倾斜于 V 面，其 V 面投影为类似的三角形，且两侧面的投影重合。左右侧面 SAD 和 SBC 垂直于 V 面，其 V 面投影分别积聚为斜直线。底面垂直于 V 面，其投影积聚成平行于 OX 轴的直线。

W 面投影：左右侧面 SAD 和 SBC 倾斜于 W 面，其 W 面投影为类似的三角形，且两侧面的投影重合。前后侧面 SAB 和 SCD 垂直于 W 面，其 W 面投影分别积聚为斜直线。底面垂直于 W 面，其投影积聚成平行于 OY 轴的直线。

通过以上实例，可以得出棱锥的投影特征：当棱锥体的底面平行于某一投影面时，在该投影面上的投影为反映其实形的多边形及其内部的 n 个共顶点的三角形，另两个投影为一个或几个三角形，如图 2.35（b）所示。

3. 平面体投影图的识读

（1）在平面体三个投影中，只要其中一个投影为平面多边形，另两个投影分别为一个或多个矩形，则它必定是棱柱体的投影。

（2）在平面体三个投影中，只要其中一个投影的外边线为平面多边形，其内部为多个共顶点的三角形，另两个投影分别为一个或多个有公共顶点的三角形，则它必定是棱锥体的投影。

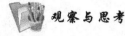 **观察与思考**

根据形体的 V 面、W 面投影，识读图 2.36 的形状。

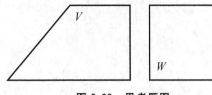

图 2.36　思考题图

4.平面体表面上的点和直线

平面立体表面上的点和直线的问题，实质上是平面上点和直线及直线上点的问题，所不同的是平面立体表面上的点和直线的投影存在可见性的问题。其投影特性如下。

（1）平面立体表面上的点和直线的投影应符合平面上点和直线的投影特点。

（2）凡是可见棱面上的点和直线，以及可见棱线上的点，都是可见的；否则，是不可见的。

应用案例 2-9

已知三棱锥棱面 SAB 上点 M 的正面投影 m' 和棱面 SAC 上点 N 的水平投影 n，求作另外两个投影，如图 2.37(a)所示。

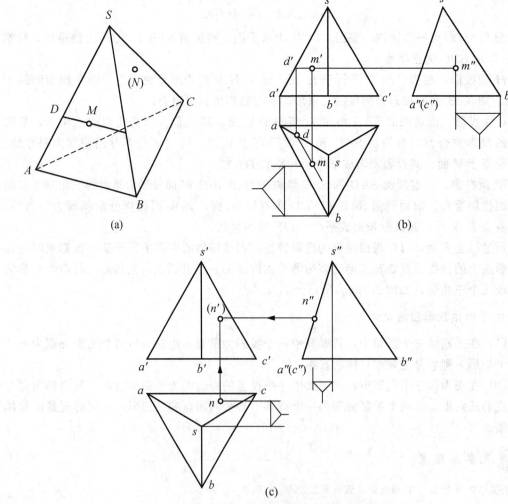

图 2.37　求立体表面上点的投影

分析

　　M 点所在棱面 SAB 是一般位置平面，其投影没有积聚性，必须借助在该平面上作辅助线的方法求作另外两个投影，如图 2.37(b) 所示。在棱面 SAB 上过 M 点作 AB 的平行线作为辅助线做出其投影。N 点所在棱面 SAC 是侧垂面，可利用积聚性做出其投影，如图 2.37(c) 所示。

2.4.2　曲面体的投影

　　由曲面或由曲面与平面围成的立体，称为曲面体。常见曲面体有：圆柱、圆锥、球等。由于这些曲面是由直线或曲线作为母线绕定轴回转而成，所以又称为回转体。

　　1. 圆柱体的投影

　　圆柱体是由圆柱面和上下两底面所围成，圆柱面可以看成一条直线围绕与之平行的另一条直线（轴线）旋转而成。原始的直线称为母线，母线旋转到任意位置时的直线称为素线。两底圆可看成是母线的两端点向轴线作垂线并绕其旋转而成，如图 2.38(a) 所示。

　　把一圆柱体置于三面投影体系中（轴线与 H 面垂直），其上、下两个底面与 H 面平行，圆柱面与 H 面垂直，则在 H 面的投影反映底面实形，且上、下底面投影重合。V 面和 W 面的投影是两个相同的长方形，其轴线是圆柱体的轴线，两条垂直线 $a'b'$、$e'f'$ 是圆柱面的左右轮廓素线，$c''d''$、$g''h''$ 是圆柱面的前后轮廓素线。上下两条横线是上下两个底面的积聚投影，如图 2.38(b)、(c) 所示。

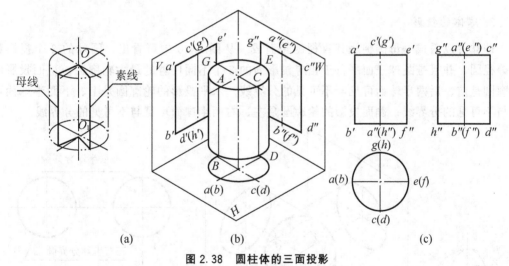

图 2.38　圆柱体的三面投影
（a）形成；（b）直观图；（c）投影图

　　2. 圆锥体的投影

　　圆锥体是由圆锥面和底面圆组成，可以看成是与轴线 SO 相交的直母线 SA 旋转一周而成。母线旋转到任意位置的直线称为素线，如图 2.39(a) 所示。

　　把圆锥体置于三面投影体系中（轴线垂直于 H 面），圆锥体的 H 面投影是一个圆，该圆是圆锥面和底面投影的重合，且反映底面的实形。V 面和 W 面投影是两个相同的等腰三角形，其正中点画线是圆锥体的轴线，底边是圆锥体底面的积聚投影，V 面投影等腰三角形的腰是圆锥体的最左和最右的轮廓素线；W 面投影等腰三角形的腰是圆锥体的最前和最后的轮廓素线，如图 2.39(b)、(c)所示。

画圆锥体的三面投影时，先画底圆中心线和圆锥的轴线，再补画圆锥体的外形轮廓线。

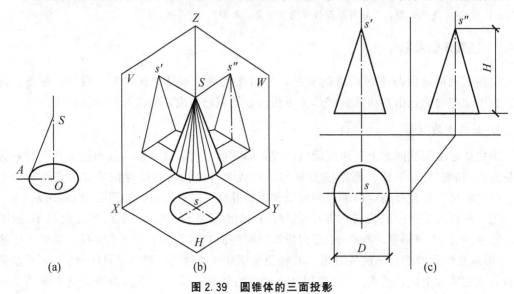

图 2.39　圆锥体的三面投影
(a) 形成；(b) 直观图；(c) 投影图

3. 球体的投影

球体可以看成是母圆围绕其直径旋转而成。从图 2.40 中可看出，圆球的 3 个投影都是等径圆，并且是圆球表面平行于相应投影面的 3 个不同位置的最大轮廓圆。正面投影的轮廓圆是前、后两半球面可见与不可见的分界线；水平投影的轮廓圆是上、下两半球面可见与不可见的分界线；侧面投影的轮廓圆是左、右两半球面可见与不可见的分界线。

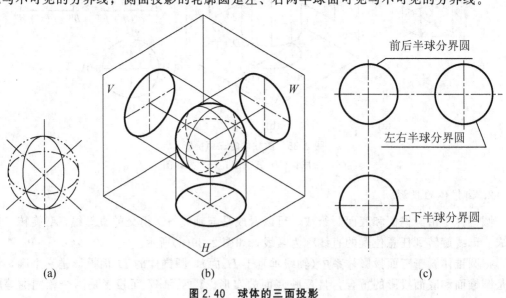

图 2.40　球体的三面投影
(a) 形成；(b) 直观图；(c) 投影图

2.5 组合体的投影

阅读资料

人们日常生活中见到的建筑物或其他工程形体，都是由简单的基本形体组成。由基本形体组合而成的立体称为组合体。图 2.41 是建筑形体示例。

图 2.41　建筑形体示例

2.5.1　组合形体的构成方式

1. 叠加式

组合体可以看作是由若干个基本形体叠加在一起的一个整体。如图 2.42 所示的组合体，基础可看成是由 3 个四棱柱叠加而成，螺栓可看成是由六棱柱和圆柱体组合而成。因此，只要画出各基本形体的正投影，按它们的相互位置叠加起来，即成为组合体的正投影。

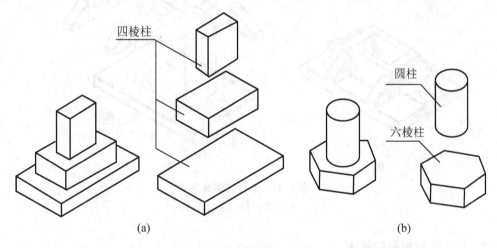

四棱柱

圆柱

六棱柱

(a)　　　　　　　　　　　　　　(b)

图 2.42　叠加式组合体

（a）基础；（b）螺栓

2. 切割式

组合体可看作是由一个基本形体切除了某些部分而成，如图 2.43 所示，木楔可以看

成是由四棱柱切掉两个四棱柱而成。作图时，可先画出完整的基本形体的投影，按它们的相互位置切掉多余的部分，即成为组合体的正投影。

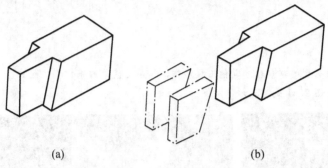

(a)　　　　　　　　　　(b)

图 2.43　切割式组合体

（a）立体图；（b）形体分析

3. 综合式

组合体可看作是由叠加和切割两种方式综合而成。如图 2.44 所示，肋式杯形基础可看成是由四棱柱底板，中间四棱柱（在其正中切割去一个楔形块）和 6 块梯形肋板组成。

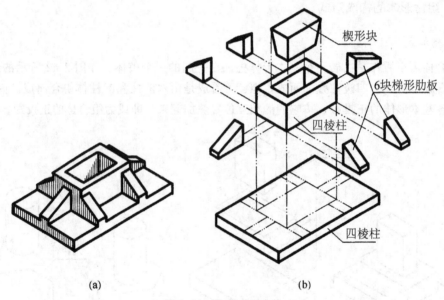

(a)　　　　　　　　　　(b)

图 2.44　综合式组合体

（a）立体图；（b）形体分析

2.5.2　组合体投影图的画法

1. 组合体表面的连接关系

1）表面平齐与相错

图 2.45(a)中，两基本形体前表面结合以后表面平齐，投影图中此处不画线；图 2.45(b)

中，两基本形体前表面结合以后表面相错，投影图中此处必须画线。

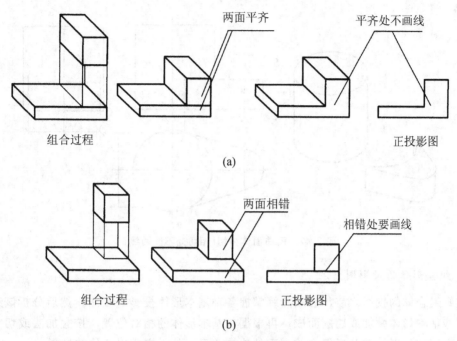

组合过程　　两面平齐　　平齐处不画线　　正投影图

(a)

组合过程　　两面相错　　相错处要画线　　正投影图

(b)

图 2.45　组合体表面平齐与相错

（a）平齐；（b）相错

2）表面相交与相切

图 2.46(a)中，两基本形体前表面相交，投影图中此处要画线；图 2.46(b)中，两基本形体前表面相切，投影图中此处不能画线。

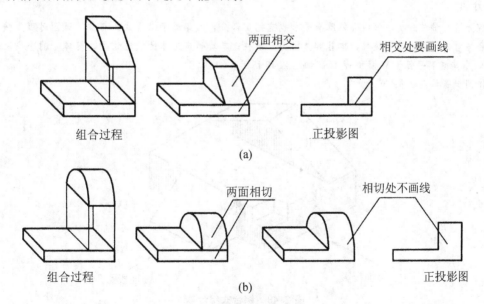

组合过程　　两面相交　　相交处要画线　　正投影图

(a)

组合过程　　两面相切　　相切处不画线　　正投影图

(b)

图 2.46　组合体表面相交与相切

（a）相交；（b）相切

两曲面体相切，如图 2.47 所示，投影图中此处不能画线(注意图中的错误)。

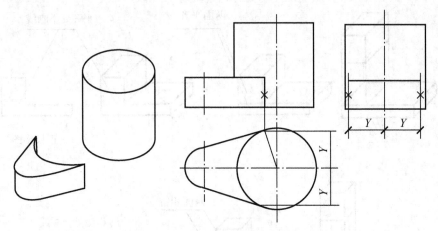

图 2.47　两曲面体相切(相切处不能画线)

2. 组合形体的投影图画法

在画组合体的投影之前，必须熟练掌握各种基本形体投影的画法，然后分析该组合体是由哪些基本形体叠加或切割而成。再根据各基本形体的相对位置，按叠加法或切割法逐个画出它们的投影，并分析组合体表面的连接关系，从而完成组合体的投影。

　应用案例 2-10

根据如图 2.48 所示的组合体，绘制组合体的三面投影图。

分析

首先进行形体分析。该组合体既有叠加也有挖切部分，因此属于综合式组合体，画图时可先按叠加式组合体对待，体 I 为四棱柱，体 II 和体 III 为三棱柱；其次确定形体的放置位置。将体 I 的下底面平行 H 面，令其棱面平行于 V 面和 W 面，如图 2.48 所示。

作图步骤如图 2.49 所示。

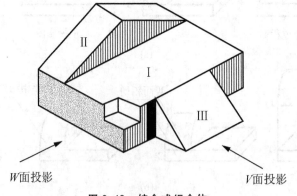

W面投影　　　　　　　　　V面投影

图 2.48　综合式组合体

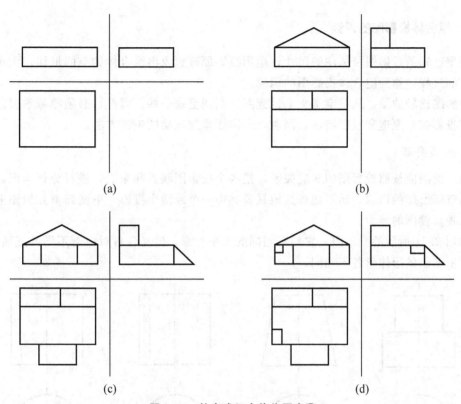

(a)   (b)

(c)   (d)

图 2.49　综合式组合体作图步骤

（a）四棱柱Ⅰ的三面投影；（b）叠加上三棱柱Ⅱ的三面投影；

（c）叠加上三棱柱Ⅲ的三面投影；（d）挖切去四棱柱Ⅰ上小四棱柱后的三面投影

 观察与思考

根据图 2.50 中给出的立体图，完成三面投影图(尺寸从立体图中量取)。

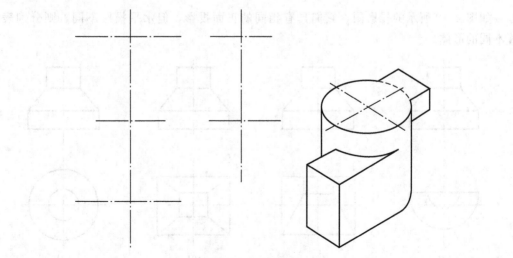

图 2.50　思考题图

2.5.3 组合体投影图的识读

根据已知的投影图及标注的尺寸，运用投影原理想象出组合体的空间形体、大小和组成特点的过程，称为组合体投影图的识读。

投影图比较抽象，从一定意义上说读图比画图更难一些。因此，必须熟练掌握前面所学的正投影基本原理和投影特性，同时，还需要掌握正确的识读方法。

1. 读图要领

(1) 读图应按照投影图的对应关系，把各个投影图联系起来看，进行分析构思，才能想象出空间形体的形状，而不能孤立地只看其中一个或两个投影。下面列举几组图形供阅读，以提高读图的能力。

如图 2.51 所示的投影图，它们有相同的水平投影，但又各自对应着不同的正面投影，因此，所表示的形体就各不相同。

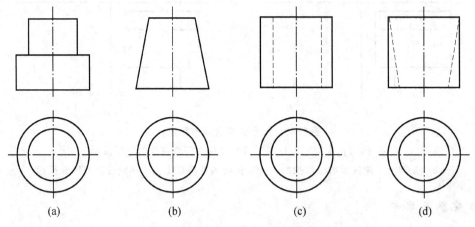

图 2.51　水平投影相同的组合体

如图 2.52 所示的投影图，它们具有相同的正面投影，但水平投影不同，则分别表示着不同的形体。

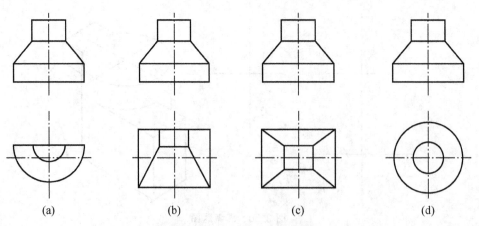

图 2.52　正面投影相同的组合体

如图 2.53 所示的投影图，它们的正面投影和水平投影相同，但侧面投影不同，则表示出各自不同的组合体形状。

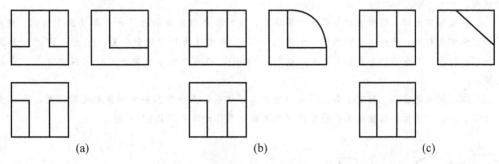

图 2.53　H 面投影和 V 面投影相同的组合体

（2）明确投影图中线和线框的含义。

① 投影图中的线段应根据具体的投影图分析才能得出。具体分析方法有以下 3 种。

a. 可能是形体上一条轮廓线的投影；b. 可能是形体上某表面的积聚投影；c. 可能是曲面体一条轮廓素线的投影。

② 投影图中线框的含义，具体分析方法有以下 3 种。

a. 可能是形体上一个平面的投影；b. 可能是形体上一个曲面的投影；c. 可能是一基本形体（棱柱、棱锥、圆柱、圆锥、圆台、球体）的投影。

2. 读图的基本方法

1）形体分析法

形体分析法就是以基本形体的投影特性为基础，根据组合体投影图的特点，分析其组合方式和各组成部分的形状及相对位置，然后综合起来想象出组合体的空间形状。一般情况下从最能反映组合体特征和相对位置的投影入手，将投影图分解成几个部分，先读出每部分的形状，再根据各部分的相对位置想象出组合体的形状。

2）线面分析法

对于复杂的组合体，除了进行形体分析外，有时还需对各个局部进行线、面分析，才能读懂其投影。所谓线面分析就是根据直线、平面的投影特征，分析组合体投影图中线段和线框的含义，从而想象其空间形状，最后联想出组合体整体形状。

形体分析和线面分析是有联系的，不能截然分开。一般是以形体分析法为主结合线面分析，综合想象得出组合体全貌。

 应用案例 2-11

识读组合体投影图，如图 2.54(a)所示。

分析

（1）分析投影图。从具有反映形体特征的 V 面投影或 W 面投影看出，该组合体有上下两部分叠加而成，且上部形体内有孔洞。

（2）分线框对投影。先把 V 面投影分为三个线框 1、2、3，然后按照"长对正、宽相等、高平齐"的规律，分别在 H 面投影、W 面投影中找出这些线框的对应投影，如图 2.54(b)、(c)、(d) 中粗线所画出的线框。

（3）按投影定形体。根据基本形体的投影特点，确定各线框所表示的是什么形状的几何体。线框 1 的三面投影都是矩形，所以它是四棱柱，如图 2.54(b)。线框 3 的 V 面投影是圆，H 面和 W 面投影是实虚线组成的矩形，可见它是个圆柱形通孔，如图 2.54(d)。线框 2 表示的是半圆柱和四棱柱上下叠合的结合块。

（4）综合起来想整体。确定了各线框表示的基本形体后，再分析各基本形体的相对位置，要注意它们的上下、左右、前后的位置关系在投影图中的反映。整体形状见图 2.54(e) 所示。

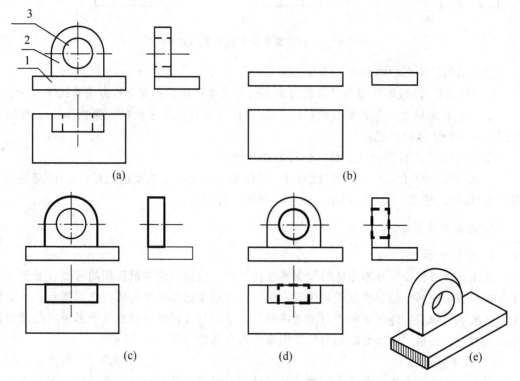

图 2.54　识读组合体投影图

（a）投影图分线框；（b）线框 1 对应的三投影；（c）线框 2 对应的三投影；
（d）线框 3 对应的三投影；（e）整体形状

 观察与思考

如图 2.55 所示，根据已知的两面投影识读组合体的形状，并补画第三投影。

 观察与思考

根据图 2.56 给出的投影补画正面投影中漏线，并补画 W 面投影。

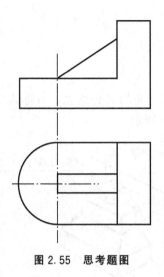

图 2.55　思考题图

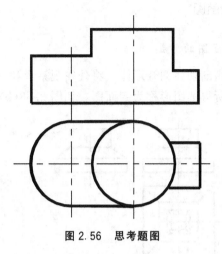

图 2.56　思考题图

2.6　剖面图与断面图

阅读资料

　　从图 2.57 中裸露的土层可以知道不同性质土的厚度和土的种类，生活中人们想知道水果某处的内在情况就会切开水果，如果要了解形体某处的材质和形状大小就切开该处。为了表达形体某处的材料和形状大小，我们假想把形体截断，把该处的截面形状和材料表示出来的图就是断面图；建筑物有其外部形象也有内部空间，假想把房屋在某处截开就可以看清内部空间，像建筑物这样内部有空间的形体要了解形体总体情况，这时用剖面图表达。

图 2.57　裸露的土层

　　经过前面的讲述我们知道，通过形体的三面投影图，可以把形体外部形状和大小表达清楚。对于形体内部不可见部分用虚线表示。但对于房屋建筑图来讲，内部构造复杂，造成图样虚线过多，读图困难，也不易标注尺寸，如图 2.58（a）所示。因此国家颁布的《房屋建筑制图统一标准》规定采用剖面图与断面图表示，来解决这一问题。

2.6.1 剖面图

1. 剖面图的形成

假想用剖切面剖开形体，将处在观察者和剖切面之间的部分移去，而将其余部分向投影面投射所得的图形称为剖面图，如图 2.58(b)、(c)所示。

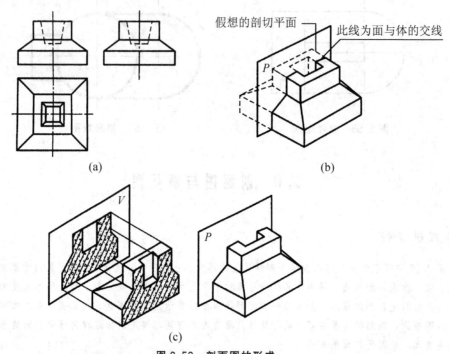

图 2.58 剖面图的形成

(a) 三面投影图；(b) 直观图；(c) 剖开后并向 V 面投影

2. 剖面图的画法

剖面图的剖切位置决定着剖面图的形状。根据经验，形体具有对称性时，剖切位置选择在对称位置上；形体上有孔、洞、槽时，剖切位置选择在孔、洞、槽的中心线上。剖切平面应与投影面平行。作图时应用剖切符号标明剖切位置、投影方向及其编号，以便读图和查找。

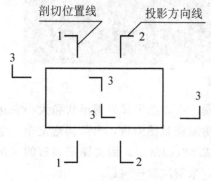

图 2.59 剖切符号及编号

1) 剖切符号及命名

剖面图上的剖切符号如图 2.59 所示，是由剖切位置线和投影方向线组成，用不穿越图形的粗短线表示剖切位置线，端部与之垂直的粗短线表示投影方向。剖切符号的编号用阿拉伯数字或大写拉丁字母，按顺序由左至右、由下至上连续编排，并应注写在投射方向线端部。在剖面图的下方，书写与该图对应的剖切符号的编号作为图名。

2）线型要求

为使图样层次分明，被剖切面切到部分的轮廓线用粗实线绘制，并在该轮廓线围合的图形（即断面）内画上材料图例（见表2-5），如果没有材料的要求，一般用45°细实线绘制；剖切面没有切到，但沿投射方向可以看到部分的轮廓线，用中实线绘制；看不见的轮廓线一般不画，如图2.60所示。

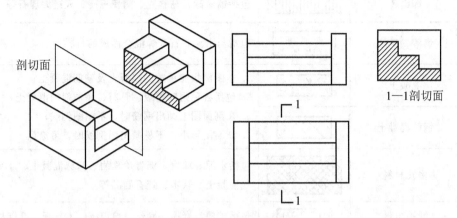

图 2.60　台阶的剖面图

表 2-5　常见建筑材料图例符号(摘自 GB/T 50001-2010)

序号	名　称	图　例	说　明
1	自然土壤		包括各种自然土壤
2	夯实土壤		
3	砂、灰土		靠近轮廓线的点较密
4	砂砾石、碎砖三合土		
5	石材		
6	毛石		
7	普通砖		包括实心砖、多孔砖、砌块等砌体。断面较窄不易画出图例线时，可涂红，并在图纸备注中加注说明，画出该材料图例
8	耐火砖		包括耐酸砖等砌体

续表

序号	名 称	图 例	说 明
9	空心砖		指非承重砖砌体
10	饰面砖		包括铺地砖、马赛克、陶瓷锦砖、人造大理石等
11	焦渣、矿渣		包括与水泥、石灰等混合而成的材料
12	混凝土		1. 本图例指能承重的混凝土及钢筋混凝土； 2. 包括各种强度等级、骨料、添加剂的混凝土； 3. 在剖面图上画出钢筋时，不画图例线； 4. 断面图形小，不易画出图例线时，可涂黑
13	钢筋混凝土		
14	多孔材料		包括水泥珍珠岩、沥青珍珠岩、泡沫混凝土、非承重加气混凝土、软木、蛭石制品等
15	纤维材料		包括矿棉、岩棉、麻丝、玻璃棉、木丝板、纤维板等
16	泡沫塑料材料		包括聚苯乙烯、聚乙烯、聚氨酯等多孔聚合物类材料
17	木材		1. 上图为横断面，左上图为垫木、木砖、木龙骨； 2. 下图为纵断面
18	胶合板		应注明×层胶合板
19	石膏板		
20	金属		1. 包括各种金属； 2. 图形小时，可涂黑
21	网状材料		1. 包括金属、塑料网状材料； 2. 应注明具体材料名称
22	液体		应注明具体液体名称
23	玻璃		包括平板玻璃、磨砂玻璃、夹丝玻璃、钢化玻璃、中空玻璃、夹层玻璃、镀膜玻璃等
24	橡胶		
25	塑料		包括各种软、硬塑料及有机玻璃等
26	防水材料		构造层次多或比例较大时采用上面图例
27	粉刷		本图例的点较稀

阅读资料

剖面图画法举例

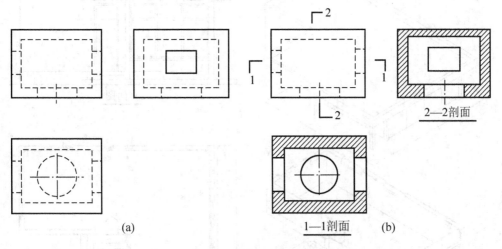

图 2.61 剖面图画法举例
（a）投影图；（b）将 H、W 面改为剖面图

3．剖面图的种类

1）全剖面图

用一个剖切平面将形体整个剖开，所得剖面图称为全剖面图，如图 2.61(b)中 1—1 和 2—2 剖面图。如图 2.62 所示的房屋，为了表示它的内部房间布置，假想用一水平的剖切平面，通过门窗洞将整栋房屋剖开[图 2.62(a)]，画出其整体的剖面图。这种水平剖切的全剖面图，在房屋建筑图中称为平面图[图 2.62(b)]。

2）阶梯剖面图

当形体内部形状复杂，一个剖切平面不能完整表达其内部结构时，可采用两个(或两个以上)互相平行的剖切平面剖切形体，如图 2.63(b)所示，这样得到剖面图称为阶梯剖面图，如图 2.63(a)中的 1—1 剖面图。

在阶梯形剖切平面的转折处，在剖面图上规定不划分界线，如图 2.64(a)所示。图 2.64(b)为正确画法，图 2.64(d)画法是错误的。

3）展开剖面图

用两个相交的剖切面(交线垂直于某一投影面)进行剖切，并展开成一个平面得到展开剖面图。该剖面图的图名后应加注"展开"二字，如图 2.65 所示。

4）局部剖切图

用剖切平面局部剖开物体或分层剖开物体，所得的剖面图称为局部剖面图或分层剖面图，如图 2.66、图 2.67 所示。画局部剖面图或分层剖面图时，非剖切部分按外形投影画出，不标注剖切平面位置，也不需加任何标注，只用波浪线将各部分隔开，必须注意：波

浪线不应与任何图线重合，也不能超出轮廓线之外。这种剖切方式适用于局部构造比较复杂或构造层次较多的物体。

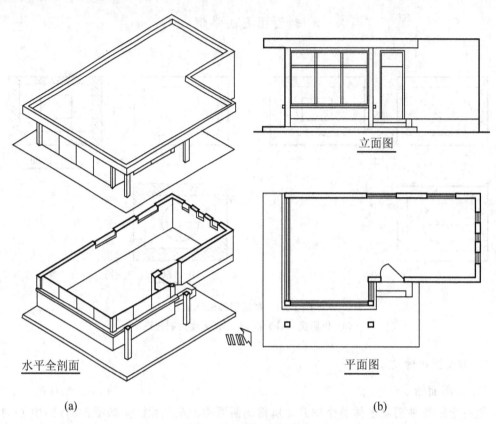

（a）　水平全剖面

（b）　立面图　平面图

图 2.62　房屋的剖面图

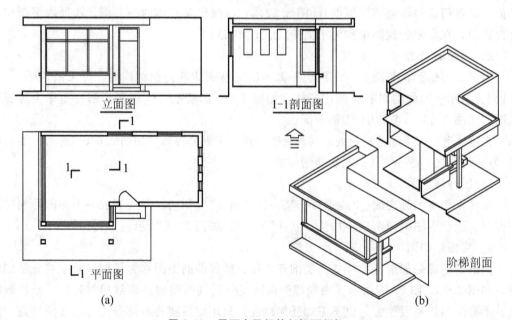

（a）　立面图　平面图

（b）　1-1剖面图　阶梯剖面

图 2.63　用两个平行的剖切面剖切

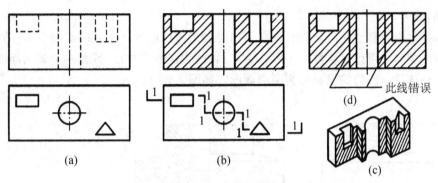

图 2.64 阶梯剖面图画法

（a）投影图；（b）剖面图；（c）直观图；（d）错误画法

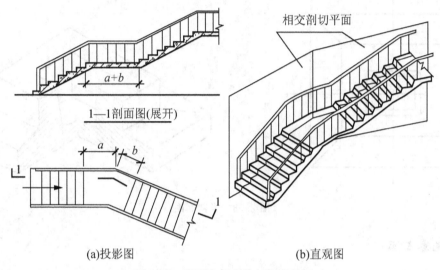

图 2.65 用两个相交的剖切面剖切

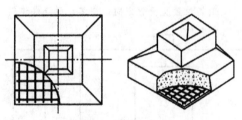

图 2.66 局部剖面图

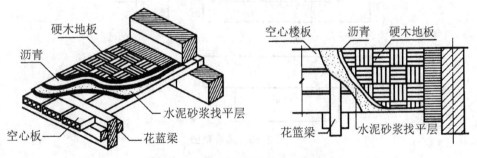

图 2.67 楼层地面分层局部剖面图

5）半剖面图

当形体是左右对称或前后对称时，为了同时表达内外形状，应采用半剖面图。对称的形体需画剖面图时，可以对称符号为界，一半画投影图（外形图），另画一半画剖面图，中间用对称符号连接，所得的投影称为半剖面图，如图 2.68 所示。

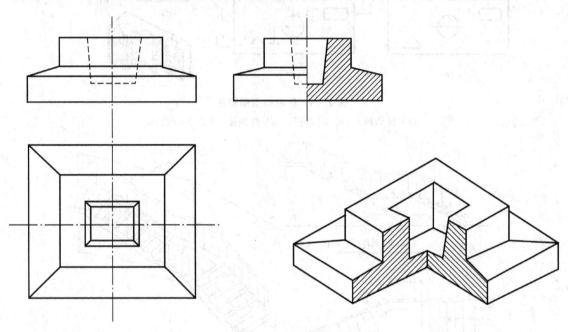

图 2.68　半剖面图

观察与思考

做出下面图 2.69 两个形体的 1—1 剖面图。

作题要点：读懂形体，找到剖切位置及投影方向；按其线型要求作剖面图，并注写图名。

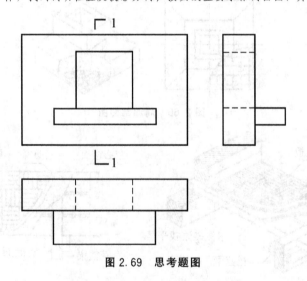

图 2.69　思考题图

2.6.2　断面图

1. 断面图的形成

假想用一剖切面将物体的某处切断，仅画出该剖切面切到部分的图形，称为断面图。如图 2.70(a)、(c)所示，断面图的轮廓线用粗实线绘制。

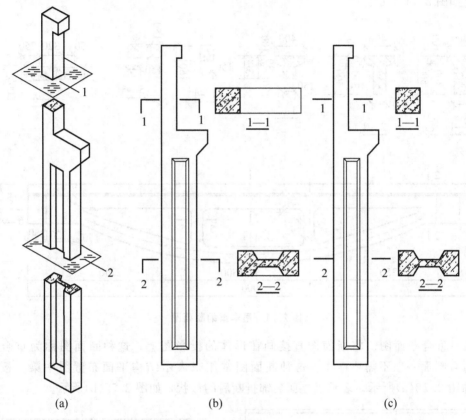

图 2.70　断面图的形成
(a)直观图；(b)剖面图；(c)断面图

2. 断面图的画法

断面图的剖切符号只画剖切位置线，也画粗实线。断面编号采用阿拉伯数字，按顺序连续编排，并注写在剖切位置线一侧，编号所在的一侧，即表示该断面的投射方向。在对应的断面图下方注写对应的断面编号，如图 2.70(c)所示。

3. 剖面图与截面图的区别

(1) 所表达的对象不同。剖面图是被剖开部分形体的投影，是体的投影；断面图是剖切平面与被剖切形体相交断面的投影，是面的投影，所以断面图必包含在剖面图内，如图 2.70(b)所示。

(2) 剖切符合的标注不同。断面图的剖切符合只画剖切位置线，不画投射方向线，投

射方向用编号的注写位置来表示。编号写在剖切位置线左侧，表示向左投影，如图 2.70 所示；而剖面图的剖切符号要画剖切位置线和投影方向线两部分。

4. 断面图的种类

根据断面图布置位置的不同，断面图可以分为移出断面、重合断面和中断断面 3 种。

(1) 移出断面图。将形体的截面图画在投影图的外侧，称为移出截面图，比例可适当放大，如图 2.71 所示。

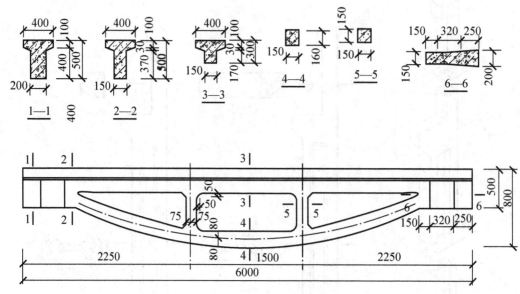

图 2.71 吊车梁的断面图

(2) 重合断面图。将断面图直接画在形体的投影图上，这种断面图称为重合断面图。重合断面一般不需要标注。这种断面图常用来表示结构平面布置图中梁、板断面图，如图 2.72(a)所示。表示墙立面装饰折断后的形状，如图 2.72(b)所示。

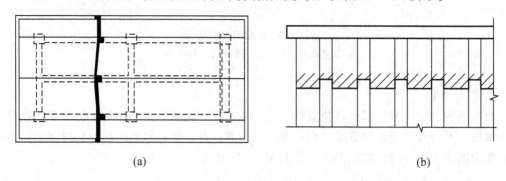

(a)　　　　　　　　　　　　　　　　　　　(b)

图 2.72 重合断面

(a) 结构平面图与断面图重合；(b) 墙立面图与断面图重合

(3) 中断断面。将断面图画在投影图的中断处，称为中断断面图。适用于外形简单细长的杆件，中断断面图不需要标注，如图 2.73 所示。

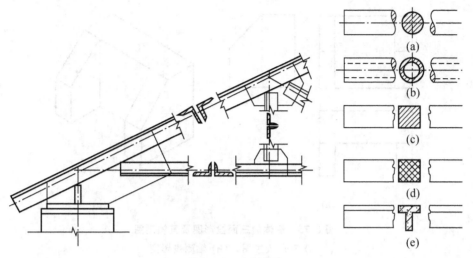

图 2.73　中断断面

 观察与思考

如图 2.74 所示，作檩条的 1—1、2—2 断面图。

作题要点：读懂形体，找到剖切位置及投影方向；按其线型要求作断面图，并注写图名。

注意 1—1 的方向(1—1 断面图很容易出错)。

图 2.74　思考题图

2.7　轴测图简介

前面介绍的正投影图能完整准确地反映出物体的形状和大小，而且作图简便，所以在工程实践中被广泛采用，如图 2.75(a)所示。但是，这种图缺乏立体感，缺乏读图基础的一般不容易看懂，有时需要一种具有立体感强的辅助图样——轴测投影图来表达。轴测投影图一般不易反映物体各表面的实形，它的度量性差，同时作图较三面投影复杂，如图 2.75(b)所示。但由于它的立体感强，弥补了三面投影的不足，所以轴测投影图作为辅助样，可以帮助人们更好地读懂三面投影图。

2.7.1　轴测投影的基本知识

1. 轴测图的形成

轴测投影与正投影的投射光线都是平行光线，都属于平行投影，但轴测投影面只有一

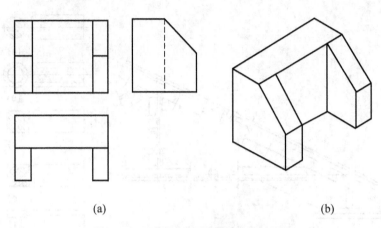

(a)　　　　　　　　　　　　　　　　　　(b)

图 2.75　形体的三面投影图及其轴测图

(a) 三面投影图；(b) 轴测投影图

个，这个投影面就是轴侧投影面，为了在单一的轴侧投影面上反映空间物体的三面投影，一般采用以下两种方法。

(1) 如图 2.76(a)所示，在物体上与物体长、宽、高 3 个主要方向相一致地加上一个空间直角坐标系 $O-XYZ$，图中与物体的 3 个主要方向都倾斜的 P 面即是轴侧投影面，此时将投射光线 S 垂直于轴侧投影面 P 面，这时物体在轴侧投影面 P 面上的投影图即是正轴测图，而物体上的空间坐标轴与物体一起都投影到轴侧投影面 P 面上，空间直角坐标系 $O-XYZ$ 的 3 个轴投影到轴侧投影面 P 面上的 3 个轴即是轴侧投影轴。

(2) 如图 2.76(b)所示，在物体上与物体 3 个主要方向相一致地加上一个空间直角坐标系 $O-XYZ$，坐标系 $O-XYZ$ 中有两个主要方向平行于图中的轴侧投影面 P 面，此时将投射光线 S 倾斜于轴侧投影面 P 面，这时物体在轴侧投影面 P 面上的投影图即是斜轴测图，而物体上的空间坐标轴与物体一起都投影到轴侧投影面 P 面上，空间直角坐标系 $O-XYZ$ 的 3 个轴投影到轴侧投影面 P 面上的 3 个轴即是轴侧投影轴。

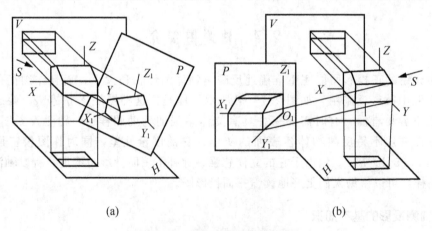

(a)　　　　　　　　　　　　　　　　　　(b)

图 2.76　轴测图的形成与类型

(a) 正轴测图；(b) 斜轴测图

作轴测图时，投影面 P 称为轴测投影面；空间形体直角坐标轴在轴测投影面上的投影 O_1X_1、O_1Y_1、O_1Z_1 称为轴测投影轴，简称为轴测轴；轴测轴之间的夹角 $\angle X_1O_1Y_1$、$\angle Z_1O_1X_1$、$\angle Z_1O_1Y_1$ 称为轴间角。轴测轴与空间直角坐标轴单位长度之比，称为轴向变形系数。其中 $p=O_1X_1/OX$ 称为 X_1 轴向变形系数；$q=O_1Y_1/OY$ 称为 Y_1 轴向变形系数；$r=O_1Z_1/OZ$ 称为 Z_1 轴向变形系数。为了方便说明下面我们把轴侧投影轴用 OX、OY、OZ 来表示。

2. 轴测图的类型

轴测图的分类方法有以下两种。

（1）按投影方向分。有正轴测图和斜轴测图。

（2）按轴向变形系数是否相等分。当 $p=q=r$ 时，称为正（或斜）等测图。当 $p=q\neq r$ 时，称为正（或斜）二测图。

在建筑制图中常用的轴测图有 3 种，即正等轴测图、正面斜二测图和水平斜等测图。

3. 轴测图的特性

由于轴测图是用平行投影法进行投影所得的一种投影图，因此轴测图仍然具有平行投影的投影特性。

（1）形体上互相平行的线段，在轴测投影中，仍然互相平行。

（2）形体上平行于直角坐标轴的线段，其轴测投影也仍然与相应的轴测轴平行，并且所有同一轴向的线段其变形系数是相同的。画轴测图时，形体上凡是与坐标轴平行的线段的尺寸（乘以轴向变形系数）可以沿轴向直接量取。所谓"轴测"就是指沿轴向进行测量的含义。

（3）形体上平行于轴测投影面的平面，在轴测投影图中反映实形。

2.7.2　正等轴测图

1. 轴间角和简化轴向变形系数

（1）轴间角。正等轴测图（简称正等测）中的轴间角 $\angle XOY=\angle XOZ=\angle YOZ=120°$。作图时，通常使 OZ 轴画成铅垂位置，然后画出 OX、OY 轴，如图 2.77 所示。

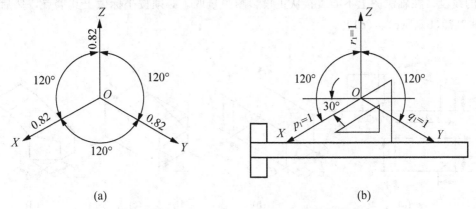

（a）　　　　　　　　　　　　　（b）

图 2.77　正等轴测图的轴间角和轴向变形系数

（a）轴间角及轴向变形系数；（b）轴测轴的画法及简化系数

（2）简化轴向变形系数。正等测各轴的轴向伸缩系数都相等，由理论证明可知：$p_1 = q_1 = r_1 \approx 0.82$（证明略）。在画图时，物体的各长、宽、高方向的尺寸均要缩小约 0.82 倍。为了作图方便，通常采用简化的轴向伸缩系数 $p = q = r = 1$。作图时，凡平行于轴测轴的线段，可直接按实物上相应线段的实际长度量取，不必换算。这样画出的正等测图，沿各轴向的长度分别都放大了 $1/0.82 \approx 1.22$ 倍，但形状没有改变。

2. 正等测画法

正等测常用的基本作图方法是坐标法。作图时，先定出空间直角坐标系，画出轴测轴，再按立体表面上各顶点或线段的端点坐标，画出其轴测投影，然后分别连线，完成轴测图。下面以一些常见的图例来介绍正等测画法。

1）正六棱柱

分析：如图 2.78 所示，正六棱柱的前后、左右对称，将坐标原点 O。定在上底面六边形的中心，以六边形的中心线为 x 轴和 y 轴。这样便于直接做出上底面六边形各顶点的坐标，从上底面开始作图。

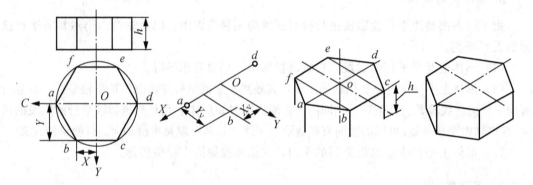

图 2.78　正六棱柱正等轴测图

2）切割型形体

分析：对于图 2.79（a）所示的形体，可采用切割法作图。把形体看成是一个由长方体被正垂面切去一块，再由铅垂面切去一角而形成。对于截切后的斜面上与 3 根坐标轴都不平行的线段，在轴测图上不能直接从正投影图中量取，必须按坐标做出其端点，然后再连线［图 2.79（b）、（c）、（d）］。

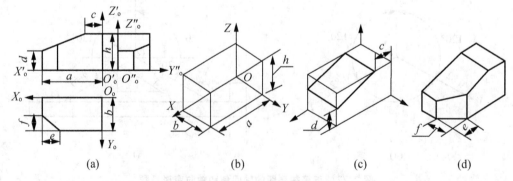

| (a) | (b) | (c) | (d) |

图 2.79　作切割型形体的正等测

在绘制轴测图时，应根据所画形体的形状和特点，选择正确的投影方向，常用的方向有 4 种情况，如图 2.80 所示。

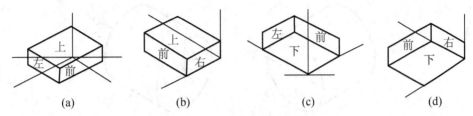

图 2.80　形体方位的选择

（a）由上、前、左向下、后、右作投影；（b）由上、前、右向下、后、左作投影；
（c）由下、前、左向上、后、右作投影；（d）由下、前、右向上、后、右作投影

如图 2.81(a)所示的形体底部较复杂，轴测图应反映形体底部的形状，选择如图 2.81(c)的方位较好，图 2.81(b)的方位欠佳。

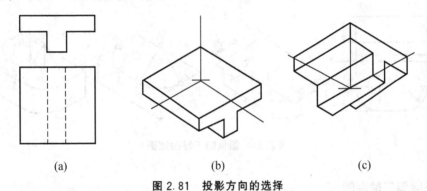

图 2.81　投影方向的选择

（a）投影图；（b）轴测图反映顶部；（c）轴测图反映底部

阅读资料

1. 圆柱

分析：如图 2.82 所示，直立圆柱的轴线垂直于水平面，上、下底为两个与水平面平行且大小相同的圆，在轴测图中均为椭圆。可根据圆的直径ϕ和柱高 h 做出两个形状、大小相同，中心距为 h 的椭圆，然后作两椭圆的公切线即成。

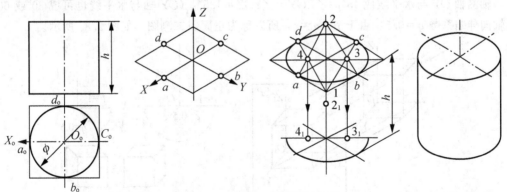

图 2.82　圆柱的正等轴测图

当圆柱轴线垂直于正面或侧面时，轴测图画法与上述相同，只是圆平面内所含的轴线应分别为 X、Z 和 Y、Z 轴，如图 2.83 所示。

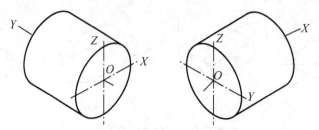

图 2.83　不同方向圆柱的正等测

2. 圆角平板

分析：平行于坐标面的圆角是圆的一部分。特别是常见的四分之一圆周的圆角，如图 2.84 所示，其正等测恰好是上述近似椭圆的 4 段圆弧中的一段。

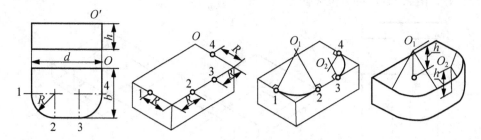

图 2.84　圆角的正等轴测图

2.7.3　正面斜二轴测图

1. 轴间角和轴向变形系数

轴测投影面 P（用 V 面代替）平行于形体的坐标面 $X_0O_0Z_0$，投射方向倾斜于轴测投影面时，所得的轴测图即为正面斜轴测图。由于 $X_0O_0Z_0$ 坐标面平行于 V 面，所以轴测轴 OX、OZ 分别为水平和铅垂方向，轴间角 $\angle XOZ=90°$，轴向伸缩系数 $p=q=1$。垂直于轴测投影面的坐标轴 Y_0 轴，它的轴测投影方向和长度，将随着投影线方向的不同而变化。一般情况下，轴测轴 OY 与水平线成 $45°$，$\angle XOY=\angle YOZ=135°$，（$OY$ 轴与水平线也可成 $30°$ 或 $60°$）其轴向伸缩系数 $q=0.5$，由于 $p=q\neq r$，所以称为正面斜二测图，如图 2.85 所示。

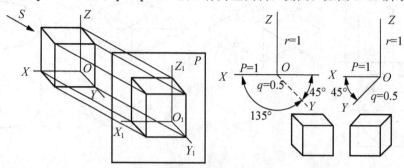

图 2.85　正面斜二测图的轴间角和轴向变形系数

2. 正面斜二测画法

由于正面斜二测图能反映物体正面的实形，所以常被用来表达正面（或侧面）形状较复杂（如圆形）的形体。画图时应使物体的特征面与轴测投影面平行，然后利用特征面的投影反映实形求出物体的斜二测图。下面以一些典型图例说明正面斜二测画法。

 应用案例 2-12

作拱门的正面斜二测图，如图 2.86(a)所示。

分析

拱门由地台、墙体和门洞组成，其中门洞的正面形状带有圆弧较复杂，故应将该面作为特征面，平行于轴测投影面放置，其轴测投影反映拱门正面投影的实形，作图时应注意 OY 轴方向各部分的相对位置以及可见性[图 2.86(b)、(c)、(d)]。

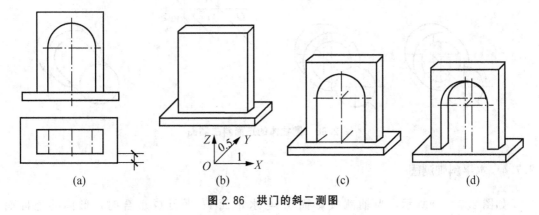

(a)　　　(b)　　　(c)　　　(d)

图 2.86　拱门的斜二测图

 应用案例 2-13

作台阶正面斜二测图，如图 2.87 所示。

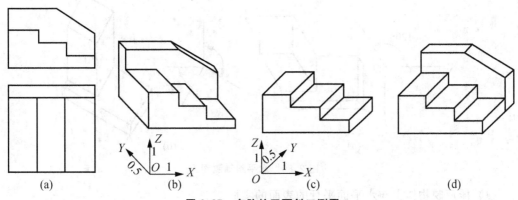

(a)　　　(b)　　　(c)　　　(d)

图 2.87　台阶的正面斜二测图

分析

在正面斜二测图中，轴测轴 OX、OZ 分别为水平线和铅垂线，OY 轴根据投射方向确定。如果选择由右向左投射，如图 2.87(b) 所示，台阶的有些表面被遮或显示不清楚，而选择由左向右投射，台阶的每个表面都能表示清楚，如图 2.87(c) 所示。所以在绘制轴测图时，应根据所画形体的形状和特点，选择正确的投影方向 [图 2.87(d)]。

阅读资料

图 2.88 为圆柱体的正面斜轴测图作图步骤，注意圆柱体的轮廓线的画法。

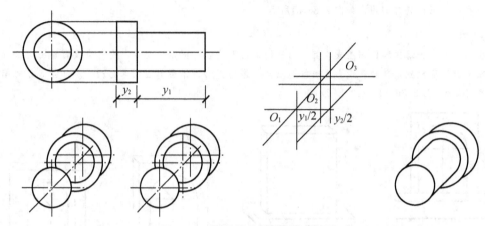

图 2.88　圆柱体的正面斜二测图

2.7.4　水平斜轴测图

如图 2.89(a) 所示，当轴测投影面 P 与水平面 H 平行或重合时，形体的坐标面 $X_0O_0Y_0$ 平行于轴测投影面，投影线方向倾斜于轴测投影面，所得的轴测投影称为水平斜轴测图。考虑到建筑形体的特点，习惯上将 OZ 轴竖直放置，如图 2.89(b) 所示。水平斜轴测图的特点如下。

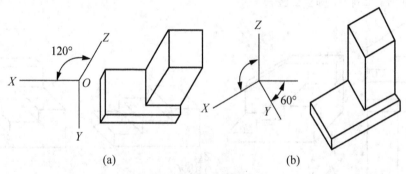

图 2.89　水平斜轴测图

（1）能反映物体上与水平面平行的表面的实形。

（2）轴间角分别为：$\angle XOY = 90°$，$\angle YOZ$ 和 $\angle XOZ$ 则随着投影线与水平面间的倾角变化而变化。通常可取 $\angle XOZ = 120°$，则 $\angle YOZ = 150°$。

轴向变形系数：$p=q=1$ 是始终成立的；可取 $r=1$。

（3）具体作图时，只需将建筑物的平面图绕着 Z 轴旋转（通常按逆时针方向旋转30°），然后再画高度尺寸即可。

应用案例 2-14

作出如图 2.90(a)所示建筑小区的水平斜轴测图。

分析

作图可按下列步骤进行。

（1）将小区的平面布置图旋转到与水平方向成 30°角的位置处。

（2）从各建筑物的每个角点向上引垂线，并在垂线上量取相应的高度，画出建筑物的顶面投影。

（3）检查后擦除多余的图线，同时加深可见轮廓线，完成全图，如图 2.90(b)所示。

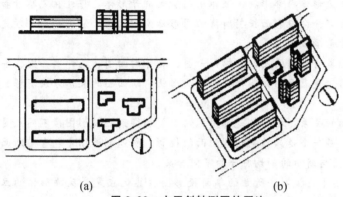

(a)   (b)

图 2.90 水平斜轴测图的画法

（a）正投影图；（b）水平轴测图

根据图 2.91(a)、(b)的投影图，分别做出形体的轴测图。

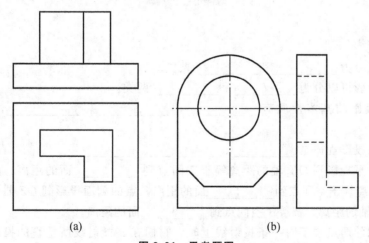

(a)   (b)

图 2.91 思考题图

（a）作正等测图；（b）作正面斜二测图

本章小结

（1）形体的三面投影图必定符合长对正、高平齐、宽相等的投影关系。

（2）点、线、面的投影是基础，要熟练掌握各种位置的直线和平面的投影规律，并能根据投影判断它们的空间位置。

（3）基本形体的投影是组合体投影的基础，本章讲述了平面体的棱柱、棱锥以及曲面体的圆柱、圆锥、球体的投影，要熟练掌握这些形体的投影特性，并能读懂它们的投影图。

（4）组合体的构成方式有叠加式、切割式、综合式3种，在绘制和识读组合体投影图时，应首先分析它的构成方式，然后按照其构成方式来绘制投影图和识读投影图。

（5）识读组合体投影图，常采用形体分析法和线面分析法，在此要熟练掌握投影图中的线框的含意。

（6）为了清晰表达形体内部形状，假想用剖切面剖开形体，将处在观察者和剖切面之间的部分移去，而将其余部分向投影面投射所得的图形称为剖面图。看剖面图，须先弄清剖面图的相关概念，这样才能看懂剖面图。

（7）剖面图的种类有全剖面图、阶梯剖面图、展开剖面图、局部剖面图、半剖面图。

（8）断面图的用途是表示形体某部位的断面形状。断面图的表示方法有移出断面、中断断面、重合断面3种。

（9）剖面与断面的关系：相同点是都用剖切面剖切得到的投影图；不同点是剖切后一个是作剩下形体的投影，另一个是只作剖切到的面的投影。所以剖面图中包含着断面。

（10）要区分剖面与断面的剖切符合的不同含义。

（11）轴测图是用平行投影法所做的单面投影图。其优点是能反映形体的立体形状，具有较强的直观性，常用作工程上的辅助图样。

（12）轴测图分为正轴测和斜轴测。常用的有正等测和正面斜轴测。

（13）画轴测图的基本方法是坐标法。

习 题

一、填空题

1. 投影可分为_____和_____两类。

2. 平行投影可以分为_____和_____两类。

3. 平行投影的基本性质有_____，_____，_____，_____，_____。

4. 三面正投影规律是_____、_____、_____。

5. 点的水平投影到 OX 轴的距离等于空间点到_____面的距离，点的正面投影到 OX 轴的距离等于空间点到_____面的距离，点的侧面投影到 OZ 轴的距离等于水平投影到 OY 轴的距离，都等于空间点到_____面的距离。

6. 当空间的两点位于同一条投射线上时，它们在该投射线所垂直的投影面上的投影重合为一点，这时称该两点为对该投影面的_____。

7. 直线在三面投影体系中的位置，可以分为_____、_____、_____。

8. 平面在三面投影体系中的位置，可以分为_____、_____、_____。

9. 基本体按其表面的几何形状分为_____和_____两部分。

10. 剖面图的种类有_____、_____、_____、_____；断面图的种类有_____、_____、_____。

二、名词解释

1. 投影面的一般位置线

2. 投影面的平行线

3. 投影面的垂直线

4. 投影面的一般位置面

5. 投影面的平行面

6. 投影面的垂直面

三、简答题

1. 投影是如何分类的？各类投影有哪些特点？

2. 三面投影是如何展开的？3个正投影图之间有怎样的投影关系？3个投影面反映了形体的哪几个方向的情况？

3. 平行投影特性有哪些？

4. 各种位置直线、平面的投影特性是什么？

5. 棱柱体、棱锥体的投影有哪些特性？

6. 圆柱体、圆锥体、球体的投影有哪些特性？

7. 组合体的构成方式有哪些？怎么绘制组合体的三面视图？基本体和组合体标注尺寸有什么异同点？

8. 识读组合体投影图的基本方法有哪些？

9. 剖面图是怎样形成的？常见的剖面图种类有哪些？

10. 断面图是怎样形成的？常见的断面图表示方法有哪些？

11. 剖面图与断面图的区别有哪些？

12. 轴测图是怎样形成的？试述轴测图的分类有哪些。

13. 正等测图的轴间角及简化系数各为多少？

14. 正面斜二测图的轴间角及变形系数各为多少？

四、作图题

1. 如图2.92所示对号入座，体会三面正投影图的"长对正，宽相等，高平齐"。

2. 如图2.93所示已知点的两面投影，求第三面投影，给下面的点编号，标出其三面投影，并想象出各点在三面体系中的空间位置。

3. 作直线的投影。①如图2.94（a）已知直线 CD 端点 C 的两面投影投影，CD 长25mm且垂直 H 面，D 在 C 的下方，求其第三面投影；②如图2.94（b）已知直线 $EF /\!/ V$ 面，F 点在 E 点上方10mm，求其另外两面投影。

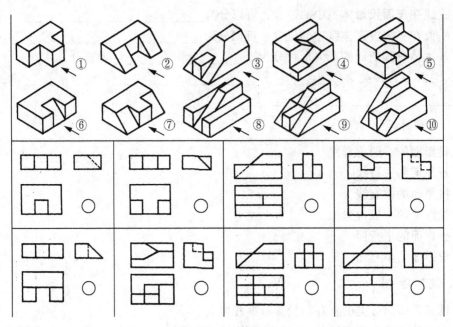

图 2.92 习题 1 图

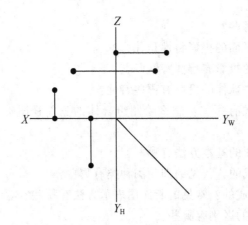

图 2.93 习题 2 图

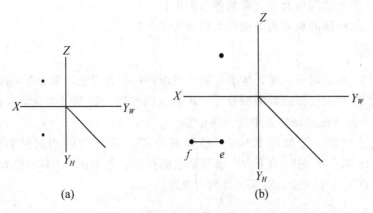

(a)   (b)

图 2.94 习题 3 图

4. 给图 2.95 所示的三棱锥各点编号并在图上标注，说明该三棱锥的 6 条线是什么位置线，4 个面是什么位置平面。

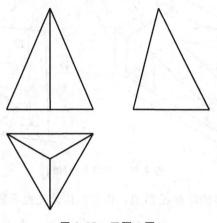

图 2.95　习题 4 图

5. 图 2.96 中是圆柱的切割体轴侧图，先确定主视方向，再画三视图。

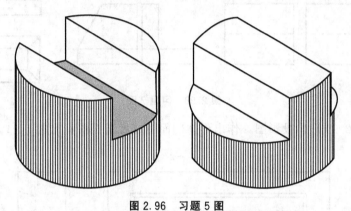

图 2.96　习题 5 图

6. 完成图 2.97 中的三视图，标注视图方向，并将尺寸标注正确。尺寸从图中量取。

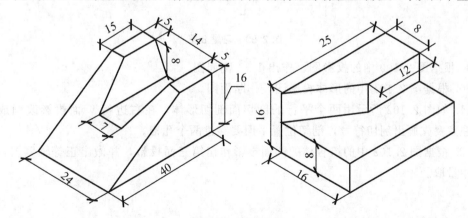

图 2.97　习题 6 图

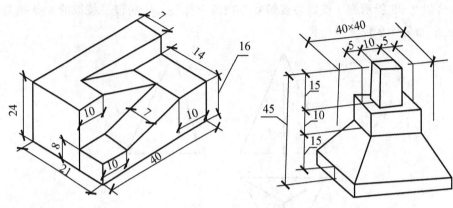

图 2.97 习题 6 图(续)

7. 根据图 2.98 中形体的两面投影图，作出形体第三面投影图。

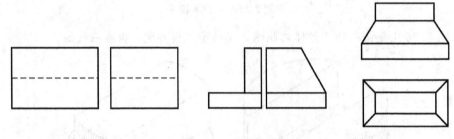

图 2.98 习题 7 图

8. 根据图 2.99 形体投影图，作出形体剖面图或者断面图，比例 1∶1。

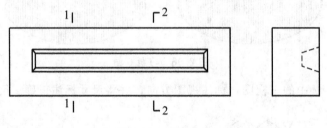

图 2.99 习题 8 图

9. 根据图 2.100 中的投影图，作出 1—1 剖面图。

10. 根据图 2.101 中的形体投影图，作断面图。

11. 如图 2.102 所示用两个平行的剖切面剖切形体，在右边将 V 面投影改画成剖面图。注意要先画出剖切符号，剖切位置平面要穿过两个孔槽。

12. 根据图 2.103 中的组合体的两面投影作出第三面投影，并做出正等轴侧图，尺寸在图中量取。

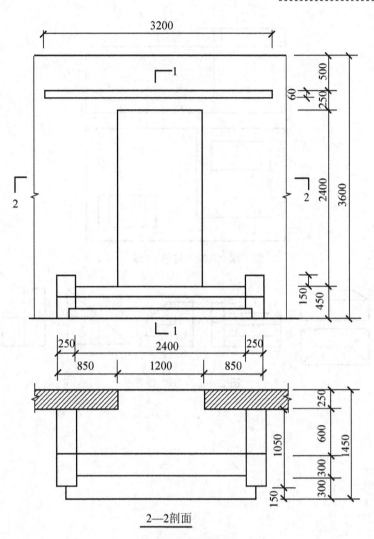

2—2剖面

图 2.100 习题 9 图

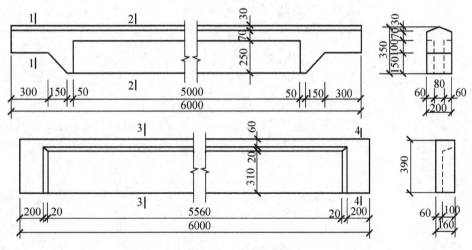

图 2.101 习题 10 图

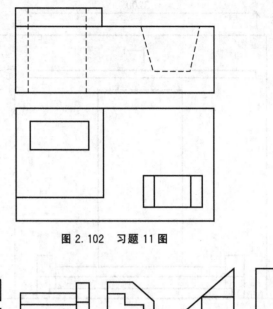

图 2. 102　习题 11 图

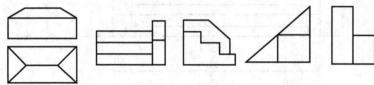

图 2. 103　习题 12 图

第3章

建筑构造与建筑施工图概述

教学目标

初步了解建筑物的构造组成部分及其作用，掌握建筑的主要分类和等级划分，理解建筑模数的概念并了解模数的基本应用，熟练掌握常见的建筑方面的名词。掌握建筑施工图的常见符号。掌握常见的视图方向，掌握建筑施工图的形成原理和图名的命名方式。

教学要求

知识要点	能力要求	相关知识	权重
建筑的分类和等级划分	思考不同种类建筑的立面形象有不同的特点	建筑使用功能、建筑施工图的阅读	15%
建筑的构造组成以及作用	思考建筑各组成部分的视图表示	建筑的承重骨架	15%
建筑模数	观察施工图中的标注的尺寸的特点	标志尺寸、构造尺寸、实际尺寸	10%
视图方向	理解施工图的形成原理和图名的命名	建筑施工图的表达内容	15%
建筑方面常见的名词	思考部分名词在图中的表示	建筑施工图的阅读	20%
建筑施工图的常见符号	读施工图找出详图符号	建筑施工图的表达内容	25%

一般来说建筑的目的是创造一种室内空间，提供人们从事各种活动的场所，因而建筑物是室内外空间的形成。从室内空间的形成可以理解建筑物的组成部分，一般建筑物都建筑在地球上，与地基接触的部分就是建筑物底下的构件基础，室内空间与室外空间的分界是外墙和屋顶，室内空间水平用墙分隔成小的空间，竖向用楼板分隔，首层是室内地坪或者架空的楼板，有高度差的地方相联系的交通工具是楼梯、电梯、台阶和坡道，每个建筑物都会有门和窗户，这就是建筑的 6 个组成部分，不同类型的房屋的组成部分相同，但具体的构件类别会有所不同。

建筑施工图识读时会涉及一些名词和符号，本章为你扫清读图过程中的这些障碍。从投影的原理方面理解建筑施工图的形成、表达内容和图名的命名是非常重要的。

3.1　建 筑 的 分 类 与 等 级 划 分

 问题引领

某建筑设计说明的第二点说明其中有：①建筑名称，某单位综合楼，②概况，本工程共 5 层，建筑设计年限：50 年，结构类型：框架结构，耐火等级：二级，屋面防水等级：Ⅱ级。那么其中的有关名词你有疑问吗？读完本节你能弄清楚一部分名词的含义。

3.1.1　建筑物的分类

建筑物的分类有很多，下面仅介绍《民用建筑设计统一标准》（GB 50352—2019）中建筑按使用功能和层数或者高度分类。

建筑按使用功能分民用建筑、工业建筑和农业建筑。其中的民用建筑的分类见表 3-1。

表 3-1　民用建筑分类

	特征或者实例		按地上建筑高度或层数分类	
民用建筑	居住建筑	住宅，公寓，宿舍，别墅	建筑高度≤27m 为低层或多层民用建筑，27m＜建筑高度≤100m 为高层民用建筑	高度≥100m 属于超高层建筑
	公共建筑	文教医疗通信娱乐建筑等	建筑高度≤24m 为低层或多层民用建筑，24m＜建筑高度≤100m 的非单层公共建筑为高层民用建筑	

3.1.2　民用建筑的等级划分

为了便于控制不同类别的建筑的质量，从建筑物的重要性、耐久、耐火、防水、热工、隔声减噪、安全防范、采光、材料、抗震设防等多方面制定了相关等级或者类别要求，下面只介绍建筑物的设计使用年限和按耐火性进行的等级划分。

1. 设计使用年限

我国《民用建筑设计统一标准》(GB 50352—2019)中规定：民用建筑的设计使用年限应符合表3-2的规定。

表3-2 使用年限分类

类别	设计使用年限(年)	示　　例
1	5	临时性建筑
2	25	易于替换结构构件的建筑
3	50	普通建筑和构筑物
4	100	纪念性建筑和特别重要的建筑

2. 按耐火性能分等级

 阅读资料

2001年9月11日，美国纽约两幢110层的世贸大厦遭受恐怖袭击，被劫持飞机撞击大楼后发生大火，约2 600人罹难，大楼内大部分人(4万~5万)在该建筑倒塌前(受损较严重的南楼在撞击后近1个小时后倒塌)得以疏散逃生。这里自撞击和火灾发生起到建筑结构发生垮塌的时间是决定人们是否能够逃生的关键，而建筑结构发生火灾时维持时间的长短则决定于建筑结构构件材料本身的耐火性能。

然而大多数建筑发生火灾时建筑物倒塌之前或者并没有倒塌也引起了重大的伤亡。2009年1月31日福建长乐酒吧火灾，在建筑面积不到200m²的酒吧里面被火烧过的面积只有30m²，然而却是死亡人数达到15人的重大火灾。2008年9月20日，深圳一俱乐部发生火灾，900m²的面积仅仅100m²的天花板着火却让44人惨遭不幸。这两起火灾的直接原因，前者是因为顾客在室内燃烟花引燃连在天花板上起隔音作用的海绵，后者是表演者表演放焰火时引燃天花板，天花板中的易燃有毒材料燃烧，在很短时间里夹杂着毒气放出浓烟扩散将人们包围。

建筑发生火灾的危害是如此巨大，据央视报道(央视今日说法20140124期)2013年人员密集场所发生的火灾有5.3万起，死亡399人，受伤409人，直接财产损失接近8亿元。这些火灾普遍有一些共同点：一是人们的消防意识淡薄，二是在火灾中的逃生意识和自救技巧的缺乏，三是建筑物某些部位使用了易燃可燃甚至有毒的材料，有些建筑物的设计没有达到消防安全要求。

尽管人们逃生疏散的快慢和难易与多种因素等相关，但为了防止和减少火灾的危害，要预防为主，结合建筑的用途和重要性给建筑耐火制定相应的等级，并设置相应的防火措施和设施。建筑工程，一般的防火规范有《人民防空工程设计防火规范》《建筑设计防火规范》《高层民用建筑设计防火规范》《村镇建筑设计防火规范》《建筑内部装修设计防火规范》。本节介绍《建筑设计防火规范》[GB 50016—2014(2018年版)]中建筑物的耐火等级分类及有关内容。

划分建筑物耐火等级的目的在于根据建筑物的用途和重要性不同提出不同的耐火等级要求，做到既有利于安全，又有利于节约基本建设投资。现行《建筑设计防火规范》[GB 50016—2014(2018年版)]中将民用建筑物的耐火等级划分为四级，见表3-3。

建筑物的耐火等级是由组成建筑物的主要构件的燃烧性能和耐火极限来确定的。

1) 建筑构件的燃烧性能

构件的燃烧性能分为3类：燃烧体(如木材、纸板、胶合板等)，难燃烧体(如水泥、石棉板、沥青混凝土构件、木板条抹灰等)，不燃烧体或者叫非燃烧体(如砖、石、钢筋混

凝土、金属材料等）。

2）建筑构件的耐火极限

耐火极限指建筑构件、配件在规定的耐火试验条件下，从受到火的作用时起，到失去支持能力或完整性被破坏或失去隔火作用时为止的这段时间，用小时表示。根据建筑物的耐火等级，其构件的燃烧性能和耐火极限不应低于表3-3的规定。

表3-3　建筑物构件的燃烧性能和耐火极限

构件名称		一级	二级	三级	四级
墙	防火墙	不燃烧体 3.00	不燃烧体 3.00	不燃烧体 3.00	不燃烧体 3.00
	承重墙	不燃烧体 3.00	不燃烧体 2.50	不燃烧体 2.00	难燃烧体 0.50
	非承重外墙	不燃烧体 1.00	不燃烧体 1.00	不燃烧体 0.50	燃烧体
	楼梯间、电梯井的墙 住户单元之间的墙，住宅分户墙	不燃烧体 2.00	不燃烧体 2.00	不燃烧体 1.50	难燃烧体 0.50
	疏散走道两侧的隔墙	不燃烧体 1.00	不燃烧体 1.00	不燃烧体 0.50	难燃烧体 0.25
	房间隔墙	不燃烧体 0.75	不燃烧体 0.50	难燃烧体 0.50	难燃烧体 0.25
柱		不燃烧体 3.00	不燃烧体 2.50	不燃烧体 2.00	难燃烧体 0.50
梁		不燃烧体 2.00	不燃烧体 1.50	不燃烧体 1.00	难燃烧体 0.50
楼板		不燃烧体 1.50	不燃烧体 1.00	不燃烧体 0.50	燃烧体
屋顶承重构件		不燃烧体 1.50	不燃烧体 1.00	燃烧体	燃烧体
疏散楼梯		不燃烧体 1.50	不燃烧体 1.00	不燃烧体 0.50	燃烧体
吊顶（包括吊顶搁栅）		不燃烧体 0.25	难燃烧体 0.25	难燃烧体 0.15	燃烧体

注：（1）除本规范另有规定者外，以木柱承重且以不燃烧材料作为墙体的建筑物，其耐火等级应按四级确定。

（2）二级耐火等级的建筑物吊顶，如采用不燃烧体，其耐火极限不限。

（3）在二级耐火等级的建筑中，面积不超过100m²的房间隔墙，如执行本表的规定确有困难时，可采用耐火等级不低于0.3h的不燃烧体。

（4）一、二级耐火等级建筑疏散走道两侧的隔墙，按本表规定执行确有困难时，可采用0.75h不燃烧体。

（5）三级耐火等级的下列建筑或部位的吊顶，应采用不燃烧体或者耐火极限提高至二级。①医院疗养院、中小学校、老年人建筑及托儿所、幼儿园的儿童用房和儿童游乐厅等儿童活动场所。②3层及3层以上建筑中的门厅、走道。

（6）一、二耐火等级建筑的上人平屋顶，其屋面板的耐火极限分别不低于1.5h和1.00h，一、二级耐火等级建筑的屋面板，应采用不燃烧材料，但其屋面防水层和绝热层可采用可燃烧材料。

非高度民用建筑的耐火等级、最多允许层数和防火分区最大允许建筑面积的关系，如表3-4。

表3-4　非高度民用建筑的耐火等级、最多允许层数和防火分区最大允许建筑面积

耐火等级	最多允许层数	防火分区的最大允许建筑面积/m²	备 注
一、二级	建筑高度不大于27m的住宅建筑（包括设置商业服务网点的居住建筑），建筑高度不大于24m的公共建筑及建筑高度大于24m的单层公共建筑	2500	对于体育馆、剧院的观众厅，防火区的最大允许建筑面积可适当增加
三级	5层	1200	
四级	2层	600	
一级	地下、半地下建筑（室）	500	—

 阅读资料

（1）常识：常见的易燃易爆物品有：汽油，白乳胶，油漆，液化器，香蕉水，烟花爆竹等，不要携带这类物品进入公共场所和乘坐公共交通工具。

（2）火灾时火势蔓延非常快，因而要观察灭火设施放置位置，在发生最初的起火点之后应该抓住最佳的灭火时机及时灭火。

（3）公共场所一般会在大门口、电梯口、楼道口或者房门后等醒目位置张贴出该区域的逃生疏散图，因此去这些场所要有意识地观察安全出口和疏散通道的位置。对长期生活工作学习的场所，要对建筑物的结构和逃生路径了然于胸。只有这样才能在危机来到时快速反应在第一时间安全撤离。

（4）火灾发生后燃烧区域会产生大量的有毒烟气，烟气比较轻，因此必须穿过浓烟逃生时，应将衣服或者棉被用水浸湿保护好头部和身体，同时用毛巾捂住口鼻，尽量使身体贴近地面靠着墙边弯腰低姿前行。

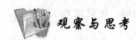

你知道我国的"消防日"是哪一天吗？你会使用各种类型的灭火器吗？

3.2 建筑的构造组成及作用

问题引领

人们通过把各类机器设备拆成不同的零件、部件来认识它的组成。如认识汽车，把汽车看成由发动机、底盘、车身、电气设备4大部分组成，然后再去认识每一部分；要自己组装电脑主机，也要先认识主机里面的组成部分。那么是否可以把建筑这个"住人的机器"也拆一下，认识每个组成部分的作用，然后分析其构造原理和构造层次？

一般的民用建筑是由基础、墙和柱、楼地层、楼梯、屋顶、门窗6大主要部分组成的（图3.1）。各组成部分的特征、作用和构造要求表3-5。

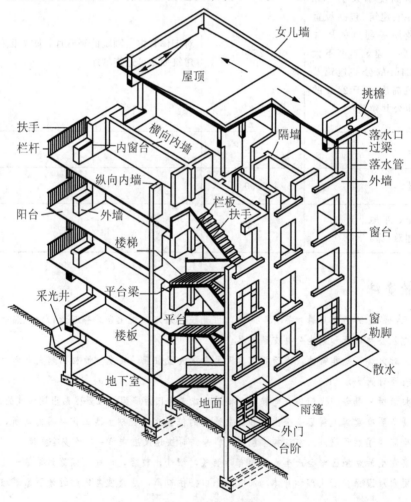

图 3.1　建筑的构造组成

表3-5 建筑物的组成

房屋基本组成部分	特 征	作 用	构造要求
基础	基础位于建筑物的最下部,埋于自然地坪以下,承受上部传来的所有荷载,并把这些荷载传给下面的土层	承受上部传来的所有荷载	坚固、稳定、耐久、能经受冰冻、地下水及所含化学物质的侵蚀,保持足够的使用年限
墙和柱	墙或柱是房屋的竖向承重构件和围护构件	承受着由各楼层和屋盖传来的荷载,把这些荷载可靠地传给基础;外墙还有围护的功能,抵御风霜雪雨及寒暑对室内的影响;内墙还有分隔房间的作用	满足强度和稳定性要求;墙体还要求保温、隔热、隔声
楼地层	楼板层与地坪层	承受和传递水平和竖向荷载:楼板层自重及其上的荷载,水平支撑墙或柱,传递风、地震等侧向水平荷载	要有足够的强度和刚度以及良好隔声、防渗漏性能;首层地面要防潮
楼梯	建筑的垂直通行设施	平时、紧急状态下的通行和疏散	有足够的通行尺寸,坚固、耐磨、防滑、防火
屋盖	建筑物顶部的围护构件和承重构件	承受和传递水平和竖向荷载;围护作用	足够的强度、刚度、防水、保温、隔热等性能
门和窗	非承重的围护构件,也称为配件	门主要起供人们通行和疏散的交通和分隔房间的作用;窗主要起通风、采光、分隔、眺望等围护作用	门、窗应具有保温、隔热、隔声、防火的能力

观察与思考

观察身边的建筑物,除了有以上6大组成部分以外,还设置了哪些其他的建筑构造设施呢?观察图3.1,你能找出哪些构件呢?

3.3 建筑模数协调统一标准

问题引领

机器的零件、部件可以由不同厂家流水线生产再组装,从而实现现代工业化,提高生产效率,这其中的零件的尺寸规格肯定有一定规律的。那么建筑能否也能像机器一样生产?

图3.2(a)是移动的集装箱房屋内景,图3.2(b)是某活动房外形,像机器样子的移动房屋一直是人们研究建筑的方向之一。传统的房屋、移动的房屋的尺寸要符合人体工程学,要想实现工业化生产必须像

机器一样使整个房屋和"房屋的零件"尺寸在符合人使用舒适的同时既要规格少又要有一定的变化,这样建筑和"建筑零件"的尺寸要符合一定的规律,即符合模数制。在符合模数制基础上从建筑设计标准化、构配件生产工厂化、施工机械化3个方面实现建筑的工业化。

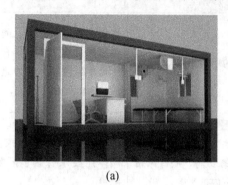
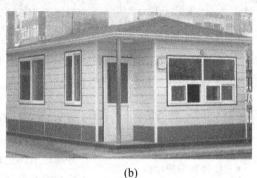

(a)　　　　　　　　　　　(b)

图 3.2　集装箱房屋

1. 建筑标准化

把零星松散的建筑材料,通过专业化工厂进行批量生产,制成各种建筑构配件,进行施工现场的机械化装配,即实现建筑工业化。

建筑工业化的内容是:建筑设计标准化;构配件生产工厂化;施工机械化。

建筑设计标准化包括建筑设计的标准和建筑设计的标准化两个方面。建筑设计的标准是指制定的各种建筑方面的法规、规范和标准,是设计的依据。建筑设计的标准化是指在大量性建筑的设计中推行标准化设计,在设计中可以选用国家或者地区通用的标准图集,提高工作效率。

 阅读资料

为了加快设计和施工速度,提高设计与施工质量,把建筑工程中常用的、大量性的构件、配件按统一模数、不同规格设计出系列施工图,供设计部门、施工企业选用,这样的图称为标准图。标准图装订成册后,就称为标准图集或通用图集。标准图(集)的适用范围为:经国家部、委批准的,可在全国范围内使用;经各省、市、自治区有关部门批准的,一般可在相应地区范围内使用。除建筑、结构标准图集外,还有给水排水、电气设备、道路桥梁等方面的标准图。

实行建筑标准化,可以避免重复设计,也可以减少建筑构配件的规格,构件生产厂家和施工单位也可以针对标准构配件的应用情况组织生产和施工,从而提高效率保证施工质量,降低造价,提高效益。

 阅读资料

构配件:由建筑材料制造成的独立的部件,其3个方向有规定的尺度,是构件与配件的统称,构件如柱、梁、楼板、屋面板,屋架等,配件如门窗等。

2. 建筑模数制

为了实现建筑工业化大规模生产,使不同材料、不同形式和不同制造方法的建筑构配件、组合件具有一定的通用性和互换性，加快设计速度提高施工质量和效率，我国制定了《建筑模数协调统一标准》（GBJ 2—86），在这个标准中规定了建筑模数和模数协调原则。

建筑模数是指选定的尺寸单位，作为尺度协调中的增值单位，也是建筑设计、建筑施工、建筑材料与制品、建筑设备、建筑组合件等各部门进行尺度协调的基础。

（1）基本模数：基本模数的数值规定为 100mm，符号表示为 M，即 1M＝100mm。整个建筑物或其中一部分以及建筑组合件的模数化尺寸均应是基本模数的倍数。

（2）导出模数：导出模数分为扩大模数和分模数。

扩大模数：指基本模数的整倍数。其中水平扩大模数的基数为 3M、6M、12M、15M、30M、60M；竖向扩大模数的基数为 3M、6M。

分模数：指整数除基本模数的数值。分模数的基数为 M/10、M/5、M/2。

（3）模数数列：指以选定的模数基数为基础展开的数值序列，由基本模数、扩大模数、分模数扩展成的一系列尺寸。比如基本模数数列是以 1M 为基础的，有（1～36）M 个数列。扩大模数数列中以 3M 为基础的有（1～25）3M 个数列，以 6M 为基础的有（1～16）6M 个数列、以 12M 为基础的有（1～10）12M 个数列、以 15M 为基础的有（1～8）15M 个数列、以 30M 为基础的有（1～12）30M 个数列、以 60M 为基础的有（1～6）60M 个数列。分模数以 1/10M 为基础的有（1～20）M/10 个数列、以 1/5M 为基础的有（1～20）M/5 个数列、以 1/2M 为基础的有（1～20）M/2 个数列。

（4）模数数列的适用范围。

① 基本模数数列中，水平基本模数的数列幅度为（1～20）M。主要适用于门窗洞口和构配件断面尺寸。竖向基本模数的数列幅度为（1～36）M。主要适用于建筑物的层高、门窗洞口、构配件等尺寸。

② 扩大模数数列中，水平扩大模数数列的幅度基础是 3M、6M、12M、15M、30M、60M 的数列，主要适用于建筑物的开间或柱距、进深或跨度、构配件尺寸和门窗洞口尺寸。竖向扩大模数 3M 数列，主要适用于建筑物的高度、层高、门窗洞口尺寸。

③ 分模数 M/10、M/5、M/2 的数列，主要适用于缝隙、构造节点、构配件截面处尺寸。

 **阅读资料**

建筑设计和建筑模数协调中的尺寸

为了保证建筑制品、构配件等有关尺寸间的统一与协调，《建筑模数协调统一标准》规定，在建筑模数协调中尺寸分别为标志尺寸、构造尺寸、实际尺寸。

（1）标志尺寸。它是用以标注建筑物定位轴面、定位面或定位轴线、定位线之间的垂直距离（如开间或者柱距、进深或者跨度、层高等），以及建筑构配件、建筑组合件、建筑制品、有关设备位置界限之间的尺寸。标志尺寸应符合模数数列的规定。

（2）构造尺寸。它是建筑制品构配件等生产的设计尺寸。一般情况下，构造尺寸加上缝隙尺寸等于标志尺寸。缝隙尺寸的大小，也应符合模数数列的规定。

（3）实际尺寸。它是建筑制品、建筑构配件等的生产制造后的实有尺寸。实际尺寸与构造尺寸之间的差数（误差）应该符合建筑公差的规定。

标志尺寸、构造尺寸和缝隙尺寸之间的关系，如图3.3所示。

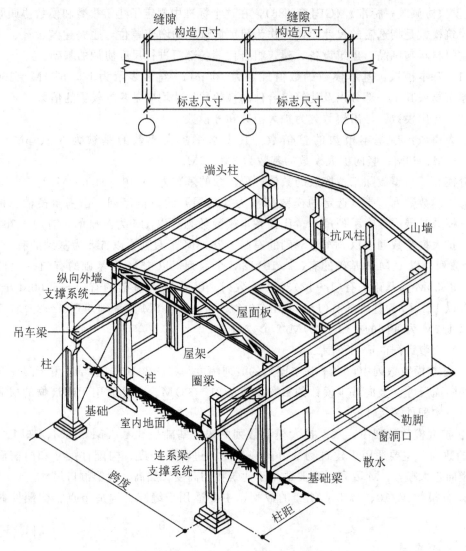

图3.3 标志尺寸和构造尺寸的关系

3.4 房屋建筑施工图概述

 问题引领

建筑施工图除各种图样外，还包括图纸目录、设计说明、工程做法、门窗统计表等表格和文字说明。这部分内容通常集中编写，编排在施工图的前面，但内容较少时，可以全部绘制在施工图的第一张图纸上，成为施工图首页。某施工首页是图纸目录，目录上有序号、图别、图号、图样名称、图幅和备注等项目，这几个名词你理解吗？

3.4.1 施工图的分类

一套完整的房屋施工图按专业分工主要分为建筑施工图、结构施工图和设备施工图 3 部分。这些写在图纸目录上就是图别，分别简称"建施""结施""设施"（分为"水施""暖施""电施"）。除了图样目录、设计说明门窗表等外主要包括以下图样。具体如图 3.4 所示。

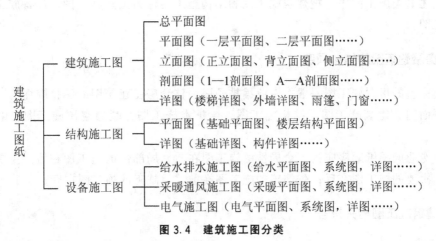

图 3.4 建筑施工图分类

1. 建筑施工图

建筑施工图（简称"建施"）主要表示新建房屋的建筑设计内容，包括总平面图、平面图、立面图、剖面图等基本图和建筑详图等。基本图还包括建筑设计总说明，建筑详图包括局部放大图，节点构造图，构件配件详图，如墙身、楼梯、门、窗详图。建筑施工图的特点是在建筑工程上能够提供十分准确的建筑物的外形轮廓和内部房间布置的大小尺寸、结构构造和材料做法。它是房屋建筑施工时的重要依据，能看懂这部分图纸，掌握它的内容和要求，是施工的先决条件。

建筑施工图在施工中主要作用是作为新建建筑定位、放线、砌筑墙体、安装门窗、室内外装饰和细部构造施工的依据。

2. 结构施工图

结构施工图（简称"结施"）主要表示新建房屋的结构设计内容，表示该房屋承受外力作用下的结构部分的构造、构件间的相互位置关系、对使用材料的要求、构件形状以及构件内部的配筋情况。不同的房屋的结构施工图的组成都包括结构设计总说明、结构平面布置图（基础平面图和详图，楼板和屋面板的布置）、构件详图等几个部分。不同承重结构的房屋的承重构件不相同，不同施工方式的房屋的楼板情况也不同，因而不同承重结构的房屋的具体表达内容不尽相同。

结构施工图在施工中主要作用是作为新建建筑定位、放线、挖土、基础施工、安置结构构件、配置构件模板、绑扎构件内部钢筋、放置构件内部的预埋件和浇捣构件混凝土的依据。

3. 设备施工图

设备施工图(简称"设施",又分为"水施""暖施""电施")主要表示给水排水、采暖通风、电气照明等设备的平面布置图、系统图和施工详图。

设备施工图在施工中,主要用作新建建筑电气线路的布置、给水排水管道的设置、走向、采暖通风管道的布置和管道制作的依据。

在上述 3 类施工图中,把建筑施工图和结构施工图称为土建施工图,设备施工图称为安装施工图。

3.4.2 房屋建筑图的编排顺序

一套完整的房屋施工图一般按专业编排顺序。整套房屋建筑图的编排顺序为:图纸目录、总平面图、建筑施工图、结构施工图、给排水施工图、暖通空调施工图、电气施工图等。

每个专业的图纸顺序应为:全局性的施工图在前,局部性的施工图在后。主要的施工图在前,次要的施工图在后;先施工的施工图在前,后施工的施工图在后。

3.4.3 建筑施工图相关符号

房屋建筑施工图由图形和文字、数字等标注以及有关的符号组成,图形部分按照投影原理进行投影而形成,为了保证制图质量,提高制图效率,做到图面清晰、简明,符合设计、施工、存档的要求,绘制施工图时应严格遵守相关的制图标准,在第 1 章中已经讲述了其中一部分内容,下面继续学习该标准和相关标准的有关符号的规定。

 观察与思考

分析你所见到的建筑的外形轮廓,这些建筑当初进行建造时如何定位这些墙或者柱?高度上又是如何定位的呢?

1. 定位轴线

定位轴线是确定建筑物主要承重构件位置的基准线,是施工定位放线的重要依据。定位轴线用细单点长画线绘制,一般应编号,编号应注写在轴线端部的圆内。圆用细实线绘制,直径是 8～10mm,定位轴线圆的圆心在定位轴线的延长线上或者延长线的折线上。在圆圈里面要用数字或者字母编号。

定位轴线分水平定位轴线和竖向定位线。水平定位轴线又分为横向定位轴线和纵向定位轴线。横向定位轴线的编号应从左向右用阿拉伯数字依次排列,纵向定位轴线应从下向上用大写拉丁字母依次排列,字母中 I、O、Z 不得用于轴线编号。当字母数量不够使用时,可以增用双字母(要大写字母)或单字母加数字注脚,如 AA、BB、$CC\cdots$或者 A_1、$B_1\cdots Y_1$。

观察与思考

图3.5是某建筑平面图中的一部分，图中有几根横向定位轴线和纵向定位轴线？发现横向纵向定位轴线是按数字和字母顺序排列了吗？发现有什么不同的定位轴线了吗？

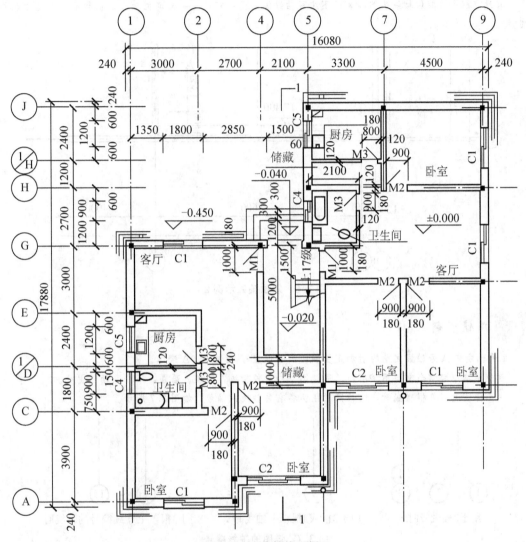

图 3.5　定位轴线示例 1

图纸中在定位轴线之间的非承重或次要构件的定位轴线编号，应使用附加轴线，附加轴线的编号用分数表示，分母为前一轴线的编号，分子为附加轴线的编号，用阿拉伯数字顺序编写。

观察与思考

图3.5中有几根附加定位轴线？能说明其含义吗？

观察与思考

图 3.6 图是某平面图中的一部分，图中的 1 号定位轴线前面的定位轴线编号是什么含义呢？知道 A 号定位轴线前的附加定位轴线编号怎样表示呢？

有没有图中的定位轴线的圆圈里面不注写轴线编号呢？有没有一根定位轴线后面带有几个定位轴线圆呢？

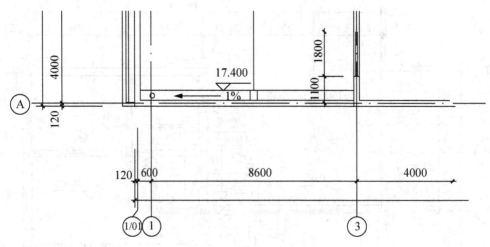

图 3.6　定位轴线示例 2

阅读资料

1 号轴线或 A 号轴线之前的附加定位轴线的分母应写 01 或者 0A 表示。

建筑图集中经常会有通用详图，通用详图中的定位轴线，应该只画圆，不注写轴线编号。

一个详图适用几根轴线时，应该同时注明各有关轴线的编号，如图 3.7 所示。

用于2根轴线时　　　　　用于3根或3根以上轴线时　　　　用于3根以上连续编号的轴线时

图 3.7　详图的轴线编号

组合较复杂的平面图中定位轴线也可采用分区编号（图 3.8），编号的注写形式应为"分区号-该分区编号"。分区号采用阿拉伯数字或大写拉丁字母表示。

图 3.8 分了几个区呢？

圆形与弧形平面图中定位轴线的编号，其径向轴线应该以角度进行定位，其编号宜用阿拉伯数字表示，从左下角开始，按逆时针顺序编写；其环向轴线宜用大写拉丁字母表示，从外向内顺序编写（图 3.9）。折线形平面图中定位轴线的编号可按图 3.10 的形式编写。

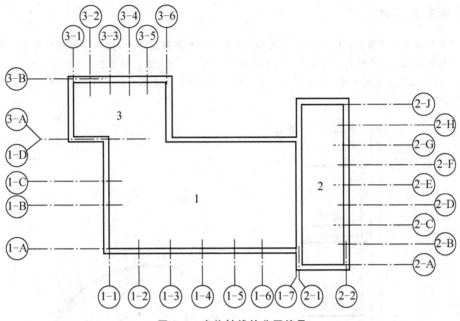

图 3.8 定位轴线的分区编号

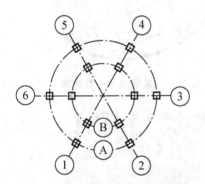

图 3.9 圆形平面图中定位轴线的编号

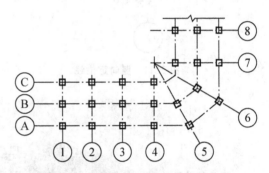

图 3.10 折线形平面定位轴线的编号

● 特 别 提 示

在看不同承重结构的房屋的建筑施工图或者结构施工图时，一定要注意观察平面定位轴线是如何定位不同的构件的位置的。

平面定位轴线与墙厚关系是在墙厚度的中轴线还是偏心的？墙体在上下的楼层中厚度不同时，定位轴线变化吗？平面定位轴线是在梁的纵向中轴线还是有偏心？两方向的平面定位轴线交点在柱的截面的中心吗？房屋四周的墙和柱的定位与中间的墙和柱的定位有什么不同吗？在看图时一定要注意找到以上问题的答案。

建筑高度上的竖向定位线在楼（地）面上应与楼（地）面面层上表面重合，即装修层的表面。屋面竖向定位线为屋面结构上表面与距墙内缘 120mm 处或与墙内缘重合处的外墙定位轴线的相交处，如图 3.11 所示。竖向定位通常在竖向定位线处采用标高定位。

 观察与思考

某学院活动中心平面柱网图如图 3.12 所示，外墙入口外全部是墙体，内部使用空间是矩形的，你会给该建筑编定位轴线吗？该建筑的定位轴线以内墙柱为准，是相互垂直的格子，外柱的定位以角度定位。

图 3.13 是国家大剧院外形，先思考下其定位轴线可能情况，然后在网上找相关资料，分析其定位轴线是怎样的。

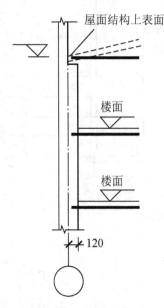

图 3.11 竖向定位线

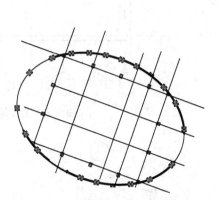

图 3.12 某活动中心柱网图

图 3.13 国家大剧院

2. 标高符号

1）标高

以某点为基准的相对高度。基准点可以是建筑物某一部位或者国家或地区统一规定的零点基准面。

2）绝对标高

以国家或地区统一规定的基准面作为零点的标高，称为绝对标高。我国规定以黄海平均海平面作为标高的。零点以上是正数，以下是负数。

3）相对标高

标高的基准面可以根据工程需要自由选定，称为相对标高。一般以建筑物一层室内主要地面作为相对标高的零点。零点以上是正数，以下是负数，零点标高记作±0.000，正数标高不注写"＋"，负数标高要注写"－"。

4）建筑标高

指建筑完成面上的标高。一般用于建筑施工图上的标高。

5）结构标高

指结构层上的标高。一般用于结构施工图上的标高。

 特 别 提 示

建筑施工图中，表达屋面标高时经常以结构标高来表达，当以结构标高表达时，会在标高数字后面或者图纸下进行说明。

观察与思考

在建筑施工图的哪些图纸中要说明新建建筑哪个部位的绝对标高呢？标高的数字单位是什么？保留到小数点后面几位呢？在某房屋的二层楼板面铺地面砖则完成面和结构层面的标高哪个大？

6）标高符号画法

符号为直角等腰三角形。三角形高3mm，以细实线绘制。标高符号的尖端应指至被注高度的位置[图3.14(a)]。尖端宜向下，也可向上。标高数字应注写在标高符号的上侧或下侧（图3.15）。当标注位置不够，也可按图3.14(b)所示形式绘制。标高符号的具体画法如图3.14(c)、(d)所示。

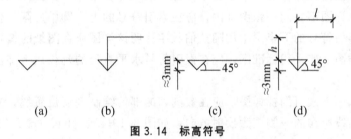

图3.14 标高符号

l—取适当长度注写标高数字；h—根据需要取适当高度

总平面图室外地坪标高符号，宜用涂黑的三角形表示[图3.16(a)]，具体画法如图3.16(b)所示。

图3.15 标高的指向 　　 图3.16 总平面图室外地坪标高符号

标高数字以米为单位，注写到小数点后的第3位，在总平面图中可注写到小数点后两位，设计总说明和总平面图中要说明±0.000处的绝对标高是多少。

在图样的同一位置需表示几个不同的标高时，标高数字可以按图 3.17 注写。

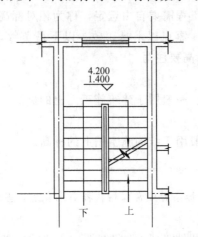

图 3.17 同一位置注写多个标高数字

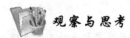 观察与思考

会按规定大小画标高符号吗？涂黑的三角形一般在哪张图上出现？表示哪里的标高？

3. 索引符号和详图符号

图样中的某一局部或构件，如需另见详图，应以索引符号索引[图 3.18(a)]。索引符号是由直径为 8～10mm 的圆和水平直径组成，圆及水平直径均应以细实线绘制。

索引出的详图，如与被索引的详图同在一张图纸内，应在索引符号的上半圆中用阿拉伯数字注明该详图的编号，并在下半圆中间画一段水平细实线[图 3.18(b)]；索引出的详图如与被索引的详图不在同一张图纸内，应在索引符号的上半圆中用阿拉伯数字注明该详图的编号，在索引符号的下半圆中用阿拉伯数字注明该详图所在图纸的编号[图 3.18(c)]。

索引出的详图，如采用标准图，应在索引符号水平直径的延长线上加注该标准图册的编号[图 3.18(d)]。

索引符号如用于索引剖视详图，应在被剖切的部位绘制剖切位置线，并以引出线引出索引符号，引出线所在的一侧应为投射方向，如图 3.19(a)、(b)、(c)、(d)所示。

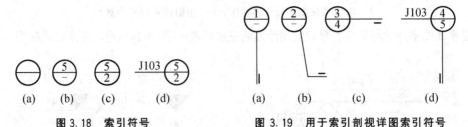

图 3.18 索引符号　　　　图 3.19 用于索引剖视详图索引符号

详图的位置和编号应以详图符号表示。详图符号的圆应以直径为 14mm 粗实线绘制。详图与被索引的图样同在一张图纸内时，应在详图符号内用阿拉伯数字注明详图的编号，即详图的图名，图 3.18(b)中索引的详图的图名如图 3.20 所示。

详图与被索引的图样不在一张图纸内时，应用细实线在详图符号内画一水平直径，在上半圆中注明详图编号，在下半圆中注明被索引的图纸的编号。图 3.18(c)中索引的详图的图名如图 3.21 所示。

图 3.20 详图符号 1　　　　图 3.21 详图符号 2

 观察与思考

图 3.22 是某屋面平面图的一部分，图中的详图索引符号的含义，你知道吗？详图符号即详图的图名是怎样的？

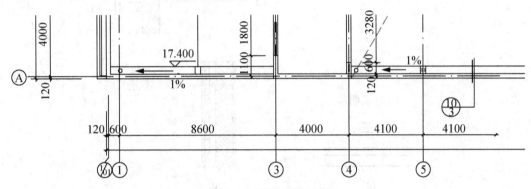

图 3.22 索引符号示例

4. 引出线

引出线应以细实线绘制，宜采用水平方向的直线、与水平方向成 30°、45°、60°、90° 的直线，或经上述角度再折为水平线。文字说明宜注写在水平线的上方[图 3.23(a)]，也可注写在水平线的端部[图 3.23(b)]。索引详图的引出线，应与水平直径线相连接[图 3.23(c)]。

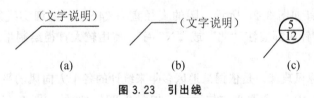

图 3.23 引出线

同时引出几个相同部分的引出线，宜互相平行[图 3.24(a)]，也可画成集中于一点的放射线[图 3.24(b)]。

图 3.24 共用引出线

多层构造或多层管道共用引出线，应通过被引出的各层，并用圆点示意对应各层次。文字说明宜注写在水平线的上方，或注写在水平线的端部，说明的顺序应由上至下，并应与被说明的层次对应一致；如层次为横向排序，则由上至下的说明顺序应与由左至右的层次对应一致，如图 3.25 所示。

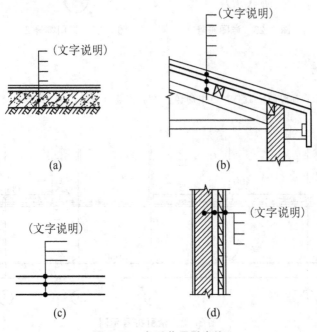

图 3.25　多层共用引出线

○ 特 别 提 示 ....

在本书后面的构造知识学习中经常会说明建筑物构件的组成层次，注意说明的顺序。

....

5. 指北针和风玫瑰图

指北针的形状宜如图 3.26 所示，圆的直径宜为 24mm，用细实线绘制；指针尾部的宽度宜为 3mm，指针头部应注"北"或"N"字。需用较大直径绘制指北针时，指针尾部宽度宜为直径的 1/8。

风向玫瑰图简称风玫瑰，是依据某地区多年来统计的各个方向风的平均日数的百分数按比例绘制而成，一般用 16 个罗盘方位表示，如图 3.27(a)所示。图 3.27(b)是武汉地区的

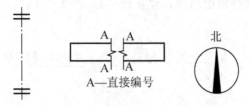

图 3.26　对称符号、连接符号和指北针

风玫瑰图。风向玫瑰图中实线表示的是全年风向频率，虚线表示夏季风向频率。风向是指由外吹向地区中心，比如由北吹向中心的风称为北风。图中线段最长者表示该方向上的吹风次数最多，为该地的主导风向。

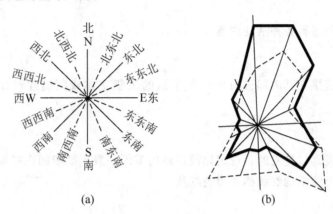

图3.27 风玫瑰图
(a)风玫瑰图中方位；(b)武汉地区风玫瑰图

 观察与思考

你知道指北针和风玫瑰图通常画在哪张图纸上吗？

6. 对称符号

对称符号由对称线和两端的两对平行线组成。对称线用细点划线绘制；平行线用细实线绘制，其长度宜为6～10mm，每对的间距宜为2～3mm；对称线垂直平分于两对平行线，两端超出平行线宜为2～3mm，如图3.26所示。

7. 连接符号

连接符号应以折断线表示需连接的部位。两部位相距过远时，折断线两端靠图样一侧应标注大写拉丁字母，表示连接编号。两个被连接的图样必须用相同的字母编号，如图3.26所示。

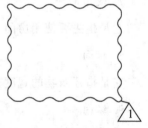

图3.28 变更云线
注：1为修改次数

8. 云线

对图纸中局部变更部分宜采用云线，并宜注明修改版次，如图3.28所示。

 观察与思考

某图纸的建筑设计说明介绍概况中说到该建筑物规模：建筑面积是3998.5m²，建筑高度是15.7m。建筑面积是指所有楼层面积还是某一层面积？

3.4.4　常用建筑名词与术语

1. 建筑物

供人们居住和进行各种活动的场所。

2. 构筑物

人们一般不直接在其内部进行生产和生活的工程实体或附属建筑设施。如水池、水塔、烟囱等。

3. 建筑红线

城市规划管理部门签发的、规定建设用地的范围一般用红线画在平面图上，此图称为用地红线图，其上画出的红线称为建筑红线。

4. 建筑面积

单位为 m^2，它是指建筑物外包尺寸的面积再乘以层数。它由使用面积、交通面积和结构面积组成。

5. 结构面积

房屋各层平面中结构(指墙体、柱)所占的面积总和。

6. 交通面积

房屋内外之间、各层之间联系通行的面积，如走廊、楼梯、电梯等所占的面积。

7. 使用面积

它是指主要使用房间和辅助使用房间的净面积。

8. 横向

它是指建筑物的宽度方向。

9. 纵向

它是指建筑物的长度方向。

10. 开间

相邻两条横向定位轴线之间距离。

11. 进深

相邻两条纵向定位轴线之间距离。

12. 层高

层高是指层间高度。首层层高是首层地面到二楼楼面完成面的垂直距离，中间各层层高是指楼面到楼面完成面之间的垂直距离，顶层层高一般是指顶层楼面完成面到屋顶结构层之间的垂直距离。

13. 净高

它是指房间的净空高度。首层净高是从地面至二楼楼板底面的最低点或者二楼楼板底面吊顶下皮之间的垂直距离，其他各层的净高是指该层楼面完成面到上一层楼面（屋盖）底面的最低点或者底面吊顶下皮之间的垂直距离。

14. 建筑高度

建筑物室外地面到建筑物屋面、檐口或女儿墙的高度。

15. 室内外高差

一般指自室外地面至设计标高±0.000 之间的垂直距离。

16. 地物

地面上的建筑物、构筑物、河流、森林、道路、桥梁等。

17. 地貌

地面上自然起伏的状况。

18. 地形

地球表面上地物和地貌的总称。

 观察与思考

在哪些图纸上可以看出室内外高差？哪里可能会表示建筑物所在地的地貌地形？在哪些图纸上可以看出或者计算出建筑高度、层高？现在如果不知道学完这本书一定要知道哦。

3.4.5 建筑施工图的形成

1. 视图方向

1）三面正投影体系

建筑物的视图应该按照正投影法绘制。前面章节中讲述了将物体放在三面投影体系中进行投影，投影后 V 面保持不动，W 面展开后向右旋转到与 V 面平齐，H 面向下旋转到与 V 面平齐。

V 面视图是从前往后进行投影，表达的是物体的前面的形象，W 面视图是从左往右进行投影，表达的是物体的左面的形象，H 面视图是从上往下进行投影，表达的是物体的上面的形象。

如果给每个投影图命名，那么 V 面视图的图名是正面视图或者立面图，W 面视图的图名是左侧立面图，H 面视图的图名是平面图。

2）6 个基本视图

将物体放在正六面体内，用正六面体的 6 个面作为基本投影面，分别向各基本投影面投射所得的视图，称为基本视图。除了形成上面所示的三面投影之外，还可以形成从右往左投影的表达物体的右面形象的右侧立面图，从后往前进行投影的表达物体的后面的形象的背立面图，从下往上进行投影的表达物体的下面形象的底立面图。

　　将物体放在六面投影体系中进行投影，投影后 V 面仍然保持不动，各投影面展开如图 3.29 所示，应该注意的是上面的投影面向上旋转到与 V 面平齐，前面的投影面向右旋转到与 V 面平齐，左边的投影面向左旋转到与 V 面平齐。6 个基本视图若按图 3.30 所示位置排列时，不标注视图名称，并仍保持"长对正、高平齐、宽相等"的投影关系。

　　如果 6 个基本视图不按图 3.30 所示位置排列或者画在不同的图纸上时，均需要标注各视图图名，图名如图 3.31 所示。

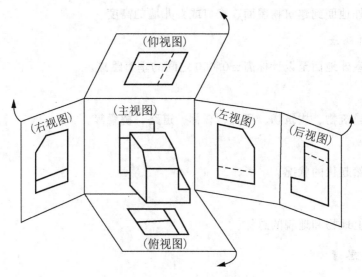

图 3.29　6 个基本投影面

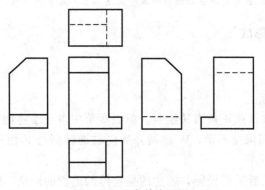

图 3.30　6 个基本视图

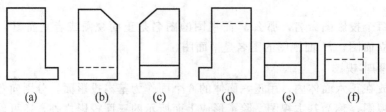

图 3.31　6 个基本视图的图名
（a）正立面图；（b）左侧立面图；（c）右侧立面图
（d）背立面图；（e）平面图；（f）底面图

观察与思考

假设放在图 3.29 所示的方盒子中的物体，平面上设置定位轴线，有横向定位轴线①～⑮，纵向定位轴线Ⓐ～Ⓚ，那么在各面视图上添加轴线，你会吗？

2. 建筑施工图的形成方式与图名

假设放在图 3.29 所示的方盒子中的物体换成房屋，要完整地表达房屋的内外形象，视图会有什么不同呢？

首先可以肯定的是对建筑物不需要底面视图。那么分别让房屋从左往右进行投影、从右往左进行投影、从前往后进行投影、从后往前进行投影得到房屋左侧形象左侧立面图、右侧形象右侧立面图、前方形象正立面图、后方形象背立面图，通过这 4 个立面图可以知道房屋四周的竖向的形象，如各面的墙面凹凸情况，门窗布置，建筑装饰等。这就是人们所说的建筑施工图中的建筑立面图的形成。建筑立面图实际上反映的是建筑物外围墙体上的凹凸构件或者装饰形象。

 阅读资料

建筑立面图图名的命名方式有如下 3 种。

第一种：按立面的主出入口或外形特征明显的一面为主立面，分别命名为正立面，背立面、左侧立面和右侧立面。

第二种：按轴线命名，如以观察方向的轴线位置命名为①～⑮、⑮～①、Ⓐ～Ⓚ、Ⓚ～Ⓐ轴立面图，如图 3.32 所示。

第三种：按朝向命名，所表达的立面朝向哪个方向就称为这个朝向的立面图，面向南称为南立面图，面向北为北立面图，面向东为东立面图，面向西为西立面图。按图 3.32 所示平面图示意图，把图 3.32 的立面图的 3 种命名方式进行统一，即是表 3-6。

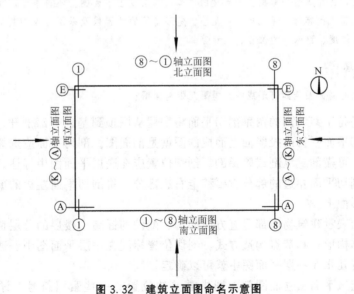

图 3.32　建筑立面图命名示意图

表 3-6 建筑立面图的命名

位置 命名方式	前	后	左	右
按轴线命名	①～⑮轴立面图	⑮～①轴立面图	Ⓚ～Ⓐ轴立面图	Ⓐ～Ⓚ轴立面图
按主次命名	正立面图	背立面图	左侧立面图	右侧立面图
按朝向命名	南立面图	北立面图	西立面图	东立面图

然后让房屋从上往下进行投影得到房屋屋顶平面图,通过屋顶平面图可以知道房屋屋面的形象,比如屋面有无女儿墙,有无檐沟,楼梯是否上到屋顶,有几个雨水管等,这就是人们所说的建筑施工图中的建筑平面图中的屋顶平面图的形成。但是这样投影无法知道房屋每一层楼的房间布局情况,我们可以应用前面学习的剖面图的知识来了解每一层楼的房间布局情况。

假想用一水平剖切平面经各楼层门、窗洞将房屋剖开,将剖切平面以上部分移走,将剖切平面以下部分从上向下投射所得到的图形即是各楼层的建筑平面图,各层平面图的命名是在"平面图"的前面冠以楼层数字即平面图的图名,如一层平面图,二层平面图等。一层平面图也叫首层平面图,最后一层也叫顶层平面图,有地下室的图名是地下室一层、二层,等。建筑物有几层就画几个平面图,楼层平面相同时,只画一层作为代表图名即是标准层平面图。

虽然各层平面图形成的原理是剖面图,但剖切位置在立面图中不标注。

阅读资料

各层建筑平面图即可反映房屋的平面形状、大小和房间的布置,墙或柱的位置、大小、厚度和材料,门窗的类型和位置等情况,通过形成原理你能比较各层平面图的表达内容有什么不同吗?

为了简化作图,已在底层平面图上表示过的内容,二层以上平面图上不再表示。屋顶平面图主要反映屋面上天窗、水箱、铁爬梯、通风道、女儿墙、变形缝等的位置以及采用标准图集的代号、屋面排水分区、排水方向、坡度、雨水口的位置、尺寸等。

观察与思考

建筑施工图中的剖面图是如何形成的?需要几张剖面图?

假想用一平行于某墙面的铅垂剖切平面将房屋从屋顶到基础全部剖开,把需表达的部分投射到与剖切平面平行的投影面上而成的图就是剖面图。剖切平面应选择剖到房屋内部较复杂的部位,可横剖、纵剖或阶梯剖。剖切位置应在底层平面图中标注。比如当横向剖切时需要表达剖切平面左边的部分就要移走右边部分,将剖切平面左边的部分从右往左投影到左边的投影面上。

建筑剖面图表示建筑物内部垂直方向的构、配件的标高,楼层的分层情况,垂直空间的利用,以及结构形式和节点构造方式。剖切位置标注在一层平面图中。通过剖切符号剖面图的图名和有几张在一层平面图中就可以确定。

另外,在建筑平面图立面图剖面图中需要的位置有一些索引符号,详图以索引号编号,因而建筑详图的图名在索引符号中已经确定。

图名宜标注在视图的下方或一侧，并在图名下用粗实线绘一条横线，其长度应以图名所占长度为准。使用详图符号作图名时，符号下不再画线。

本 章 小 结

(1) 建筑物按耐火性能分为 1～4 级耐火等级，耐火等级由组成建筑物的构件的燃烧性能和耐火极限的最低值所决定的。建筑物按使用功能分为民用建筑、工业建筑和农业建筑。民用建筑又分为居住建筑和公共建筑。

(2) 一般民用建筑是由基础、墙或柱、楼地层、楼梯、屋顶、门窗 6 大主要部分组成的。

(3) 建筑模数是指选定的尺寸单位，作为尺度协调中的增值单位。基本模数的数值规定为 100mm，符号表示为 M，即 1M＝100mm。导出模数分为扩大模数和分模数。其中扩大模数的基数为 3M、6M、12M、15M、30M、60M；分模数的基数为 M/10、M/5、M/2。模数数列是指以选定的模数基数为基础展开的数值序列。

(4) 在建筑模数协调中的尺寸分别为标志尺寸、构造尺寸、实际尺寸。定位线是确定主要承重构件的位置及其标志尺寸的基线，是施工定位放线的主要依据。定位线分水平定位轴线和竖向定位线。其中水平定位轴线又分为横向定位轴线和纵向定位轴线。

(5) 一套完整的房屋施工图按专业分工主要分为建筑施工图、结构施工图和设备施工图 3 部分。一套完整的房屋施工图一般按专业编排顺序。整套房屋建筑图的编排顺序为：图纸目录、总平面图、建筑施工图、结构施工图、给排水施工图、暖通空调施工图、电气施工图等。

(6) 常见的符号本章介绍了 7 种：定位轴线，索引符号和详图符号，标高，引出线，风玫瑰图和指北针，对称符号，连接符号，变更云线。

(7) 常见的建筑方面的名词介绍了 18 个。

(8) 常见的视图方向有 6 个。建筑立面图的命名方式有 3 种，建筑平面图有各楼层平面图和屋顶平面图，各楼层平面图以所在的楼层命名，相同的楼层画一层作为代表叫标准层平面图。建筑剖面图剖切平面应选择剖到房屋内部较复杂的部位，可横剖、纵剖或阶梯剖。剖切位置应在底层平面图中标注。通过剖切符号剖面图的图名和有几张在一层平面图中就可以确定。建筑详图的图名在索引符号中已经确定了。图名宜标注在视图的下方或一侧，并在图名下用粗实线绘一条横线，其长度应以图名所占长度为准。使用详图符号作图名时，符号下不再画线。

习 题

一、填空题

1. 建筑构造一般由 _____ 、 _____ 、楼板层 、 _____ 、 _____ 、 _____ 、 _____ 7 部分组成。

2. 建筑基本模数为 1M ＝ _____ mm，30M ＝ _____ mm，1/10M ＝ _____ mm。

3. 民用建筑中的高层建筑是指 _____ 。

4. 指北针通常画在 _____ 平面图中。指北针用细实线绘制，圆的直径为 _____ 尾部宽度为 _____ ，指针尖端指向北。

5. 图 3.33 所示的含义分别是（a）_____,（b）_____,（c）_____,（d）_____。索引符号以细实线绘制，圆的直径为_____，详图符号应以粗实线绘制，圆的直径为_____。

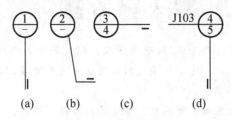

图 3.33　习题 5 图

6. 定位轴线的编号注写在直径为_____的圆内。

7. 标高的单位是_____。标高符号的"小三角形"的高度约为_____。

8. 在 A 号定位轴线之前的第一根附加定位轴线表示为_____，在 A 号定位轴线之后的第一根附加定位轴线表示为_____。

二、名词解释

1. 绝对标高

2. 开间

3. 进深

4. 建筑标高

5. 标志尺寸

6. 构造尺寸

三、简答题

1. 建筑物按使用功能（用途）如何分类？

2. 建筑物的耐火等级分为几级？建筑构件的燃烧性能和耐火极限是怎样的？

3. 一套房屋施工图有哪些种类？一般编排顺序是什么？

4. 什么是定位轴线？如何编号？其作用是什么？

5. 附加定位轴线如何编号？

6. 在什么情况下使用对称符号、连接符号和云线？如何表示？

7. 基本的视图方向有几种？投影后如何展开？

8. 建筑平面图立面图和剖面图如何形成的？图名是怎样的？

四、综合实训

1. 查阅第 12 章图中是否有索引符号和详图符号。

2. 查阅第 12 章图中有多少纵向定位轴线和横向定位轴线。

3. 查阅后面章节图找出有引出线的图并分析其表达顺序。

4. 观察周围建筑物，思考应该从哪些方面入手进行建筑构造的研究。

第4章

基础与地下室

教学目标

通过本章的学习，使学生理解地基、基础及基础埋深等基本概念，理解基础与地基的关系；能读懂简单的基础施工图，在图纸上能熟练地获得基础类型、基础埋深、基础平面布置情况及基础细部尺寸等信息；熟悉地下室的构造组成；掌握地下室的防潮和防水构造；能读懂地下室的防潮和防水构造详图，在图纸上能熟练地获悉地下室墙体和地下室底板包括防潮或防水构造的各个构造层的构造做法。

教学要求

知识要点	能力要求	相关知识	权重
地基、基础及基础埋深的概念；基础的作用；基础与地基的关系；常见基础的类型	能读懂基础施工图，在图纸上能熟练地获得基础类型、基础埋深、基础平面布置情况及基础细部尺寸等信息	基础施工图的图示方法、图示特点及图示内容	30%
地下室的构造组成	能读懂地下室施工图，在图纸上能熟练地获得地下室的构造组成及地下室的平面及竖向布置情况等信息	地下室施工图的图示方法、图示特点及图示内容	30%
地下室的防潮和防水构造	能读懂地下室地下室的防潮和防水的构造详图	构造详图的图示方法、图示特点及图示内容	40%

章 节 导 读

俗话说:"万丈高楼平地起",这里所说的"平地"并不是人们视野所见的自然地坪,其实,"高楼"还有一部分是埋置于地下的,这个部分就是基础。而这里所说的"平地"就是本章要介绍的地基。基础是建筑物的重要组成构件,是建筑物得以立足的根基。它埋置于地下,属于建筑物的隐蔽部分,对安全的要求较高。基础若出现问题,将造成整个建筑物不能正常使用,甚至还会造成整个房屋坍塌等工程事故。基础对工程造价也会产生很大的影响。随着建筑事业的迅速发展,高层、超高层建筑如雨后春笋般涌现,这些建筑物上部结构荷载较大,并经常遇到比较困难的地基条件或场地条件,使通常的基础难以满足地基强度及变形的要求,因此,本章除介绍传统的基础类型,还会对目前广泛用于高层建筑的基础类型进行介绍。

工程中出现的高层建筑物一般都设置有地下室,以拓展空间,提高土地利用率。地下室是设在建筑首层以下的使用空间,其防潮、防水的要求高,如果处理不好,将对地下室的使用乃至整个建筑产生不良的影响。因此,在地下室部分,本章将重点介绍地下室的防潮和防水构造。

 阅读资料

基础工程的历史与现状

基础工程是土木工程学科的一个重要分支,是人类在长期的生产实践中发展起来的一门应用学科,是一门古老的工程技术和年青的应用科学。追本溯源,人类的祖先早在史前的建筑活动中就创造了自己的基础工程工艺。如我国都江堰水利工程、举世闻名的万里长城、隋朝南北大运河、黄河尤堤、赵州石拱桥以及许许多多遍及全国各地的宏伟壮丽的宫殿寺院、巍然挺立的高塔等,都因奠基牢固,虽经历了无数次强震强风仍安然无恙。但是,古代劳动人民的大量基础工程实践经验,主要体现在能工巧匠的高超技艺上,还未能提炼成系统的科学理论。

18世纪欧洲工业革命开始以后,随着资本主义工业化的发展,城建、水利、道路等建筑规模也在不断地扩大,从而促使人们对基础工程加以重视并开展研究。当时在作为本学科理论基础的土力学方面,砂土抗剪强度公式、土压力理论等相继提出,基础工程也随之得到了发展。到了20世纪20年代,太沙基归纳了以往主要在土力学方面的成就,分别发表了《土力学》和《工程地质学》等专著,从而也带动了各国学者对基础工程各方面进行研究和探索,并取得不断进展。

近几十年来,由于土木工程建设的需要,特别是电子计算机和计算技术的引入,使基础工程无论在设计理论上,还是在施工技术上,都得到迅速的发展,出现了如补偿式基础、桩筏基础、桩箱基础等基础形式。与此同时,在地基处理技术方面,如强夯法、砂井预压法、真空预压法、振冲法、旋喷法、深层搅拌法、树根桩法、压力注浆法等都是近几十年来创造和完善的方法。但是,由于基础工程是地下隐蔽工程,再加上工程地质条件又极其复杂且差异巨大,使得基础工程这一领域变得十分复杂。虽然目前基础工程设计理论和施工技术比几十年前有突飞猛进的发展,但仍有许多问题值得研究和探讨。

20世纪90年代以来,我国陆续编制了地基基础方面的规范规程,这些规范规程都是基础工程各个领域中取得的科研成果和工程经验的高度概括,反映了近年来基础工程的发展水平。

4.1　地基与基础概述

问题引领

　　某拟建工程为某市西郊乡土管所办公楼，由该市西郊乡筹建，此拟建工程东西长14m，南北宽50m，6层，框架结构。场地位于江州路东侧。结构设计人员根据拟建工程的勘测资料并结合工程实际情况，采用的地基方案为：拟建工程采用天然地基，以第二层粉土为基础持力层；采用的基础方案为：采用现浇柱下钢筋混凝土独立基础，墙下设基础梁。并确定了基础的埋置深度及基础的构造形式和基础细部尺寸。

　　上段文字中出现了许多与基础有关的名词术语，如地基、基础、基础埋置深度等。那么，什么是地基？什么是基础？什么是基础的埋置深度？基础与地基又有何关系？两者又有何区别？本节将一一讲解。

4.1.1　地基

1. 基本概念

　　所谓地基，是指支承基础的土体或岩体，如图4.1所示。当建筑物地基由多层土组成时，直接与基础底面接触的土层称为持力层。持力层以下的其他土层称为下卧层。持力层和下卧层都应满足地基设计的要求，但对持力层的要求显然比对下卧层要高。

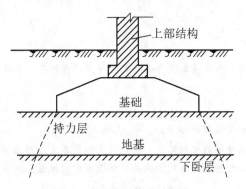

图4.1　地基与基础的构成

2. 地基分类

　　地基可分为天然地基和人工地基两大类。前者是具有足够的承载能力，不加处理即可直接用作建筑物地基的天然土层。如岩石、碎石土、砂土和粘性土等，一般均可作为天然地基。后者是承载能力较差，或虽然土质较好，但上部荷载较大，不能直接在其上建造基础，而需要经过地基处理后才能满足建筑物地基要求的土层。显然，当能满足基础工程的要求时，采用天然地基是最经济的。

3. 对地基的要求

　　地基的功能决定了地基必须满足以下3个基本要求。

1）强度要求

通过基础而作用在地基上的荷载不能超过地基的承载力，才能保证地基不因地基土中的剪应力超过地基土的强度而被破坏，而且还应保证地基有足够的安全储备。

2）变形要求

建筑物的荷载通过基础传给地基，地基因此产生变形，出现沉降。若沉降量过大，会造成整个建筑物下沉过大而影响建筑物的正常使用；若沉降不均匀，沉降差过大，会引起墙身开裂、倾斜甚至破坏。《地基基础设计规范》对地基的沉降量和沉降差有相应的规定，地基的沉降量和沉降差不能超过《地基基础设计规范》规定的允许值。

3）稳定性要求

地基的稳定性要求地基应具有防止产生滑坡和倾斜方面的能力。

设计者会对地基进行强度计算、变形验算和稳定性验算，以保证地基的强度、变形和稳定性满足要求。

4.1.2 基础

所谓基础，是指将结构所承受的各种作用传递到地基上的结构下部的组成部分，如图4.1所示。基础是建筑物在地面以下的结构部分，与上部结构一样应满足强度、刚度和耐久性的要求。

 观察与思考

学完了地基与基础的概念，你理解地基与基础的不同及两者的关系了吗？

 阅读资料

将基础从上部结构分出研究的原因如下。

（1）基础是直接与地基土接触的结构部分，与地基土的关系比上部结构密切得多。在设计中，除考虑上部结构传下的荷载、基础的材料和结构形式外，还必须考虑地基土的强度和变形特性，而常规的上部结构设计往往不考虑后者。

（2）基础施工有专门的技术和方法，包括基坑开挖、施工降水、桩基础和其他深基础的专项技术、各类地基处理技术等。基础施工受自然条件和环境条件的影响要比上部结构大得多。

（3）基础有独特的功能和构造要求。例如地下室的功能和抗浮防渗要求、抗变形和抗震构造、特殊土地基上的构造等。

特别提示

基础是建筑物的组成部分，它承受建筑物上部结构传过来的全部荷载，并将其传递至地基。而地基不是建筑物的组成部分，它仅仅是承受建筑物荷载的土层或岩层。基础的类型与构造并不完全决定于上部结构，它与地基土的性质有着密切关系。具有同样上部结构的建筑物建造在不同的地基上时，其基础的形式与构造可能完全不同。

4.1.3 基础埋置深度

基础埋置深度一般是指基础底面到室外设计地坪的垂直距离，简称基础埋深，如图 4.2 所示。室外地坪分自然地坪和设计地坪。自然地坪是指施工场地的原有地坪，设计地坪是指按设计要求工程竣工后室外场地经垫起或开挖后的地坪。

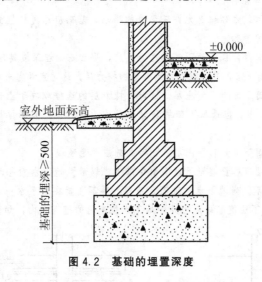

图 4.2 基础的埋置深度

 **观察与思考**

当室外自然地坪低于室外设计地坪时，施工时需挖土还是填土？

 **特 别 提 示** ┄┄┄┄┄┄┄┄┄┄┄┄┄┄┄┄┄┄┄┄┄┄┄┄┄┄┄┄┄┄┄┄┄┄┄┄

基础的埋置深度是指室外设计地坪而不是室外自然地坪至基础底面的垂直距离，一般用 d 表示。基础的埋深由设计者确定，识图者可由基础详图直接读出，基础的埋深最小不能小于 500mm。

┄┄┄

根据基础埋置深度的不同，基础又可分为浅基础和深基础两大类。基础埋深小于基础宽度或基础埋深不超过 5m 的基础为浅基础。基础埋深大于基础宽度且基础埋深超过 5m 的基础为深基础。实际上浅基础和深基础没有一个明确的界限，大多数基础埋深较浅，一般可用简单的施工方法来修建的基础属于浅基础，而采用桩基，沉井或者地下连续墙等特殊施工方法来修建的基础为深基础。

 阅读资料

影响基础埋深的因素

基础埋深的选择关系到基础的优劣，施工的难易和造价的高低。影响基础埋深选择的主要因素可以归纳为以下 5 个方面。

1. 建筑物的用途，有无地下设施，基础的形式和构造

当建筑物有地下室、地下管沟和设备基础时，要求基础相应加深。如上部结构对不均匀沉降很敏感，

则基础需落在坚实土层上。通常高层建筑的基础埋深大，低层房屋的基础埋深浅。

2. 作用在基础上的荷载大小和性质

选择基础埋深时必须考虑荷载的性质和大小。一般地，荷载大的基础，其尺寸需要大些，同时也需要适当增加埋深。长期作用有较大水平荷载和位于坡顶、坡面的基础应有一定的埋深，以确保基础具有足够的稳定性。承受上拔力的结构，如输电塔基础，也要求有一定的埋深，以提供足够的抗拔阻力。

3. 工程地质和水文地质条件

为了满足建筑物地基承载力和地基允许变形值的要求，基础应尽可能埋置在良好的持力层上。地基土层大致可以分为以下几种情况。

(1) 在建筑物影响范围内，自上而下都是良好土层，那么基础埋深按其他条件或最小埋深确定。

(2) 自上而下都是软弱土层，基础难以找到良好的持力层，这时宜考虑采用人工地基或深基础等方案。

(3) 上部为软弱土层而下部为良好土层。这时，持力层的选择取决于上部软弱土层的厚度。一般说来，软弱土层厚度小于 2m 者，应选取下部的良好土层作为持力层；软弱厚度大者，宜考虑采用人工地基或埋深基础等因素。

(4) 上部为良好土层而下部为软弱土层。此时基础应尽量浅埋。

有地下水存在时，基础应尽量埋置于地下水位以上，以避免地下水对基坑开挖，基础施工和使用期间的影响，如图 4.3(a)所示。当地下水位较高，基础不得不埋在地下水中时，应将基础底面埋置于最低地下水位以下 200mm，不应使基础底面处于地下水位变化的范围之内，如图 4.3(b)所示。

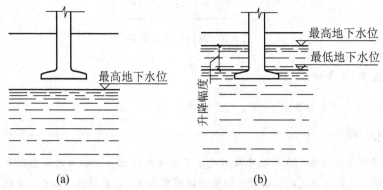

图 4.3　地下水对基础埋深的影响

(a) 地下水较低时的基础埋深；(b) 地下水较高时的基础埋深

4. 相邻建筑物的基础埋深

新建基础靠近原有基础，其埋深一般要求不超过原有基础埋深，以免影响原有基础的安全。如必须超过时，则两基础间净距应不小于其底面高差的 1～2 倍，即 $L \geqslant (1 \sim 2)\Delta H$，如图 4.4 所示。如不能满足这一要求，施工期间应采取措施。

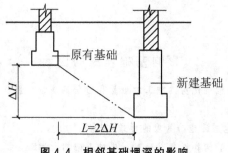

图 4.4　相邻基础埋深的影响

5. 地基土冻胀和融陷的影响

北方地区冬季温度降至零摄氏度以下时，地层中的水结冰，体积膨胀，解冻时，冰融化土的强度降低，产生沉降，因此埋置深度的选择应考虑冻胀融陷影响。地面以下，冻结土与不冻结土的分界线称为冰冻线。冰冻线的深度称为冻结深度。基础底面必须置于冰冻线以下 100～200mm，如图 4.5 所示。

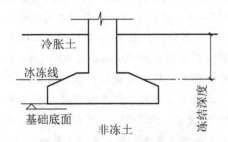

图 4.5　冻结深度对基础埋深的影响

知识链接

比萨斜塔的倾斜原因

比萨斜塔是意大利比萨城大教堂的独立式钟楼，位于比萨大教堂的后面，如图 4.6 所示。它是奇迹广场的三大建筑之一。比萨斜塔因为它的"斜"而闻名于世，但是倾斜角度太大也会给这幢建筑物带来倒塌的危险。

过去人们曾一度认为钟楼是故意被设计成倾斜的，但是事实并非如此。作为比萨大教堂的钟楼，1173 年 8 月 9 日开始建造时的设计是垂直竖立的，原设计为 8 层，高 54.8 米，它独特的白色闪光的中世纪风格建筑物，即使后来没有倾斜，也会是欧洲最值得注意的钟楼之一。比萨斜塔为什么会倾斜，专家们曾为此争论不休。尤其是在 14 世纪，人们在两种论调中徘徊，比萨斜塔究竟是建造过程中无法预料和避免的地面下沉累积效应的结果，还是建筑师有意而为之。进入 20 世纪，随着对比萨斜塔越来越精确的测量、使用各种先进设备对地基土层进行的深入勘测，以及对历史档案的研究，一些事实逐渐浮出水面：比萨斜塔在最初的设计中本应是垂直的建筑，但是在建造初期就开始偏离了正确位置。比萨斜塔之所以会倾斜，是由于它地基下面土层的特殊性造成的。比萨斜塔下有好几层不同材质的土层，各种软质粉土的沉淀物和非常软的粘土相间形成，而在深约一米的地方则是地下水层。这个结论是在对地基土层成分进行观测后得出的。最新的挖掘表明，钟楼建造在了古代的海岸边缘，因此土质在建造时便已经沙化和下沉。

图 4.6　比萨大教堂和比萨斜塔

　　根据现有的文字记载，比萨斜塔在几个世纪以来的倾斜是缓慢的，它和它地基下方的土层实际上达到了某种程度上的平衡。在建造的第一阶段即第 3 层结束时，钟塔向北倾斜约(1/4)°在第二阶段由于纠偏过渡，1278 年第 7 层完成时反而向南倾斜约 0.6°，1360 年建造顶层钟房时增加到 1.6°。1817 年，两位英国学者 Cresy 和 Taylor 用铅垂线测量倾斜，那时的结果是 5°。1550 年 Giorgio Vasari 的勘测与 1817 年 Cresy 和 Taylor 的勘测之间相隔 267 年，倾斜仅增加了 5 厘米。因此人们也没有对斜塔进行特意地维修。然而 1838 年的一次工程导致了比萨斜塔突然加速倾斜，人们不得不采取紧急维护措施。当时建筑师 Alessandro della Gherardesca 在原本密封的斜塔地基周围进行了挖掘，以探究地基的形态，揭示圆柱柱础和地基台阶是否与设想的相同。这一行为使得斜塔失去了原有的平衡，地基开始开裂，最严重的是发生了地下水涌入的现象。这次工程后的勘测结果表明倾斜加剧了 20 厘米，而此前 267 年的倾斜总和不过 5 厘米。1838 年的工程结束以后，比萨斜塔的加速倾斜又持续了几年，然后又趋于平稳，减少到每年倾斜约 1 毫米。

4.2　基础的类型及基础平面图与详图

 问题引领

　　某多层建筑物采用砖墙承重，其基础沿墙身设置，做成长条形；而与其相隔不远的一多层建筑物，采用柱承重，每个柱下设置矩形或方形的单独基础；在与其相隔较远的一高层建筑，则将柱下基础连成一片，使整个建筑物的荷载承受在一块整板上。

　　上述建筑物的基础有何不同？为何它们要采用不同的基础类型？建筑物的基础又有哪些类型可供选择？本节将一一讲解。

4.2.1　基础类型

1. 按使用材料不同分类

　　基础按其使用材料的不同，可分为砖基础、毛石基础、灰土基础、三合土基础、毛石混凝土基础、混凝土基础和钢筋混凝土基础等。

 观察与思考

上述基础的名称有什么相同点和不同点？

2. 按基础的构造型式分类

　　基础构造型式的确定随建筑物上部结构形式、荷载大小及地基土质情况而定。一般情况下，上部结构形式直接影响基础的形式，但当上部荷载较大，且地基承载能力有变化时，基础形式也随之发生变化。常见的基础形式有以下几种。

1) 条形基础

　　当建筑物上部结构采用墙体承重时，基础沿墙身设置，多做成长条形，这种基础称为条形基础，也称带形基础，如图 4.7 所示。条形基础往往是墙下基础的基本形式。

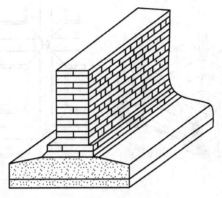

图 4.7　墙下条形基础

特 别 提 示

墙下条形基础在平面上的投影只画墙线两条(用粗线画)和基础边缘线两条(细实线)。

2）独立基础

当建筑物上部结构采用柱承重时，其基础常采用方形或矩形的单独基础，这种基础称独立基础，如图 4.8 所示。独立基础是柱下基础的基本形式，常用断面形式有阶梯形、锥形和杯形，前两种适用于现浇柱下基础，后一种适用于预制柱下基础。

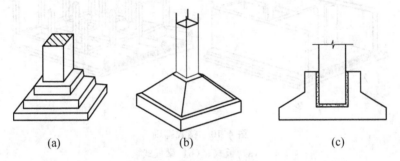

(a)　　　　　　　　　(b)　　　　　　　　　(c)

图 4.8　柱下独立基础

(a) 阶梯形基础；(b) 锥形基础；(c) 杯形基础

特 别 提 示

钢筋混凝土墙下条形基础和钢筋混凝土柱下独立基础也称为扩展基础。

观察与思考

钢筋混凝土柱下独立基础在平面上的投影你会画吗？

3）柱下条形基础和井格式基础

当框架结构处在地基条件较差的情况下时，为增强建筑物的整体性能，以减少各柱之间产生不均匀沉降，常将各柱下基础沿某个方向或纵、横方向连接成一体，形成柱下条形基础或十字交叉的井格式基础，图 4.9 所示为井格式基础。

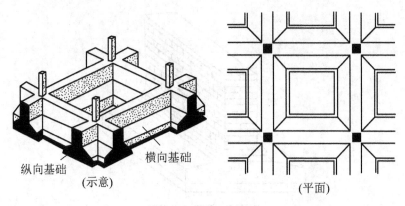

纵向基础　横向基础

(示意)

(平面)

图 4.9　井格式基础

4）筏形基础

当建筑物上部荷载较大，而所在地的地基又较弱时，采用简单的条形基础或井格式基础已不能满足地基变形的要求时，常将墙或柱下基础连成一片，使整个建筑物的荷载承受在一块整板上，这种满堂式的板式基础又称筏形基础。筏形基础分为平板式和梁板式两种，如图 4.10 所示。片筏基础整体性好，可以跨越基础下的局部软弱土。

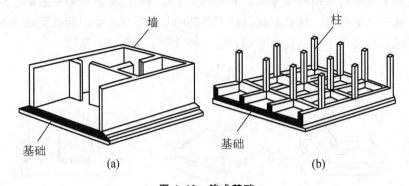

墙　　　　　　　柱

基础　　　　　　基础

(a)　　　　　　(b)

图 4.10　筏式基础

（a）板式；（b）梁板式

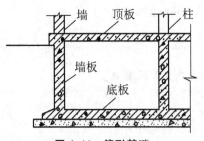

墙　顶板　　柱

墙板

底板

图 4.11　箱形基础

5）箱形基础

箱形基础是由钢筋混凝土的底板、顶板和若干纵横墙组成的，形成空心箱体的整体结构，如图 4.11 所示。基础的中空部分，可以用作地下室。箱形基础的整体刚度大，对抵抗地基的不均匀沉降有利，抗震性能较好，有较好的地下空间可以利用，能承受很大的弯矩，可用于承受特大荷载且需设地下室的建筑。

观察与思考

上述 5 种基础，哪一种基础的整体性最好，抵抗变形的能力最强？

6）桩基础

桩基础是一种应用范围广泛的深基础。当建筑场地浅层地基土比较软弱，不能满足建筑物对地基承载力和变形的要求，又不适宜采取地基处理措施时，可考虑选用桩基础，以下部坚实土层或岩层作为持力层。桩基础通常由连接桩顶的承台（承台板或承台梁）和桩柱两部分构成，如图 4.12 所示。

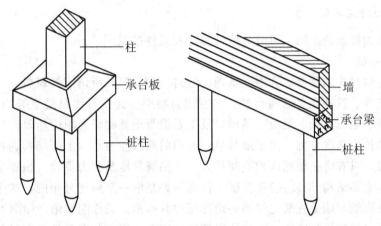

图 4.12　桩基础组成

按承台位置的高低，桩基础可分为高承台桩基础和低承台桩基础。前者的承台底面高于地面，它的受力和变形不同于低承台桩基础。一般应用在桥梁、码头工程中。后者的承台底面低于地面，一般用于房屋建筑工程中。

按承载性质不同，桩基础可分为端承桩和摩擦桩。前者是指穿过软弱土层并将建筑物的荷载通过桩传递到桩端坚硬土层或岩层上。桩侧较软弱土对桩身的摩擦作用很小，其摩擦力可忽略不计，如图 4.13（a）所示。后者是指沉入软弱土层一定深度通过桩侧土的摩擦作用，将上部荷载传递扩散于桩周围土中，桩端土也起一定的支承作用，桩尖支承的土不甚密实，桩相对于土有一定的相对位移时，即具有摩擦桩的作用，如图 4.13（b）所示。

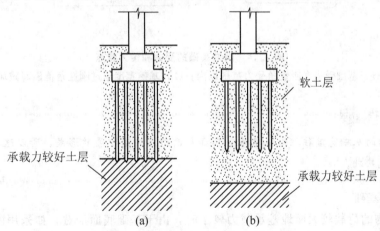

图 4.13　按承载性质分桩的两种类型

（a）端承桩；（b）摩擦桩

钢筋混凝土是最常见的桩身材料，钢筋混凝土桩基按施工方法可分为预制桩和灌注桩。钢筋混凝土预制桩是在工厂或施工现场预制，用锤击打入、振动沉入等方法，使桩沉入地下。灌注桩又叫现浇桩，直接在设计桩位的地基上成孔，在孔内放置钢筋笼或不放钢筋，后在孔内灌注混凝土而成桩。现浇桩与预制桩相比，可节省钢材，在持力层起伏不平时，桩长可根据实际情况设计。

3. 按受力特点不同分类

基础按受力特点的不同，可分为刚性基础和柔性基础。

1）刚性基础

由刚性材料制作的基础称为刚性基础（无筋扩展基础）。所谓刚性材料，一般是指抗压强度高，而抗拉、抗剪强度低的材料。在常用材料中，砖、石和混凝土等均属刚性材料。因此，砖基础、毛石基础、混凝土基础以及毛石混凝土基础皆为刚性基础。

从受力和传力角度考虑，由于地基单位面积的承载能力小，上部结构通过基础将其荷载传给地基时，只有将基础底面积不断扩大，才能满足地基受力要求。根据实验得知，在刚性基础上，上部结构（墙或柱）在基础上传递压力是沿一定角度分布的，这个传力角度即压力传递的方向线与墙垂直线之间的夹角称压力分布角，又称刚性角，如图 4.14（a）所示。

由于刚性材料抗压强度高，而抗拉强度低，因此，压力分布角只能在材料的抗压范围内控制。如果基础底面宽度超过控制范围，致使刚性角扩大，则基础会因受拉而破坏，如图 4.14（b）所示。由此可知，刚性基础底面宽度的增大受刚性角的限制。

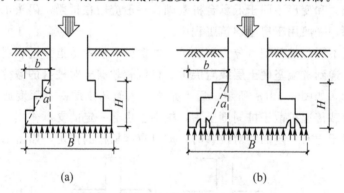

（a）   （b）

图 4.14　刚性基础的受力和传力特点

（a）基础受力在刚性角受力范围以内；（b）基础宽度超过刚性角范围而破坏

特 别 提 示

刚性基础的基础宽度往往做成从基础顶面往两边或四边扩展的形式，所以这种基础也可称之为无筋扩展基础。

2）柔性基础

当建筑物的荷载较大而地基承载力较小时，由于基础底面加宽，如采用刚性基础，势必导致基础深度亦要加大。这样，既增加了土方开挖量，又使基础材料用量增加，对工期和造价都十分不利。如果在混凝土基础的底部配以钢筋，利用钢筋来承受拉力，如图 4.15

所示，使基础底部能够承受较大弯矩。这时，基础宽度的加大不受刚性角限制，故称钢筋混凝土基础为柔性基础。在同样条件下，采用钢筋混凝土基础与混凝土基础比较，可节约大量混凝土材料和挖土工作量。

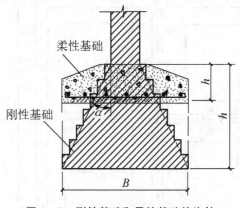

图 4.15   刚性基础和柔性基础的比较

 观察与思考

工程中刚性基础和柔性基础，哪一种应用更普遍？

从以上基础的分类可以看出一个基础从不同的角度进行分类，可以有多个类型和名称，或者说，不同的基础类型和名称其内涵是可以交叉的。比如某工程中的基础从其所用材料来看是钢筋混凝土基础，从受力特点来看是柔性基础，从构造型式来看是独立基础，从基础埋深来看是浅基础。基础的类型是由设计者来确定的，所以读图时应注意设计者选用的是哪一种类型的基础。

4.2.2 基础平面图与详图

基础施工图由结构设计人员设计，识图者可在结构施工图中看到基础施工图。传统的基础施工图包括基础平面图和表示基础构造的基础详图以及必要的设计说明。基础施工图是施工放线、开挖基坑或基槽、基础施工及计算基础工程量的依据。

1. 基础平面图

1）基础平面图的图示方法

假想在建筑物底层室内地面以下设置水平剖切平面，剖切后将剖切平面下部的所有基础构件作水平投影，所得的水平剖视图，称为"基础平面图"，基础的种类有很多，如图 4.16 所示是墙下条形基础，本节仅以墙下条形基础为例说明基础平面图的内容。

2）基础平面图的内容

在基础平面图中会表示出墙体内、外边缘的轮廓线、基础轮廓线、基础的宽度和基础断面图剖切的位置和编号，并标注定位轴线和定位轴线之间的距离。具体包括以下几部分。

建筑构造与施工图识读

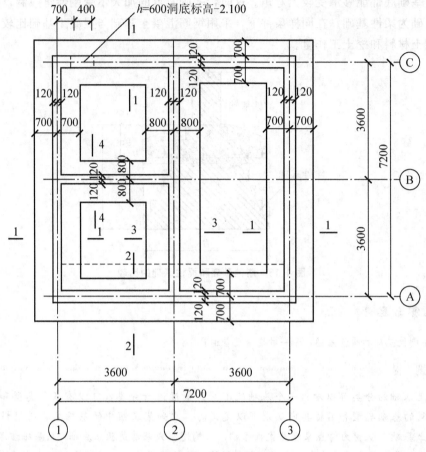

图 4.16 基础平面图

（1）图名和比例。

（2）纵横向定位轴线及编号、轴线尺寸。定位轴线应与建筑平面图一致，一般外部尺寸只标注定位轴线的距离和总尺寸（房屋总长和总宽尺寸）。

（3）基础的平面布置和内部尺寸，即基础墙、柱、基础底面的形状、尺寸及其与轴线的位置关系。

（4）基础梁的位置、代号和编号。

（5）基础墙上留洞的位置及洞的尺寸和洞底标高。

（6）基础的编号、基础断面图的剖切位置及其编号。

 观察与思考

试述图 4.16 表达了什么内容？

 阅读资料

基础平面图的图示特点

（1）基础平面图的绘制比例，应与建筑平面图绘图比例相一致。

（2）在基础平面图中，仅绘制基础墙、柱和基础底面轮廓线，而基础的细部可见轮廓线（如大放脚）一般省略不画，通过基础详图来表达。

（3）在基础平面图中，被剖切到的基础墙身线用中粗实线绘制；被剖切到的柱用涂黑的柱断面表示；基础底面轮廓线用细实线绘制。

（4）基础梁和地圈梁用粗点画线表示其中心线的位置。

（5）基础墙上的预留孔洞，应用虚线表示其位置。

2．基础详图

1）基础详图的图示方法

在基础平面图上的某一个位置，用铅垂剖切面切开基础所得到的断面图即为基础详图，如图 4.17 所示。基础详图主要表达基础各部分的详细尺寸和构造。

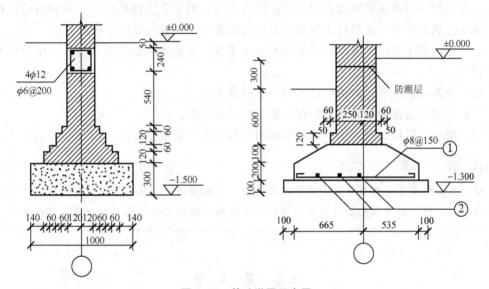

图 4.17　基础详图示意图

2）基础详图的主要内容

（1）图名、比例。

（2）轴线及其编号。基础详图中轴线及其编号，若为通用图，则轴线圆圈内可不编号。

（3）基础断面的形状、大小、材料及配筋。

（4）基础断面的详细尺寸和室内外地面标高及基础底面的标高。

（5）垫层、基础墙、基础梁的形状、大小、材料及强度等级。

（6）钢筋混凝土基础应标注钢筋直径、间距及钢筋编号。现浇基础尚应标注预留插筋、搭接长度与位置及箍筋加密等。对桩基础应表示承台、配筋及桩尖埋深等。

（7）防潮层的位置及做法，垫层材料等（也可用文字说明）。

 **观察与思考**

试述图 4.17 表达了什么内容？

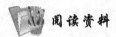 阅读资料

基础详图的图示特点

（1）基础详图常用 1∶10、1∶20、1∶50 等比例绘制。

（2）梁的轮廓线用细实线绘制；基础砖墙的轮廓线用中粗实线绘制；梁内钢筋用粗实线绘制，钢筋断面用小黑圆点表示。

（3）在基础墙断面上绘制砖的材料图例，而在钢筋混凝土基础、梁的断面上不绘制材料图例，以突出钢筋配置情况；基础垫层材料可用文字说明，不绘制相应的材料图例。

3. 基础设计说明

设计说明一般是说明难以用图示表达的内容和易用文字表达的内容，如材料的质量要求、施工注意事项等。由设计人员根据具体情况编写。一般包括以下内容。

（1）对地基土质情况提出注意事项和有关要求，概述地基承载力、地下水位和持力层土质情况。

（2）地基处理措施，并说明注意事项和质量要求。

（3）对施工方面提出验槽、纤探等事项的设计要求。

（4）垫层、砌体、混凝土、钢筋等所用材料的质量要求。

 特 别 提 示

由于基础将有专门课程讲述，本章只简单介绍了基础的一些基本知识，如想深入学习基础方面的知识，请参照《地基基础》这门课程或下学期开设的《结构基础与识图》这门课程。

4.3 地 下 室

 阅读资料

某高层建筑，埋入地面的深度较大，设计人员为充分利用地下空间，在地面以下设计了地下室。但该地下室没用多久，就因为太过潮湿而不能正常使用。

在当今城市用地紧张的情况下，建筑向空间发展，也将促使其向地下发展。地下室的外墙和底板会受到地潮和地下水的侵蚀。如果忽视其防潮和防水工作，地潮和地下水便会乘虚而入，严重时，会造成地下室不能使用甚至影响到整个建筑物的耐久性能。因此，如何保证地下室在使用时不受潮、不渗漏，是地下室构造设计的主要任务。

4.3.1 地下室的分类

1. 按使用性质分

1）普通地下室

普通地下室是指普通的地下空间。一般按地下楼层进行设计，可满足多种建筑功能的

要求，可用作营业厅、健身房、库房、设备间和车库等。

2）人防地下室

人防地下室是指有人民防空要求的地下空间。人防地下室应妥善解决紧急状态下的人员隐蔽与疏散，应有保证人身安全的技术措施，同时还应考虑和平时期的使用。

阅读资料

人防地下室和普通地下室的异同

人民防空地下室（以下简称人防地下室）是人防工程的重要组成部分，是战时提供人员、车辆、物资等掩蔽的主要场所，在平时由于地下室的特殊性，也是作为防灾、减灾指挥所及避难所。人防地下室和普通地下室有着很多相同点，这使很多人认为普通地下室就是人防地下室。人防地下室自身所具有的特点也使部分人认为，人防地下室只能用于战时的防空袭，在平时是无法使用的。这些观点都是错误的。

人防地下室与普通地下室最主要相同点就是它们都是埋在地下的工程，在平时使用功能上都可以用做商场、停车场、医院、娱乐场所甚至是生产车间，它们都有相应的通风、照明、消防、给排水设施，因此从一个工程的外表和用途上是很难区分该地下工程是否是人防地下室。

人防地下室由于在战时具有防备空袭和核武器、生化武器袭击的作用，因此在工程的设计、施工及设备设施上与普通地下室有着很多的区别，首先，在工程的设计中普通地下室只需要按照该地下室的使用功能和荷载进行设计就可以，它可以全埋或半埋于地下。而防空地下室除了考虑平时使用外，还必须按照战时标准进行设计，因此，人防地下室只能是全部埋于地下的，由于战时工程所承受的荷载较大，人防地下室的顶板、外墙、底板、柱子和梁都要比普通地下室的尺寸大。有时为了满足平时的使用功能需要，还需要进行临战前转换设计，例如战时封堵墙、洞口、临战加柱等。另外对重要的人防工程，还必须在顶板上设置水平遮弹层用来抵挡导弹、炸弹的袭击。

2．按埋入地下深度分类

1）全地下室

全地下室是指地下室地面低于室外地坪面的高度超过该房间净高的1/2者，如图4.18所示。因其埋入地下较深，周边环境不利，一般多用作建筑的辅助房间和设备间。

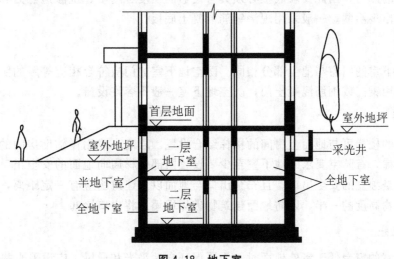

图 4.18 地下室

2）半地下室

半地下室是指地下室地面低于室外地坪面高度超过该房间净高1/3，且不超过1/2者，如图4.18所示。因其有相当一部分暴露在室外地面以上，采光和通风问题较好解决，周边环境要优于全地下室，可用作办公室和客房等。

3. 按结构材料分类

1）砖墙结构地下室

砖墙结构地下室是指地下室的墙体用砖砌筑，由砖墙承重。

2）钢筋混凝土结构地下室

钢筋混凝土结构地下室是指地下室全部由钢筋混凝土浇筑。这种地下室适用于上部荷载大、地下水位较高及有人防要求的情况。

4.3.2 地下室的组成

地下室一般由墙体、顶板、底板、门窗、楼梯和采光井等组成，如图4.18所示。

1. 墙体

地下室的墙体承担上部的垂直荷载及土、地下水以及土冻胀时产生的侧压力。一般采用钢筋混凝土墙体，其最小厚度不低于300mm，外墙应作防潮或防水处理。如用砖墙（现在较少采用），其厚度不小于490mm。

2. 顶板

地下室的顶板采用现浇或预制钢筋混凝土楼板。如采用预制板，通常在其上作一层钢筋混凝土现浇层（装配整体式楼板），以保证顶板具有足够的整体性。如为防空地下室，其顶板必须采用现浇板，并按有关规定决定其厚度和混凝土的强度等级。

3. 底板

地下室的底板需承受作用在它上面的垂直荷载，在地下水位高于地下室地面时，还需承受地下水的浮力，因此要求底板必须具有足够的强度、刚度、抗渗透能力和抗浮力的能力，否则易出现渗漏。一般采用现浇钢筋混凝土底板。

4. 门窗

普通地下室的门窗与地上部分相同。防空地下室的门应符合相应等级的防护和密闭要求，一般采用钢门或钢筋混凝土门，防空地下室一般不容许设窗。

5. 楼梯

地下室的楼梯可与地面上房间的楼梯结合设置，层高小或用作辅助房间的地下室，可设置单跑楼梯。有防空要求的地下室至少要设置两部楼梯通向地面的安全出口，并且其中必须有一个是独立的安全出口。且安全出口与地面以上建筑物应有一定距离，一般不得小于地面建筑物高度的一半，以防地面建筑物破坏坍塌后将出口堵塞。

6. 采光井

当地下室的窗台低于室外地面时，为了保证自然采光和通风，应设采光井，如图4.19

所示。一般每个窗户设一个，当窗户的距离很近时，也可将采光井连在一起。

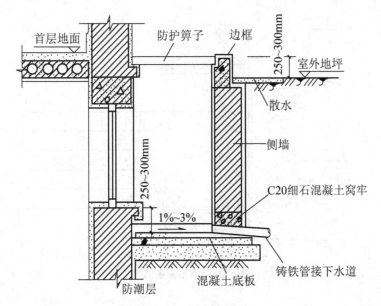

图 4.19 采光井构造

采光井由侧墙、底板、遮雨设施或铁箅子组成，侧墙可以用砖墙或钢筋混凝土墙，底板一般为现浇混凝土板。

采光井的深度，应据地下室窗台的高度而定。一般情况，采光井底板顶面应比窗台低250～300mm。采光井的宽度为1 000mm左右，其开间应比窗宽1 000mm左右。

采光井底板应有1‰～3‰的坡度。采光井侧墙顶面应比室外地坪高250～300mm，以防止地面水流入采光井。采光井的上部应有铸铁箅子或尼龙瓦盖，以防止人员、物品掉入采光井内。

 观察与思考

想一想地下室为什么要设采光井呢？图 4.19 中采光井的构造详图表达了什么内容？

4.3.3 地下室的防潮和防水

1. 地下室的防潮

当设计最高地下水位低于地下室底板，且地基范围内的土壤及回填土无形成上层滞水可能时，地下室只需采用防潮处理，如图 4.20 所示。如地下室采用的是混凝土或钢筋混凝土结构，因其本身具有防潮作用，所以不必再做防潮处理。如地下室采用的是砖砌体结构，应做防潮处理。其通常的构造做法是：在地下室外墙外侧设垂直防潮层，首先在地下室墙体外表面抹20mm厚的1∶2防水砂浆找平，再刷冷底子油一道、热沥青两道。防潮层做至室外散水处，然后在防潮层外侧回填低渗透性土壤如粘土、灰土等，并逐层夯实，底宽500mm左右。砖墙墙体必须采用水泥砂浆砌筑，灰缝必须饱满。地下室所有墙体，必须设两道水平防潮层，一道设在地下室地坪附近，一般设置在结构层之间。另一道设在

室外地面散水以上 150～200mm 的位置。

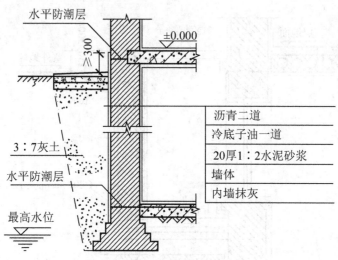

图 4.20　地下室的防潮

观察与思考

试述图 4.20 表达了什么内容?

2. 地下室的防水

当设计最高地下水位高于地下室底板,地下室底板和部分外墙会受到地下水的侵蚀,外墙受到地下水的侧压力,底板受到浮力的作用,如图 4.21(a)所示,因此,地下室应采取防水措施。

地下工程的防水等级分为四级,设计者应首先确定地下室的防水等级,再采用相应的防水方案。采用明挖法施工地下工程的主体结构的防水措施有卷材防水、防水涂料、防水混凝土构件自防水、防水砂浆防水、塑料或金属板防水 6 种,一级应选择其中的 1～2 种,二级应该选择其中的 1 种。

1) 卷材防水

卷材防水适用于受侵蚀介质作用或受震动作用的地下室。卷材防水的常用材料为高聚物改性沥青防水材料或合成高分子卷材。

卷材防水的施工方法有两种:外防水和内防水。卷材防水层设在地下工程围护结构外侧(即迎水面)时,称为外防水,如图 4.21(b)所示,这种方法防水效果较好;卷材粘贴于结构内表面时称为内防水,如图 4.21(c)所示,这种做法防水效果较差,但施工简单,便于修补,常用于修缮工程。

2) 防水混凝土构件自防水

当地下室的墙体采用混凝土或钢筋混凝土结构时,可连同底板一同采用防水混凝土,使承重、围护和防水功能三者合一。其构造要求是:防水混凝土墙体一般应不小于 250mm;底板厚度一般应不小于 150mm;迎水面钢筋保护层厚度不应小于 50mm;防水混凝土结构底板的混凝土垫层的混凝土强度等级不应低于 C15,厚度不应小于 100mm,在

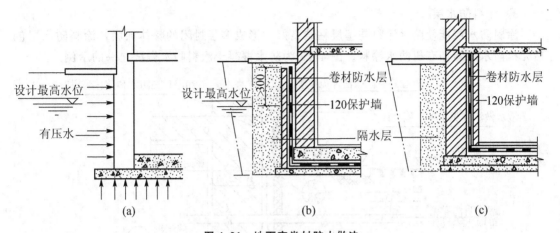

图 4.21　地下室卷材防水做法

(a) 有压地下水；(b) 外防水；(c) 内防水

软弱土层，厚度不应小于 150mm。防水混凝土构件自防水应注意在施工缝等处注意加强防水。有时防水混凝土与其他防水层配合防水。图 4.22 所示为防水混凝土与卷材防水配合做法。

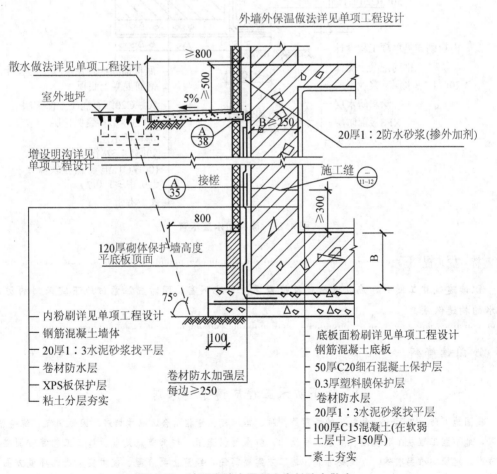

图 4.22　地下室防水混凝土卷材防水做法

3）涂料防水层

涂料防水层能使防水涂料与基层粘结良好并形成多层封闭的整体涂膜，涂料防水层包括无机防水涂料和有机防水涂料。图 4.23 为防水混凝土涂料防水做法之一的示例。

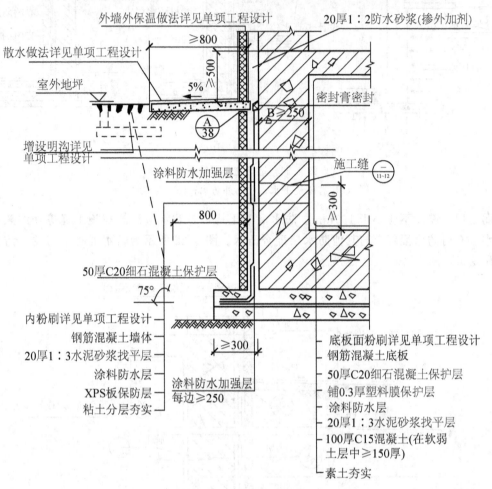

图 4.23　涂料防水层示意

识读建筑施工图时，应注意该建筑是否设计了地下室，同时应注意该地下室采用的防潮或防水的构造做法。

阅读资料

地下防水工程应遵循的原则

我国地下防水工程设计和施工的原则是：防、排、截、堵相结合，刚柔相济、因地制宜、综合治理。所以，地下室工程从工程规划、防水工程设计、防水材料选用、细部节点处理、施工工艺等方面必须系统考虑。定级标准要准确、方案要可靠、施工方案要简便，经济上要合理、技术上要先进、环境方面要节能减少污染。随着我国城市化加速发展和人们对居住条件需求越来越高,为了节约土地资源,减少占地面积,我国大中城市的房屋建筑高层如林。中、高层建筑为了满足使用功能方面要求和减轻结构自重,±0.000 以下设计有多层地下室,可作为地下停车场,仓库,超市,设备用房等。因此,地下防水工程属隐蔽工程,时时刻刻受到地下水的渗透作用,如果地下室防水工程质量达不到规范要求,地下水渗漏到地下室内部,势必带来一系列问题,轻则影响人们的正常工作和生活、重则损坏设备和建筑物产生不均匀沉降甚至破坏。根据有关资料表明:地下室存在氡污染,而氡是通过地下水渗漏渗入地下工程内部聚积在地下工程内表面,必要时可加通风设施,所以,地下防水工程从设计、施工等方面必须按相应规定办理是极为必要的,在设计施工等方面必须把质量放在首位。

本章小结

(1) 地基是支承基础的土体或岩体。地基可分为天然地基和人工地基两大类。

(2) 基础是指将结构所承受的各种作用传递到地基上的结构组成部分。基础是建筑物在地面以下的结构部分。

(3) 基础埋置深度是指基础底面到室外设计地坪的垂直距离,简称基础埋深。

(4) 基础按受力特点分类可分为刚性基础和柔性基础;按基础的构造型式分可分为条形基础、独立基础、井格式基础、筏形基础、箱形基础和桩基础。

(5) 地下室一般由墙体、顶板、底板、门窗、楼梯、采光井等组成。

(6) 当设计最高地下水位低于地下室底板 300mm 以上,且地基范围内的土壤及回填土无形成上层滞水可能时,地下室只需采用防潮处理,通常的构造做法是在地下室外墙外侧设垂直防潮层。

(7) 当设计最高地下水位高于地下室底板,地下室应采取防水措施。常见的防水措施有卷材防水和防水混凝土自防水。

习题

一、填空题

1. 建筑物最下部埋在土层中的构件称为_____,它承受建筑物的全部荷载,并把荷载传给_____。

2. 基础埋深是指自_____至_____的垂直距离。基础的埋置深度一般不小于_____。

3. 地下室按埋入地下深度可分为_____和_____。

4. 地下室由_____、_____、_____、_____、_____ 5 部分组成。

二、名词解释

1. 基础

2. 刚性基础

3. 独立基础

三、简答题

1. 地基和基础有何关系？

2. 影响基础埋深的因素有哪些？

3. 基础按受力特点可分为哪两种？按所用材料的不同可分为哪几种？

4. 基础按其构造型式可分为哪几种？

5. 试述地下室的组成。

6. 试述地下室防潮的构造做法。

7. 试述地下室防水的构造做法。

四、作图题

1. 画出一个房间的墙下条形基础平面图和剖面图，房间开间、进深要符合模数制，墙厚度 240mm，定位轴线居墙中，基础底面宽均是 1 300mm 对称于定位轴线两侧，有 3 个台阶，台阶的高度均为 400mm，墙下两侧台阶宽出墙体边缘均为 230mm，下方两个台阶宽均为 150mm，比例 1：100，画出剖切符号。

2. 画一个有两个台阶的阶梯形独立基础平面图和剖面图，基础底面尺寸为 1 900mm×1 900mm，柱边台阶尺寸为 1 100mm×1 100mm 并且其各边宽出柱边缘 350mm，两台阶高度均为 300mm，柱截面为 400mm×400mm，定位轴线居柱中心，基础平面中心与柱中心重合。垫层每边宽出基础底面 100mm，比例 1：50，画出剖切符号。

五、综合实训

1. 组织参观基础的模型，理解基础在建筑物中的重要地位，熟悉常见基础的构造形式。

2. 组织参观墙下条形基础的施工现场，对照基础施工图，了解其构造特点。

3. 组织参观柱下独立基础的施工现场，对照基础施工图，了解其构造特点。

4. 组织参观地下室的施工现场，对照地下室施工图，了解其构造特点。

第5章

墙　　体

教学目标

　　掌握墙体的作用、分类、设计要求、承重方案和细部构造；熟悉隔墙和玻璃幕墙构造，熟悉外墙详图的作用和表达内容。

教学要求

知识要点	能力要求	相关知识	权重
掌握墙体的作用、分类、设计要求、承重方案和细部构造	看懂楼层结构施工图，知道墙体的承重情况	楼层结构施工图，结构设计总说明中关于墙体的说明	30%
熟悉外墙详图的作用和表达内容	看懂外墙详图	外墙详图的表达内容	40%
熟悉隔墙和玻璃幕墙构造	看懂隔墙和玻璃幕墙详图	隔墙的施工要点	30%

要形成建筑的内部空间在建筑外部四周和顶部肯定有起围护作用的外墙和屋顶,在建筑内部肯定有起分隔作用的墙体。想一下,你经常看到的房屋的外部墙体是什么样的形象呢?是不是有一些高层建筑外围护墙是玻璃幕墙,但更多的墙体是由不同的墙体材料做成除窗户外的实心的墙体呢?那么墙体内是否暗藏有不同材料的构件呢?保护外部墙体有什么构造措施呢?墙体与其他构件是如何联系的呢?在不同承重结构的房屋中的墙体有什么特点呢?

广义的墙是由不同材料做的主要起围护作用的外墙和主要起分隔作用的内墙,本章将介绍两种墙体。本章的前面二节重点介绍图 5.1 所示砖混结构的墙体,同时比较图 5.2 所示框架结构房屋的墙体与图 5.1 中的墙体的不同。学习完了本章要熟悉图 5.1 房屋的墙体上所有构造要求。

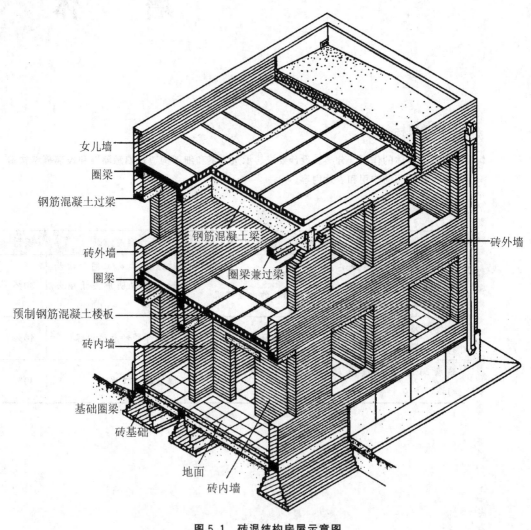

图 5.1 砖混结构房屋示意图

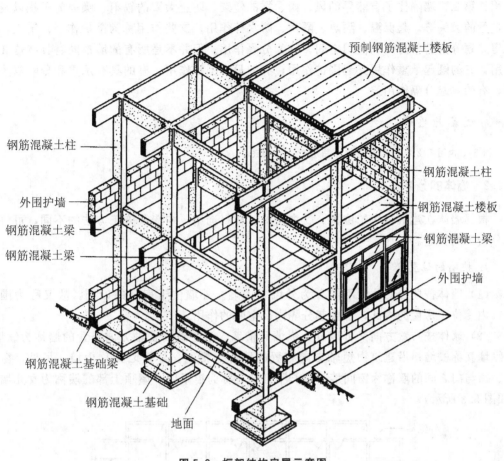

图 5.2　框架结构房屋示意图

5.1　墙体的分类与设计要求

阅读资料

在采用标准砖砌筑的建筑中，东北地区住宅墙体厚度外墙一般是 370mm，南方住宅的墙体厚度一般是 240mm，这是由于我国东北地区冬季时间长气温低，而南方地区降水多，夏季气温高，所以住宅建筑的墙体的厚度不同。墙体设计对建筑的设计和使用尤其重要。

墙体是房屋不可缺少的重要组成部分。在一般民用建筑中，墙和楼板被称为主体工程。墙的造价约占总造价的 30%～40%，墙的重量约占房屋总重量的 40%～65%。如何选择墙体材料和构造作法，将直接影响房屋的使用质量、造价、材料消耗和施工工期。

5.1.1　墙的作用

民用建筑中的墙一般有 3 个作用。

首先，它承受屋顶、楼板传给它的荷载，本身的自重荷载和风荷载，所以它具有承重

作用；第二，墙隔住了自然界的风、雨、雪的侵袭。防止太阳的辐射、噪声的干扰以及室内热量的散失等，起保温、隔热、隔声、防水等作用，这些作用称为围护作用；第三，墙把房屋划分为若干房间和使用空间，称为分隔作用。但并不是所有的墙都同时具有这 3 个作用，有的既起承重作用又起围护作用，有的只有围护作用；有的具有承重和分隔双重作用，有的只起分隔作用。

 观察与思考

图 5.1 和图 5.2 中的外墙起的作用有什么不同呢？

5.1.2 墙体的分类

根据墙体在建筑物中的位置、受力情况、材料选用、构造及施工方法的不同，可将墙体分为不同类型。

1. 按墙的位置分类

（1）墙体按所处的位置不同分为外墙和内墙。外墙位于房屋的四周，故又称为围护墙；内墙位于房屋的内部，主要起分隔内部空间的作用。

（2）墙体按布置方向又可以分为纵墙和横墙。沿建筑物长轴方向布置的墙称为纵墙，外纵墙又称檐墙；沿建筑物短轴方向布置的墙称为横墙，外横墙又称山墙。另外，窗与窗、窗与门之间的墙称为窗间墙；窗洞下部的墙称为窗下墙；屋顶上部的墙称为女儿墙等（如图 5.3 所示）。

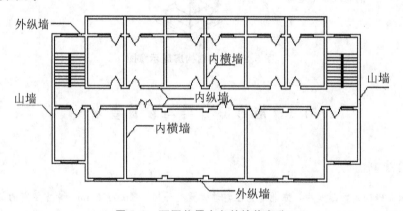

图 5.3　不同位置方向的墙体名称

 观察与思考

我们会关注窗间墙、窗下墙的什么尺寸呢？比较图 5.1 和图 5.2 房屋的窗户的设置有什么特点。窗间墙的宽度可以在哪张图读出？窗下墙的高度可以在哪张图读出？

2. 按受力情况分类

根据墙体的受力情况不同可分为承重墙和非承重墙。承重墙：凡直接承受楼板、屋顶等传来荷载的墙称为承重墙；非承重墙：不承受这些外来荷载的墙称为非承重墙。在砖混结构中，非承重墙又可分为两种：一是自承重墙，二是隔墙。自承重墙仅承受自身重量，并把自重传给基础；隔墙则把自重传给楼板层的楼板或者楼板下的梁，在回填土上砌筑的首层隔墙下一般做素混凝土基础承受首层隔墙自重。在框架结构中，非承重墙可分为填充墙和幕墙。

3. 按墙的材料分类

墙体有砖和砂浆砌筑的砖墙；利用工业废料制作的各种砌块砌筑的砌块墙；现浇或预制的钢筋混凝土墙；石块和砂浆砌筑的石墙等。

4. 按墙的构造方式分类

按照构造方式可以分为实体墙、空体墙和组合墙。实体墙是由单一材料组成，如普通砖墙、实心砌块墙、混凝土墙、钢筋混凝土墙、石材墙等；空体墙也是由单一材料组成，如空斗墙、空心砌块墙、空心板材墙等；组合墙由两种或两种以上的材料组合而成，例如：钢筋混凝土和加气混凝土构成的复合板材墙，其中钢筋混凝土起承重作用，而加气混凝土起保温隔热作用，如图5.4、图5.5、图5.6所示。

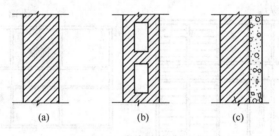

(a)　　　　　　　(b)　　　　　　　(c)

图 5.4　墙体的构造形式

（a）实体墙；（b）空体墙；（c）组合墙

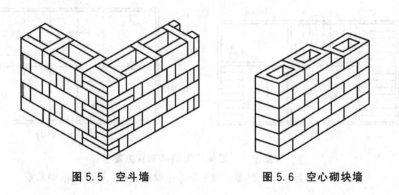

图 5.5　空斗墙　　　　　　　**图 5.6　空心砌块墙**

5. 按施工方法分类

按照施工方法可分为叠砌墙、板筑墙及装配式板材墙3种。块材墙用砂浆等胶结材料将砖、石及砌块等块材组砌而成的墙体，如砖墙、石墙及各种砌块墙等；板筑墙是指在现场立模板，然后将散装材料浇筑而成的墙体，如现浇混凝土墙、土墙等；板材墙是预先制成墙板，施工时直接现场将其安装而成的墙，如预制混凝土大板墙、各种轻质条板内隔墙等。

5.1.3 墙体的设计要求

我国地域辽阔，气候差异大，因此，墙体除了满足结构方面的要求外，作为围护构件还应具有保温、隔热、隔声、防火、防潮等功能方面的要求。

1. 结构方面的要求

1）结构布置方案

在多层砖混结构中，墙体既是围护构件，也是主要的承重构件。在设计中，墙体的布置同时考虑建筑和结构两方面的要求，既满足设计的房间布置、空间大小划分等使用要求，又应选择合理的墙体承重结构布置方案，使之安全承担作用在房屋上的各种荷载，坚固耐久、经济合理。

结构布置指梁、板、柱等结构构件在房屋中的总体布局。砖混结构的结构布置方案，通常有横墙承重、纵墙承重、纵横墙双向承重、内部框架承重等几种方式，如图5.7所示。

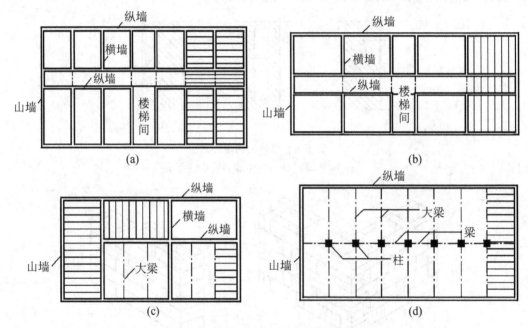

图5.7 墙体承重结构布置方案

（a）横墙承重；（b）纵墙承重；（c）纵横墙承重；（d）内框架承重

（1）横墙承重方案。它是指将楼板两端搁置在横墙上，纵墙只承担自身的重量。

（2）纵墙承重方案。它是指将纵墙作为承重墙搁置楼板，而横墙为自身墙。

以上两种方案相比较，前者适用于横墙较多且间距较小、房间面积比较小、尺寸变化不多的建筑，其房屋空间刚度大，结构整体性好；而后者由于横墙较少，可以满足较大空间的要求，但房屋刚度较差。从建筑的外立面来说，承重墙上开门窗洞口比在非承重墙上限制要大。

（3）纵横墙承重方案。将以上两种方式相结合，根据需要部分横墙和部分纵墙共同作为建筑的承重墙，而其他的墙体除了只承担自身重量外，还对承重墙起一个拉结作用。这种方式可以满足空间组合灵活的需要，且空间刚度也较大，它的特点介于横墙承重方案和纵墙承重方案之间。

（4）内部框架承重方案。它也称半框架承重或局部框架承重。它是指房屋四周外墙采用墙体承重，内部为框架承重，适用于当建筑需要大空间时的方案。该方式中房屋的总刚度主要由框架来保证。

纯框架结构的建筑目前在中小型民用建筑中使用逐渐增多，框架结构的受力方式为通过框架梁承担楼板的荷载并传递给框架柱，然后再通过框架柱传递给基础和地基，墙体则不承受荷载，只起围护和分隔作用，如图 5.8 所示所示。

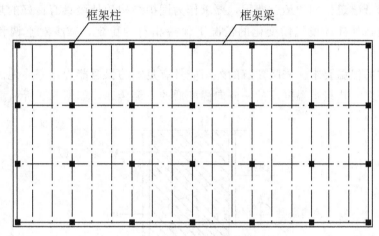

图 5.8　框架结构布置示意图

观察与思考

如果如图 5.8 所示框架结构的楼板采用预制板铺设可以采用什么方式呢？如何传递力呢？

2）墙体承载力和稳定性

（1）承载力。它是指墙体承受荷载的能力。大量的民用建筑，一般横墙数量多，空间刚度大，但仍需要验算其承重墙或柱在控制截面处的承载力。承重墙具有足够的承载力来承受楼板及屋顶的竖向荷载。抗震区还应考虑地震作用下墙体的承载力，对多层砖混结构房屋一般只考虑水平方向的地震作用。

（2）墙体的稳定性。墙体的高厚比是保证墙体稳定的重要措施。墙、柱高厚比是指墙、柱的计算高度 H_0 与墙厚 h 的比值。高厚比值越大，构件越细长，其稳定性就越差。高而薄的墙稳定性差，矮而厚的墙稳定性好；长而薄的墙稳定性差，短而厚的墙稳定性好。实际工程中，高厚比必须控制在允许的限值以内。允许高厚比限值结构上有明确规定，它是综合考虑了砂浆强度等级、材料质量、施工水平、横墙间距等诸多因素确定的。

砖是脆性材料，变形能力小，如果层数过多，重量就大，砖墙可能破碎和错位，甚至被压垮。特别是地震区，房屋的破坏程度随层数增多而加重，因而对房屋的高度及层数有一定的限制值，表 5-1 说明的是抗震时普通砖砌筑的多层房屋的高度要求。

表 5-1　多层砖房总高(m)和层数(层)限制

抗震设防烈度 最小墙厚	6		7		8		9	
	高度	层数	高度	层数	高度	层数	高度	层数
240mm	21	7	21	7	18	6	12	4

2. 功能方面的要求

1) 热工方面要求

建筑在使用中因对热工环境舒适性的要求会带来一定的建筑能耗,从节能的角度出发,也为了降低建筑长期的运营费用,要求作为围护结构的外墙具有良好的热稳定性,使室内温度环境在外界环境气候变化的情况下保持相对的稳定,减少对空调和采暖设备的依赖。

(1) 墙体的保温要求。采暖建筑的外墙应具有足够的保温能力,寒冷地区冬季室内温度高于室外很多,热量从温度高的一侧向温度低的一侧传递,如图 5.9 所示。

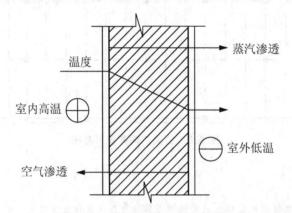

图 5.9　外墙冬季传热过程示意图

为了减少热量损失,对有保温要求的墙体,须提高其构件的热阻,通常采取以下措施。

① 通过对材料的选择,提高外墙的保温能力,减少热量的损失。一般有以下 3 种做法。

a. 增加墙体的厚度。墙体的热阻与其厚度成正比,欲提高墙身的热阻,可增加其厚度。

b. 选择导热系数小的墙体材料。要增加墙体的热阻,常选用导热系数小的保温材料,如泡沫混凝土、加气混凝土、陶粒混凝土等。

c. 设保温层。采用多种材料的组合墙,形成保温构造系统解决保温和承重双重问题。外墙保温系统根据保温材料与承重材料的位置关系,有外墙外保温、外墙内保温和夹芯保温 3 种方式。目前应用较多的保温材料为 EPS(模塑聚苯乙烯泡沫塑料)板或颗粒。此外,岩棉、膨胀珍珠岩、加气混凝土等也是可以供选择的保温材料。图 5.10、图 5.11 为外墙外保温和外墙内保温实例。

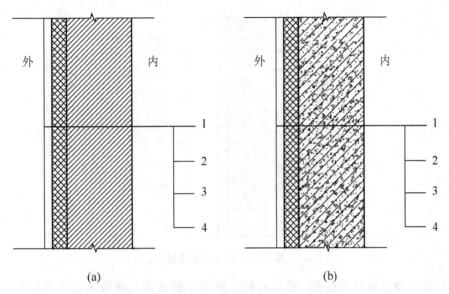

图 5.10 砖墙或混凝土外墙外保温的构造做法
1—饰面层；2—纤维增强层；3—保温层；4—墙体(a 为砖墙；b 为混凝土墙)

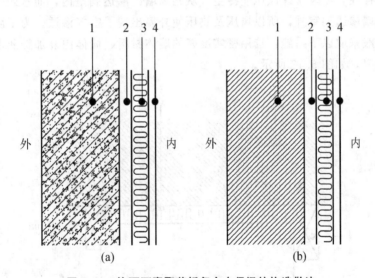

图 5.11 饰面石膏聚苯板复合内保温的构造做法
1—墙体；2—空气层；3—保温层；4—饰面石膏(a 为混凝土墙；b 为砖墙)

② 防止外墙中出现凝结水。为了避免采暖建筑热损失，冬季通常是门窗紧闭，生活用水及人的呼吸使室内湿度增高，形成高温高湿的室内环境。温度越高，空气中含的水蒸气越多，当室内热空气传至外墙时，因为墙体的温度较低，蒸汽在墙内遇冷变成凝结水，水的导热系数较大，使外墙的保温能力明显降低。同时保温材料也是吸水性材料，使其丧失保温性能。为避免这种情况产生，常在墙体的保温层靠高温一侧，即蒸汽渗入的一侧，

设置一道隔蒸汽层。隔蒸气材料一般采用沥青、卷材、隔气涂料以及铝箔等作为防潮、防水材料，如图5.12所示。

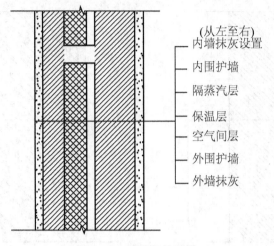

(从左至右)
内墙抹灰设置
内围护墙
隔蒸汽层
保温层
空气间层
外围护墙
外墙抹灰

图5.12 隔蒸气的设置

③ 防止外墙出现空气渗透。墙体材料一般都不够密实，有很多微小的孔洞，同时墙体上设置的门窗等构件，因安装不严密或材料收缩等原因，会产生一些贯通性的缝隙。由于这些孔洞的存在，冬季室外风压使冷空气从迎风墙面渗透到室内，而室内外的温差，室内热空气从内墙渗透到室外，所以风压及热压使外墙出现了空气渗透。为了防止外墙出现空气渗透，一般采取以下措施：选用密实度高的墙体材料、墙体内外加抹灰层、加强构件间的缝隙处理等，如图5.13所示。

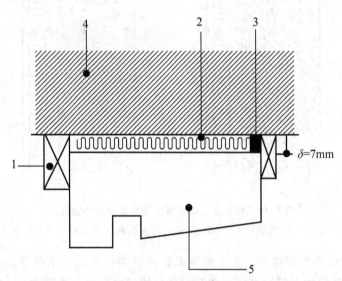

$\delta=7mm$

图5.13 封堵窗墙间缝隙做法(缝宽7mm)
1—木条；2—袋装矿棉；3—弹性密封胶；4—外墙；5—窗框

④ 采用具有复合空腔构造的外墙形式，使墙体根据需要具有热工调节性能。如近年

来在公共建筑中运用各种双层皮组合外墙以及利用太阳能的被动式太阳房集热墙等技术，还可以利用遮阳、百叶和引导空气流通的各种开口设置，来强化外墙体系的热工调节能力。如图 5.14 所示为被动式太阳房的墙体构造示例：通过太阳加热空气的空腔以及出风口的设置使外墙成为一个集热散热器，在太阳能的作用下，在外墙设置可以分别提供保温或隔热降温功能的空气置换层。

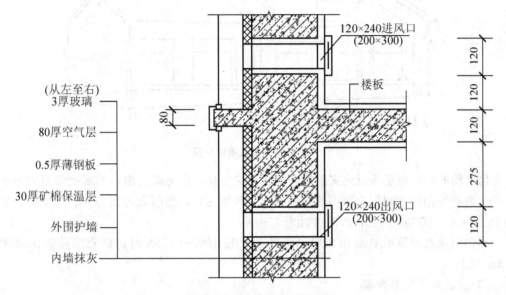

图 5.14 被动式太阳房的墙体构造(单位：mm)

2）墙体的隔热要求

隔热措施如下。

（1）外墙采用浅色而平滑的外饰面，如白色外墙涂料、玻璃马赛克、浅色墙地砖、金属外墙板等，以反射太阳光，减少墙体对太阳辐射的吸收。

（2）在外墙内部设通风间层，利用空气的流动带走热量，降低外墙内表面温度。

（3）在窗口外侧设置遮阳设施，以遮挡太阳光直射室内。

（4）在外墙外表面种植攀缘植物使之遮盖整个外墙，吸收太阳辐射热，从而起到隔热作用。

3）隔声要求

墙体主要隔离由空气直接传播的噪声。一般采取以下措施。

（1）加强墙体缝隙的填密处理。如对墙体与门窗、通风管道等的缝隙进行密封处理。

（2）增加墙厚和墙体的密实性。墙的隔声能力与墙的单位面积重量（面密度）有关，面密度越大，隔声能力越强。同一材料的墙越厚，面密度越大，所以加大墙厚对隔声也有利。

（3）采用有空气间层式多孔性材料的夹层墙。

（4）在建筑总平面的布局中考虑隔声问题：将不怕噪声干扰的建筑靠近城市干道布置，对后排建筑可以起隔声作用。也可选用枝叶茂密四季常青的绿化带降低噪声。

4）满足防火要求

墙体及墙的厚度，应符合防火规范规定的燃烧性能和耐火极限的要求。当建筑的占

地面积或长度较大时还要按规定设置防火墙，将房屋分成若干段，以防止火灾蔓延，如图 5.15 所示。建筑设计应严格依据防火规范的要求，确定建筑的耐火等级，设置防火墙。防火墙的最大间距详见防火规范里的具体规定。

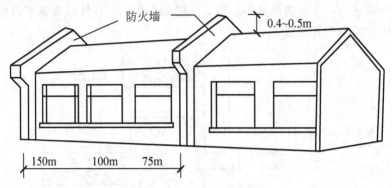

图 5.15　防火墙的设置

防火墙的作用在于截断火灾区域，防止火灾蔓延。作为防火墙，其耐火极限应不小于3.0h。防火墙的最大间距应根据建筑物的耐火等级而定，当耐火等级为一、二级时，其间距为 150m；三级时为 100m；四级时为 75m。

当民用建筑屋顶承重结构和屋面板的耐火报限低于 0.5h 时，防火墙应高出墙屋面0.5m 以上。

5）满足防水防潮要求

在卫生间、盥洗室、浴室、厨房、实验室等用水房间的墙体以及地下室的墙体应采取防水防潮措施。选择良好的防水材料以及恰当的构造做法，保证墙体的坚固耐久性，使室内有良好的卫生环境。

6）满足自重、降低造价的要求

在进行墙的构造设计时，墙体除了必须满足上述各项要求以外，还应力求选用容量小的材料，通常称为轻质高强材料。这样可以减轻墙体自重、节省运输费用，从而降低造价。

7）满足建筑工业化要求

要逐步改革以普通粘土砖为主的墙体材料，采用预制装配式墙体材料和构造方案，为生产工厂化、施工机械化创造条件，以降低工人的劳动强度、提高工效，保证施工质量。

5.2　墙体的构造

 问题引领

古今中外不同地区的房屋的外形给人不同的印象，不同房屋外墙的材料不同，外墙上的窗户的造型和大小也不同，看下图中的房屋的外形，图 5.16(a)是土石夯筑建筑的闽南土楼，图 5.16(b)是现在武汉街景，可以看到外墙表面除了窗户外，还有凹凸的线条阳台等形象，图 5.16(c)是武汉街头历史建筑，图 5.16(d)是武汉大学某学生宿舍，那么这些建筑你有什么印象呢？能联想本章学的哪些知识？

(a)　　　　　　　　　　　　(b)

(c)　　　　　　　　　　　　(d)

图 5.16　建筑物外形印象

5.2.1　墙体材料

　　块材墙是用砂浆等胶结材料将砖、石、砌块等块材组砌而成。如砖墙、石墙及各种砌块墙等，也可以简称为砌体(如图 5.17)。一般情况下，块材墙具有一定的保温、隔热、隔声性能和承载能力，生产制造及施工操作简单，不需要大型的施工设备，现场湿作业较多、施工速度慢、劳动强度较大等特点。

图 5.17　块材墙的材料

1. 常用块材

块材墙中常见的块材有各种砖和砌块。

1）砖

砖的种类很多，按材料不同，有粘土砖、页岩砖、粉煤灰砖、灰砂砖、炉渣砖等；按形状分有实心砖、多孔砖和空心砖等。按其制造工艺分有烧结和蒸压养护成型等方式。

目前常用的有烧结普通砖、蒸压粉煤灰砖、蒸压灰砂砖、烧结空心砖和烧结多孔砖。

我国标准砖的规格为 240mm×115mm×53mm；砖长∶宽∶厚＝4∶2∶1（包括 10mm 宽灰缝），标准砖砌筑墙体时是以砖宽度的倍数，即 115mm＋10mm＝125mm 为模数。这与我国现行《建筑模数协调统一标准》中的基本模数 M＝100mm 不协调，因此在使用中，须注意标准砖的这一特征。

材料不同强度级别有所区别。烧结普通砖、烧结多孔砖的强度以强度等级表示有 MU30、MU25、MU20、MU15、MU10 五个级别。如 MU30 表示砖的极限抗压强度平均值为 30MPa，即每平方毫米可承受 30N 的压力。

烧结空心砖和烧结多孔砖都是以粘土、页岩、煤矸石等为主要原料，经焙烧而成。前者孔洞率≥35％，孔洞为水平孔。后者孔洞率为 15％～30％，孔洞尺寸小而数量多。这两种砖都主要适用于非承重墙体，但不适用于地面以下或防潮层以下的砌体。常用砖的尺寸见表 5-2。

表 5-2　常用砖的尺寸　　　　　　　　　　　　　　　　　　　单位：mm

类　型	名　称	规格（长×宽×厚）	备　注
实心砖	烧结普通砖	主砖规格：240×115×53	
		配砖规格：175×115×53	
	蒸压粉煤灰（炉渣）砖	240×115×53	
	蒸压灰砂砖	实心砖：240×115×53	
空心砖	烧结空心砖	空心砖和空心砌块的长度、宽度、高度尺寸应符合下列要求： (1) 长度规格尺寸（mm）：390、290、240、190、180（175）、140。 (2) 宽度尺寸规格（mm）：190、180（175）、140、115。 (3) 高度规格尺寸（mm）：180（175）、140、115、90。其他规格尺寸有供需双方协商确定	孔洞率≥35％，详见国家建筑标准《烧结空心砖和空心砌块》（GB 13545—2014）
多孔砖	烧结多孔砖	P 型：240×115×90	孔洞率 15％～30％；砖型、外形尺寸、孔型、孔洞尺寸详见国家建筑标准《烧结多孔砖（GB 13544—2011）
		M 型：190×190×90	

2）砌块

砌块是利用混凝土、工业废料（炉渣、粉煤灰等）或地方材料制成的人造块材，外形尺寸比砖大，具有设备简单、砌筑速度快的优点，符合工业化发展中墙体改革的要求。

砌块按尺寸和质量的大小不同分为小型砌块、中型砌块和大型砌块。砌块系列中主规格的高度为 115～380mm 的称为小型砌块，高度为 380～980mm 的称为中型砌块，高度大于 980mm 的称为大型砌块。使用中以中小型砌块居多。

砌块按外观形状可分为实心砌块和空心砌块。空心砌块有单排方孔，单排圆孔和多排扁孔 3 种形式(图 5.18)，其中多排扁孔对保温较有利。

按砌块在组砌中的位置与作用可分为主砌块和辅助砌块。

根据材料的不同，常用的砌块有普通混凝土与装饰混凝土小型空心砌块、轻集料混凝土小型空心砌块、粉煤灰小型空心砌块、蒸压加气混凝土砌块和石膏砌块。吸水率较大的砌块不能用于长期浸水、经常受干湿交替或冻融循环的建筑部位。

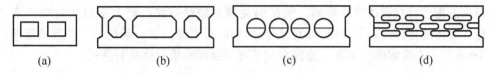

图 5.18 空心砌块的常见形式
(a) 单排方孔；(b) 单排方孔；(c) 单排圆孔；(d) 多排扁孔

2. 胶结材料

块材需经胶结材料砌筑成墙体，使它传力均匀。同时胶结材料还起着嵌缝作用，能提高墙体的保温、隔热和隔声能力。块材墙的胶结材料主要是砂浆。砌筑砂浆要求有一定的强度，以保证墙体的承载能力，还要求有适当的稠度和保水性(即良好的和易性)，以方便施工。

砌筑砂浆通常使用的有水泥砂浆、石灰砂浆和混合砂浆 3 种。

(1) 水泥砂浆由水泥、砂加水拌和而成，属水硬性材料，强度高，但可塑性和保水性较差，适应砌筑湿环境下的砌体，如地下室、砖基础等。

(2) 石灰砂浆由石灰膏、砂加水拌和而成。由于石灰膏为塑性掺合料，所以石灰砂浆的可塑性很好，但它的强度较低，且属于气硬性材料，遇水强度即降低，所以适宜砌筑次要的民用建筑的地上砌体。

(3) 混合砂浆由水泥、石灰膏、砂加水拌和而成。既有较高的强度，也有良好的可塑性和保水性，故民用建筑地上砌体中被广泛采用。

另外，对于一些块材表面较光滑，如蒸压粉煤灰砖、蒸压灰砂砖、蒸压加气混凝土砌块等，砌筑时需要加强与砂浆的粘结力，要求采用经过配方处理的专业砌筑砂浆，或采取提高块材和砂浆间的粘结力的相应措施。

砂浆强度等级有 M15、M10、M7.5、M5、M2.5 共 5 个级别。在同一段砌体中，砂浆和块材的强度有一定的对应关系，以保证砌体的整体强度不受影响。

观察与思考

墙体的材料一般如何选择呢？地面以下或防潮层以下的砌体的墙体所用材料有最低强度等级的要求，砂浆要采用水泥砂浆，至少采用 M5 的强度等级，烧结普通砖至少要采用 MU15 的强度等级的砖。

承重结构的砖常用烧结普通砖、烧结多孔砖、蒸压灰砂砖蒸压粉煤灰砖。填充墙常采用加气混凝土砌块。表5-3是某砖混结构房屋在结构设计总说明中表示的材料选用表。

表5-3 材料选用示例

砌筑部位	砌筑材料	墙 厚
±0.000 以下墙体	MU20 蒸压灰砂砖；M10 水泥砂浆	240mm
±0.000 以上墙体	MU20 蒸压灰砂砖；M5 混合砂浆	240mm

5.2.2 墙体的组砌方式

组砌是指块材在砌体中的排列。组砌的关键是错缝搭接：使上下层块材的垂直缝交错，保证墙体的整体性。如果墙体的表面或内部的垂直缝处于一条线上，即形成通缝，如图5.19所示。在荷载的作用下，通缝会使墙体的强度和稳定性显著降低。

1. 砖墙的组砌

在砖墙组砌中，把砖的长度方向垂直于墙面砌筑的砖叫丁砖，把砖的长度方向平行于墙面砌筑的砖叫作顺砖。上下两皮砖的水平缝称为横缝，左右两块砖之间的缝称为竖缝。标准缝宽为10mm，可以在8～12mm范围内进行调节。砌筑时要求丁砖和顺砖交替砌筑，灰浆饱满，横平竖直(图5.20)。丁砖和顺砖可以层层交错，也可以根据需要隔一定高度或在同一层内交错，由此带来墙体的图案变化和砌体内横缝程度不同。当墙体不抹灰而做清水墙面时，应考虑块材排列方式不同带来的墙面图案效果。

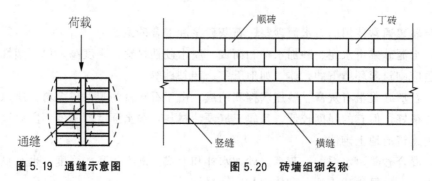

图5.19 通缝示意图   图5.20 砖墙组砌名称

2. 砌块墙的组砌

砌块在组砌中与砖墙不同的是，由于砌块的规格较多、尺寸大，为了保证错缝以及砌体的整体性，应事先做排列设计，并在砌筑中采取加固措施。

排列设计就是把不同规格的砌块在墙体中的安放位置用平面图和立面图加以表示。砌块的排列设计应满足：上下皮应错缝搭接，墙体交接处和转角处应使砌块彼此搭接，优先采用大规格的砌块并使主砌块的总数量在70%以上。为减少砌块规格，允许使用极少量的砖来镶砌填缝，采用混凝土空心砌块时，上下皮砌块应孔对孔、肋对肋，以保证有足够的接触面。砌块的排列组合如图5.21所示。图5.22为砌块墙的组砌实例。

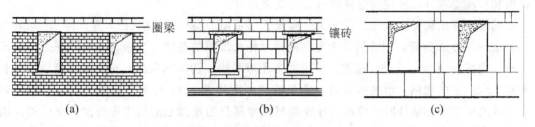

图 5.21　砌块排列组合示意图

（a）小型砌块排列示例；（b）中型砌块排列示例一；（c）中型砌块排列示例二

图 5.22　砌块墙

当砌块组砌时出现通缝或错缝距离不足 150mm 时，应在水平缝通缝处加钢筋网片，使之拉结成整体，如图 5.23 所示。

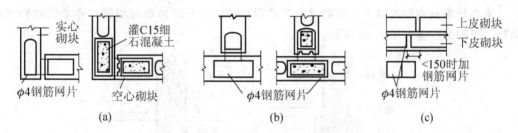

图 5.23　砌块墙通缝处理

（a）转角配筋；（b）丁字墙配筋；（c）错缝配筋

由于砌块规格较多，外形尺寸往往不像砖那样规整，因此，组砌时形成的缝型较多，有平缝、凹槽缝和高低缝。平缝制作简单，多用于水平缝。凹槽缝灌浆方便，多用于垂直缝。缝宽视砌块尺寸而定：小型砌块为 10～15mm，中型砌块为 15～20mm。砂浆强度等级不低于 M5。

5.2.3　墙体的尺度

墙体的尺度指墙体中墙段厚和墙段长两个方向的尺度。要确定墙体的尺度，除应满足

结构和功能要求外，还应符合块材自身的规格尺寸。

墙厚主要由块材和灰缝的尺寸组合而成。以常用的实心砖规格（长×宽×厚）240mm×115mm×53mm为例，用砖的3个方向的尺寸作为墙厚的基数，当错缝或墙厚超过砖块尺寸时，均按灰缝10mm进行砌筑。从尺寸上不难看出，砖厚加灰缝、砖宽加灰缝后与砖长形成1∶2∶4的比例，组砌很灵活。常见砖墙厚度如图5.24所示。当采用复合材料或带有空腔的保温隔热墙体时，墙厚尺寸在块材尺寸基数的基础上根据构造层次计算即可。墙体的长度和高度一般大于1m，应符合基本模数、扩大模数，注意为了符合建筑模数砖砌筑时的处理方式。

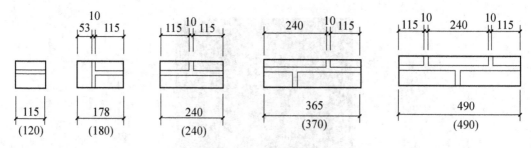

图5.24　常见的墙厚度

5.2.4　墙身的细部构造

为了保证墙体的耐久性和墙体与其他构件的连接，应在相应的位置进行构造处理，即墙身。

1. 墙脚的构造

墙脚是指室内地面以下、基础以上的这段墙体。内外墙体都有墙脚，外墙的墙脚又称勒脚。墙脚的位置如图5.25所示。

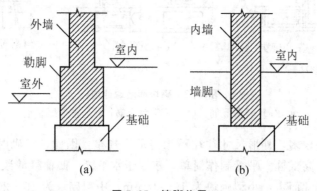

图5.25　墙脚位置

(a) 外墙；(b) 内墙

由于砌体本身存在很多微孔以及墙脚所处的特殊位置，常有地表水和土壤中的水渗入，致使墙身受潮、饰面脱落、影响室内卫生环境。因此，必须做好墙脚防潮、增强勒脚的坚固及耐久性、排除房屋四周地面水。吸水率大、对干湿交替作用敏感的砖和砌块不能用于墙脚的部位，如加气混凝土砌块等。

1）墙身防潮

防潮层有水平防潮层和垂直防潮层。

在内外墙脚铺设连续的水平防潮层，称为墙身水平防潮层，墙身水平防潮层用来防止土壤中的无压水渗入墙体从而保护墙体。

 观察与思考

防潮层都有一定的厚度，图5.26(a)中要使土壤中的潮气不浸入墙体中，防潮层的顶面至少要在到达地面的哪一个层次？当防潮层的顶面到达图5.26(b)所示的位置适宜吗？

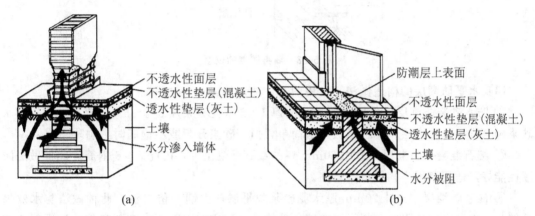

图5.26　防潮层位置

（a）防潮层偏低；（b）防潮层与地面持平

水平防潮层的位置：一般室内地面垫层为混凝土等密实材料，防潮层的位置应设在垫层范围内，低于室内地坪60mm处，同时还应至少高于室外地面150mm，以防止雨水溅湿墙面，图5.27所示是内墙水平防潮层正确位置示意。

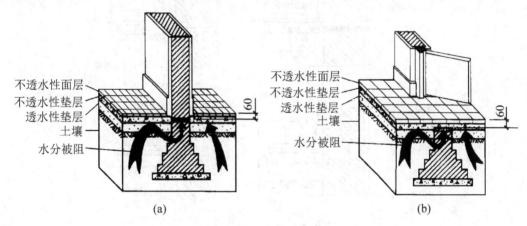

图5.27　防潮层位置

（a）防潮层正确位置；（b）防潮层在内门处

垂直防潮层：当内墙两侧地面出现高差时，要设置两道水平防潮层，还应设置垂直防潮层，如图 5.28 所示。在土壤一侧的墙面设垂直防潮层，垂直防潮层的做法为：20mm厚 1∶2.5 水泥砂浆找平，外刷冷底子油一道，热沥青两道，或用建筑防水涂料、防水砂浆作为防潮层。

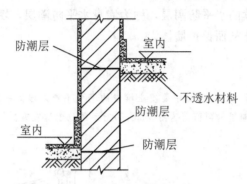

图 5.28　墙身防潮的位置

墙身水平防潮层的构造做法，常用的有 4 种，如图 5.29 所示。

① 防水砂浆防潮层，采用 20～25mm 厚 1∶2 水泥砂浆加 3％～5％防水剂，或用防水砂浆砌三皮砖作防潮层。此种做法构造简单，但若砂浆开裂或不饱满时影响防潮效果。

② 细石混凝土防潮层，采用 60mm 厚的细石混凝土带，内配 3φ6 钢筋。此种做法防潮性能好，适用范围广，但造价较高。

③ 油毡防潮层，先抹 20mm 厚水泥砂浆找平层，上铺一毡二油。此种做法防水效果较好，但由于有油毡隔离，削弱了砖墙的整体性，不宜在刚度要求高的建筑或地震区建筑中使用。

④ 由地圈梁兼当。如果墙脚设有钢筋混凝土地圈梁(或者采用不透水的材料，如条石或混凝土等)时，可以不设防潮层。

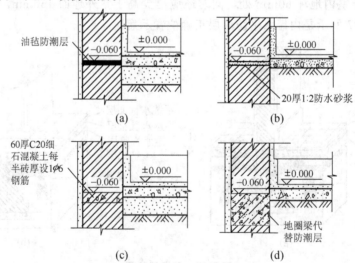

图 5.29　墙身防潮层的构造做法

（a）油毡防潮层；（b）防水砂浆防潮层；（c）细石混凝土防潮层；（d）地圈梁代替防潮层

2）勒脚

勒脚是指外墙的墙脚，它和内墙脚一样，受到土壤中水分的侵蚀，应做相同的防潮层。同时，它还受地表水、机械力等的影响，所以要求勒脚更加坚固耐久和防潮。另外，勒脚的做法、高低、色彩等应结合建筑造型，选用耐久性好的材料或防水性能好的外墙饰面。一般采用勒脚表面抹灰、贴面的构造做法。

3）外墙周围的排水处理

房屋四周可采用散水或明沟排走雨水，以防止建筑四周的雨水渗入基础而引起地基的不均匀沉降。

（1）散水。散水是指沿建筑物外墙四周地面所做的向外倾斜的排水坡面，如图 5.30 所示。

图 5.30　散水示意

散水坡度一般为 3%～5%，宽度一般为 600～1 000mm。当屋面为自由落水时，一般应设散水，其宽度应比屋檐挑出宽度大 150～200mm，并可加滴水砖（石）带，如图 5.31（a）所示。

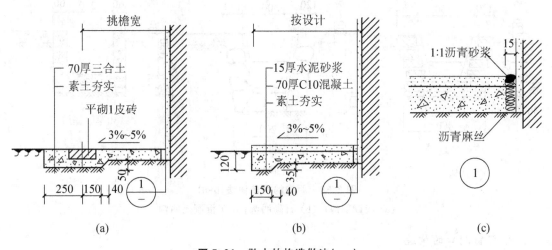

图 5.31　散水的构造做法(mm)

（a）、（b）散水的通常做法；（c）分隔缝的构造做法

散水的做法一般是在夯实素土上铺 60～70mm 三合土、混凝土等材料，然后在其上作面层。散水最好用不透水的材料作面层，如混凝土、砂浆等。在降水量少的或临时建筑中也可用砖、块石。一般用混凝土或碎砖混凝土作垫层，土壤冻深在 600mm 以上的地区，宜在散水垫层下面设置砂垫层，厚度通常为 300mm 左右。

散水与外墙交接处应设分格缝，防止外墙下沉时将散水拉裂[图 5.31(a)、(b)]。分格缝用粗砂或米石子填缝，再用沥青盖缝，以防渗水。散水整体面层纵向距离每隔 6～12m 做一道伸缩缝，缝内处理同分隔缝。分隔缝内应用有弹性的防水材料嵌缝。

（2）明沟。明沟是指在散水外沿或直接在外墙根部设置的雨水排水沟。它将雨水有组织地导向集水井，然后流入排水系统，如图 5.32 所示。当屋面为有组织排水时，一般设明沟或暗沟。

图 5.32　明沟

明沟的做法：可用砖砌、石砌、素混凝土现浇。沟底应做纵坡，其坡度为 0.5%～1%，坡向窨井。沟中心应正对屋檐滴水位置，外墙与明沟之间应做散水，如图 5.33 所示。

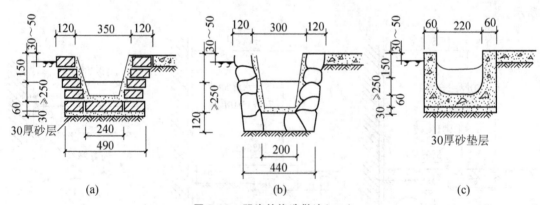

图 5.33　明沟的构造做法(mm)

（a）砖砌明沟；（b）石砌明沟；（c）混凝土明沟

2. 门窗洞口的构造

1）门窗过梁

门窗过梁是指设置在门窗洞口上部的横梁。其作用是承受洞口上部墙体和楼板传来的荷载，并把这些荷载传递给洞口两侧的墙体，过梁是承重构件。根据材料和构造方式不同，过梁有砖拱过梁、钢筋砖过梁和钢筋混凝土过梁 3 种。

(1) 砖拱过梁。砖拱过梁分为平拱和弧拱，如图 5.34、图 5.35 所示。工程中常用的是平拱过梁，将砖竖砌和侧砌而形成，砖平拱过梁的高度多为一砖长，一般将砂浆灰缝做成上宽下窄，上宽不大于 15mm，下宽不小于 5mm，侧砖向两边倾斜，相互挤压形成拱的作用。两端下部伸入墙 20～30mm，中部的起拱高度约为洞口跨度的 1/100。砖砌平拱过梁净跨宜不大于 1 200mm。砌筑用的砖的强度不低于 MU7.5，砂浆强度不低于 M5。砖拱过梁的特点是钢筋、水泥用量少，但施工速度慢，用于非承重墙上的门窗，有集中荷载或半砖墙上不宜使用。它可满足清水砖墙的立面统一效果。

图 5.34　砖拱平梁

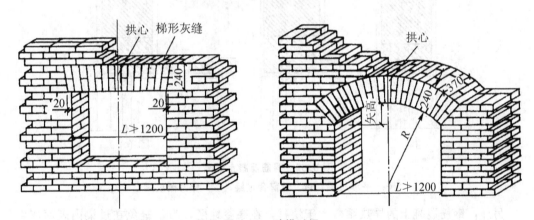

图 5.35　砖拱过梁

(2) 钢筋砖过梁。它是指在砖缝内或洞口上部的砂浆层内配置钢筋的平砌砖过梁。一般是在钢筋砖过梁的底部厚度不小于 30mm 的水泥砂浆层内设间距小于 120mm 的 $\phi 6$ 钢筋，钢筋伸入洞口两侧墙内的长度不应小于 240mm，并设 90°直弯钩，伸入在墙体的竖缝内。钢筋砖过梁的高度经计算确定，一般不小于 5 皮砖，砌筑用砂浆强度不低于 M5，如图 5.36 所示。

钢筋砖过梁适用于洞口净跨小于或等于 1 500mm，上部无集中荷载或振动荷载的洞口。

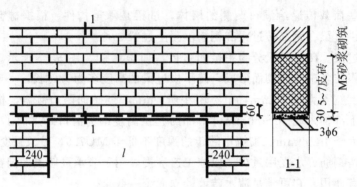

图 5.36 钢筋砖过梁

（3）钢筋混凝土过梁。对有较大振动荷载或可能产生不均匀下沉的房屋，应采用钢筋混凝土过梁。钢筋混凝土过梁承载能力强，对房屋不均匀下沉或振动有一定的适应性，可用于较宽的门窗洞口。它有现浇和预制两种，梁高及配筋由计算确定。为了施工方便，梁高应与砖的皮数相适应，以方便墙体连续砌筑，故标准砖砌体中常见梁高为 60mm、120mm、180mm、240mm，即 60mm 的整倍数。梁宽一般同墙厚，梁两端支撑在墙上的长度不少于240mm，以保证有足够的承压面积。预制装配式过梁施工速度快，是最常用的一种。

钢筋混凝土过梁的断面形式有矩形和 L 形两种。矩形多用于内墙和混水墙，L 形多用于清水墙。为简化构造，节约材料，可将过梁与圈梁、悬挑雨篷、窗楣板或遮阳板等结合起来设计，如图 5.37 所示。

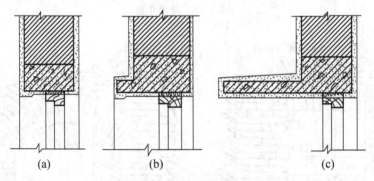

图 5.37 钢筋混凝土过梁

（a）平墙过梁；（b）带窗套过梁；（c）带窗楣过梁

另外，钢筋混凝土的导热系数大于块材，在寒冷地区，为了避免在过梁内表面产生凝结水，常用 L 形过梁，使外露部分的面积减小，或把梁全部包起来，如图 5.38 所示。

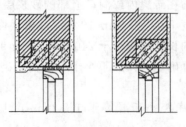

图 5.38 寒冷地区钢筋混凝土过梁

2）窗台

窗台是窗洞口下部的构造。以窗框为界分为外窗台和内窗台。

观察与思考

观察图 5.39 所示的外窗台的常见的弊病，想一想要怎么做才能避免这类弊病呢？

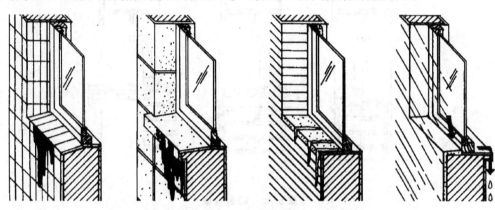

图 5.39 窗台的常见弊病

(a) 窗台下墙面有水迹污染；(b) 有挑窗台下墙面有水迹污染；

(c) 窗台开裂；(d) 窗户紧闭雨水流入室内

（1）外窗台。位于窗框外的窗台叫外窗台。外窗台是窗洞下部的排水构件，它所起的作用是排除窗外侧流下的雨水，防止雨水积聚在窗下部侵入墙身，防止沿墙缝向室内渗透，避免雨水污染外墙面，同时外窗台对建筑立面具有装饰作用。

窗台表面应做不透水面层，如抹灰或贴面处理，窗台表面应做一定的排水坡度，应注意抹灰与窗下槛交接处的处理，并且外窗台面应低于内窗台面，防止雨水向室内渗入。

外窗台有悬挑窗台和不悬挑窗台两种。悬挑窗台常采用顶砌一皮砖出挑 60mm 或将一砖侧砌并出挑 60mm，也可以采用预制钢筋混凝土窗台，也可用 1∶2.5 水泥砂浆抹面形成，如图 5.40 所示。挑窗台在底部边缘处抹灰时做滴水线或滴水槽（宽度和深度均不小于10mm）或斜抹水泥砂浆，从而引导雨水垂直下落，不致影响窗下墙面。如果外墙饰面材料为面砖、石材等易冲洗的材料时，窗台可以不设悬挑。

（2）内窗台。位于室内的窗台叫内窗台。因其不受雨水冲刷，一般为水平放置，设计时通常结合室内装修选择水泥砂浆抹灰、木板或贴面砖（石材）等多种饰面形式。北方地区室内采暖，常在窗台下设置暖气槽。此时应采用预制水磨石板或预制钢筋混凝土窗台板等形成内窗台。

3）墙身加固措施

（1）门垛和壁柱。门垛是指为保证墙身稳定和门框的安装在墙体转折处设置的一小段墙体。在墙体上开设门洞一般要设门垛，特别是在墙体转折处或丁字墙处，用以保证墙身稳定和门窗安装。门垛宽度与墙厚、长度与块材尺寸规格相对应。如砖墙的门垛长度一般为 120mm 或 240mm。门垛不宜过长，以免影响室内使用。

壁柱是指为了增加墙的强度或刚度，紧靠墙体并与墙体同时施工的柱，其柱的材料与墙体完全相同，截面尺寸加大。当墙体受到集中荷载或墙体过长时（如 240mm 厚、长超过

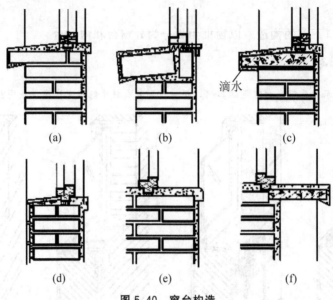

图 5.40　窗台构造

6 000mm)应增设壁柱(又称扶壁柱),使之和墙体共同承担荷载并稳定墙身。壁柱的尺寸应符合块材规格,如砖墙壁柱通常凸出墙面 120mm 或 240mm、宽 370mm 或 490mm。

(2)构造柱。构造柱是指在抗震设防地区,为了增加建筑物的整体刚度和稳定性,在使用块材墙承重的墙体中,从构造角度考虑设置的钢筋混凝土柱,使之与各层圈梁连接,形成空间骨架,以加强墙体抗弯、抗剪能力,使墙体在破坏过程中具有一定的延伸性,减缓墙体的酥碎现象产生。其作用是从竖向加强层间墙体的连接,与圈梁形成空间骨架,加强建筑物的整体刚度,提高墙体抗变形能力。

构造柱是防止房屋倒塌的一种有效措施。

① 构造柱的设置位置。据《建筑抗震设计规范》(GB 50011—2010)规定多层砖砌体房屋的现浇钢筋混凝土构造柱的设置部位一般是外墙四角、错层部位横墙与外纵墙交接处、较大洞口两侧、大房间内外墙交接处,具体见表5-4。

表 5-4　构造柱的设置位置及要求

房屋层数				设置部位	
6 度	7 度	8 度	9 度		
四、五	三、四	二、三		楼、电梯间四角,楼梯斜梯段上下端对应墙体处;	隔 12m 或单元横墙与外纵墙交接处;楼梯间对应的另一侧内横墙与外墙交接处
六	五	四	二	外墙四角和对应转角;错层部位横墙与外纵墙交接处;	隔开间横墙(轴线)与外墙交接处;山墙与内纵墙交接处
七	≥六	≥五	≥三	较大洞口两侧,大房间内外墙交接处	内墙(轴线)与外墙交接处;内墙局部较小墙垛处;内纵墙与横墙(轴线)交接处

② 构造柱的构造要求。多层砖砌体房屋的构造柱截面可采用 180mm×240mm（墙厚 190mm 时为 180mm×190mm），纵向钢筋一般用 4φ12，箍筋间距不大于 250mm，且在柱的上下端应适当加密；6、7 度时超过六层；8 度时超过五层；9 度时，构造柱纵向钢筋宜用 4φ14，箍筋间距不大于 200mm；房屋四角的构造柱应适当加大截面面积及配筋。

构造柱可不单独设置基础，但应该伸入室外地面下 500mm，或者与埋深小于 500mm 的基础圈梁相连。构造柱与墙的连接处宜砌成马牙槎，马牙槎凹凸尺寸不宜小于 60mm，高度不应超过 300mm，马牙槎应先退后进，对称砌筑，如图 5.41(a) 所示。先砌墙后浇钢筋混凝土柱，并沿墙高每隔 500mm 设 2φ6 水平拉结钢筋或者钢筋网连接，钢筋每边伸入墙内不少于 600mm，抗震要求不少于 1 000mm，如图 5.41(b)、图 5.41(c) 所示。上端与屋檐圈梁相锚固。构造柱应与圈梁连接。混凝土的强度等级不小于 C15。图 5.42 所示为平直墙面处构造柱示意，图 5.43 所示为转角墙处构造柱示意。

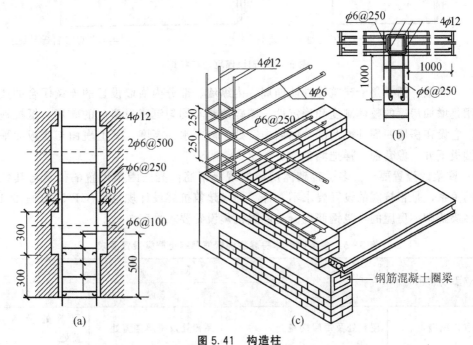

图 5.41　构造柱

(a)、(b) 内外墙（平直墙）构造柱；(c) 外墙转角构造柱

图 5.42　平直墙面处构造柱

图 5.43　转角墙处构造柱

③ 空心砌块墙墙心柱。当采用混凝土空心砌块时，应在房屋四大角、外墙转角、楼梯间四角设芯柱。芯柱用 C15 细石混凝土填入砌块孔中，并在孔中插入通长钢筋，如图 5.44 所示。

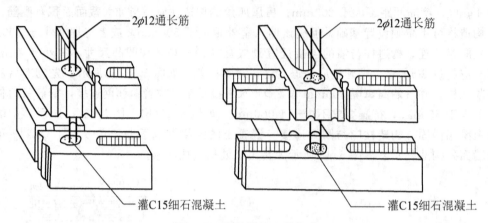

图 5.44　砌块墙墙心柱构造

（3）圈梁。圈梁是沿建筑物外墙四周、内纵墙、部分内横墙设置的连续闭合的梁。它的作用是增加房屋的整体刚度和稳定性，减轻地基不均匀沉降对房屋的破坏，抵抗地震力影响。它设在房屋四周外墙及部分内墙中，处于同一水平高度，其上表面与楼板面平齐或者在楼板下方，像套箍一样把墙箍住。

① 圈梁的设置要求。多层砖砌体房屋的现浇钢筋混凝土圈梁设置的位置与其数量有一定的关系，是否抗震的设置要求不一样。据《建筑抗震设计规范》（GB 50011—2010）规定，多层砖砌体房屋的现浇钢筋混凝土圈梁抗震设置要求见表 5-5。

表 5-5　多层砖砌体房屋现浇钢筋混凝土圈梁设置要求

墙类或配筋	烈度		
	6.7 度	8 度	9 度
外墙和内纵墙	屋盖处及每层楼盖处	屋盖处及每层楼盖处	屋盖处及每层楼盖处
内横墙	同上； 屋盖处间距不应大于 4.5m； 楼盖处间距不应大于 7.2m； 构造柱对应部位	同上； 各层所有横墙，且间距不应大于 4.5m； 构造柱对应部位	同上； 各层所有横墙
最小纵筋	$4\phi10$	$4\phi12$	$4\phi14$
箍筋最大间距(mm)	250	200	150

② 圈梁的构造。圈梁有钢筋混凝土圈梁和钢筋砖圈梁两种。多层砖砌体房屋的现浇钢筋混凝土圈梁的截面高度不小于 120mm（当地基特殊时圈梁的截面高度不小于 180mm，配筋不小于 $4\phi12$），宽度与墙厚相同，当墙厚大于 240mm 时，其宽度可适当减小，但不宜小于墙厚的 2/3。圈梁宜与预制板设在同一标高或者紧靠板底部，如图 5.45 所示。

圈梁宜连续地设在同一水平面上，并形成封闭状；当圈梁遇到门窗洞口而不能闭合时，应在洞口上部或下部设置一道不小于圈梁截面的附加圈梁。附加圈梁与圈梁的搭接长度应不小于两梁垂直间距的2倍，亦不小于1m，如图5.46所示。但在抗震区，圈梁应完全闭合，不得被洞口截断。圈梁与门窗过梁宜尽量统一考虑，可以圈梁兼作门窗过梁，圈梁兼作门窗过梁时，过梁部分的钢筋应按计算面积另行增配。

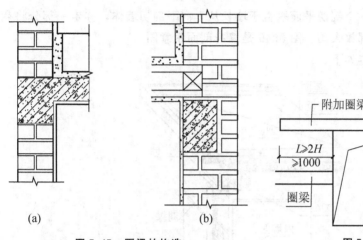

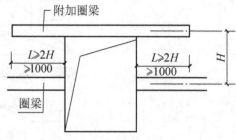

图5.45　圈梁的构造
（a）钢筋混凝土板平圈梁；（b）钢筋混凝土板底圈梁

图5.46　附加圈梁

观察与思考

框架结构房屋中的填充墙中有构造柱和水平梁吗？

填充墙与框架的连接根据设计要求采用脱开和不脱开两种方式。

当采用不脱开方式时，沿柱高每隔500mm配置2根直径6mm的拉结钢筋（墙厚大于240mm时配置3根直径6mm），钢筋伸入填充墙长度不宜小于700mm，且拉结钢筋应错开截断，相距不宜小于200mm，图5.47是某框架房柱上预先留的要伸入填充墙中的钢筋。填充墙墙顶应与框架梁紧密结合，顶面与上部结构接触处宜用一皮砖或配砖斜砌楔紧。图5.48是某框架房屋顶部与梁的连接构造。

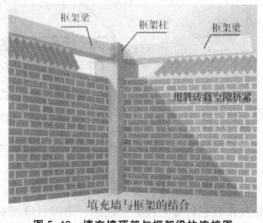

图5.47　框架结构柱中预留钢筋图

图5.48　填充墙顶部与框架梁的连接图

填充墙长度超过5m或墙长大于2倍层高时，墙顶与梁宜有拉接措施，墙体中部应加设构造柱；墙高度超过4m时宜在墙高中部设置与柱连接的水平系梁，墙高度超过6m时，宜沿墙高度每2m设置与柱连接的水平系梁，梁的截面高度不小于60mm。

5.2.5 外墙详图

外墙详图是假想用一个剖切平面垂直于墙长从上向下剖切墙体，移走一部分将剩下的一部分投影而形成的局部放大图。图5.49是墙身剖面示意图。

外墙详图表达的内容如下。

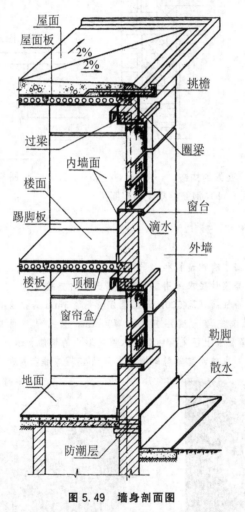

图5.49 墙身剖面图

（1）可以表达室内、外地面处的节点：散水或明沟、台阶或坡道做法，墙身防潮层做法，室外勒脚、室内踢脚板或墙裙做法。

（2）可以表达表明楼层处节点详细做法：门窗过梁、雨篷或遮阳板、楼板、圈梁、阳台板及阳台栏杆或栏板、楼地面、踢脚板或墙裙、楼层内外窗台、窗帘盒或窗帘杆、顶棚和内、外墙面做法等。

（3）可以表明屋顶檐口处节点细部做法：门、窗过梁、雨篷或遮阳板、顶层屋顶板或屋架、圈梁、屋面以及室内顶棚或吊顶、檐口或女儿墙、屋面排水的天沟、下水口、雨水斗和雨水管等。

5.3　隔　墙　构　造

隔墙是分隔室内空间的非承重构件。在现代建筑中，为了提高平面布局的灵活性，大量采用隔墙，以适应建筑功能的变化。由于隔墙不承受任何外来荷载，且本身的重量还要由楼板或小梁来承受。

隔墙的类型很多，按其构成方式可分为：块材隔墙、轻骨隔墙、板材隔墙 3 大类。

5.3.1　块材隔墙

块材隔墙是用普通砖、空心砖、加气混凝土等块材砌筑而成的，常用的有普通砖隔墙和砌块隔墙。目前框架结构中大量采用的框架填充墙，也是一种非承重块材墙，既作为外围护墙，也作为隔墙使用。

1. 普通砖隔墙

普通砖隔墙有半砖（120mm）和 1/4 砖（60mm）两种。

半砖隔墙用普通砖顺砌，砌筑砂浆宜大于 M2.5。在墙体高度超过 5 000mm 时应加固，具体做法是：沿高度每隔 500mm 砌入 2 根 $\phi 6$ 钢筋，或每隔 1 200～1 500mm 设一道 30～50mm 厚的水泥砂浆层，内放 2 根 $\phi 6$ 钢筋。为了保证隔墙不承重，在隔墙顶部与楼板相接处，应将砖斜砌一皮，或留约 30mm 的空隙塞木模打紧，然后用砂浆填缝。隔墙上有门时，要预埋铁件或带有木楔的混凝土预制块砌入隔墙中以固定门框。

半砖隔墙坚固耐久，有一定的隔声能力，但自重大，湿作业量多，施工较麻烦（如图 5.50 所示）。

1/4 砖隔墙是由普通砖侧砌而成。由于它的厚度很薄，稳定性很差，通常情况下采用较少。

2. 砌块隔墙

为了减少隔墙的重量，可采用质轻块大的各种砌块隔墙。目前最常用的是加气混凝土砌块、粉煤灰硅酸盐砌块、水泥炉渣空心砖等砌筑的隔墙。隔墙厚度由砌块尺寸而定，一般为 90～120mm。

砌块大多具有质轻、孔隙率大、隔热性能好等优点，但吸水性强。因此，有防潮、防水要求时，砌筑时应在墙下先砌 3～5 皮吸水率小的砖。

砌块隔墙厚度较薄，也需采取加强稳定性措施，其方法与砖隔墙类似，如图 5.51 所示。

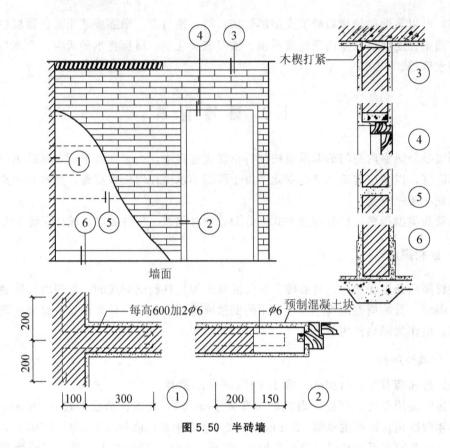

图 5.50 半砖墙

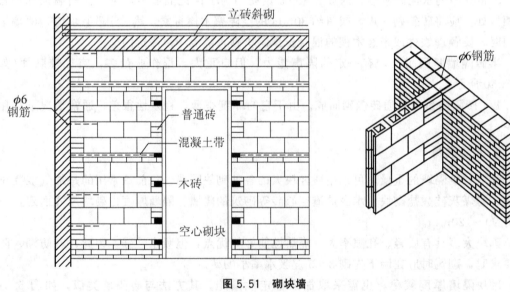

图 5.51 砌块墙

 **观察与思考**

此类隔墙自重传给哪个构件？一般此类隔墙的设置部位都会设置梁，隔墙的自重就由该梁承担，若

直接砌筑在楼板上的轻质隔墙，因放置部位无梁可以在该隔墙下的现浇楼板处额外配加强钢筋。砌筑在底层地板处的隔墙若放置部位无梁可以在隔墙底下做素混凝土基础。

5.3.2　轻骨架隔墙

轻骨架隔墙由骨架和面层两部分组成，由于是先立墙筋（骨架）后做面层，因而又称为立筋式隔墙（如图 5.52 所示）。

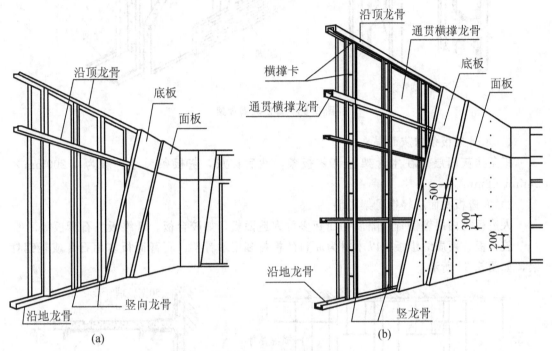

图 5.52　轻骨隔墙安装图
（a）无配件骨架；（b）有配件骨架

1. 骨架

常用的骨架有木骨架和型钢骨架。木骨架由上槛、下槛、墙筋、斜撑及横档组成，上、下槛及墙筋断面尺寸为 $(45\sim50)\,\mathrm{mm}\times(70\sim100)\,\mathrm{mm}$，斜撑与横档断面相同或略小些，墙筋间距常用 400mm，横档间距可与墙筋相同，也可适当放大。

轻钢骨架是由各种形式的薄壁型钢制成，其主要优点是强度高、刚度大、自重轻、整体性好、易于加工和大批量生产，还可根据需要拆卸和组装。常用的薄壁型钢有 $0.8\sim1\mathrm{mm}$ 厚的槽钢和工字钢。

图 5.53 所示为一种薄壁轻钢骨架的隔墙。其安装过程是先用螺钉将上槛和下槛（也称导向骨架）固定在楼板上，上下槛固定后安装钢龙骨（墙筋），间距为 $400\sim600\mathrm{mm}$，龙骨上留有走线孔。

2. 面层

轻钢骨架隔墙的面层有抹灰面层和人造板材面层。抹灰面层常用木骨架，即传统的板条灰隔墙；人造板材面层可用木骨架或轻钢骨架。隔墙的名称以面层材料而定。

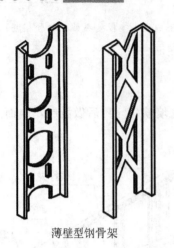

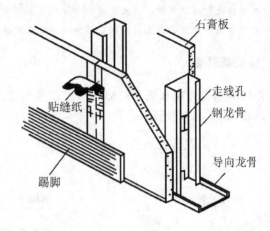

薄壁型钢骨架

图 5.53　薄壁轻钢骨架

1) 木骨架板条抹灰面层

板条抹灰面层是在木骨架上钉灰板条，然后抹灰，灰板条尺寸一般为 1 200mm× 24mm×6mm。

2) 人造板材面层轻钢骨架隔墙

人造板材面层轻钢骨架隔墙的面板多为人造面板，如胶合板、纤维板、石膏板等。

胶合板、硬质纤维板等以木材为原料的板材多用木骨架，石膏面板多用石膏或轻钢骨架，如图 5.54 所示。

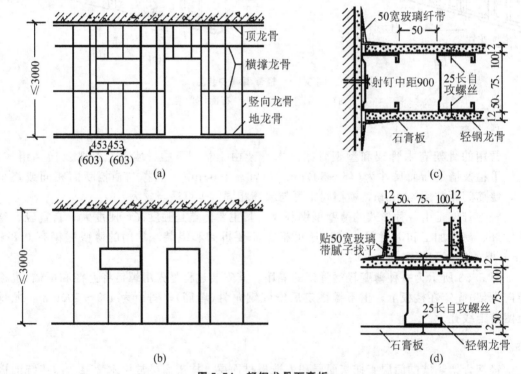

图 5.54　轻钢龙骨石膏板

（a）龙骨排列；（b）石膏板排列；（c）靠墙节点；（d）丁字靠墙节点

5.3.3 板材隔墙

板材隔墙是指单板高度相当于房间净高，面积较大，且不依赖骨架，直接装配而成的隔墙。目前，采用的大多为条板，如各种轻质条板、蒸压加气混凝土板和各种复合板材等。

(1) 增强石膏空心板，如图 5.55 所示。

(2) 蒸压加气混凝土条板隔墙，如图 5.56 所示。

(3) 复合板隔墙，如图 5.57 所示。

(4) 泰柏板，泰柏板墙体与楼、地坪的固定连接如图 5.58 所示。

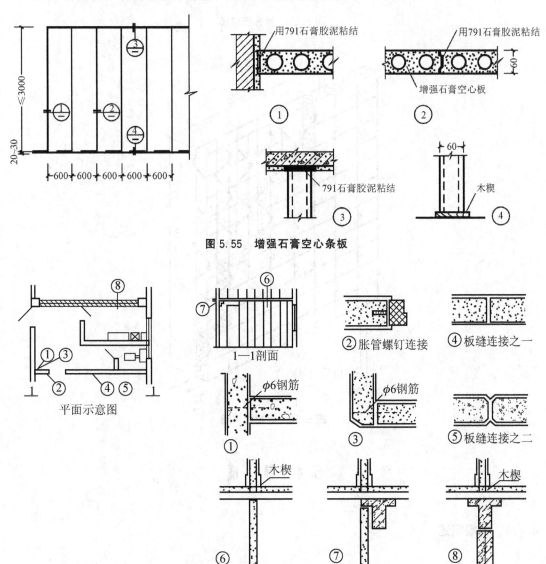

图 5.55　增强石膏空心条板

图 5.56　蒸压加气混凝土板隔墙

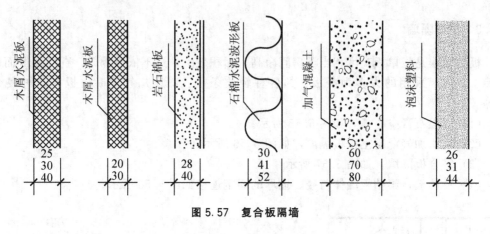

图 5.57 复合板隔墙

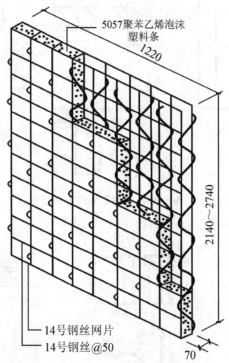

5057聚苯乙烯泡沫
塑料条
1220
2140～2740
70
14号钢丝网片
14号钢丝@50

图 5.58 泰柏板隔墙

5.4 幕 墙

5.4.1 幕墙概述

1. 幕墙特点

由面板与支承结构体系组成，可相对主体结构有一定的位移能力或者自身有一定的变形能力，不承担主体结构所受作用的建筑外围护墙称为建筑幕墙。按照幕墙所采用的饰面材料通常有玻璃幕墙、金属幕墙、铝塑板幕墙、石材幕墙、轻质混凝土挂板幕墙等类型。本节只介绍玻璃幕墙。幕墙具有以下特点。

（1）幕墙造型美观，装饰效果好。

（2）幕墙质量轻，抗震性能好。幕墙材料的质量一般每平方米在 $30\sim50\mathrm{kg}$，是混凝土墙板的 $1/5\sim1/7$，减轻了围护结构的自重。

（3）施工安装简便，工期较短。幕墙构件大部分是在工厂加工而成的，因而减少了现场安装操作的工序。

（4）维修方便。幕墙构件多由单元构件组合而成，局部有损坏是可以很方便地维修或更换，从而延长了幕墙的使用寿命。

幕墙是外墙轻型化、工厂化、装配化、机械化较理想的形式，因此在现代大型建筑和高层建筑上得到了广泛应用。但幕墙造价较高，材料及施工技术要求高，有的幕墙材料如玻璃、金属等，存在着反射光线对环境的光污染问题，玻璃材料还容易破损下坠伤人等。

2．幕墙的主要组成材料

幕墙主要由骨架材料、饰面板及封缝材料组成。为了安装固定和修饰完善幕墙，还应配有连接固定件和装饰件等。

1）骨架材料

幕墙骨架是幕墙的支撑体系，它承受面层传来的荷载，然后将荷载传给主体结构。幕墙骨架一般采用型钢、铝合金型材和不锈钢型材等材料。

型钢多用工字形钢、角钢、槽钢、方管钢等，钢材的材质以 Q235 为主，这类型材强度高，价格较低，但维修费用高。

铝合金型材多为经特殊挤压成型的铝镁合金（LD31）型材，并经阳极氧化着色表面处理。型材规格及断面尺寸是根据骨架所处位置、受力特点和大小而决定的。

2）连接固定件

固定件主要有金属膨胀螺栓、普通螺栓、拉铆钉、射钉等；连接件多采用角钢、槽钢、而成，其形状因应用部位的不同和用于幕墙结构的不同而变化。连接件应选用镀锌铁件或者对其进行防腐处理，以保证其具有较好的耐腐蚀性、耐久性和安全可靠性。

一般多采用角钢垫板和螺栓，采用螺栓连接可以调节幕墙变形，如图 5.59 所示。

3）饰面板

（1）玻璃。浮法玻璃具有两面平整、光洁的特点，比一般平板玻璃光学性能优良；热反射玻璃（镜面玻璃）能通过反射掉太阳光中的辐射热而达到隔热目的；镜面玻璃能映照附近景物和天空，可产生丰富的立面效果；吸热玻璃的特点是能使可见光透过而限制带热量的红外线通过，其价格适中，应用较多；中空玻璃具有隔声和保温的功能效果。

（2）金属薄板材料。用于建筑幕墙的金属板有铝合金、不锈钢、搪瓷涂层钢、铜等薄板，其中铝板使用最为广泛，比较高级的建筑用不锈钢板。表面质感有平板和凹凸花纹板

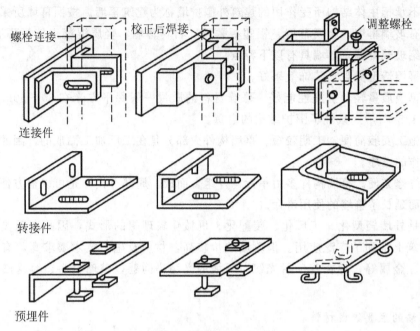

螺栓连接　　校正后焊接　　　　　　　调整螺栓

连接件

转接件

预埋件

图5.59　幕墙连接件固定件

两种。铝合金幕墙板材的厚度一般在1.5~2mm，建筑的底层部位要求厚一些，这样抗冲击性能较强。

为了达到建筑外围护结构的热工要求，金属墙板的内侧均要用矿棉等材料作保温材料和隔热层。

4）封缝材料

封缝材料是用于幕墙与框格、框格与框格相互之间缝隙的材料，如填充材料、密封材料和防水材料等。

填充材料主要用于幕墙型材凹槽两侧间隙内的底部，起填充作用，以避免玻璃与金属之间的硬性接触，起缓冲作用。一般多为聚乙烯泡沫胶系，也可用橡胶压条。

密封材料采用较多的是橡胶密封条，嵌入玻璃两侧的边框内，起密封、缓冲和固定压紧的作用。

防水材料主要是封闭缝隙和粘结，常用的是硅酮系列密封胶。在玻璃装配中，硅酮胶常与橡胶密封条配合使用，内嵌橡胶条，外封硅酮胶。

5）装饰件

装饰件主要包括后衬墙（板）、扣盖件，以及窗台、楼地面、踢脚、顶棚等与幕墙相接处的构部件，起装饰、密封与防护的作用。

5.4.2　玻璃幕墙

1. 有骨架体系

有骨架体系主要受力构件是幕墙骨架，根据幕墙骨架与玻璃的连接构造方式，可分为明骨架(明框式)体系与暗骨架(隐框式)体系两种。明骨架(明框式)体系的幕墙玻璃镶在金属骨架框格内,骨架外露,这种体系又分为竖框式、横框式及框格式等几种形式,如图5.60(a)、图5.60(b)所示。明骨架(明框式)体系玻璃安装牢固、安全可靠。暗骨架(隐框式)体系的幕墙玻璃是用胶粘剂直接粘贴在骨架外侧的,幕墙的骨架不外露,装饰效果好,但玻璃与骨架的粘贴技术要求高,图5.60(c)所示。

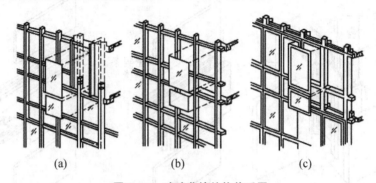

(a)　　　　　　　　(b)　　　　　　　　(c)

图5.60　玻璃幕墙结构体系图

(a)竖框式;(b)框格式;(c)隐框式

1)明框式玻璃幕墙的构造形式

明框式玻璃幕墙也称为普通玻璃幕墙。

明框式玻璃幕墙的构造形式有5种:元件式(分件式)、单元式(板块式)、元件单元式、嵌板式、包柱式。在此仅介绍元件式玻璃幕墙与单元式玻璃幕墙的有关构造。

(1)元件式(分件式)玻璃幕墙。它是用一根元件(竖梃、横梁)安装在建筑物主体框架上形成框格体系,再将金属框架、玻璃、填充层和内衬墙,以一定顺序进行组装。目前采用布置比较灵活的竖梃方式较多。元件式玻璃幕墙如图5.61所示。

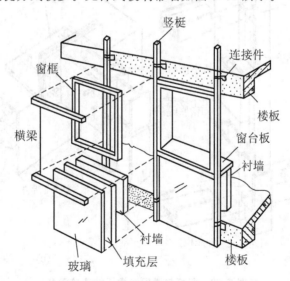

图5.61　元件式玻璃幕墙示意图

金属框料大多数采用铝合金型材,通常采用空腹型材。竖梃和横梁由于使用功能不同，其断面形状也不同。为便于安装，也可由两块甚至 3 块型材组合成一根竖梃和一根横梁，如图 5.62 所示。

竖梃通过连接件固定在楼板上，连接件可以置于楼板的上表面、侧面和下表面。竖梃与横梁和楼板的连接示意图如图 5.63 所示。

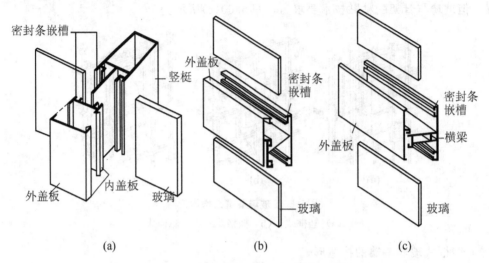

图 5.62　玻璃幕墙铝框型材断面示例

（a）竖梃；（b）横梁 1；（c）横梁 2

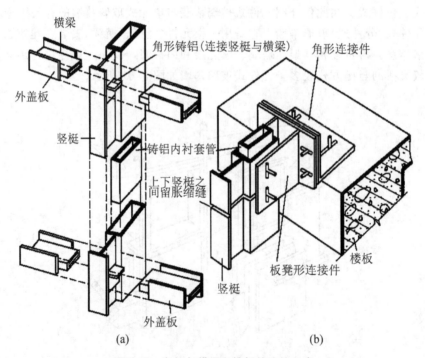

图 5.63　竖梃与横梁和楼板的连接示意

（a）竖梃与横梁的连接；（b）竖梃与楼板的连接

（2）单元式（板块式）玻璃幕墙。它是在工厂将玻璃、铝框、保温隔热材料组装成一块块幕墙定型单元，安装时将单元组件固定在楼层楼板（梁）上，组件的竖边对扣连接，下一层组件的顶与上一层的组件的底，其横框对齐连接。图5.64为板块式玻璃幕墙示意。

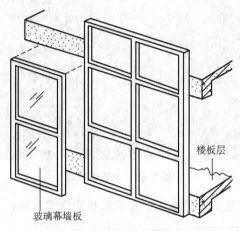

玻璃幕墙板

楼板层

图5.64　板块式玻璃幕墙

2）隐框式玻璃幕墙

（1）隐框玻璃幕墙形式。半隐框玻璃幕墙利用结构硅酮胶为玻璃相对的两边提供结构的支持力，另两边则用框料和机械性扣件进行固定，垂直的金属竖梃是标准的结构玻璃装配，而上下两边是标准的镶嵌槽夹持玻璃。这种体系看上去有一个方向的金属线条，不如全隐形玻璃幕墙简洁，立面效果稍差，但安全度比较高。

全隐框玻璃幕墙玻璃四边都用硅酮密封胶将玻璃固定在金属框架的适当位置上，其四周用强力密封胶全封闭，玻璃产生的热胀冷缩变形应力全由密封胶给予吸收，而且玻璃面受的水平风压力和自重也更均匀地传给金属框架和主结构件。全隐形玻璃幕墙由于在建筑物的表面不显露金属框，而且玻璃上下左右结合部位尺寸也相当窄小，因而产生全玻璃的艺术感觉，受到目前旅馆和商业建筑的青睐。

（2）隐框玻璃幕墙构造。整体式隐框玻璃幕墙是用硅酮密封胶将玻璃直接固定在主框格体系的竖梃和横梁上，安装玻璃时，要采用辅助固定装置，将玻璃定位固定后再涂胶，待密封胶固化后能承受力的作用时，才能将辅助固定装置拆除。

分离式隐框玻璃幕墙是将玻璃用结构玻璃装配方法固定在副框上，组合成一个结构玻璃装配组件，再将结构玻璃装配组件固定到主框竖梃（横梁）上。

2. 全玻璃幕墙体系

其主要受力构件就是该幕墙饰面构件玻璃本身。该类幕墙无支撑骨架，为此玻璃可以采用大块饰面，幕墙利用上下支架直接将玻璃固定在主体结构上，形成无遮挡的透明墙面。由于该幕墙玻璃面积较大，为加强自身刚度，每隔一定距离粘贴一条垂直的玻璃肋板，称为肋玻璃，面层玻璃则称为面玻璃，该类幕墙也称为全玻璃幕墙，如图5.65所示。

图 5.65　全玻璃幕墙

全玻璃幕墙的支承系统分为悬挂式、支承式和混合式 3 种，如图 5.66 所示。

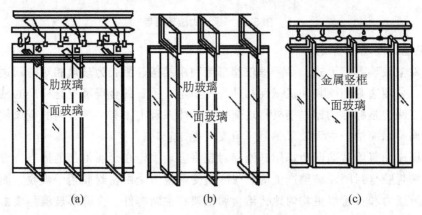

图 5.66　全玻璃幕墙的支承系统示意
（a）悬挂式；（b）支撑式；（c）混合式

全玻璃幕墙中大片玻璃与肋玻璃的形式有平齐式、后置式、骑缝式、突出式 4 种，如图 5.67 所示。

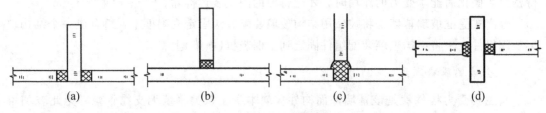

图 5.67　面玻璃放置的形式
（a）平齐式；（b）后置式；（c）骑缝式；（d）突出式

全玻璃幕墙当用于一个楼层时，大片玻璃与玻璃翼上下均用镶嵌槽夹持。当层高较低时，玻璃(玻璃翼)安在下部镶嵌槽内，上部镶嵌槽的槽底与玻璃之间留有供伸缩的缝隙。

当层高较高时，需用上吊式，即在大片玻璃上设置专用夹具，将玻璃吊起来。

全玻璃幕墙跨层时平面上有 3 种布置方法，平齐墙面式、突出墙面式、内嵌墙体式。

3. 点支撑玻璃幕墙

点支撑玻璃幕墙又称接驳式全玻璃幕墙。幕墙玻璃的安装方法是采用形 H(X) 的钢爪，通过对每相邻 4 块玻璃的相邻的 4 个孔洞加以固定，H(X)形的钢爪的背栓再与框架体系相连接。这种玻璃幕墙使建筑具有更好的通透性，更好地追求建筑物内外空间的交流和融合，支撑幕墙的结构体系更能体现其金属框架的结构美。

钢爪安装在单梁上的称为单梁点支撑玻璃幕墙，钢爪安装在桁架上的称为桁架点支撑幕墙，钢爪安装在张拉索杆上的称作拉索点支撑玻璃幕墙，如图 5.68 所示。

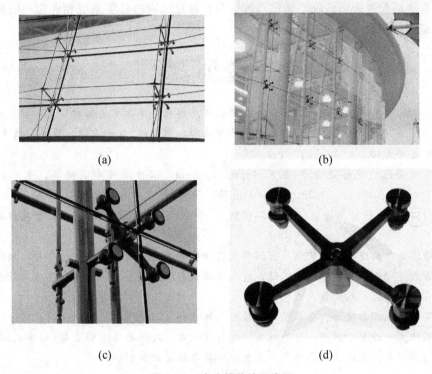

(a)　　　　　　　　　　　　　　　(b)

(c)　　　　　　　　　　　　　　　(d)

图 5.68　点支撑幕墙示意图

4. 玻璃幕墙构造做法中要注意的问题

1）幕墙框架受温度的影响

由于室内外温差产生的温度应力对幕墙框架的金属型材影响较大，构造上应使型材自由胀缩，或采取措施使其温差控制在较小范围内。为了使型材能在温度应力影响下自由伸缩，应在玻璃与金属框之间衬垫氯丁橡胶一类弹性材料。

2）建筑功能要求

各种构造做法必须保证保温、隔热、抗震、防止噪声的建筑功能要求。不同幕墙类型的保温、隔热、防止噪声特性各不相同。

3）通风排水要求

一般在玻璃幕墙的下端橡胶垫的 1/4 长度处切断留孔，留置某种缝隙，使内外空气相通而不产生风压差，以防止由于压力差造成幕墙上因有缝隙而渗水。幕墙双层采光部分在墙框的适当位置留排水孔，以便排出结露水。

4）排气窗的设置

排气窗一般面积较小，可布置在大块的固定扇上，也可在幕墙转角部位或其他单扇较小的部位设置。

5）擦窗机的设置

玻璃幕墙建筑一般应设置擦窗机，擦窗机的轨道应和骨架一同完成。

6）防雷系统设置

玻璃幕墙应设置防雷系统，防雷系统应和整幢建筑物的防雷系统相连。一般采用均压环做法，每隔数层设一条均压环。

本章小结

（1）墙体的作用有承重、围护和分隔，这些作用要求墙体具有足够的强度和稳定性、具有保温隔热性能隔声等。按墙体受力情况分类承重墙和非承重墙（自承重墙、隔墙、填充墙）。墙体的承重方案有 4 种。

（2）烧结普通砖规格是 240mm×115mm×53mm，以标准砖砌筑墙体，常见的厚度为115mm、178mm、240mm、365mm、490mm 等，简称为 12 墙（半砖墙）、18 墙（3/4 墙）、24墙（一砖墙）、37 墙（一砖半墙）、49 墙（二砖墙）。砂浆常见有水泥砂浆、石灰砂浆和混合砂浆3 种。

（3）墙体细部构造有墙脚构造、窗洞口构造和墙体加固及抗震构造 3 个部分。墙脚构造部分有墙身防潮、勒脚、散水和明沟构造；窗洞口构造有过梁和窗台构造；墙体加固及抗震构造措施主要有设置圈梁和构造柱。外墙详图

（4）隔墙有砌筑类隔墙、骨架隔墙和板材隔墙 3 种。

（5）幕墙主要由骨架材料、饰面板及封缝材料组成。玻璃幕墙有明骨架（明框式）体系、暗骨架（隐框式）体系、全玻璃幕墙体系、点支撑玻璃幕墙几种类型。

习题

一、填空题

1. 墙体具有_____、_____、_____的作用。

2. 墙体按其受力情况可以分为_____和_____；按照位置可以分为_____和_____；按照方向可以分为_____和_____。

3. 普通粘土砖的规格为_____。

4. 散水的宽度一般为_____，当屋面采用无组织排水方式时，散水的宽度应该比屋檐的挑出宽度大_____左右，坡度一般为_____。

5. 常见的隔墙有_____、_____和_____。

二、名词解释

1. 勒脚

2. 构造柱

3. 圈梁

4. 过梁

三、简答题

1. 简述砖混结构的几种结构布置方案及特点。

2. 墙体设计在使用功能上应考虑哪些设计因素？

3. 砌块墙的组砌方式有哪些？

4. 简述墙脚水平防潮层的设置位置、方式及特点。什么情况下设垂直防潮层？其构造做法如何？

5. 窗台有哪些类型？各自适用条件及构造做法怎样？

6. 设置圈梁和构造柱的作用是什么？

7. 玻璃幕墙按其构造方式可分为哪几类？有框玻璃幕墙由哪些部分组成？

四、作图题

1. 图示两种以上散水的做法。

2. 图示当首层地面采用不透水垫层时外墙墙身水平防潮层的位置，并说明防潮层的做法种类。

3. 图示外窗台的做法，并说明其构造要点。

五、综合实训

1. 现场参观构造柱和圈梁。

2. 观察学院建筑的外墙的装修、外墙上的构件，分析在图纸上是如何表达这些内容的？

3. 观察周围建筑的玻璃幕墙，分析下其组成部分和形式。

4. 课程设计实训

绘制外墙身节点大样实训任务书

一、目标

(1) 掌握除屋顶檐口外的墙身剖面构造。

(2) 提高绘制和识读施工图的能力。

二、工程设计条件

(1) 某三层砖混结构宿舍楼。层高为3 300mm，室内外高差450mm，窗台距室内地面900mm高。

(2) 承重砖墙，其厚度不小于240mm。

(3) 楼板采用钢筋混凝土预制楼板，类型自定。

(4) 室内地坪从上至下分别为20mm厚1：2水泥砂浆面层，80mm厚C15素混凝土垫层，100mm厚3：7灰土，素土夯实。

（5）设计中所需的其他条件自定。

三、任务及要求

用一张竖向 A3 图纸，按建筑制图标准，绘制外墙身节点详图，如图 5.69 所示。要求按顺序将节点详图自下而上布置在同一垂直轴线（即墙身定位轴线）上。

内容及要求如下。

（1）节点详图 1——墙脚和地坪层构造（比例 1∶10）。

画出墙身、勒脚、散水或明沟、防潮层、室内外地坪、踢脚板和内外墙面抹灰，剖切到的部分用材料图例表示。

① 用引出线注明勒脚做法，标明勒脚高度。

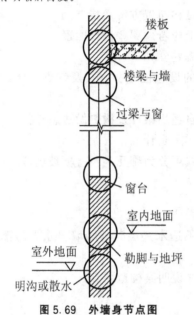

图 5.69　外墙身节点图

② 用多层构造引出线注明散水或明沟各层做法，标注散水或明沟的宽度、排水方向和坡度值。

③ 表示出防潮层的位置，注明做法。

④ 用多层构造引出线注明地坪层的各层做法。

⑤ 注明踢脚板的做法，标注踢脚板的高度等尺寸。

⑥ 标注定位轴线及编号圆圈，标注墙体厚度（在轴线两边分别标注）和室内外地面标高。

（2）节点详图 2——窗台构造（比例 1∶10）。

① 画出墙身、内外墙面抹灰、内外窗台和窗框等。

② 用引出线注明内外窗台的饰面做法，标注细部尺寸，标注外窗台的排水方向和坡度值。

③ 按开启方式和材料表示出窗框，表示清楚窗框与窗台饰面的连接。

④ 用多层构造引出线注明内外墙面装修做法。

⑤ 标注定位轴线（与节点详图 1 的轴线对齐），标注窗台标高（结构面标高）。

（3）节点详图 3——圈梁和楼板层构造（比例 1∶10）。

① 画出墙身、内外墙面抹灰、圈梁、窗框、楼板层和踢脚板等。

② 表示出圈梁的断面形式，标注有关尺寸。

③ 用多层构造引出线注明楼板层做法，表示清楚楼板的形式以及板与墙的相互关系。

④ 标注踢脚板的做法和尺寸。

⑤ 标注定位轴线(与节点详图1、2的轴线对齐),标注圈梁底面(结构面)标高和楼面标高,注写图名和比例。

各种节点的构造做法很多,可以任选一种做法绘制。图中必须标明材料做法、尺寸。图中线条、材料符号等,均按建筑制图标准表示。字体工整,线型粗细分明。用3#图纸以铅笔绘制完成。

四、工作任务参考资料

(1)《建筑设计规范》。

(2)《房屋建筑制图统一标准》。

第6章

楼板与地坪

教学目标

　　熟悉楼板的组成；掌握现浇钢筋混凝土楼板的类型及基本构造；熟悉预制装配式楼板的结构布置、预制构件之间的连接构造；熟悉装配整体式楼板的概念及特点；掌握阳台和雨篷的结构特点及细部构造。

教学要求

知识要点	能力要求	相关知识	权重
楼地层组成及设计要求	熟悉楼地层的组成	楼板的作用、设计要求、楼地层的构造组成	40%
钢筋混凝土楼板	熟练识读楼层结构布置图	肋形楼板、井式楼板、无梁楼板、装配式楼板、装配整体式楼板	30%
阳台与雨篷	熟练识读阳台细部详图	阳台的结构布置、阳台的细部构造、雨篷的构造	30%

楼板是建筑物的重要组成部分之一，它将建筑物沿竖向分为若干层，目的是为人们提供更大的、多样的活动平台。楼板承受家具、人体荷载以及本身自重，是水平承重构件，并把这些荷载合理有序地传给墙或柱，因此，楼板构造设计必须满足一定的要求。本章主要讲述楼板的组成与分类，现浇钢筋混凝土楼板的类型和基本构造，阳台的结构布置方式及构造，雨篷构造等内容。

6.1 楼地层的组成与设计要求

 阅读资料

某拆迁还建房，厨房现浇钢筋混凝土楼板垮了一个洞，如图 6.1 所示，记者来到该厨房，用脚跺一下，整个楼板就颤动，经有关部门鉴定，结论为楼板的混凝土强度及钢筋配置不满足要求，楼板承载力不满足使用要求。这是一起楼板质量事故，所幸无人员伤亡。我们从中认识到，对于承重构件楼板，在设计和施工中一定要确保其安全可靠。否则，会导致严重后果。

图 6.1 楼板质量事故

 观察与思考

观察身边的建筑，思考卫生间楼板（潮湿、积水）、房间楼板（避免干扰）除了应能保证安全可靠外，还应具有哪些方面的能力？

6.1.1 楼板的作用及设计要求

楼板是分隔建筑空间的水平承重构件，它在竖向将建筑物分成多个楼层。楼板一方面承受着楼面上的全部活荷载和恒荷载，并把这些荷载合理有序地传给墙或柱；另一方面对墙体起着水平支撑作用，加强建筑物的整体刚度；楼板还应具有一定的隔声、防火、防水、防潮等功能。

楼板应具有足够的强度和刚度，以保证在荷载作用下楼板安全可靠，并能正常使用；楼板应具有一定的隔声能力，可避免上下层房间的相互影响；楼板应按建筑物耐火等级进行防火设计，保证在火灾发生时，一定时间内不至于因楼板塌陷而给生命和财产带来损失；对于厨房、卫生间、实验室等地面潮湿、易积水的房间，应进行防水防潮处理；同时满足建筑经济的要求。

○ 特 别 提 示 ....

强度和刚度是两个建筑力学上的概念，强度是指构件在外力作用下抵抗破坏的能力。刚度是指构件抵抗变形的能力。

6.1.2 楼地层的构造组成

1. 楼板层的构造组成

楼板由面层、结构层、顶棚层 3 个基本层次组成，根据功能及构造要求可增加防水层、隔声层等附加层，如图 6.2 所示。

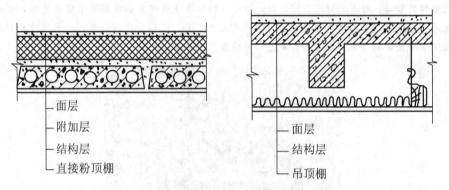

— 面层
— 附加层
— 结构层
— 直接粉顶棚

— 面层
— 结构层
— 吊顶棚

图 6.2　楼板的基本组成

（1）面层。面层是人们日常活动，家具设备等直接接触的部位，楼板面层还保护结构层免受腐蚀和磨损，同时还对室内起美化装饰作用，增强了使用者的舒适感。因此，楼板面层应满足坚固耐磨、不易起尘、舒适美观的要求。

（2）结构层。楼板的结构层是承重部位，通常由梁板组成。结构层应坚固耐久，满足楼板层的强度和刚度要求。

（3）顶棚层。为了使室内的观感良好，楼板下需要做顶棚。顶棚既可以保护楼板、安装灯具、遮挡各种水平管线，又可以改善室内光照条件，装饰美化室内空间。

（4）附加层。它又称功能层，根据楼板层的具体要求而设置，主要作用是隔声、隔热、保温、防水、防潮、防腐蚀、防静电等。

2. 地坪层构造组成

地坪层即地层，是建筑物底层与土壤相接的构件，它承受着底层地面上的荷载，并将荷载均匀地传给地基。按地坪层与土层间的关系不同，可分为实铺地层和空铺地层两类。

1）实铺地层

实铺地坪层一般由面层、垫层和基层 3 个基本构造层次组成，对有特殊要求的地坪可在面层与垫层之间增设附加层，如图 6.3 所示。

（1）面层。面层是地坪层最上部分，也是人们经常接触的部分，所以应具有耐磨、平整、易清洁、不起尘、防水、防潮、导热系数小等要求。同时也具有装饰作用。

（2）垫层。垫层为面层与基层之间的填充层，其作用是找平和承担荷载，并将荷载均匀传给下部的基层。一般采用 60～100mm 厚 C15 混凝土刚性垫层。

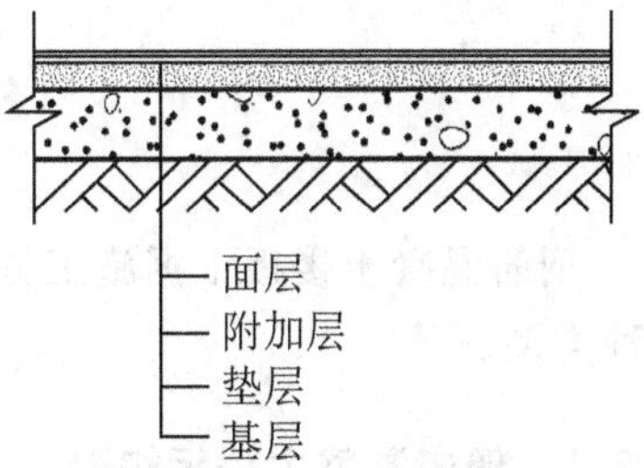

图 6.3　地坪层构造

（3）基层。基层是垫层与土壤层间的结合层，它可以加强地基承受荷载能力，并起到初步找平作用，可就地取材。通常为素土夯实或灰土、碎砖、三合土、道渣等。

（4）附加层。附加层主要应满足某些有特殊使用要求而设置的一些构造层次，如防水层、防潮层、保温层等。

2）空铺地层

为防止底层房间受潮或满足某些特殊使用要求（如舞台、体育训练、比赛场、幼儿园等的地层需要有较好的弹性）将地层架空形成空铺地层。其构造做法是在夯实土或混凝土垫层上砌筑地垄墙或砖墩上架梁，在地垄墙或梁上铺设钢筋混凝土板。

6.1.3　楼板的分类

根据承重结构所用材料不同，楼板可分为木楼板、钢筋混凝土楼板和压型钢板组合楼板等多种类型，如图 6.4 所示。

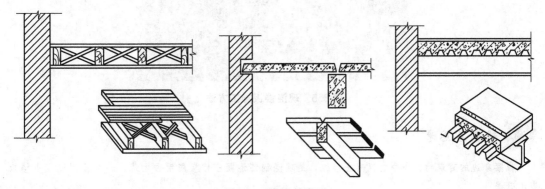

图 6.4　楼板的类型

木楼板自重轻，保温隔热性能好、舒适有弹性，但耗费木材较多，且耐火性和耐久性均较差，目前很少应用。

钢筋混凝土楼板造价低廉，容易成型，强度高，刚度好，耐火性和耐久性好，且便于工业化生产，目前被广泛采用。

压型钢板组合楼板是利用压型钢板为底模，上部浇筑混凝土而形成的一种组合楼板。它具有强度高、刚度大、施工速度快等优点，但钢材用量大、造价高。

6.2 钢筋混凝土楼板

钢筋混凝土楼板根据施工方法的不同，可分为现浇整体式、预制装配式、装配整体式3种类型。

6.2.1 现浇混凝土楼板构造

现浇钢筋混凝土楼板是指在现场支模、绑扎钢筋，如图6.5所示，经隐蔽工程验收合格后，进行混凝土整体浇筑、养护，完成其施工。这种楼板的优点是整体性好、刚度大、抗震性能好，特别适用于抗震设防要求较高的建筑中，对有管道穿过的房间、平面形状不规整的房间或防水要求较高的房间，都适合采用现浇钢筋混凝土楼板。但是现浇钢筋混凝土楼板有施工工期长、现场湿作业多、需要消耗大量模板等缺点。近年来由于工具式模板的采用、现场机械化程度的提高，使得现浇钢筋混凝土楼板在高层建筑中得到较普遍的应用。

图6.5 现浇楼板施工方法

 观察与思考

观察身边的建筑物，当今的混凝土楼板，是现浇钢筋混凝土楼板应用占主流，还是预制混凝土楼板应用普遍？

1. 板式楼板

楼板下面不设梁，将板直接搁置在承重墙上，楼面荷载可直接通过板传给墙体，这种厚度一致的楼板称为平板式楼板，简称板式楼板。

楼板根据受力特点和支撑情况，分为单向板和双向板。对四边支撑的板，当板的长边与短边之比≥3时，板主要沿短边方向传递荷载，这种板称为单向板；当板的长边与短边之比≤2时，沿长边和短边两个方向传递荷载，这种板称为双向板。当板的长边与短边之比在2～3时，宜按双向板设计。

为满足施工要求和经济要求，对各种板式楼板的最小厚度和最大厚度，一般规定如下：当为单向板时，屋面板板厚 60～80mm；民用建筑楼板厚 70～100mm，工业建筑楼板厚 80～180mm；为双向板时，板厚为 80～160mm。

板式楼板板底平整、美观、施工方便，适用于墙体承重的小跨度房间，如厨房、卫生间、走廊等。

 问题引领

某建筑大厅的房间尺度较大，其顶部楼板如图 6.6 所示。观察其楼板形式，显然与板式楼板不同，该楼板纵横向均设有梁，截面大的是主要的梁，支撑在柱上，另一方向梁截面小，支撑在主梁上，而板支撑在梁上，这样就可形成大空间，而不需设墙，满足使用功能要求，若采用板式楼板板的厚度会很厚，不经济，达不到这效果的。

图 6.6 肋梁楼板实例

2. 肋梁楼板

当房间面积较大时，板的四周支承在梁上，楼板由板和梁组成，这种楼板通常称为肋梁楼板。由单向板、次梁、主梁组成的楼盖称为单向板肋梁楼板，如图 6.7 所示。由双向板和纵横梁组成的楼盖称为双向板肋梁楼板。

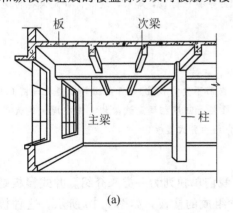 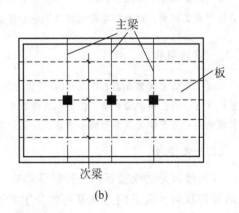

(a)   (b)

图 6.7 单向板肋梁楼板

（a）立体图；（b）结构平面图

肋梁楼板的结构布置，应依据房间尺寸大小、柱和承重墙的位置等因素进行，梁格的布置应力求简单、规整、合理、经济。楼盖中板的混凝土用量占整个楼盖混凝土用量的50%～70%，因此板厚宜取较小值。单向板肋形楼板的次梁间距即为板的跨度，主梁间距即为次梁的跨度，柱或墙在主梁方向的间距即为主梁的跨度。构件的跨度太大或太小均不经济，应控制在合理跨度范围内。通常板的跨度为1.7～2.7 m，不宜超过3m；次梁的跨度取4～6m；主梁的跨度取5～8m。如图6.8所示为一楼板平面梁格布置图。

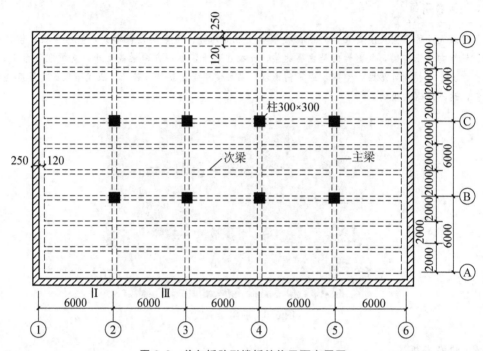

图6.8 单向板肋形楼板结构平面布置图

**观察与思考**

单向板肋梁楼板要承受家具、人体荷载以及楼板自重等各种荷载，那么，这些荷载是怎样传递的？传力途径是怎样的？梁和板在荷载作用下会怎样变形呢？

问题引领

某建筑会议室顶部如图6.9所示（会议室空间较大，内部不允许设柱），仔细比较该楼板与图6.6肋形楼板有何不同？两者均有梁，但图6.9楼板中间纵横梁截面高度相同，该梁均支撑在周边的大梁上，上部板被梁划分为接近正方形的小方格，这便是下面要介绍的井式楼板。

3. 井式楼板

井式楼板是肋梁楼板的一种特殊形式，这里我们单独列为一类来介绍。井式楼板是由双向板和双向板底下两方向等高的井字状交叉梁组成的楼板，如图6.10所示。这种楼板是四边支承在大梁（或墙）上的双向板，双向板底下布置两个方向的井字梁，井字梁支承在大梁（或墙）上，井式楼板相当于一块大型的双向受力的平板挖去一部分混凝土从而形成两

图 6.9　井式楼板实例

个方向的等高的井字梁。由于井式楼板的建筑效果较好，故适用于方形或接近方形的中小礼堂、餐厅、展览厅、会议室以及公共建筑的门厅或大厅。

井式楼板可与墙体正交放置或斜交放置，如图 6.10(b)所示。

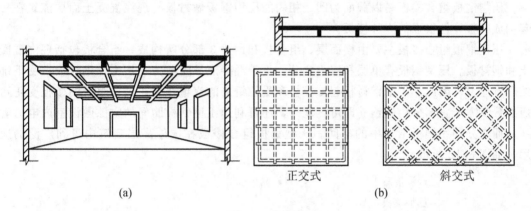

正交式　　　　　　　　　斜交式

(a)　　　　　　　　　　　　　　　　(b)

图 6.10　井式楼板

（a）井式楼板立体图；（b）井式楼板断面图、平面图

观察与思考

注意比较井式楼板与肋形楼板的区别。观察身边的公共建筑，身临其境体会井式楼板带给你的视觉感受。

4. 无梁楼板

无梁楼板是将楼板直接支撑在柱和周边墙或梁上的楼板，板底不设梁。无梁楼板分为有柱帽和无柱帽两种。当楼面荷载比较小时，可采用无柱帽楼板；当楼面荷载较大时，必须在柱顶加设柱帽。板的最小厚度不小于 150mm 且不小于板跨的 $1/35\sim1/32$。无梁楼板的柱网，一般布置为正方形或矩形，柱距一般不超过 6m。无梁楼板周边支撑于墙上时四周应设圈梁，梁高不小于 2.5 倍的板厚和 1/15 的板跨。无梁楼板具有净空高度大，顶棚平整，采光通风及卫生条件均较好，施工简便等优点。适用于活荷载较大的商店、书库、仓库等建筑，如图 6.11 所示。

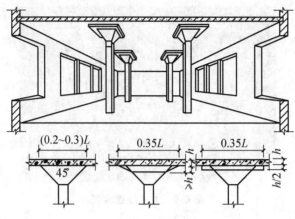

图 6.11　无梁楼板

5．压型钢板组合楼板

压型钢板组合楼板是以截面为凹凸相间的压型钢板做衬板与现浇混凝土面层浇筑在一起构成的整体性很强的一种楼板。

压型钢板组合楼板主要由楼面层、组合板和钢梁 3 部分所构成，组合板包括现浇混凝土和钢衬板。压型钢板有单层和双层之分。由于混凝土承受剪力与压力，钢衬板承受下部的压弯应力，因此，压型钢衬板起着模板和受拉钢筋的双重作用。这样组合的楼板受正弯矩部分只需配置部分构造钢筋即可。此外，还可利用压型钢板肋间的空隙敷设室内电力管线从而充分利用楼板结构中的空间。压型钢板组合楼板在国外高层建筑中得到广泛的应用，如图 6.12 所示。

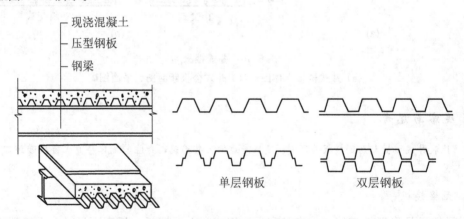

单层钢板　　　　双层钢板

图 6.12　压型钢板组合楼板

6.2.2　预制装配式钢筋混凝土楼板

预制装配式钢筋混凝土楼板是将预制构件在预制场或现场大批量的预制成型，然后在施工现场装配连接而成，某预制装配式楼板施工如图 6.13 所示。这种结构可节省模板，有利于工业化生产、机械化施工并缩短工期，但装配式结构整体性、抗震性能较差。

图 6.13 预制楼板施工方法

 观察与思考

某预制装配式楼板正在铺设预制空心板，如图 6.13 所示，预制板搁置在梁（或墙）上，要满足哪些搁置构造要求？板与板之间的板缝怎样处理？

装配式楼板目前广泛采用预制板、现浇梁或预制板和预制梁在现场装配连接而成。目前广泛采用的是铺板式楼盖，即将预制楼板铺设在支承梁或支承墙上而构成。

1. 结构平面布置

根据墙体支承情况不同，装配式楼盖有横墙承重、纵墙承重、纵横墙承重和内框架承重 4 种不同的结构布置方案，如图 5.7 所示。

 观察与思考

图 6.14 是某房屋的楼层结构平面布置图的一部分示意，要看懂结构平面布置图要看懂预制板的搁置位置、种类和预制板的表示方法，你能看懂吗？

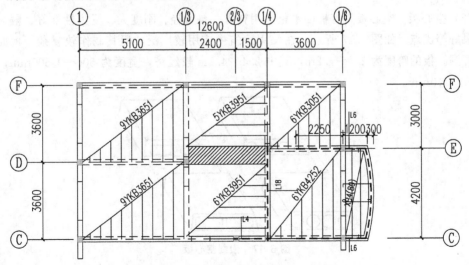

图 6.14 某房屋楼板部分铺板示意图

2. 预制构件的类型

1）预制板

预制板一般为通用定型构件。根据板的施工工艺不同有预应力和非预应力两类，根据板的形状不同又分为实心板、空心板、槽形板和 T 形板等类型。

（1）实心板。实心板具有制作简单、上下板面平整、施工方便等特点，如图 6.15 所示。但其材料用量较多、自重大、刚度小、隔声差，常用于跨度不大的走道板、楼梯平台板、地沟盖板等。板的两端支承在墙或梁上，板厚一般为 50～80mm，跨度在 2.4m 以内为宜，板宽 500～900mm。

●（特）别（提）示

钢筋混凝土平板可以据中南地区工程建筑标准设计结构图集 12ZG301 钢筋混凝土平板选择。Bxxxx，x 分别表示平板代号，标志跨度，标志板宽，荷载等级代号和板厚度代号，如图 6.16 所示。该图集中平板的宽度有 500mm、600mm、700mm 3 种。例如 B1253a 表示该板的标志跨度为 1 200mm，标志板宽 500mm，板厚度代号 a 表示板厚度 60，3 表示基本组合初选值 3 级，为 9.0kN/m²。从该图集中可以查出该板板长构造尺寸为 1 180mm，板截面是梯形，其中长边的宽度构造尺寸是 480mm。

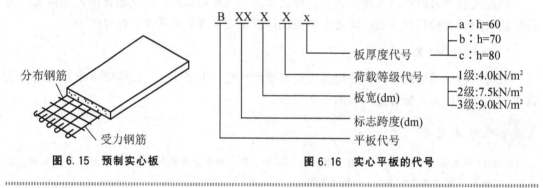

图 6.15 预制实心板 　　　　　　　图 6.16 实心平板的代号

（2）空心板。空心板具有板面平整、用料省、自重轻、刚度大、受力性能好、隔声、隔热效果好等优点，如图 6.17 所示，在民用建筑中应用较广泛，但其制作较复杂，板面不能随意开洞。板的跨度为 2.4～7.2m，其中 2.4～4.2m 较经济，宽度为 500～1 500mm，厚度为 120～240mm。

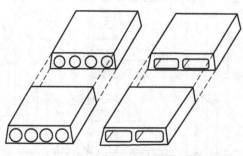

图 6.17 预制空心板

钢筋混凝土空心板可以据中南地区工程建筑标准设计结构图集 12ZG401 预应力混凝土空心板选择。该图集中厚度 120 的板的标志宽度有 500mm、600mm、900mm，标志长度有 2.7m、3.0m、3.3m、3.6m、3.9m；板厚度 180mm 的板的标志宽度有 600mm、900mm、1 200mm，标志长度有 4.2m、4.5m、4.8m、5.1m、5.4m。例如 YKB2751 表示该预应力空心板的标志长度为 2 700mm，板标志宽度 500mm，荷载等级编号 1。该图集中可以查出板长构造尺寸，板截面形式和板宽度构造尺寸。图 6.18 是板宽度 500 的板截面示意图。

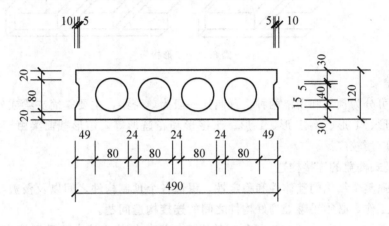

YKBXX5X

图 6.18　预应力空心板截面示意图

（3）槽形板。槽形板是一种梁板结合的预制构件，如图 6.19 所示，即在实心板的两侧及端部设有边肋，当板的跨度较大时，则在板的中部每隔 1 500mm 增设横肋一道。一般槽形板的跨度为 3～7.2m，板宽为 500～1 200mm，板肋高为 150～300mm，板厚仅 30～50mm。槽形板减轻了板的自重，具有省材料、便于在板上开洞等优点，但隔声效果差。

槽形板做楼板时，有正槽板（肋向下）和反槽板（肋向上）两种。正槽板受力合理，但板底不平，正槽板用料省、自重轻、便于开洞，但隔声，隔热效果较差，一般用于对顶棚要求不高的工业厂房中；反槽板受力性能较差，但可提供平整的顶棚，可与正槽板组成双层楼盖，在两层槽板中间填充保温材料，具有良好的保温性能，可用在寒冷地区的屋盖中。

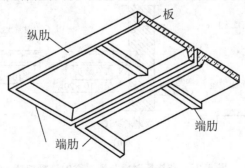

图 6.19　槽形板

（4）T形板。T形板有单T板和双T板两种，如图 6.20 所示，单T板具有受力性能好、制作简便、布置灵活，开洞自由，能跨越较大空间等特点，是通用性很强的构件；双T板的宽度和跨度在预制时可根据需要加以调整，且整体刚度较大、承载力大，但自重大、对吊装有较高要求。T形板可用于楼板、屋面板和外墙板。

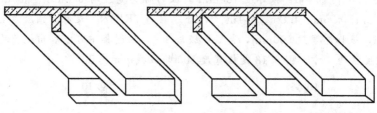

图 6.20 T形板

2）楼盖梁

楼盖梁可分为预制和现浇两种。预制梁一般为单跨梁，主要是简支梁或外伸梁。其截面形式有矩形、T形、倒T形、L形、十字形和花篮形等，矩形截面梁由于其外形简单、施工方便，应用较广泛。

3）铺板式楼盖的连接构造

为了加强整个结构的整体性和稳定性，保证各个预制构件之间以及楼盖与其他承重构件间的共同工作，必须妥善处理好构件之间的连接构造问题。

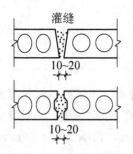

图 6.21 板缝的处理

（1）板与板的连接。板与板的连接主要采用填实板缝来处理，如图 6.21 所示，板缝的上口宽度不宜小于 30mm，板缝的下口宽度以 10mm 为宜。填缝材料与板缝宽度有关，当下口宽度 >20mm 时，填缝材料一般用 C20 等级细石混凝土灌注；当下口宽度 ≤20mm 时，宜用不低于 M5 的水泥砂浆灌注；当板缝过宽（≥50mm）时，应在板缝内设置受力筋。当楼面有振动荷载时，宜在板缝内设置拉结钢筋；必要时，采用 C20 的细石混凝土在预制板上设置厚度为 40mm～50mm 的整浇层，内配 $\phi 4@150$ 或 $\phi 6@200$ 的双向钢筋网。

（2）板与墙、梁的连接。板与墙的连接，分支承墙和非支承墙两种情况，非抗震时连接构造，如图 6.22 所示。6 度设防时连接构造，如图 6.23 所示。

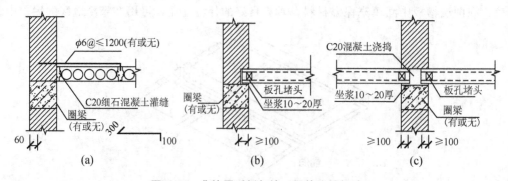

图 6.22 非抗震时板与墙、梁的连接构造

（a）板与非承重外墙连接；（b）板与承重外墙连接；（c）板与承重内墙连接

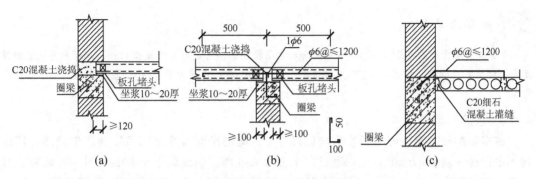

图 6.23 6 度设防时板与墙、梁的连接构造

（a）板与承重外墙连接；（b）屋面板与承重内墙连接；（c）板跨度大于 4.8m 时板与非承重外墙连接

预制板搁置于墙、梁上时，应采用 10～20mm 厚不低于 M5 的混合砂浆坐浆。非抗震时板在梁上的搁置长度不小于 80mm 板在墙上搁置长度不小于 100mm，在 6 度抗震设防区，在外墙上不小于 120mm，内墙上不小于 100mm，在钢筋混凝土梁上不小于 80mm。

当楼面板跨度较大或对楼面的整体性要求较高时，应在板的支座上部板缝中设置拉结钢筋与墙或梁连接。当采用空心板时，板端孔洞须用混凝土块或砖块堵塞密实，以防止端部被压碎。板与非支承墙和梁的连接，一般采用细石混凝土灌缝处理。当圈梁设在板同一标高时，钢筋混凝土预制楼板端头应伸出钢筋，与墙体的圈梁相连，当圈梁设在板底部时，房屋端头大房间的楼盖，6 度抗震设防时房屋的屋盖和 7～9 度抗震设防时房屋的楼盖、屋盖，钢筋混凝土预制板应相互拉结，并与梁、墙或圈梁拉结，如图 6.22(a)、(b)，图 6.23(a)、(b)所示。当板跨大于 4.8m 并与外墙平行时，靠外墙的预制板侧边应与墙或者圈梁拉结，如图 6.23(c)所示。

特 别 提 示

预制板是两边支承的单向板，搁置时，应把板的两短边支承在墙或梁上，板的纵向长边应靠墙布置，否则会形成三边支承的板，导致板开裂，如图 6.24 所示。

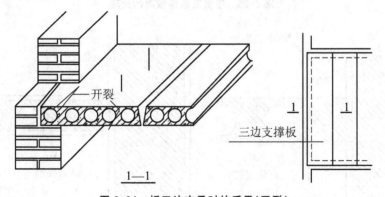

图 6.24 板三边支承时的后果(开裂)

（3）梁与墙的连接。一般情况下，预制梁在墙上的支承长度不应小于 180mm，而且在支承处应坐浆 10～20mm 厚。必要时，在预制梁端设置拉结钢筋。

观察与思考

　　某建筑装配式楼盖在靠墙(梁)处有一竖向水管穿越楼板,此处无法搁置预制板,只能采用现浇钢筋混凝土板带填实缝隙,如图 6.25 所示。如果此处没有管道,但缝隙较小又不足以排一块板,该怎样处理?

　　4) 板缝调整

　　在房间的楼板布置时,板宽方向的尺寸与房间的平面尺寸之间可能会产生差额,即出现不足以排一块板的缝隙,可以通过以下方法来处理:当缝隙小于 60mm 时,可调整板缝宽度;当缝隙在 60~200mm 时,或有竖向管道穿越楼板时,则设现浇钢筋混凝土板带,如图 6.26 所示;当缝隙大于 200mm 时,需调整板的规格。

图 6.25　竖管穿越楼板时的处理

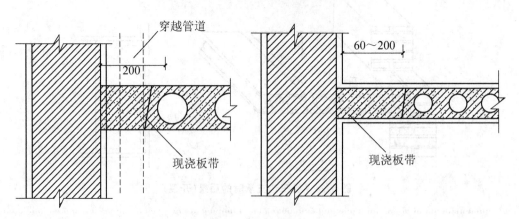

图 6.26　现浇板带

6.2.3 装配整体式楼板

装配整体式楼板是采用部分预制构件，经现场安装，再整体浇筑混凝土面层所形成的楼板。兼有现浇整体式楼板和装配式楼板的特点，这种楼板可节省模板，施工速度快，整体性也较好，但施工比较复杂。

1. 叠合楼板

叠合楼板是由预制薄板和现浇钢筋混凝土层叠合而成的装配整体式楼板。预制板既是楼板结构的一部分，又是现浇层的永久性模板。

叠合楼板的预制板部分通常采用预应力或非预应力薄板。为了保证预制薄板与叠合层有较好的连接，薄板上表面需做处理，如将薄板表面作刻槽处理、板面露出较规则的三角形结合钢筋等，如图 6.27(a)所示。

预制薄板跨度一般为 4～6m，最大可达 9m，板宽一般为 1.1～1.8m，板厚通常不小于 50mm。现浇叠合层厚度一般为 100～120mm，以大于或等于薄板厚度的两倍为宜。叠合楼板的总厚度一般为 150～250mm，如图 6.27(b)所示。

叠合楼板的预制板，也可采用钢筋混凝土空心板，此时现浇叠合层的厚度较薄，一般为 30～50mm，如图 6.27(c)所示。

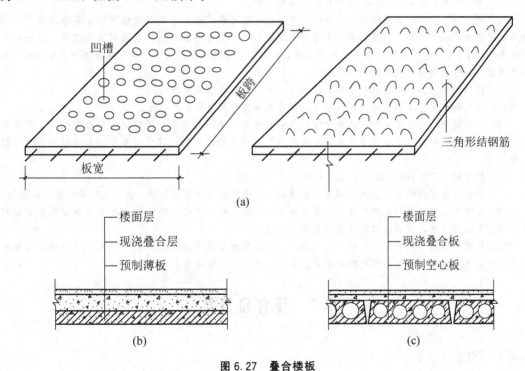

图 6.27 叠合楼板

(a) 预制薄板表面处理；(b) 预制薄板叠合楼板；(c) 预制空心板叠合楼板

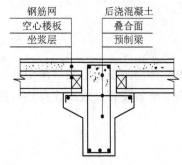

图 6.28 叠合梁

2. 叠合梁

为更好地加强楼盖和房屋的整体性，可分两次浇筑混凝土梁，第一次在预制厂内进行，将钢筋混凝土梁的部分预制，再运到施工现场吊装就位；第二次在施工现场进行，当预制板搁置在梁的预制部分上后，再与板上面的钢筋混凝土面层—起浇筑梁上部的混凝土，使板和梁连成整体，如图 6.28 所示。

阅读资料

楼层结构平面图

1. 楼层结构平面图图示内容

它主要用来表示每层楼(屋)面中的梁、板、柱、墙等承重构件的平面布置情况，现浇板还应反映出板的配筋图，预制板则应反映出板的类型、排列、数量等。它是建筑结构施工中布置各种承重构件的主要依据。

2. 楼层结构平面图图示方法

楼层结构平面图是假想用一个沿楼层上表面水平剖切平面剖切后所做的水平剖视图。

(1) 结构平面图的定位轴线必须与建筑平面图一致。

(2) 标注墙、柱、梁的轮廓线以及编号、定位尺寸等内容。结构平面图中墙身的可见轮廓用中实线表示，被楼板挡住而看不见的墙轮廓用中虚线表示；剖切到的钢筋混凝土柱断面可涂黑表示，并分别标注代号 Z1、Z2 等；由于钢筋混凝土梁被板压盖，一般用中虚线表示其轮廓，也可在梁的中心位置可用粗点画线表示，并在旁侧标注梁的构件代号。

(3) 钢筋混凝土楼板的轮廓线用细实线表示，板内钢筋用粗实线表示。

(4) 楼层的标高为结构标高，即楼层建筑标高减去楼板装饰层后的标高。

(5) 门窗过梁可用虚线表示其轮廓线或用粗点画线表示其中心位置，同时旁侧标注其代号。圈梁可在楼层结构平面图中相应位置涂黑或单独绘制小比例单线平面示意图，其断面形状、大小和配筋通过断面图表示。

(6) 楼层结构平面图的常用比例为 1:100、1:200 或 1:50。

(7) 当各层楼面结构布置情况相同时，只需用一个楼层结构平面图表示，但应注明合用各层的层数。

(8) 预制楼板中，预制板的数量、代号和编号以及板的铺设方向、板缝的调整和钢筋配置情况等均通过结构平面图反映，预制板的标注方法见空心板说明。

预制板在平面图中的表示一般有两种方式，一种是用细实线画出板的布置示意图；另一种是在板的布置区域画上对角线，并注写预制板的数量、规格、代号等，如图 6.14 所示。

6.3 阳台和雨篷

6.3.1 阳台

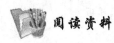阅读资料

随着城市的发展，人们对自然空间的渴望越来越强烈，希望能更多的接近大自然，所以阳台就成了

人们通向自然的一个平台，人们在这里流连的时间越来越多，也愿意把更多的休闲活动放到阳台上，所以阳台的功能就越来越多，面积也更大，装饰也更讲究，同时，良好的造型还可增加建筑物的外观美感。怎样保证阳台的安全可靠、使用方便？本节从阳台的结构布置、细部构造等方面介绍，图 6.29 所示是一阳台实例。

图 6.29　阳台实例

1. 阳台的类型

按阳台的使用功能不同，分为生活阳台和服务阳台。按阳台与外墙的相对位置不同，分为凸阳台、凹阳台、半凸半凹阳台、转角阳台，如图 6.30 所示。按阳台封闭与否可分为封闭阳台和非封闭阳台。

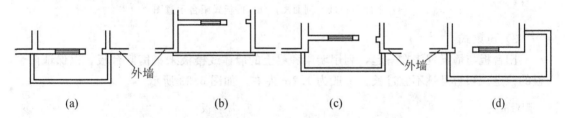

| (a) | (b) | (c) | (d) |

图 6.30　阳台与外墙的位置关系分类

（a）凸阳台；（b）凹阳台；（c）半凸半凹阳台；（d）转角阳台

2. 阳台结构布置方式

阳台的结构形式、布置方式及材料应与楼板结构布置统一考虑。一般采用现浇或预制钢筋混凝土结构。根据结构布置方式不同，有墙承式、挑梁式、挑板式、压梁式 4 种。墙承式多用于凹阳台，挑梁式、挑板式、压梁式多用于凸阳台或半凸半凹阳台。

1）墙承式

将阳台板直接搁置在墙体上，阳台板的跨度和板型一般与房间楼板相同，如图 6.31 所示。

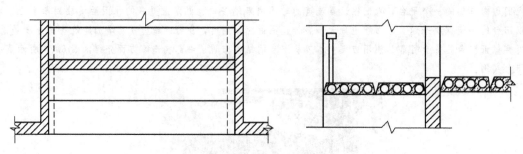

图 6.31　墙承式阳台

2）挑板式

将楼板延伸挑出墙外，形成阳台板。挑板式阳台板底平整，造型简洁，若采用现浇板，可将阳台平面制成弧形、半圆形等形式，如图 6.32 所示。

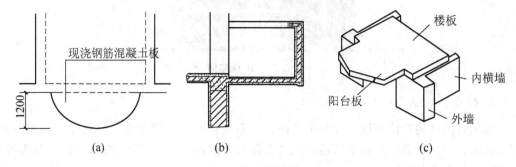

图 6.32　挑板式阳台

（a）平面图；（b）剖面图；（c）挑板式阳台示意图

3）压梁式

阳台板与墙梁现浇在一起，利用墙梁和梁上的墙体或楼板来平衡阳台板，以保证阳台板的稳定。阳台悬挑不宜过长，一般为 1.2m 左右，如图 6.33 所示。

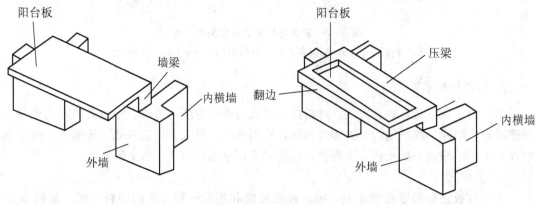

图 6.33　压梁式阳台

4）挑梁式

从横墙上伸出挑梁，在挑梁上铺设预制板或现浇板。楼层中挑梁压入墙体内的长度与挑出长度之比宜大于 1.2，图 6.34 所示为挑梁阳台示意，挑梁端部宜设边梁，如图 6.35 所示。

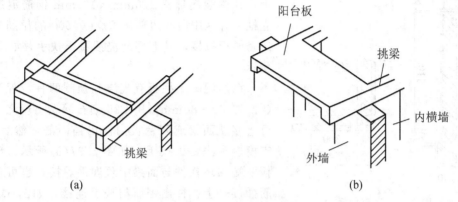

图 6.34 挑梁式阳台

（a）预制挑梁外伸式；（b）现浇挑梁外伸式

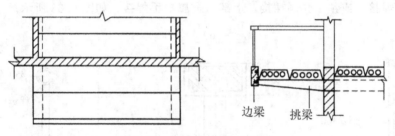

图 6.35 有边梁的挑梁式阳台

 观察与思考

观察身边的建筑的阳台做法，你发现哪种做法最为常见呢？

3. 阳台的细部构造

1）阳台栏杆、栏板与扶手

阳台栏杆扶手是设置在阳台外围的垂直构件。它主要供人们倚扶之用，以保障人身安全，且起装饰美化作用。据《民用建筑设计统一标准》（GB 50352—2019），临空高度在 24m 以下时阳台栏杆或栏板的高度不应低于 1.05m，临空高度在 24m 以及 24m 以上时不应低于 1.1m，阳台空花栏杆设计必须采用防止儿童攀登的构造，栏杆垂直杆件之间的净距不大于 110mm。

 阅读资料

栏杆高度应从楼地面至栏杆扶手顶面垂直高度计算，如果底部有宽度大于或等于 0.22m，且高度低于或者等于 0.45m 的可踏部位，应该从可踏部位顶面计算。栏杆离楼面或屋面 0.10m 高度内不宜留空。

栏杆形式有空花栏杆、实心栏板及组合式栏杆。按材料可分为金属栏杆、钢筋混凝土栏板、砖砌栏板和玻璃组合栏板等。封闭阳台栏板或栏杆也应该满足阳台栏板或栏杆高度

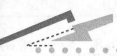

要求，七层及七层以上住宅或寒冷、严寒地区住宅宜采用实体栏板。

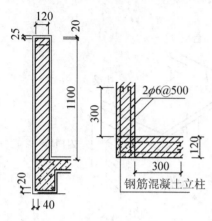

图 6.36 砖砌栏板

砖砌栏板一般为 120mm 厚，可直接砌筑在面梁上，在挑梁端部浇 120mm×120mm 钢筋混凝土小立柱，并从中向两边伸出 2φ6@500 的拉筋通长与砖砌栏板拉接，其上部现浇混凝土扶手，如图 6.36 所示。

钢筋混凝土栏板有现浇和预制两种，现浇栏板（杆）厚 60~80mm，用 C25 细石混凝土现浇，底板可直接从面梁或阳台板内伸出锚固筋，然后扎筋、支模、现浇栏板扶手，如图 6.37(a) 所示。预制栏板下端预埋铁件与面梁中预埋件焊接，也可预留插筋插接，上端伸出钢筋与扶手连接，如图 6.37(b) 所示。

金属栏杆一般采用圆钢、方钢、扁钢或钢管焊接成各种形式的镂花。底部可与阳台板上预埋铁件焊接，或预留孔洞插接，上部与金属扶手焊接，如图 6.38 所示。

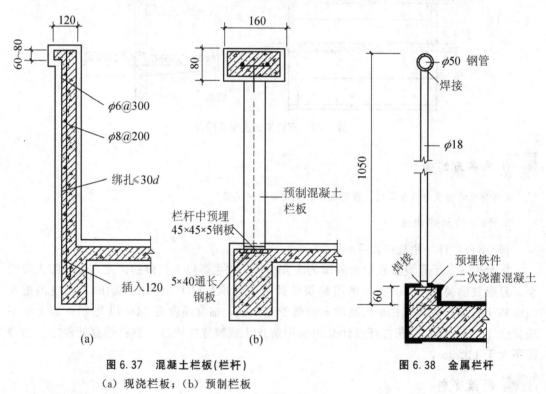

图 6.37 混凝土栏板(栏杆)
(a) 现浇栏板；(b) 预制栏板

图 6.38 金属栏杆

阅读资料

观察玻璃组合栏板阳台，你知道玻璃与栏杆之间如何相连、栏杆与墙如何相连吗？如图 6.39 所示为玻璃组合栏板的平面图和详图，你能读懂吗？

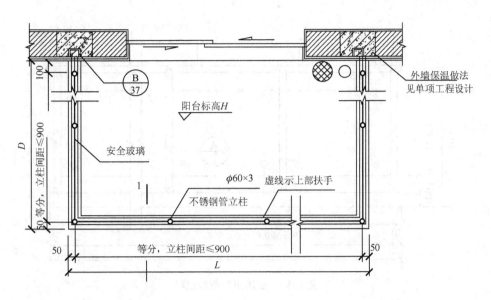

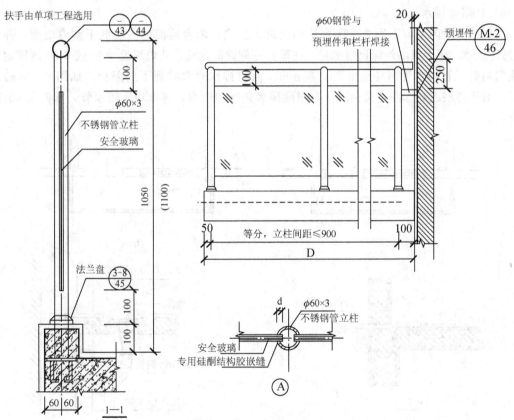

图 6.39　玻璃组合栏板

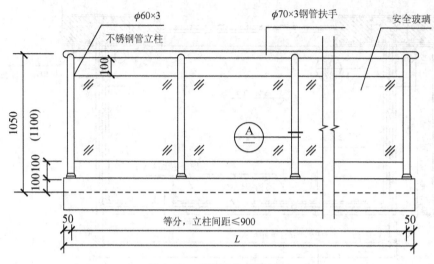

图 6.39　玻璃组合栏板(续)

2) 阳台排水

对于非封闭阳台，为防止雨水从阳台进入室内，阳台地面标高应低于室内地面，并设 1‰排水坡，阳台板的外缘设挡水带。在阳台外侧设泄水孔，孔内埋设 $\phi 40$ 或 $\phi 50$ 镀锌钢管或塑料管，管口水舌向外挑出至少 80mm，以防排水时水溅到下层阳台，如图 6.40(a)所示。对于高层或高标准建筑在阳台内侧设排水立管和地漏，将水导入雨水管，如图 6.40(b)所示。

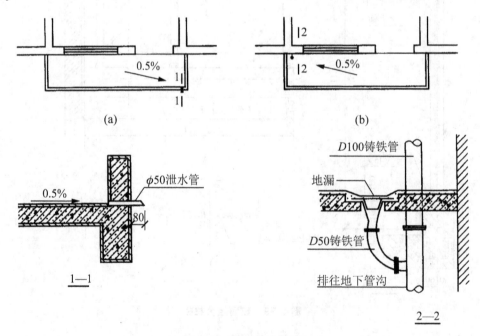

图 6.40　阳台排水构造

(a) 水舌排水；(b) 雨水管排水

阅读资料

当阳台设有洗衣设备时应设置专用给、排水管线以及专用地漏，阳台楼、地面均应做防水处理。阳台楼地面防水时，防水构造层次由上至下为：面层，20mm厚1∶3水泥砂浆结合层做0.5％坡度坡向地漏，表面撒水泥粉，最薄处20厚；1.5厚聚氨酯防水层或2厚聚合物水泥基防水涂料；20厚1∶3水泥砂浆结合层找平层；现浇钢筋混凝土楼地面板。

6.3.2 雨篷

雨篷位于建筑物出入口的上方，用来遮挡雨雪，给人们提供一个从室外到室内的过渡空间，并起到保护外门和丰富建筑立面的作用。雨篷形式多样，常见的有钢筋混凝土雨篷、钢结构雨篷，如图6.41所示。

(a)   (b)

图6.41 雨篷

(a) 钢筋混凝土雨篷；(b) 钢结构雨篷

常见的小型雨篷多为现浇钢筋混凝土悬挑构件，由雨篷板和雨篷梁两部分整浇在一起。雨篷板通常做成变厚度板，一般根部厚度不小于70mm，端部厚度不小于50mm，其悬挑长度一般为1～1.5m。悬臂雨篷板有时带构造翻边，注意不能误以为是边梁。为防止雨水渗入室内，梁面必须高出板面至少60mm，常沿排水方向做出1％排水坡；顶面采用防水砂浆抹面，并上翻至墙面不小于250mm高形成泛水，如图6.42所示。

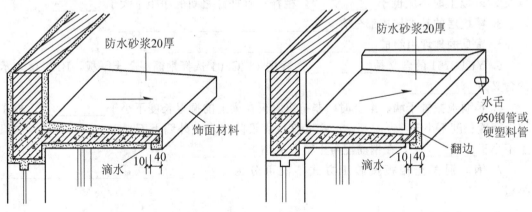

图中标注：防水砂浆20厚；饰面材料；滴水；10 40；防水砂浆20厚；水舌 φ50钢管或硬塑料管；翻边；滴水；10 40

图6.42 雨篷构造

本章小结

（1）楼板层是多层建筑中竖向分隔空间的水平构件。它承受并传递楼板上的荷载，同时对墙体起着水平支撑的作用。它由面层、结构层、顶棚等部分组成。

（2）现浇钢筋混凝土楼板有板式楼板，肋梁楼板，井式楼板，无梁楼板和压型钢板组合楼板。

（3）预制钢筋混凝土楼板有预制实心板，槽形板，空心板等几种类型。在铺设预制板时，要求板的规格，类型越少越好，并应避免三面支撑的板。当板出现板缝差时一般采用调整板缝、现浇板带等方法解决。为了加强整个结构的整体性和稳定性，必须妥善处理好构件之间的连接构造问题。

（4）装配整体式楼板是采用部分预制构件，经现场安装，再整体浇筑混凝土面层所形成的楼板，兼有现浇楼板和预制楼板的共同优点。

（5）阳台有挑阳台、凹阳台、半挑半凹以及转角阳台等形式。阳台栏杆有镂空栏杆和实心栏板之分。其构造主要包括栏杆、栏板、扶手及阳台的排水等部分的细部处理。

（6）雨篷是位于建筑物出入口处用来遮挡雨雪的构件。要处理好防水问题。

（7）地坪层是建筑物底层与土壤相接的构件，它承受荷载并传给地基。地坪层一般由面层、垫层和基层组成。

习 题

一、填空题

1. 阳台结构布置方式有_____、_____、_____和_____。按照阳台与外墙的位置和结构处理的不同，阳台可以分为_____、_____、_____和_____。

2. 临空高度在24m以下时阳台的栏杆扶手高度不低于_____，临空高度在24m以及24m以上时不应低于_____，栏杆垂直杆件之间的净距不大于_____。

3. 楼板层的基本构成部分有_____、_____、_____等。

4. 常见的地坪由组成_____、_____、_____。

5. YKB2751的含义是_____。根据12ZG301选择钢筋混凝土平板，B1253a表示的含义是_____。

6. 预制板搁置于墙、梁上时，非抗震时板在梁上的搁置长度不小于_____，板在墙上搁置长度不小于_____，在6度抗震设防区，在外墙上不小于_____，内墙上不小于_____，在钢筋混凝土梁上不小于_____。

7. 钢筋混凝土楼板按施工方式不同可分为_____、_____、_____类型。

二、名词解释

1. 板式楼板

2. 现浇梁板式楼板

3. 无梁楼板

4. 压型钢板组合楼板

三、简答题

1. 楼板的设计要求有哪些？

2. 现浇钢筋混凝土楼板主要有哪几种类型？其特点及应用如何？

3. 预制板的类型有哪些？各有何特点？

4. 装配式楼板的连接构造有何要求？

5. 阳台的结构布置形式有哪几种？

6. 雨篷的构造要点有哪些？

四、作图题

1. 图示楼板层的基本构造层次。

2. 图示地坪层的基本构造层次。

3. 有水房间的楼地层如何防水？请画图示意。

4. 图示表示阳台的排水构造。

五、综合实训

1. 观察学院的建筑物楼板的类型、有水房间的排水，以小组为单位写出观察报告。

2. 组织参观楼板的施工现场或者模拟现场基地，熟悉其构造特点。

第 7 章

楼　　梯

教学目标

　　了解楼梯的分类；熟悉楼梯的组成和尺度；掌握现浇钢筋混凝土楼梯的结构特点、基本构造；了解装配式楼梯的构造；熟悉楼梯细部构造；了解室外台阶与坡道的构造。

教学要求

知识要点	能力要求	相关知识	权重
楼梯的形式	熟悉楼梯的组成； 了解楼梯的形式	楼梯组成、楼梯分类、设计要求	10%
楼梯尺度	熟悉楼梯的尺度； 识读楼梯施工图	楼梯尺度、楼梯施工图	30%
钢筋混凝土楼梯构造	识读楼梯施工图	现浇楼梯、装配楼梯	20%
楼梯细部构造	阅读楼梯细部构造详图	踏步面层及防滑、栏杆及扶手构造	20%
台阶与坡道	熟悉室外台阶与坡道的构造	室外台阶、坡道	20%

章 节 导 读

某建筑室外钢筋混凝土悬挑式楼梯如图 7.1 所示，其外貌新颖，富有动感，引人注目，给建筑增添了几分美感。楼梯是联系建筑上下层的垂直交通设施，在平时供人们交通使用，在特殊情况下供人们紧急疏散。楼梯在宽度、坡度、数量、位置、平面形式、细部构造及防火性能等诸多方面均有严格要求。比如楼梯应具有足够的通行能力，并且防滑、防火，能保证安全使用。

图 7.1 钢筋混凝土楼梯

虽然在很多建筑尤其是高层建筑中，垂直交通已经主要依靠电梯和自动扶梯解决，但楼梯的作用仍然不可替代。在建筑出入口处用于解决室内外局部高差的踏步称为台阶。坡道是有轮椅或车辆通行要求的高差之间的交通联系。

楼梯的作用包括垂直交通和安全疏散两方面，作为安全疏散通道的楼梯是建筑物不可缺少的组成部分。

7.1 楼 梯 的 形 式 与 设 计 要 求

 问题引领

观察图 7.2 的楼梯，是不是觉得楼梯很美观？那么你常见的楼梯是怎样的呢？楼梯有哪些形式？

图 7.2 楼梯欣赏

7.1.1 楼梯的组成

楼梯主要由楼梯段（简称梯段）、楼梯平台、栏杆（或栏板）扶手3部分组成，如图7.3所示。

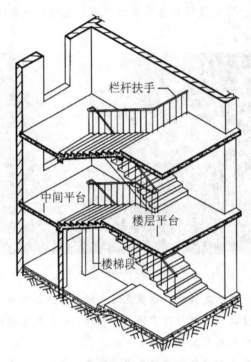

图7.3 楼梯的组成

1. 楼梯段

楼梯段是联系两个不同标高平台的倾斜构件，它由若干个踏步组成，俗称"梯跑"。为了减轻疲劳，梯段的踏步级数一般不宜超过18级，但也不宜少于3级（级数过少易被忽视，有可能造成伤害）。

2. 楼梯平台

楼梯平台是指连接两梯段之间的水平部分。平台可用来供楼梯转折、连通某个楼层或供使用者稍事休息。与楼层标高相一致的平台称为楼层平台，介于两个楼层之间的平台称为中间平台或休息平台。

3. 栏杆扶手

栏杆扶手是布置在楼梯梯段和平台边缘处的安全围护构件。栏杆扶手要求坚固可靠，并有足够的安全高度。栏杆有实心栏板和镂空栏杆之分。栏杆或栏板顶部供人们行走倚扶用的连续构件，称为扶手。楼梯段应至少在一侧设扶手，楼梯段宽达三股人流（1 650 mm）时应两侧设扶手，达四股人流（2 200 mm）时应加设中间扶手。扶手也可设在墙上，称为靠墙扶手，图7.4所示是中间设扶手、两侧也设了扶手。

图 7.4　楼梯扶手

7.1.2　楼梯的分类

 问题引领

　　某公共建筑楼梯如图 7.5 所示，其楼梯由钢筋混凝土材料制作，位于建筑物外部，楼梯形式相当于两个双跑式楼梯对接而形成，楼梯造型轻巧，通透性强，给建筑物增加了几分动感。这楼梯属于哪种楼梯类别？楼梯的分类方法很多，从不同的角度看，一个楼梯有不同的角色。本例楼梯从材料角度看是钢筋混凝土楼梯，从位置角度看是室外楼梯，从楼梯形式角度看是剪刀楼梯。

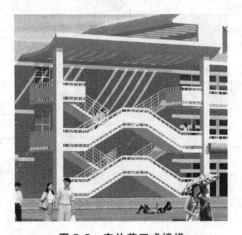

图 7.5　室外剪刀式楼梯

特 别 提 示

　　观察周边的建筑，善于从不同的角度去感受，从不同的侧面去思考，这样，才能全面系统地认识建筑的本质。

　　1. **按楼梯材料分**

　　按楼梯材料可分为钢筋混凝土楼梯、钢楼梯、木楼梯与组合楼梯。

　　2. **按楼梯位置分**

　　按楼梯位置可分为室内楼梯和室外楼梯。

3. 按楼梯使用性质分

按楼梯使用性质可分为主楼梯、辅助楼梯、疏散楼梯、消防楼梯。

4. 按楼梯形式分

按楼梯形式可分为以下几种，各种楼梯的平、剖面示意图如图 7.6 所示。

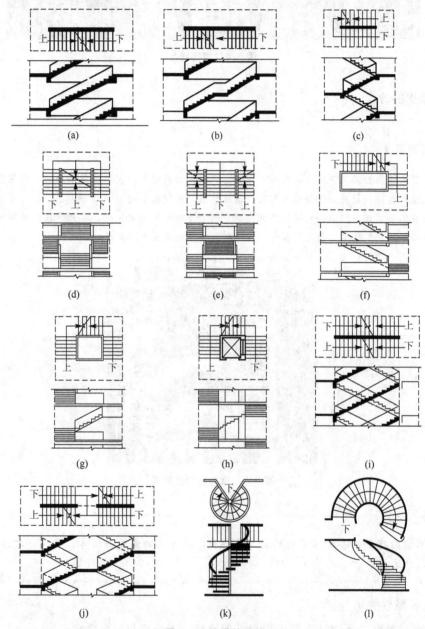

图 7.6　楼梯的形式

（a）直行单跑楼梯；（b）直行多跑楼梯；（c）平行双跑楼梯；（d）平行双分楼梯；

（e）平行双合楼梯；（f）折行双跑楼梯；（g）折行三跑楼梯；（h）设电梯的折行三跑楼梯；

（i）交叉楼梯；（j）剪刀楼梯；（k）螺旋形楼梯；（l）弧形楼梯

1）直跑式楼梯

它是指沿着一个方向上楼的楼梯，具有方向单一、贯通空间的特点，有单跑、双跑之分。

（1）直行单跑楼梯。这种直跑楼梯中间没有休息平台，由于单跑梯段的踏步数一般不超过 18 级，故主要用于层高不大的建筑中，如图 7.6(a) 所示。

（2）直行多跑楼梯。直行多跑楼梯增加了中间休息平台，一般为双跑梯段，适合于层高较大的建筑。直行多跑楼梯给人以直接顺畅的感觉，导向性强，在公共建筑中常用于人流较多的大厅，但是由于其缺乏方位上回转上升的连续性，当用于多层楼面的建筑，会增加交通面积并加长人流行走距离，如图 7.6(b) 所示。

2）平行双跑楼梯

它是指第二跑楼梯段折回和第一跑楼梯段平行的楼梯。这种楼梯所占的楼梯间长度较小，布置紧凑，使用方便，是建筑物中采用较多的一种形式，如图 7.6(c) 所示。

3）平行双分、双合楼梯

（1）合上双分式。楼梯第一跑在中间，为一较宽梯段，经过休息平台后，向两边分为两梯段，各以第一跑一半的梯宽上至楼层。通常在人流多、楼梯宽度较大时采用。由于其造型对称严谨，常用做办公类建筑的主要楼梯，如图 7.6(d) 所示。

（2）分上双合式。楼梯第一跑为两个平行的较窄的梯段，经过休息平台后，合成一个宽度为第一跑两个梯段宽之和的梯段上至楼层，如图 7.6(e) 所示。

4）折行多跑楼梯

（1）折行双跑楼梯。它是指第二跑与第一跑梯段之间成 90°或其他角度，适宜于布置在靠房间一侧的转角处，多用于仅上一层楼面的影剧院等建筑中，如图 7.6(f) 所示。

（2）折行多跑楼梯。它是指楼梯段数较多的折行楼梯，如折行三跑楼梯、四跑楼梯等。折行多跑式楼梯围绕的中间部分形成较大的楼梯井，因而不宜用于幼儿园、中小学等建筑中的楼梯，如图 7.6(g)、(h) 所示。

5）交叉、剪刀楼梯

（1）交叉楼梯。可视为是由两个直行单跑楼梯交叉并列而成。交叉楼梯通行的人流量大，且为上下楼层的人流提供了两个方向，对于空间开敞，楼层人流多方向进出有利，但仅适于层高小的建筑，如图 7.6(i) 所示。

（2）剪刀楼梯。相当于两个双跑式楼梯对接。适用于层高较大且有人流多向性选择要求的建筑物，如商场、多层食堂等，如图 7.6(j) 所示。

6）螺旋楼梯

螺旋形楼梯平面呈圆形，平台与踏步均呈扇形平面，踏步内侧宽度小，行走不安全。这种楼梯不能作为主要人流交通和疏散楼梯，但由于其造型美观，常作为建筑小品布置在庭院或室内，如图 7.6(k) 所示。

7）弧形楼梯

弧形楼梯的投影平面呈弧形，其踏步略呈扇形，一般布置于公共建筑的门厅，具有明显的导向性和优美、轻盈的造型，如图 7.6(l) 所示。

 观察与思考

　　仔细观察下面的两个楼梯，如图 7.7 所示，外形相似，都是曲线形，但却有不同，请思考螺旋楼梯和弧形楼梯有何区别。

图 7.7　弧形楼梯(左)和螺旋楼梯(右)

5. 按楼梯间形式分

　　由于防火的要求不同，有开敞式楼梯间、封闭式楼梯间和防烟式楼梯间 3 种形式，如图 7.8 所示。开敞式楼梯间是建筑中较常见的楼梯间形式，但这种楼梯间与各楼层是连通的，在紧急情况下，对人流的疏散及阻隔火势蔓延不利，如图 7.8(a)所示。当建筑层数较多或对防火要求较高时，应当采用封闭式楼梯间或防烟楼梯间。

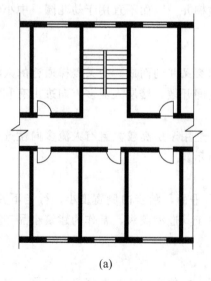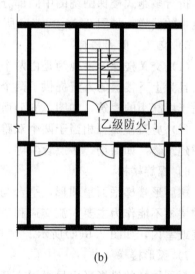

乙级防火门

　　　　　　　(a)　　　　　　　　　　　　　　　　　　　(b)

图 7.8　楼梯间的形式

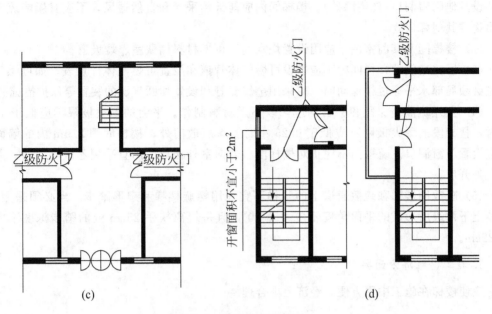

图 7.8　楼梯间的形式（续）
（a）开敞式楼梯间；（b）封闭式楼梯间（楼层）
（c）封闭式楼梯间（底层）；（d）防烟式楼梯间

● 特 别 提 示

　　封闭楼梯间应靠外墙，并能直接天然采光和自然通风；楼梯间应设乙级防火门，并向疏散方向开启，如图 7.8（b）所示；楼梯间的首层紧临主要出口时，可将走道和大厅包括在楼梯间，形成扩大的封闭楼梯间，并应设乙级防火门，并向疏散方向开启，如图 7.8（c）所示。防烟楼梯间入口应设前室，必要时应设防烟排烟设施；楼梯间及其前室的门均为乙级防火门，应向疏散方向开启，如图 7.8（d）所示。

7.1.3　楼梯的设计要求

1. 功能方面要求

它主要指楼梯的数量、宽度尺寸、平面式样、细部做法等均应满足功能要求。

2. 结构方面要求

楼梯应具有足够的承载能力和较小的变形。

3. 防火、防烟、疏散方面要求

楼梯间距、数量以及楼梯间形式、采光、通风等均应满足现行防火规范的要求，以保证疏散安全。

（1）楼梯间前室和封闭楼梯间的内墙上，除在同层开设通向公共走道的疏散门外，不

应开设其他门窗洞口（住宅除外）。楼梯间内应能天然采光和自然通风，不应有影响疏散的凸出物或其他障碍物。

（2）楼梯间及其前室内不应附设烧水间、可燃材料储藏室、垃圾道。

（3）居住建筑的楼梯间内不应敷设可燃气体管道和设置可燃气体计量表。如可燃气体管道必须局部水平穿过楼梯间时，应采用金属套管和设置切断气源的装置等保护措施。

（4）室外疏散楼梯段和平台均应采取不燃材料制作。平台的耐火极限不应低于1.00小时，楼梯段的耐火极限不应低于0.25小时。除疏散门外，楼梯周围2.0m内的墙面上不应设置门窗洞口。疏散门不应正对楼梯段。通向室外楼梯的门宜采用乙级防火门，并应向室外开启。

（5）疏散用楼梯和疏散通道上的阶梯不宜采用螺旋楼梯和扇形踏步。当必须采用时，踏步上下两级所形成的平面角度不应大于10°，且每级离扶手25cm处的踏步深度不应小于22cm。

4. 施工、经济方面要求

应使楼梯在施工中更方便，经济上更合理。

7.2　楼梯尺度要求

 问题引领

某学校楼梯间发生拥挤，5名学生受伤。这幢高五层楼的教学楼，有两个楼梯通道，都比较窄。在学生出事的一、二楼之间的平台位置，整个通道仅比一扇门宽点，不足1.5米。导致事件发生的因素是多方面的，但狭窄的楼梯间无疑是个安全隐患。可见，楼梯的宽度应满足使用和安全要求，保证有足够的通行能力，避免人流集中时发生拥挤。同样，若楼梯坡度和踏步尺寸不当，就会感到上下楼困难。那么，适宜的楼梯尺度是怎样规定的呢？

7.2.1　楼梯的坡度

楼梯的坡度即楼梯段的坡度。应根据楼梯的使用情况，合理选择楼梯的坡度。一般来说，公共建筑中楼梯使用的人数多，坡度应平缓些；住宅建筑中的楼梯使用的人数少，坡度可陡些；供幼儿和老年人使用的楼梯坡度应平缓些。楼梯的坡度有两种表示方法：一是用斜面与水平面的夹角来表示，如30°等；另一种表示方法是用斜面的垂直投影高度与斜面的水平投影长度之比，如1∶8等。

楼梯坡度的大小由踏步的高宽比决定。楼梯常见坡度为20°～45°，其中30°左右较为通用。楼梯的最大坡度不宜大于38°；坡度小于20°时，应采用坡道形式，若其倾斜角坡度大于45°时，则采用爬梯，如图7.9所示。

7.2.2　楼梯的踏步尺寸

楼梯梯段是由若干踏步组成的，每个踏步由踏面和踢面组成，如图7.10所示。踏步尺寸与人的行走有关。踏面宽度与人的脚长和人上下楼梯时脚与踏面接触状态有关。踏面宽300mm时，人的脚可以完全落在踏面上，行走舒适；当踏面宽减小时，人行走时脚跟部分悬空，行走不方便，一般踏面宽不宜小于260mm。踢面高度与踏面宽度之和与人的跨步长度有关，此值过大或过小，行走都不方便。不同性质建筑中楼梯踏步尺寸要求见表7-1。

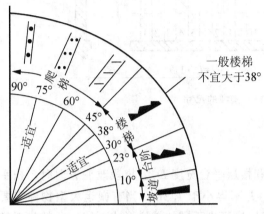

图7.9　爬梯、楼梯、坡度的坡度范围

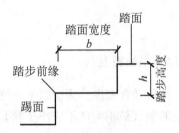

图7.10　踏步名称

表7-1　楼梯踏步最小宽度和最大高度
单位：mm

楼梯类别	最小宽度	最大高度
住宅共用楼梯	260	175
托儿所、幼儿园楼梯	260	150
人员密集且竖向交通繁忙的建筑和大、中学校楼梯	280	165
宿舍（除小学宿舍外）	270	165
超高层建筑楼梯	250	180
其他建筑楼梯	260	175
检修及内部服务楼梯、住宅套内楼梯	220	200

7.2.3　梯段的尺度

梯段的尺度分为梯段宽度 B 和梯段长度 L。墙面至扶手中心线或者扶手中心线之间的水平距离即是楼梯梯段宽度，梯段宽度除应符合防火规范的规定外，供日常主要交通用的楼梯的梯段宽度应根据建筑物使用特征，按每股人流宽为 $550\text{mm}+(0\sim150)\text{mm}$ 的人流股数确定，并不少于两股人流。$(0\sim150)\text{mm}$ 为人流在行进中人体的摆幅，公共建筑人流较多的场所应取上限值。同时梯段宽度需满足各类建筑设计规范中对楼梯宽度的限定，如住宅 $\geqslant1\,100\text{mm}$，公共建筑 $\geqslant1\,300\text{mm}$ 等。

楼梯段的长度 L 是每一梯段的水平投影长度，其值 $L=b\times(N-1)$，其中 b 为踏面水平投影步宽，N 为每一梯段踏步数，如图7.11所示。

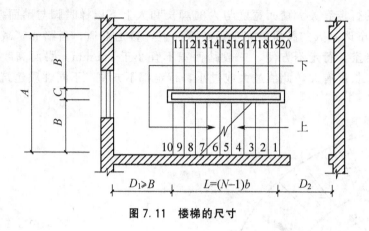

图 7.11　楼梯的尺寸

7.2.4　平台宽度

楼梯平台宽度分为中间平台宽度 D_1 和楼层平台宽度 D_2。梯段改变方向时，扶手转向端处的平台最小宽度不应小于梯段宽度，并不得小于 1.2m，当有搬运大型物件需要时应适量加宽。除此之外，对于楼层平台的宽度应区别不同的楼梯形式而定：开敞式楼梯楼层平台可以与走廊合并使用；封闭式楼梯间及防烟楼梯，楼层平台应比中间平台一致或更宽松些，以便于人流疏散和分配。

7.2.5　楼梯井宽度

两梯段之间形成的空隙，称为楼梯井，如图 7.12 所示。梯井宽度一般为 60～200mm，有儿童经常使用的楼梯，当梯井净宽大于 200mm 时，必须采取安全措施，防止儿童坠落。

图 7.12　楼梯井

7.2.6　净空高度

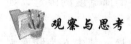　观察与思考

住宅建筑层高一般为 2.8～3m，楼梯间底部设有出入口，为了满足人流通行和家具搬运要求，入口

处净高应不小于2m。如果采用平行等跑梯段，很显然中间平台下净高不能满足上述通行要求。请想一想你所居住的住宅楼的楼梯入口是如何处理的。还可采用哪些方式进行处理来满足净空要求。

楼梯净空高度包括楼梯段净高和平台处净高。梯段净高应以踏步前缘处到顶棚垂直线的净高度计算，这个净高一般不小于2.2m。楼梯平台部位的净高不应小于2m，起止踏步的前缘与顶部凸出物的内边缘线的水平距离不应小于300mm，如图7.13所示。

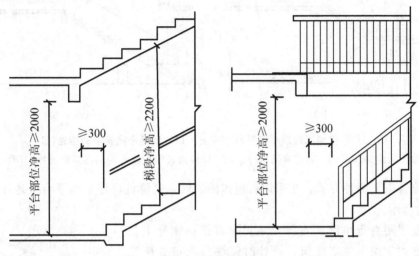

图7.13 楼梯的净高

有些建筑如单元式住宅，楼梯间有出入口时，为保证平台下净高满足不小于2m的规定，一般应采取以下方式解决。

(1) 在底层变等跑梯段为长短跑梯段，如图7.14(a)所示，起步第一跑为长跑，以提高中间平台标高，这种方式会使楼梯间进深加大。

(2) 局部降低底层中间平台下地坪标高，使其低于底层室内地坪标高，如图7.14(b)所示。但降低后的中间平台下地坪标高仍应高于室外地坪标高，并不小于0.1m，以免雨水内溢。

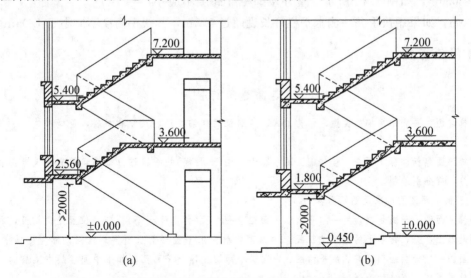

图7.14 楼梯间底层中间平台下有出入口时满足净高要求的措施

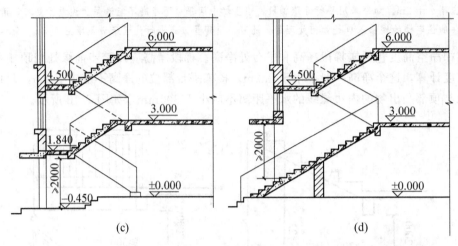

(c)   (d)

图 7.14 楼梯间底层中间平台下有出入口时满足净高要求的措施(续)

(a) 底层为长短跑梯段;(b) 局部降低地坪;(c) 底层为长短跑梯段与局部降低地坪;(d) 底层直跑

(3) 综合以上两种方式,在采用长短跑的同时,又降低底层中间平台下地坪标高,如图 7.14(c)所示。

(4) 底层用直行单跑或直行双跑楼梯直接从室外上二层,这种方式常用于住宅建筑,设计时需注意入口处雨篷底面标高的位置,保证净空高度在 2m 以上,如图 7.14(d)所示。

7.2.7 扶手的高度

扶手的高度是指踏步前缘至扶手顶面的垂直距离。一般室内楼梯栏杆高度不应小于 0.9m,儿童使用的楼梯扶手一般为 0.6m,如图 7.15 所示。室外楼梯栏杆高度不应小于 1.05m,如果靠扶手井一侧水平栏杆长度超过 0.5m,其扶手高度不应小于 1.05m。

图 7.15 扶手高度

阅读资料

楼梯建筑详图

楼梯详图主要表示楼梯的类型、结构形式、各部位的详细构造、尺寸和材料,是楼梯施工放样的主要依据。

楼梯详图包括楼梯平面图、楼梯剖面图和踏步、栏杆(栏板)扶手详图。楼梯详图有建筑详图和结构详图之分,应分别绘制。

1. 楼梯平面图的形成及图示内容

楼梯平面图的形成是假设用一水平剖切平面在第一梯段(休息平台下)的任一位置处剖开,移去剖切平面及以上部分,将余下的部分按正投影的原理投射在水平投影面上所得到的图,称为楼梯平面图。楼梯平面图一般分层绘制,有底层平面图、中间层平面图和顶层平面图。如果中间各层中某层的平面布置与其他层不同,应单独绘制。

楼梯平面图中应标注楼梯间的开间和进深尺寸、休息平台尺寸、楼梯段与楼梯井尺寸、楼梯栏杆扶手的位置尺寸以及楼梯间的楼地面和休息平台面的标高尺寸和上下楼梯的踏步级数，并标注定位轴线。在底层楼梯平面图中应标出楼梯剖面图的剖切位置符号和剖视方向，如图7.16所示。

2. 楼梯剖面图的形成及图示内容

楼梯剖面图的形成与建筑剖面图相同，用一个假想的铅垂面，通过各层的一个梯段和门窗洞口，将楼梯剖开，向另一未剖到的梯段方向投影，所得到的剖面图称为楼梯剖面图，如图7.16所示。楼梯剖面图的剖切符号应标注在楼梯底层平面图上。

在楼梯剖面图中，应反映各楼层、梯段、平台、栏杆等构造及其之间的相互关系。标注出各楼层、各休息平台的标高，梯段数和每个梯段的踏步级数及高度，各构件的构造做法，楼梯栏杆及扶手的高度与式样，楼梯间门、窗洞口的位置和尺寸大小等。

3. 踏步、栏杆与扶手的构造详图

踏步、栏杆与扶手构造详图是楼梯详图中的详图，需在楼梯平面图或楼梯剖面图进行索引符号标注。踏步详图表明踏步断面形状及大小、材料与面层做法。栏杆与扶手详图表明栏杆的式样、扶手的断面形状及尺寸大小、用材和做法，如图7.16所示。

 观察与思考

仔细阅读楼梯平面图和剖面图，如图7.16所示，弄清楚楼梯间的开间及进深、踏步级数、踏步尺寸、梯段宽度、梯段的水平投影长度、平台宽度、梯井宽度、各部位标高、层高等问题。

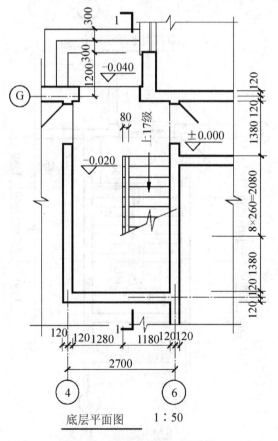

底层平面图　　1∶50

图7.16　楼梯建筑施工图实例

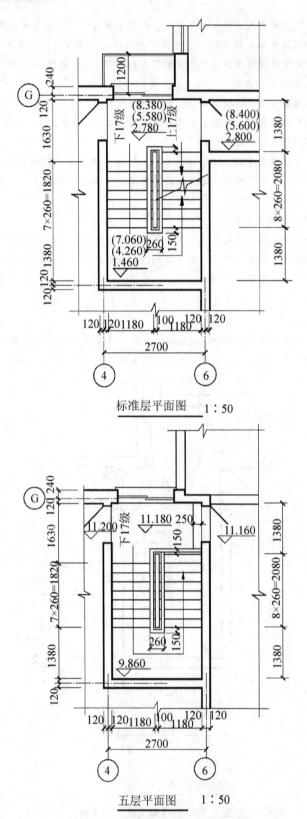

标准层平面图　1：50

五层平面图　1：50

图 7.16　楼梯建筑施工图实例(续)

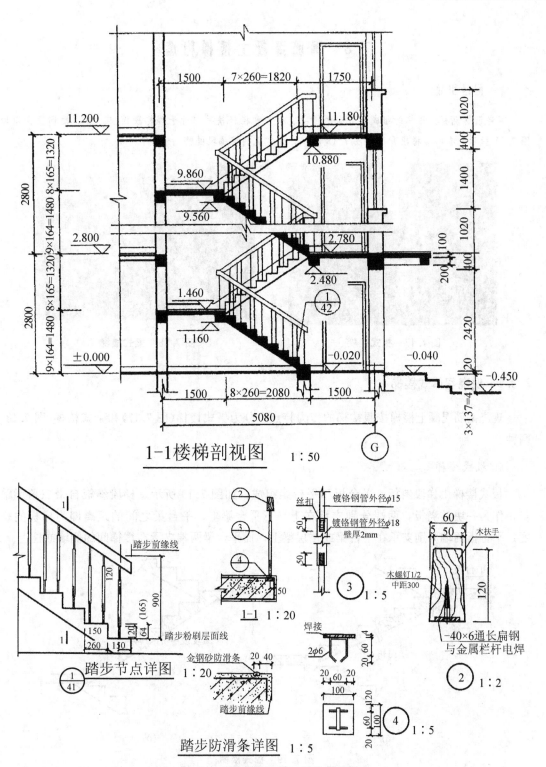

1-1楼梯剖视图 1：50

踏步节点详图 1：20

踏步防滑条详图 1：5

图 7.16 楼梯建筑施工图实例（续）

7.3　钢筋混凝土楼梯构造

问题引领

现浇钢筋混凝土楼梯的组成部分有楼梯段、平台和栏杆扶手。对于楼梯段而言，有的楼梯段背面如图 7.17 所示。有的楼梯段背面如图 7.18 所示，你常见的楼梯段是哪一种呢？

图 7.17　板式楼梯

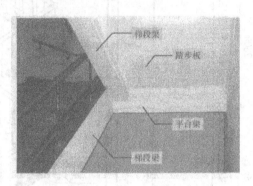

图 7.18　梁式楼梯

7.3.1　现浇整体式楼梯

现浇钢筋混凝土楼梯按照楼梯的传力特点，分为板式楼梯(图 7.17)和梁式楼梯(图 7.18)两种。

1. 板式楼梯

板式楼梯由梯段斜板、平台板和平台梁组成，如图 7.19 所示。梯段斜板自带三角形踏步，作为一块整浇板，两端分别支承在上、下平台梁上，平台梁之间的距离即为梯板的跨度；平台板两端分别支承在平台梁或楼层梁上，而平台梁两端支承在楼梯间的侧墙或柱上。

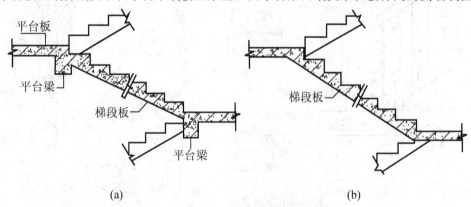

(a)　　　　　　　　　　　　　　　　　　(b)

图 7.19　板式楼梯

（a）设平台梁的现浇钢筋混凝土板式楼梯；

（b）无平台梁的现浇钢筋混凝土板式楼梯又称折板式楼梯

带平台板的板式楼梯如图7.19(b)所示，即把两个或一个平台板和一个梯段组合成一块折形板，这样处理增大了平台下净空，但也增加了斜板跨度。

近年来悬臂板式楼梯被较多采用，如图7.1所示。其特点是梯段和平台均无支承，完全靠上下梯段与平台组成空间折板式结构与上下层楼板结构共同来受力，因而造型新颖、空间感好，多作为公共建筑和庭院建筑的外部楼梯。

板式楼梯段的底面平整、便于装修，外形简洁、便于支模。但当荷载较大、楼梯段斜板跨度较大时，斜板的截面高度也将增大，钢筋和混凝土用量增加，不经济，所以板式楼梯常用于楼梯段的跨度不大、使用荷载较小的建筑物中。

2. 梁式楼梯

梁式楼梯由踏步板、斜梁、平台梁和平台板组成，如图7.20所示。踏步板支承在斜梁上，斜梁又支承在上、下平台梁(有时一端支承在层间楼面梁)上，平台板支承在平台梁或楼层梁上，而平台梁则支承在楼梯间两侧的墙上(或者两侧的柱上)。当楼梯段跨度较大，且使用荷载较大时，采用梁式楼梯比较经济。在结构上有双梁布置和单梁布置两种。

1) 双梁式梯段

将梯段斜梁布置在踏步的两端，这时踏步板的跨度便是梯段的宽度，也就是楼梯段斜梁间的距离。梁式楼梯按斜梁所在的位置不同，分为正梁式(明步)和反梁式(暗步)两种。

(1) 正梁式。斜梁在踏步板之下，踏步板端面外露，又称为明步。明步楼梯形式较为明快，在板下露出的梁的阴角容易积灰，如图7.20(a)所示。

(2) 反梁式。斜梁在踏步板之上，形成反梁，踏步端面包在里面，又称为暗步，如图7.20(b)所示。暗步楼梯段底面平整，但梯梁占去了一部分梯段宽度。

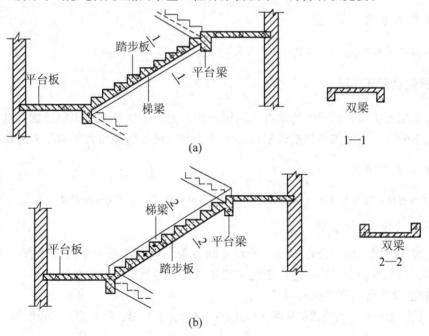

图7.20　梁式楼梯

(a) 梁板式明步楼梯；(b) 梁板式暗步楼梯

2) 单梁式梯段

这种楼梯的每个梯段由一根梯梁支承踏步，梯梁的布置有两种方式，如图 7.21 所示，一种是踏步板一端搁在斜梁上，另一端搁在墙上；另一种是用单梁悬挑踏步板，即斜梁布置在踏步板中部或一端，踏步板两端或一端悬挑，外形独特、轻巧，一般适用于通行量小、梯段尺度与荷载都不大的楼梯，如图 7.22 所示。

单梁

图 7.21　梯段断面　　　　　　　**图 7.22　单梁式楼梯实例**

梯梁

悬挑踏步板

梁的尺寸及钢筋按设计

 观察与思考

板式楼梯和梁式楼梯组成和荷载传递有何区别？

7.3.2　预制装配式楼梯

预制装配式楼梯有利于节约模板、缩短工期，但整体性较差。预制装配式楼梯根据预制构件大小分为：小型构件装配式楼梯、中型构件装配式楼梯和大型构件装配式楼梯。

 观察与思考

对于预制楼梯，如何拼装可以拼成板式的梯段？如何拼装可以拼成梁式的梯段？

1. 小型构件装配式楼梯

小型构件装配式楼梯是将梯段、平台分割为若干构件，每一个构件体积小、重量轻、易于制作、便于运输和安装，适用于施工现场只有小型吊装设备的房屋。

1) 梯段及平台的预制构件形式

（1）预制踏步板。预制踏步板断面形式有一字形、正 L 形、倒 L 形、三角形等，如图 7.23 所示。

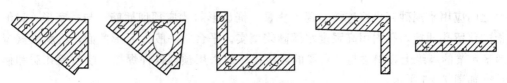

图 7.23　预制楼梯踏步形式

（2）斜梁。一般为矩形截面、L 形截面、锯齿形截面三种。矩形、L 形截面斜梁用于搁置三角形踏步板，锯齿形截面斜梁主要用于搁置一字形、正 L 形、倒 L 形踏步板。

（3）平台梁。为了便于安装斜梁，平台梁一般为 L 形截面。

（4）平台板。宜采用预制钢筋混凝土空心板、槽形板或实心平板。

2）踏步板的支承方式

它主要有梁承式、墙承式、悬挑式 3 种支承方式。

（1）梁承式。梁承式楼梯是预制踏步板支承在斜梁上，形成梁式楼梯，斜梁支承在平台梁上。斜梁的截面形式，视踏步板的形式而定，如图 7.24 所示。踏步之间以及踏步与

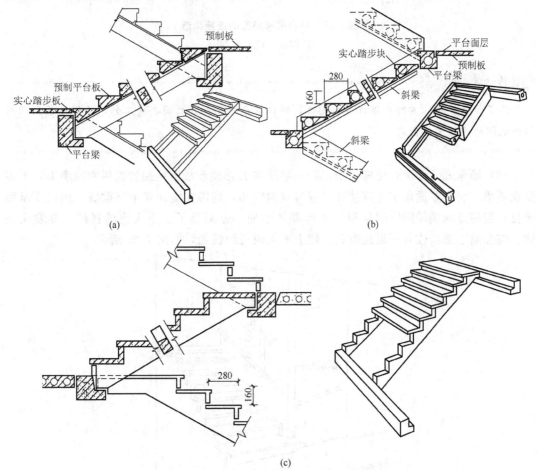

(a)　　　　　　　　　　　　　　　(b)

(c)

图 7.24　预制梁承式楼梯构造

（a）三角形踏步与矩形斜梁组合形成梯段（明步）；

（b）三角形踏步与 L 形斜梁组合形成梯段（暗步）；（c）L 形踏步与锯齿形斜梁组合形成梯段

斜梁之间应用水泥砂浆坐浆连接，逐个叠置。锯齿形斜梁应预埋插筋，与一字形、L形踏步板的预留孔插接，孔内用高强度水泥砂浆填实。平台梁一般为L形截面，将斜梁搁置在L形平台梁的翼缘上，斜梁与平台梁的连接，一般采用预埋铁件焊接，或预留孔洞和插铁套接，如图7.25所示。

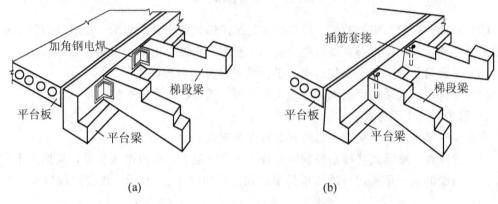

(a)   (b)

图7.25 平台梁与斜梁的连接构造

（a）焊接；（b）套接

特别提示

为了加强整个结构的整体性和稳定性，保证各个预制构件之间共同工作，必须妥善处理好构件之间的连接构造问题。

（2）墙承式。墙承式楼梯是把预制一字形或L形踏步板直接搁置在两侧的墙上，不需要设斜梁。它主要适用于直跑楼梯，若为双跑楼梯，则需在楼梯间中部砌墙，用以支承踏步板，但易造成楼梯间空间狭窄，搬运家具不便，也阻挡了上下人流的视线，易发生碰撞。应在墙上适当位置开设观察孔，使上下人流视线畅通，如图7.26所示

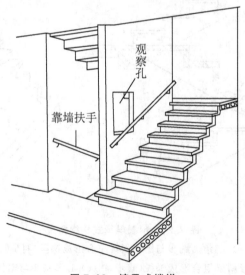

图7.26 墙承式楼梯

（3）悬挑式。悬挑式楼梯是将踏步板的一端固定在楼梯间墙上，另一端悬挑，同样不需要设斜梁，也无中间墙，预制踏步板挑出部分为 L 形或倒 L 形，压在墙内的部分为矩形断面。从结构安全考虑，楼梯间两侧墙体厚度一般不小于 240mm，踏步悬挑长度即梯段宽度一般不超过 1.5m。悬挑式楼梯整体性差，不能用于有抗震要求的建筑物中，安装时，在踏步板临空一侧设临时支撑，如图 7.27 所示。

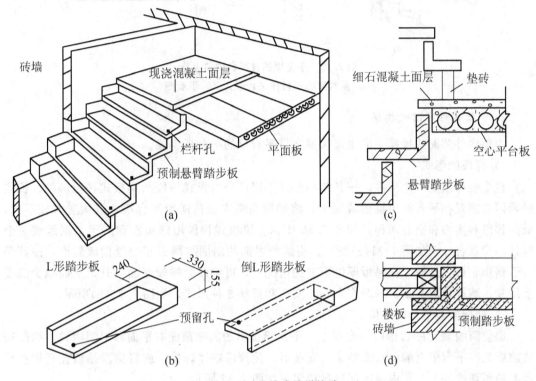

图 7.27　悬挑式楼梯构造

（a）悬壁踏步楼梯示意；（b）踏步构件；（c）平台转换处剖面；（d）预制楼板处构件

3）平台板搁置方式

平台板采用预制钢筋混凝土空心板和槽形板时，两端直接支承在楼梯间侧墙上，如图 7.28 所示。如为梁承式楼梯，平台板还可采用预制实心平板，支承在平台梁和楼梯间的纵墙上，如图 7.29 所示。

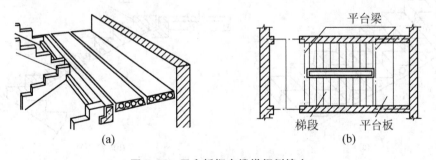

图 7.28　平台板搁在楼梯间侧墙上

（a）预制空心板作平台板；（b）平面图

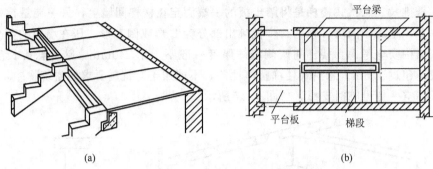

(a)   (b)

图 7.29 平台板搁在平台梁和纵墙

（a）预制实心平板作平台板；（b）平面图

2. 中型构件装配式楼梯

中型构件装配式楼梯一般由楼梯段和带平台梁的平台板组成。

1）梯段的形式

整个楼梯段是一个构件，按其结构形式不同可分为板式梯段和梁板式梯段两种。板式梯段两端搁置在平台梁出挑的翼缘上，将梯段荷载直接传递给平台梁，按构造方式不同，板式梯段有实心和空心两种，如图 7.30 所示。梁板式梯段由踏步板和斜梁共同组成一个构件，梁板合一，如图 7.31(a) 所示。将踏步根部的踏面与踢面相交处做成斜面，使其平行于踏步底板，这样，在梯板厚度不变的情况下，可将整个梯段底面上升，从而减少混凝土用量，减轻梯段自重。梯段有空心、实心和折板 3 种形式，如图 7.31(b) 所示。

2）楼梯段与平台的连接

梯段两端搁置在 L 形的平台梁上，平台梁挑出的翼缘顶面有平面和斜面两种。梯段安装前应先在平台梁上铺设水泥砂浆，安装后，用预埋铁件焊接，或将梯段预留孔套接在平台梁的预埋铁件上，孔内用水泥砂浆填实，如图 7.32 所示。

3. 大型构件装配式楼梯

大型构件装配式楼梯是把整个梯段和平台板预制成一个构件，每层楼梯由两个相同的构件组成。按结构形式不同，有板式楼梯和梁式楼梯两种，如图 7.33 所示，施工速度快，但构件制作和运输比较麻烦，施工现场需要有大型吊装设备，主要用于大型装配式建筑中。

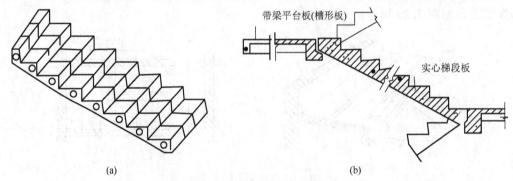

(a)   (b)

图 7.30 中型预制装配式板式楼梯构件组合

（a）板式梯段板；（b）梯段板与带梁平台板组成板式楼梯

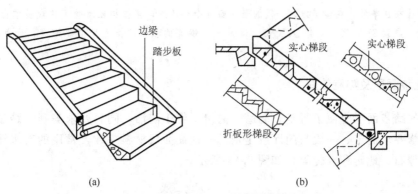

(a) (b)

图 7.31 中型预制装配式梁式楼梯构件组合

（a）梁式梯段板；（b）梯段板与带梁平台板组成梁式楼梯

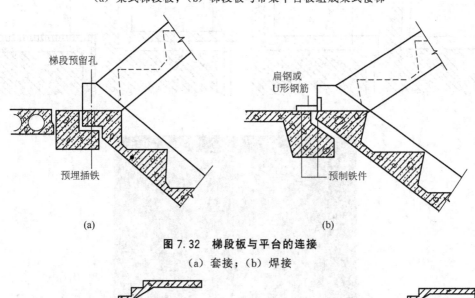

(a) (b)

图 7.32 梯段板与平台的连接

（a）套接；（b）焊接

(a) (b)

图 7.33 大型预制装配式楼梯构件形式

（a）大型预制折板式楼梯构件；（b）大型预制梁板式楼梯构件

7.4 楼梯的细部构造

 **阅读资料**

楼梯细部的构造也是不容忽视的，如踏步面层不防滑、栏杆连接不牢等，都可能引起安全事故。某

学校发生学生挤压事件，在楼梯接近一楼的最后四五个台阶处，楼梯护栏承受不住众多学生的拥挤，突然向外垮塌，导致21人死亡，47人受伤。这是多么惨痛的教训，作为房屋建造者，肩负的责任是重大的。

7.4.1 踏步面层及防滑处理

楼梯的踏步面层应便于行走、耐磨、防滑、便于清洁，同时要求美观。踏步面层的材料，视装修要求而定，一般与门厅或走道的楼地面面层材料一致，常用的有水泥砂浆、水磨石、大理石、地砖和缸砖等，如图7.34所示。

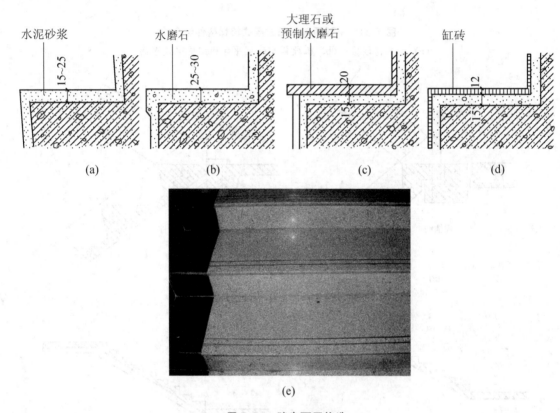

图7.34 踏步面层构造
（a）水泥砂浆面层；（b）水磨石面层；（c）天然石材面层；
（d）缸砖面层；（e）踏步面层实例

人流量大或踏步表面光滑的楼梯，踏步表面应采取防滑措施，通常是在踏口处做防滑条。防滑材料可采用铁屑水泥、金刚砂、塑料条、橡胶条、金属条和马赛克等。最简单的做法是做踏步面层时，留两三道凹槽。还可采用耐磨防滑材料如缸砖、铸铁等做防滑包口，既防滑又起保护作用，如图7.35所示。标准较高的建筑，可铺地毯、防滑塑料或橡胶贴面，这种处理使踏步有一定弹性，行走舒适。踏步两端近栏杆（或墙）处一般不设防滑条，防滑条或防滑凹槽长度一般按踏步长度每边减去150mm来计算。

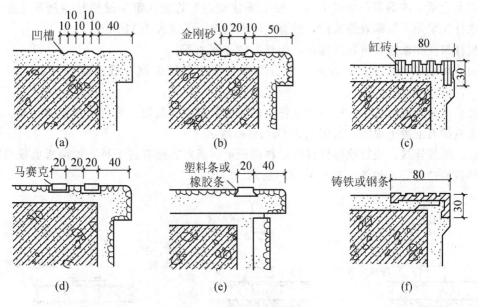

图 7.35　踏步防滑处理

（a）防滑凹槽；（b）金刚砂防滑条；（c）缸砖防滑条
（d）马赛克防滑条；（e）橡胶防滑条；（f）铸铁防滑条

7.4.2　栏杆(栏板)和扶手构造

栏杆、扶手在设计、施工时应考虑坚固、安全、适用、美观。楼梯栏杆有空花式、栏板式和组合式栏杆 3 种。

1. 空花栏杆

空花栏杆多用方钢、圆钢、扁钢、钢管等型材焊接或铆接成各种图案，既起防护作用，又有一定的装饰效果，如图 7.36 所示。

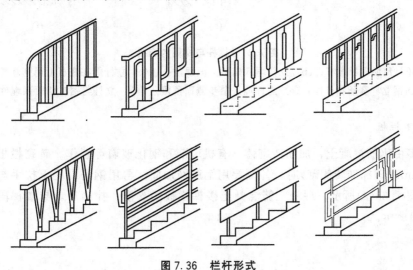

图 7.36　栏杆形式

有儿童活动的场所，如幼儿园、住宅等建筑，为防止儿童穿过栏杆空挡发生危险事故，栏杆应采用不易攀登的式样，垂直栏杆间的净距不应大于110mm。

栏杆与楼梯段应有可靠的连接，连接方法主要如下。

（1）预埋铁件焊接。将栏杆的立杆与楼梯段中预埋的钢板或套管焊接在一起，如图7.37（a）、（f）所示。

（2）预留孔洞插接。将栏杆的立杆端部做成开脚或倒刺插入楼梯段预留的孔洞，用水泥砂浆或细石混凝土填实，如图7.37（b）、（e）所示。

（3）螺栓连接。用螺栓将栏杆固定在梯段上，固定方法有若干种，如用板底螺母栓紧贯穿踏板的栏杆等，如图7.37（c）、（d）所示。

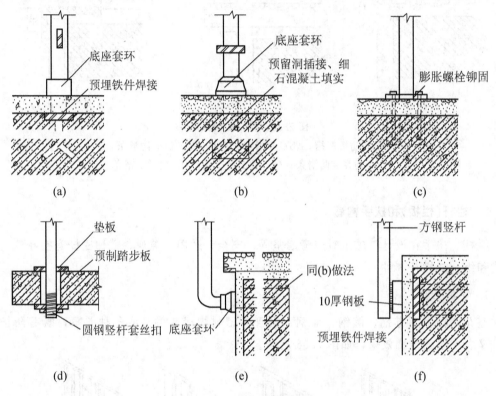

图7.37　栏杆与梯段的连接

（a）立杆与预埋钢板焊牢；（b）立杆埋入踏步上面预留孔；（c）立杆焊在底板上用膨胀螺栓铆固
（d）圆钢立杆套丝扣拧固；（e）立杆埋入踏步侧面预留孔；（f）立杆与踏步侧面预埋件焊接

2. 实体栏板

栏板多由钢筋混凝土、加筋砖砌体、有机玻璃和钢化玻璃等制作。砖砌栏板，当栏板厚度为60mm（即标准砖侧砌）时，外侧要用钢筋网加固，再用钢筋混凝土扶手与栏板连成整体，如图7.38（a）所示。现浇钢筋混凝土楼梯栏板经支模、扎筋后，与楼梯段整浇，如图7.38（b）所示。

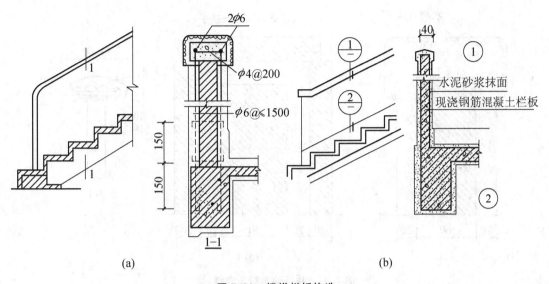

图 7.38 楼梯栏板构造

（a）砖砌栏板；（b）现浇混凝土栏板

3. 组合式栏板

组合式栏板是将空花栏杆与实体栏板组合而成的一种栏板形式。空花部分多用金属材料制成，栏板部分可用砖砌栏板、有机玻璃和钢化玻璃等。

4. 扶手构造

扶手位于栏杆的顶部，一般采用硬木、塑料和金属材料制成。其中硬木扶手常用于室内楼梯，金属和塑料扶手常用于室外楼梯。另外，栏板顶部的扶手还可用水泥砂浆或水磨石抹面而成，也可用大理石、预制水磨石板或木材贴面制成。楼梯扶手与栏杆应有可靠的连接，连接方法视扶手材料而定。常见扶手类型如图 7.39 所示。

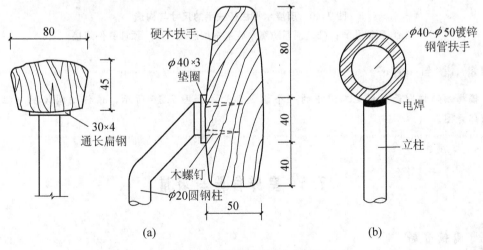

图 7.39 扶手的类型与连接

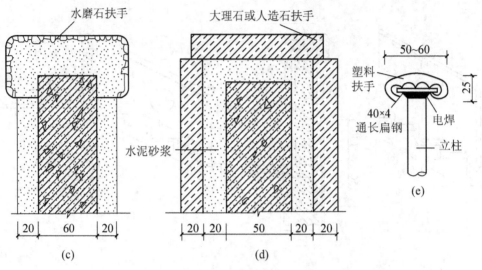

图7.39 扶手的类型与连接(续)

楼梯扶手有时必须固定在侧面的砖墙或混凝土柱上,如顶层安全栏杆扶手、靠墙扶手等。扶手与砖墙连接的方法为在砖墙上预留孔洞,将扶手或扶手铁件伸入洞内,用细石混凝土或水泥砂浆填实固牢;扶手与混凝土墙或柱连接时,一般在墙或柱上预埋铁件,与扶手铁件焊接,也可用膨胀螺栓连接,如图7.40所示。

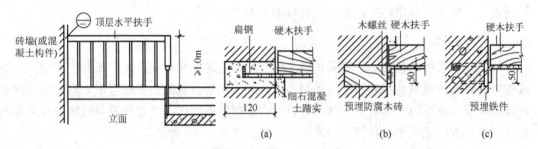

图7.40 顶层水平栏杆扶手的尺寸与构造
(a) 预留孔洞;(b) 预埋防腐木砖木螺丝连接;(c) 预埋铁件焊接

● 知 识 链 接 ·····································

楼梯细部详图是楼梯施工图中的一个组成部分,如图7.16所示,请仔细阅读图中栏杆扶手细部详图。

··

7.5 室外台阶与坡道

 **阅读资料**

建筑室内标高比室外标高一般要高,因此在建筑物入口处一般会设置室外台阶,作为室内外不同标

高地面的交通联系方式，有时候立面的设计需要很多台阶，如图7.41(a)所示是某建筑直达二层楼面的室外台阶，如图7.41(b)所示是某建筑室外台阶，在宾馆、酒店、医院等建筑的入口处经常还设置便于汽车通行的坡道，或者是方便轮椅通行的无障碍设计坡道。台阶和坡道在入口处对建筑物的立面还具有一定的装饰作用，设计时既要考虑实用，还要注意美观。

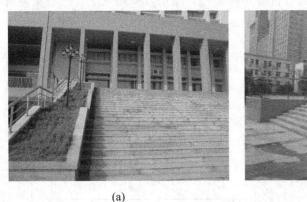 

(a)　　　　　　　　　　　　　　(b)

图 7.41　建筑物入口处台阶及坡度

7.5.1　台阶

台阶由踏步和平台两部分组成，踏步有单面踏步(有时带花池或垂带石)、两面或三面踏步等形式，如图7.42所示。台阶高度超过0.7m(无障碍设计≥3级踏步)，应在临空面采取防护设施。

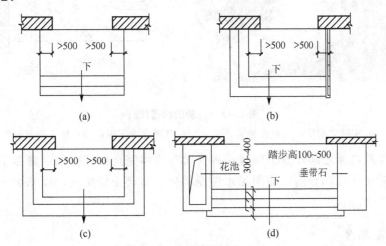

图 7.42　台阶的形式和尺寸

(a) 单面踏步；(b) 两面踏步；(c) 三面踏步；(d) 单面踏步带花池

台阶的坡度应比楼梯小，公共建筑室内外台阶踏步宽度不宜小于300mm，踏步高度不宜大于150mm并不宜小于100mm，踏步应该防滑。室内台阶踏步数不应少于2级，当高差不足2级时，应按坡道设置。平台位于出入口与踏步之间，起缓冲作用。平台深度一般不小于1 000mm，为防止雨水积聚或溢水，平台表面宜比室内地面低20～60mm，门完全开启的状态下建筑物无障碍出入口平台的净深度≥1 500mm，一般情况下≥1 000mm，以利排水。

室外台阶应坚固耐磨，具有较好的耐久性、抗冻性和抗水性。台阶分实铺和空铺两种，其构造层次为面层、结构层、垫层。按结构层材料不同，有混凝土台阶、石台阶、钢筋混凝土台阶、砖台阶等，其中混凝土台阶应用最普遍。台阶面层可采用水泥砂浆、水磨石面层或马赛克、天然石材及人造石材等块材面层，垫层可采用灰土、三合土或碎石等。台阶构造如图 7.43 所示。

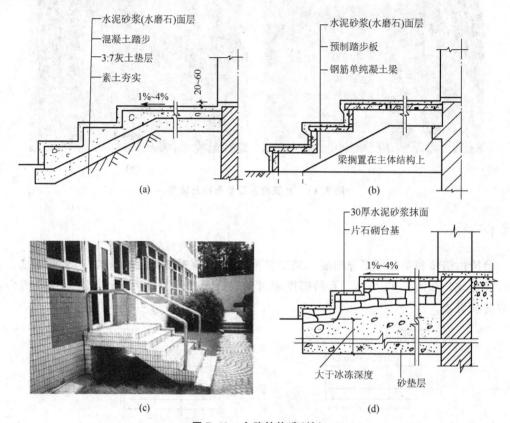

图 7.43　台阶的构造（续）

（a）实铺式台阶；（b）空铺式台阶；（c）空铺台阶实例；（d）换土地基台阶

台阶和建筑主体之间设置沉降缝，将台阶与主体完全断开，加强缝隙节点处理。在严寒地区，对于实铺的台阶，应用保水性差的砂、石类土做垫层，以减少冰冻影响，如图 7.43（d）所示。

 观察与思考

仔细体会室外台阶和楼梯踏步在尺度与构造方面的关系。

7.5.2　坡道

坡道多为单面形式，为便于车辆在大门口通行，可采用台阶与坡道相结合的形式，如图 7.44 所示。室内坡道坡度不宜大于 1∶8，室外的坡道坡度不宜大于 1∶10。建筑物出入口的轮椅坡道坡度是 1∶12 时，轮椅坡道的最大高度是 0.75m，无障碍出入口有台阶坡道时轮椅坡道净宽度≥1.2m，轮椅坡道的起点、终点和中间休息平台的水平长度不应小于1.5m。轮椅坡道临空侧应设置安全阻挡设施。

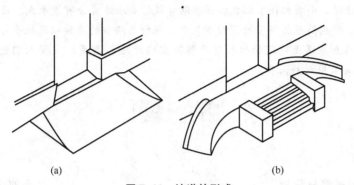

（a） （b）

图7.44 坡道的形式

（a）坡道；（b）台阶与坡道结合

坡道的构造要求和做法与台阶相似，坡道材料多采用混凝土或天然石块等，面层多用水泥砂浆，对经常处于潮湿、坡道较陡或采用水磨石作面层时，在其表面必须做防滑处理，如图7.45所示。

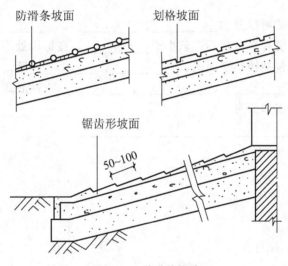

防滑条坡面 划格坡面

锯齿形坡面

50~100

图7.45 坡道的构造

本章小结

（1）楼梯是建筑物中重要的结构构件。楼梯由楼梯段、平台和栏杆扶手所组成。常见的楼梯平面形式有直跑梯，双跑梯，多跑梯，交叉梯，剪刀梯等，楼梯的位置应明显易找，光线充足，避免交通拥挤，同时必须满足防火要求。

（2）楼梯段和平台的宽度应按人流股数决定，且应保证人流和货物的顺利通行。

（3）楼梯的净高应满足要求。在平台下设出入口时，当净高不足2米，应采取措施加以解决。

（4）钢筋混凝土楼梯有现浇整体式和预制装配式两种。现浇整体式楼梯可分为板式楼梯和

 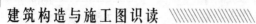

梁式楼梯两种结构形式，而梁式楼梯又有双梁布置和单梁布置之分。

（5）预制装配式楼梯根据预制构件大小分有小型构件装配式楼梯、中型构件装配式楼梯和大型构件装配式楼梯。小型构件装配式楼梯按踏步板的支承方式分有梁承式、墙承式、悬挑式。

（6）楼梯的细部构造包括踏步面层防滑处理，栏杆与踏步的连接以及扶手与栏杆的连接等。

（7）室外平台和坡道是建筑物出入口处解决室内外地面高差，方便人们进出的辅助构件，其构造方式又因其采用材料而异。

习 题

一、填空题

1. 楼梯的组成部分分为_____、_____、_____3 个部分。

2. 楼梯段应至少在一侧设扶手，楼梯段宽达_____人流时应两侧设扶手；达_____人流时应加设中间扶手。

3. 楼梯平台是指连接两梯段之间的水平部分，分为_____和_____两种。

4. 按楼梯形式可以分为_____、_____、_____、_____等形式。

5. 按楼梯间的形式可以分为_____、_____、_____楼梯间。

6. 楼梯的净空高度在平台处不应该小于_____，在梯段处不应小于_____。

7. 楼梯建筑详图包括楼梯平面图、_____、_____等。

8. 楼梯的栏杆有_____、_____、_____3 种形式。

9. 板式楼梯的组成部分有_____、_____、_____，梁式楼梯的组成部分有_____、_____、_____、_____。

二、名词解释

1. 平行双跑楼梯

2. 板式楼梯

3. 梁式楼梯

4. 梁承式楼梯

5. 墙承式楼梯

三、简答题

1. 楼梯的净高一般指什么？有何规定？

2. 平行双跑楼梯当建筑物底层楼梯平台下设有出入口时，为增加净高，常采取哪些措施？

3. 室内楼梯栏杆扶手的高度一般为多少？

4. 现浇钢筋混凝土楼梯的结构形式有哪些？其特点及应用如何？

5. 预制小型装配式楼梯的预制踏步形式有哪几种？

6. 小型构件装配式楼梯的踏步板支承方式有哪些？各种支承方式的构造如何？

7. 室外台阶的组成、形式、构造要求及做法如何？

四、作图题

1.栏杆与踏步、扶手如何连接？画图示意。

2.画出两种以上楼梯踏步面层及防滑处理的构造图。

五、综合实训

1.观察学院主教学楼的楼梯，分析楼梯的形式和各组成部分，测量有关尺寸，以小组为单位写出观察报告，要求图文并茂。

2.如图7.46所示为某建筑的2♯楼梯的楼梯间二层平面图，读图填下表。

楼梯在平面图中位置	开间	进深	梯井宽	梯段宽	二层平台宽	中间平台宽	二层平台标高	一层层高	第2梯段踏步个数	踏步宽

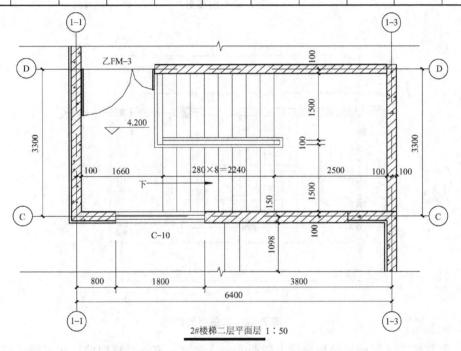

2#楼梯二层平面层 1:50

图7.46　某楼梯的二层平面图

3.某多层厂房，有关楼梯尺寸如下表，室内外高差300mm，在底层楼梯平台下作出入口，底层平台梁高350mm，第一梯段有15个踏步，踏步高166mm，第二梯段踏步高165mm。在图7.47剖面图和图7.48平面图中标上必要数字（平面图上添加标高和"上""下"边的踏步数字），在下表空白处填数字。

底层中间休息平台下的净高	开间	进深	梯井宽	梯段宽	二层平台宽	中间平台宽	二层平台标高	一层层高	第2梯段踏步个数	踏步宽
	4 000	8 600	160	1 800	2 330	2 130	4.8		14	300

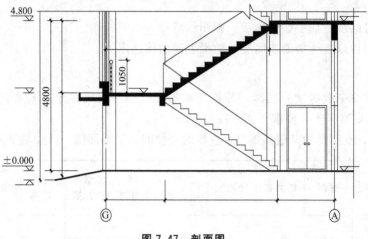

图 7.47　剖面图

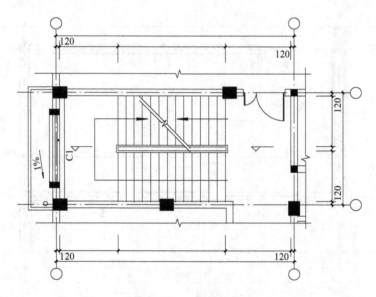

图 7.48　二层平面图

　　4. 某住宅为 3 层砖混结构房屋，屋面为上人屋面，有关楼梯间的尺寸与题 2 相同，其他未说明的尺寸可以自定，底层平台下设有住宅出入口。

　　画图要求：用 A2 图纸完成以下内容。

　　(1) 绘制楼梯间底层平面图、二层平面图，三层平面图，顶层平面图，比例 1∶50。

　　(2) 绘制楼梯间剖面图，比例 1∶30。

　　(3) 绘制楼梯构造节点详图(2～3 个)，比例 1∶10。

第 8 章

屋　顶

80○ **教学目标**

　　了解屋顶的类型、功能和设计要求；掌握屋顶的排水方式和平屋顶的坡度形成方式；掌握平屋顶的构造层次做法和细部构造；了解坡屋面的构造。读懂屋顶的平面图，读懂屋顶的构造详图，通过图纸能熟练地获悉屋顶的构造，包括其防水构造、保温隔热构造及屋顶的各个构造层的构造做法。

80○ **教学要求**

知识要点	能力要求	相关知识	权重
屋顶的形式、屋顶的坡度及表达方式、屋顶的功能和设计要求；平屋顶坡度的形成方法、屋顶的排水方式	能读懂屋顶平面图，在图纸上能熟练地获得屋顶形式、屋顶坡度、屋顶坡度的形成方法、屋顶的排水方式、屋顶的平面布置等信息	屋顶施工图的图示方法、图示特点及图示内容	40%
平屋面的构造层次、平屋面的防水、保温、架空隔热构造	能读懂平屋面的构造详图，在图纸上能熟练地获得平屋面的构造层次、平屋面的防水、保温、架空隔热构造等信息	构造详图的图示方法、图示特点及图示内容	40%
坡屋面的防水、保温、隔热及细部构造	能读懂坡屋面的构造详图，在图纸上能熟练地获得坡屋面的防水、保温、隔热及细部构造等信息	构造详图的图示方法、图示特点及图示内容	20%

屋顶是房屋最上层起覆盖作用的围护和承重结构，是房屋的重要组成部分。房屋屋顶的构造层次组成是顶棚、结构层和面层，本章主要学习其面层。防水构造是屋顶构造设计的核心。本章内容主要包括屋顶的类型和设计要求；屋顶排水设计；屋顶的防水构造层次、做法及细部构造；屋顶的保温与隔热措施等。

阅读资料

屋顶花园的历史与现状

现在的很多建筑物，在屋顶上设计小花园，如图8.1所示，让人赏心悦目。屋顶花园不但能起到降温隔热的效果，而且能美化环境、净化空气、改善局部小气候；丰富城市的俯仰景观；补偿建筑物占用的绿化地面；大大提高城市的绿化覆盖率。

图 8.1　屋顶花园

屋顶花园并不是现代建筑发展的产物，它可以追溯到4 000年前，古代苏美尔人最古老的名城之一UR城所建的大庙塔，就是屋顶花园的发源地。20年代初，英国著名考古学家伦德·伍利爵士发现该塔三层台面上有种植过大树的痕迹，然而真正的屋顶花园是在亚述古庙塔以后1 500余年才发现的著名的巴比伦"空中花园"，它之所以被世人列为"古代世界七大奇迹"之一，其意义决非仅在于造园艺术上的成就，而是古代文明的佳作。

国外在20世纪60年代以后，相继建造各类规模的屋顶花园和屋顶绿化工程，如美国华盛顿水门饭店屋顶花园、美国标准石油公司屋顶花园、英国爱尔兰人寿中心屋顶花园、加拿大温哥华凯泽资源大楼屋顶花园和日本同志社女子大学图书馆屋顶花园等，这些与建筑设计统一建在屋顶的花园，多数是在大型公共建筑和居住建筑的屋顶或天台，向天空展开。

国内如香港、深圳、广州、上海、长沙、重庆、成都等城市，也相继对屋顶进行了开发。如：香港太古城天台花园、广州东方宾馆屋顶花园，广州白天鹅宾馆的室内屋顶花园、上海华亭宾馆屋顶花园和重庆泉外楼等。

越来越多的城市已把城市楼群的屋顶作为新的绿源。我们有理由期待会有更多的屋顶花园向我们展现它的美丽和生机。

8.1　屋顶的形式与设计要求

 问题引领

约一万年前的古代，人类从洞穴里走出，从巢中下来，建造最原始最简陋的茅草屋，原木人字架，两脚落地，呈三角形，披以茅草，坡度大于60°，史称天地根元造。其防水材料用的是茅草，它之所以能防水，全赖于坡度大，雨水流速急，再是赖于铺草很厚，残存在草上的雨水，不待下渗就已蒸干。但是霪雨连绵数日不晴，雨水便会从草缝中渗入。因此说，茅草并不是真正的防水材料，仅是原始用品而已，它只能在小跨度、大坡度的简陋房上使用，对大跨度小坡度的房屋就无能为力了。

由古至今，屋顶发生了演变，其标志之一是屋顶的坡度由大变小。现在的大量建筑屋顶，采用了较小的坡度。当然也有一些建筑屋顶，沿用了这种屋顶形式，采用较大的坡度，以利于水的排放，如别墅、大型体育馆、大跨工业厂房等。屋顶发生演变的另一个标志是防水材料的进步更新的变化。高分子卷材，改性沥青卷材，如雨后春笋，配合各种卷材的涂料亦纷至沓来，防水设计和施工技术日益提高。

屋顶有哪几种形式？其设计应满足哪些要求？屋顶的坡度怎样形成？其怎样达到排水和防水的功能？

8.1.1　屋顶的功能和设计要求

屋顶是房屋的重要组成部分，它是房屋最上层起覆盖作用的外围护构件。其主要功能表现在两个方面：一是起承重作用，它承受作用于屋面上的所有荷载；二是起围护作用，用以抵御雨雪风霜、太阳辐射、气温变化及其他一些外界的不利因素对内部空间使用的影响。另外，屋顶是建筑立面的重要组成部分，应注重屋顶形式及其细部设计，以满足人们对建筑艺术的需求。

因此，屋顶必须具有足够的强度和刚度，满足防水、保温隔热、形象美观和抵御外界侵蚀等方面的要求，其中防水是屋顶的基本功能要求，也是屋顶构造设计的核心。

8.1.2　屋顶的坡度

1. 屋顶坡度的表示方法

为了迅速排除屋面雨水，屋顶必须具有一定坡度。常用的坡度表示方法有斜率法、百分比和角度法。斜率法是以屋顶倾斜面的垂直投影长度与水平投影长度的比值来表示的，如1∶5；百分比法是以屋顶倾斜面的垂直投影长度与水平投影长度之比的百分比值来表示的，如$i=2\%$；角度法是以倾斜面与水平面所成夹角的大小来表示的，如30°。屋顶坡度较小时常用百分比法表示，坡度较大时常用斜率法表示，角度法应用较少，见表8-1。

2. 影响屋顶坡度的因素

屋面坡度的大小与屋面材料的种类和尺寸、当地降雨量和降雪量的大小、屋顶结构形式和建筑造型等因素有关。屋顶坡度太小容易漏水，坡度太大则多用材料，浪费空间。所以要综合考虑各方面因素，合理确定屋面坡度。

表 8 - 1　屋顶坡度的表示方法

平屋顶	坡屋顶	
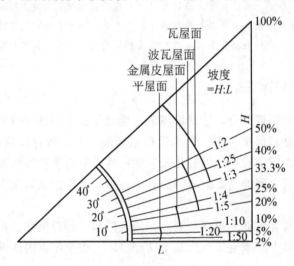		
百分比法	斜率法	角度法
如 $i = 2\%$，3%	如 $1:2$，$1:30$	如 $30°$，$45°$

1) 屋面防水材料与排水坡度的关系

单块防水材料尺寸较小，如瓦材，其接缝必然就较多，容易产生缝隙渗漏，因而屋面应有较大的排水坡度，以便将屋面积水迅速排除。如果屋面的防水材料覆盖面积大，如卷材，接缝少而且严密，屋面的排水坡度就可以小一些，如图 8.2 所示。

图 8.2　屋面坡度

2) 降雨量和降雪量大小与坡度的关系

降雨量和降雪量大的地区，屋面渗漏的可能性较大，屋顶的排水坡度应适当加大；反之，屋顶排水坡度则宜小一些。

3) 屋顶结构形式和建筑造型与坡度的关系

从结构方面考虑，要求坡度越小越好；由于造型的需要，有时要求屋面坡度会大一些。

8.1.3　屋顶的形式

由于房屋的使用功能、屋面材料、承重结构形式和建筑造型等不同，屋顶有多种类型。如按外观形式来分，屋顶可分为平屋顶、坡屋顶、曲面屋顶等多种形式，如图 8.3 所示。

图 8.3 屋顶的形式

（a）平屋顶；（b）坡屋顶；（c）曲面屋顶

1. 平屋顶

屋面坡度小于等于 5% 的屋顶称为平屋顶，其常用坡度为 2%～3%。平屋顶的主要特点是构造简单、节约材料、屋面便于利用等优点，同时也存在着造型单一的缺陷。目前，平屋顶是我国一般建筑工程中最常见的屋顶形式。

2. 坡屋顶

屋面坡度大于 10% 的屋顶称为坡屋顶。坡屋顶在我国有着悠久的历史，由于坡屋顶造型丰富多彩，并能就地取材，至今仍被广泛应用。坡屋顶可分为单坡、双坡和四坡、歇山等多种形式。

3. 曲面屋顶

曲面屋顶是由各种薄壳结构、悬索结构以及网架结构等作为屋顶承重结构的屋顶，如双曲拱屋顶、球形网壳屋顶等。这类结构的受力合理，能充分发挥材料的力学性能。但施工复杂，造价高，故常用于大跨度的大型公共建筑中。

 阅读资料

中国古建筑的屋顶形式

中国古代建筑屋顶千变万化，瑰丽多姿。它不仅为中国古建筑在美观上增加了不少神韵，而且对建筑物的风格也起着十分重要的作用。在封建社会中，对于屋顶的形制及其装饰都有许多等级化的规定。屋顶的形式、高度，脊饰的形象、尺寸、数目、颜色均须根据建筑的等级而定，不得超越。作为古代建筑造型中最主要的部分，屋顶一般均呈曲线，由不同形式的梁架结构组成。重要的建筑都以斗拱挑出檐口，在屋檐转角处形成翼角起翘。屋顶有 5 种基本形式，即悬山顶、庑殿顶、歇山顶、硬山顶、攒尖顶，如图 8.4 所示。屋顶的不同造型性格，分别用于不同的场合，如庑殿顶格调恢宏，用于高级建筑中轴线上的主要殿堂和门屋；歇山顶性格华丽活泼，一般用于配殿；攒尖顶多用于亭、塔；悬山、硬山顶则多用于住宅。

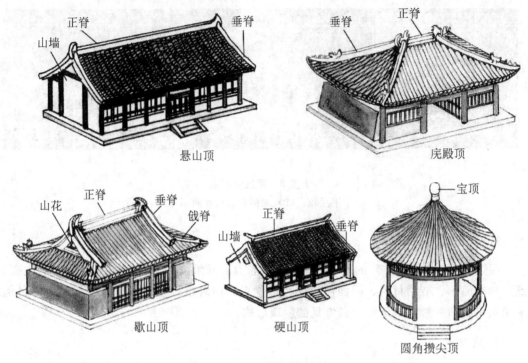

图 8.4　中国古代建筑屋顶形式

8.2　平屋顶的排水与屋顶平面图

8.2.1　平屋顶的排水

1. 平屋顶排水坡度的形成方式

平屋顶排水坡度的形成方式有材料找坡和结构找坡两种，如图 8.5 所示。

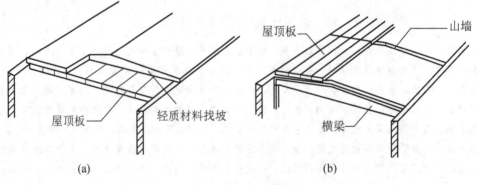

图 8.5　屋顶坡度的形成

（a）材料找坡；（b）结构找坡

1）材料找坡

材料找坡也称垫置坡度，是指屋顶坡度由垫坡材料形成，一般用于坡向长度较小的屋面。为了减轻屋面荷载，应选用轻质材料找坡，如石灰炉渣和焦渣混凝土等，当保温层为松散材料时，也可利用保温材料来找坡，找坡层的厚度最薄处不小于 20mm。屋顶材料找坡的坡度不宜过大，一般为 2% 左右。

2）结构找坡

结构找坡也称搁置坡度，是指屋顶的结构层根据排水坡度搁置成倾斜，再铺设防水层，例如在上表面倾斜的屋架或屋面梁上安放屋面板，屋顶表面即呈倾斜坡面。又如在顶面倾斜的山墙上搁置屋面板时，也形成结构找坡，搁置坡度宜为 3%。

2. 平屋顶的排水方式

平屋顶的排水方式分为无组织排水和有组织排水两大类。

1）无组织排水

无组织排水是指屋面伸出外墙，屋面雨水自由地从檐口滴落至地面的一种排水方式，因其不用天沟、雨水管等导流雨水，故又称自由落水。无组织排水具有构造简单、造价低廉的优点，但也存在一些不足之处，如外墙脚常被飞溅的雨水浸蚀，降低了外墙的坚固耐久性；从檐口滴落的雨水可能影响人行道的交通等。一般适用于二层以下低层建筑或年降雨量小于 900mm 的少雨地区的三层以下建筑。在积灰较多、有腐蚀性介质的工业厂房中也常采用。

2）有组织排水

有组织排水是指将屋面划分成若干区域，按一定的排水坡度把屋面雨水有组织地引导至檐沟或雨水口，通过雨水管排到散水或明沟中，如图 8.6 所示。其优缺点与无组织排水相反，在建筑工程中应用广泛。有组织排水根据落水管的位置不同可分为内排水和外排水两种形式。

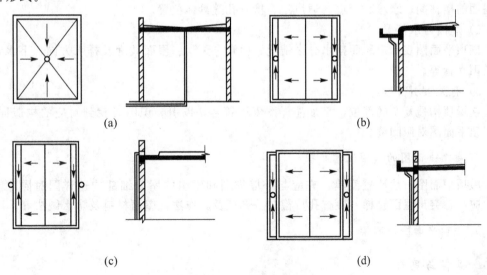

(a)　　　　　　　　　　(b)

(c)　　　　　　　　　　(d)

图 8.6　有组织排水方案

（a）内排水；（b）挑檐沟外排水；（c）女儿墙外排水；（d）女儿墙挑檐沟外排水

（1）内排水。内排水是指落水管设在室内，主要用于多跨建筑的中间跨、高层建筑或立面有特殊要求的建筑，此外在严寒地区为防止落水管冻裂，也将其放在室内，如图 8.6(a)所示。

（2）外排水。外排水是指落水管设在室外，其优点是雨水管不妨碍室内空间使用和美观，构造简单，因而被广泛采用。外排水又包括以下几种类型。

① 挑檐沟外排水。屋面雨水汇集到悬挑在墙外的檐沟内，沟内纵向坡度不小于0.5%，再从雨水管排下，如图 8.6(b)所示。

② 女儿墙外排水。当建筑外形不希望出现挑檐时，通常将外墙升起封住屋面，高于屋面的这部分外墙称为女儿墙。此方案的特点是屋面雨水需穿过女儿墙流至室外的雨水管，如图 8.6(c)所示。

③ 女儿墙挑檐沟外排水。女儿墙挑檐沟外排水的特点是在檐口处既有女儿墙，又有挑檐沟，如图 8.6(d)所示。

特 别 提 示

屋面排水方式的选择应综合考虑结构形式、气候条件、使用特点，并应优先选用外排水。

8.2.2 屋顶平面图

屋顶平面图是指将房屋的顶部单独向下所做的俯视图。它主要是用来表达屋顶形式、屋面排水情况和突出屋面设施的图样。

1. 屋顶平面图的图示内容

屋顶平面图的图示内容包括以下几部分。

1）屋顶形状和尺寸及突出屋面的设施

屋顶平面图表明屋顶的形状和尺寸，屋檐的挑出尺寸，女儿墙的位置和墙厚，以及突出屋面的楼梯间、水箱、烟道、通风道、检查孔等具体位置。

2）屋面排水情况

屋顶平面图表示出屋面排水分区情况、屋脊、天沟、屋面坡度及排水方向、下水口位置及雨水管等。

3）有关索引符号

在屋顶构造复杂的部位，需加注详图索引符号，以引导识图者找到对应的构造详图，与屋顶平面图对照阅读。

2. 屋顶平面图的读图注意事项

屋顶平面图虽然比较简单，亦应与外墙详图和索引的屋面细部构造详图对照才能读懂，应注意突出屋面楼梯、检查孔、檐口等部位及其作法，屋面材料及防水做法等。

3. 屋顶平面图的阅读

观察与思考

阅读图 8.7、图 8.8，回答下面问题。

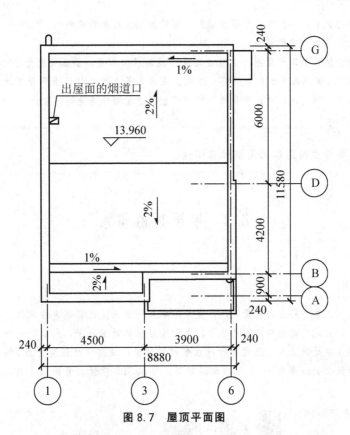

图 8.7　屋顶平面图

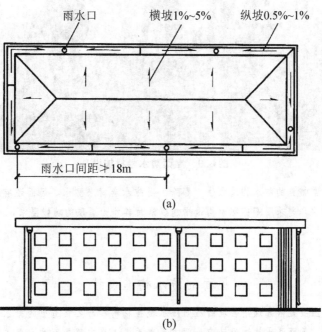

(a)

(b)

图 8.8　屋顶平面图与立面图对照阅读示意

（a）屋面排水平面图；（b）雨水管在立面图中的表现

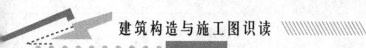
（1）屋面排水分区有几个？有几个雨水管？两图的排水方式是怎样的？

（2）屋顶有无女儿墙、有无檐沟？

图8.7为某宿舍楼的屋顶平面图，该宿舍楼屋脊线沿纵向布置，屋面坡度为2%，天沟底纵向坡度为1%，共设两根雨水管，采用女儿墙外排水方式。图8.8是立面图与屋顶平面图对照示意，在看剖面图和立面图时要与平面图对比，对比看屋面构件有哪些、看屋面标高是否一致。

● 特 别 提 示

屋顶平面图要与立面图和剖面图对照阅读。

8.3　平屋顶的防水

问题引领

屋面漏水是建筑工程中存在的质量通病，也是多年来一直未能很好解决的难题。如果屋面防水没做好，造成屋面漏水，由此引起的损失不可估计，也影响居住的质量水平，所以，一开始，就应把好屋面防水的质量关。图8.9是施工人员正在进行防水卷材的铺设，该建筑屋面坡度为2%，采用现浇钢筋混凝土板，在其上铺设20mm厚的1：2.5的水泥砂浆，再作SBS改性沥青防水卷材，最上面撒3～6mm的绿豆砂。

图8.9　屋面防水卷材铺设

上例为平屋顶非常常见的防水构造做法。那除了用防水卷材来防水，屋面还有哪些防水做法呢？平屋顶又有哪些构造层次，需采用哪些防水构造措施以满足其作为屋顶的功能要求，本节将一一介绍。

阅读资料

屋面的防水构造设计

屋面防水的功能主要是依靠选用合理的屋面防水覆盖材料和与之相适应的排水坡度，经过构造设计和精心施工而达到的。屋面防水构造设计应从两方面着手，一是按照屋面防水覆盖材料的不同要求，设置合理的排水坡度，使得降于屋面的雨水，因势利导地迅速排离屋面，以达到防水的目的。这体现了"导"的概念；二是利用屋面防水覆盖材料在上下左右的相互搭接，形成一个封闭的防水覆盖层，以达到防水的目的。这体现了"堵"的概念。

在屋面防水构造设计中，"导"和"堵"总是相辅相成和相互关联的。由于各种防水材料的特点和铺设的条件不同，处理方式也随之不同。例如，瓦屋面和波形瓦屋面，一块一块面积不大的瓦，只依靠相互搭接，不可能防水，只有采取了合理的排水坡度，才达到屋面防水的目的。这是以"导"为主，以"堵"为辅的处理方式。而卷材、涂膜防水屋面是以大面积的防水覆盖层来达到"堵"的要求，但是为了雨水的迅速排除，也需要一定的排水坡度。这是采取了以"堵"为主，以"导"为辅的处理方式。

8.3.1 屋面防水等级的划分及防水层构造做法

1. 屋面防水等级的划分

我国现行的《屋面工程技术规范》（GB 50345—2012）根据建筑物的类别、重要程度、使用功能要求以及防水层耐久年限等，将屋面防水划分为两个等级，各等级均有不同的设防要求，详见表 8-2。

表 8-2 屋面防水等级和设防要求

防水等级	建筑类别	设防要求	防水做法
Ⅰ级	重要建筑和高层建筑	两道防水设防	卷材防水层和卷材防水层、卷材防水层和涂膜防水层（复合防水层）
Ⅱ级	一般建筑	一道防水设防	卷材防水层、涂膜防水层、复合防水层

🔘 特 别 提 示 ⋯⋯⋯⋯⋯⋯⋯⋯⋯⋯⋯⋯⋯⋯⋯⋯⋯⋯⋯⋯⋯⋯⋯⋯⋯⋯⋯⋯⋯⋯⋯⋯⋯

设计者会在建筑设计说明中说明屋顶的防水等级，识读建筑设计说明时，注意看屋面的防水等级是几级。

表 8-2 中的卷材防水层是指将柔性的防水卷材或片材用胶结材料粘贴在屋面上，形成一个大面积的封闭防水覆盖层。这种防水层具有一定的延伸性，能适应温度变化而引起的屋面变形；涂膜防水层是指用可塑性和粘结力较强的防水涂料直接涂刷在屋面基层上，形成一层不透水的薄膜层，以达到防水目的；复合防水层是指由彼此相容的卷材和涂料组合而成的防水层，其层次为涂膜在下，卷材在上。

⋯⋯⋯

2. 屋面防水层做法

防水等级为Ⅰ级的建筑屋面，要求设置两道防水，其防水层做法有以下 3 种。

(1) 选用两道相同卷材，如选用 3.0mm＋3.0mm 厚双层 SBS 改性沥青防水卷材。

(2) 选用两道不同卷材，如选用 3.0mm 厚 SBS 改性沥青防水卷材＋1.5mm 厚双面自粘型防水卷材。

(3) 选用卷材加涂膜的复合防水，如选用用 3.0mm 厚 SBS 改性沥青防水卷材＋2.0mm 厚高聚物改性沥青防水涂料。

防水等级为Ⅱ级的建筑屋面，要求设置一道防水，其防水层做法有以下 3 种。

(1) 选用一道卷材防水，如选用 4.0mm 厚 SBS 改性沥青防水卷材。

(2) 选用一道防水涂料防水，如选用 3.0mm 厚 SBS 改性沥青防水涂料。

（3）选用卷材加涂膜的复合防水，如选用用 1.0mm 厚三元乙丙橡胶防水卷材＋1.0mm 厚聚氨酯防水涂料。

屋面防水层做法是由设计者确定的。平屋面建筑构造标准图集(12J201)提供了常用Ⅰ、Ⅱ级设防防水层做法，分别见表8-3、表8-4。设计人员还可根据工程实际情况另行选用其他防水层做法。识图时应注意设计者选用的是哪一种防水层构造做法。

表 8-3 常用Ⅰ级设防防水层做法选用表

序号	Ⅰ级设防防水层构造做法	备注	序号	Ⅰ级设防防水层构造做法	备注
1	1.2＋1.2 厚双层三元乙丙橡胶防水卷材	两道相同卷材	14	3.0 厚双胎基湿铺/预铺自粘防水卷材	两道不同卷材
2	1.2＋1.2 厚双层氯化聚乙烯橡胶共混防水卷材			2.0 厚双面自粘聚合物改性沥青防水卷材	
3	1.2＋1.2 厚双层聚氯乙烯（PVC）卷材		15	3.0 厚 APP 改性沥青防水卷材	
4	2.0＋2.0 厚双层改性沥青聚乙烯胎防水卷材			1.5 厚双面自粘型防水卷材	
5	3.0＋3.0 厚双层 SBS 或 APP 改性沥青防水卷材		16	1.2 厚三元乙丙橡胶防水卷材	卷材与涂料组合(复合防水)
6	3.0＋3.0 厚双胎基湿铺/预铺自粘防水卷材			1.5 厚聚氨醋防水涂料	
7	1.2 厚三元乙丙橡胶防水卷材	两道不同卷材	17	1.2 厚氯化聚乙烯橡胶共混防水卷材	
	3.0 厚自粘聚合物改性沥青防水卷材（聚酯胎）			1.5 厚聚氨醋防水涂料	
8	1.2 厚氯化聚乙烯橡胶共混防水卷材		18	1.2 厚三元乙丙橡胶防水卷材	
	3.0 厚自粘聚合物改性沥青防水卷材（聚酯胎）			1.5 厚聚合物水泥防水涂料	
9	1.2 厚氧化聚乙烯橡胶共混防水卷材		19	3 厚 SBS 改性沥青防水卷材	
	1.5 厚自粘橡胶沥青防水卷材			2 厚高聚物改性沥青防水涂料	
10	3.0 厚 SBS 改性沥青防水卷材		20	3 厚 APP 改性沥青防水卷材	
	1.5 厚双面自粘型防水卷材			2 厚高聚物改性沥青防水涂料	
11	1.2 厚聚乙烯丙纶复合防水卷材		21	1.2 厚合成高分子防水卷材	
	1.5 厚双面自粘型防水卷材			1.5 厚喷涂速凝橡胶沥青防水涂料	
12	2.0 厚改性沥青聚乙烯胎防水卷材		22	0.7 厚聚乙烯丙纶复合防水卷材或 3.0 厚 SBS 改性沥青防水卷材	
	1.5 厚自粘聚合物改性沥青防水卷材（聚醋胎）			1.5 厚橡化沥青非固化防水涂料	
13	1.5 厚金属高分子复合防水卷材		23	1.0 厚合成高分子防水卷材或 1.2 厚三元乙丙橡胶防水卷材	
	1.2 厚聚乙烯涤纶复合防水卷材			1.5 厚橡化沥青非固化防水涂料	

表 8-4 常用Ⅱ级设防防水层做法选用表

序号	Ⅱ级设防防水层构造做法	备注	序号	Ⅱ级设防防水层构造做法	备注
1	1.5 厚三元乙丙橡胶防水卷材	一道卷材	17	2.0 厚橡化沥青非固化防水涂料	一道卷材或涂料需加保护层
2	1.5 厚氯化聚乙烯橡胶共混防水卷材		18	2.0 厚喷涂速凝橡胶沥青防水涂料	
3	1.5 厚聚氯乙烯（PVC）卷材		19	3.0 厚 SBS 改性沥青防水涂料	
4	4.0 厚 SBS 改性沥青防水卷材		20	3.0 厚氯丁橡胶改性沥青防水涂料	
5	4.0 厚 APP 改性沥青防水卷材		21	2.0 厚改性沥青聚乙烯胎防水卷材	复合防水
6	1.5 厚氯丁橡胶防水卷材			1.5 厚聚合物水泥基防水涂料	
7	3.0 厚铝箔或粒石覆面聚酯胎自粘防水卷材		22	0.7 厚聚乙烯丙纶防水卷材	
8	3.0 厚改性沥青聚乙烯胎防水卷材			1.3 厚聚合物水泥防水胶结材料	
9	4.0 厚双胎基湿铺/预铺自粘防水卷材		23	1.0 厚三元乙丙橡胶防水卷材	
10	3.0 厚自粘聚合物改性沥青防水卷材（聚酯胎）	一道卷材或涂料需加保护层		1.0 厚聚氨醋防水涂料	
11	3.0 厚自粘橡胶沥青防水卷材		24	1.5 厚金属高分子复合防水卷材	
12	4.0 厚改性沥青聚乙烯胎防水卷材			1.5 厚聚合物水泥防水胶结材料	
13	2.0 厚聚氧醋防水涂料		25	0.7 厚聚乙烯丙纶复合防水卷材	
14	2.0 厚硅橡胶防水涂料			1.2 厚橡化沥青非固化防水涂料	
15	2.0 厚聚合物水泥防水涂料		26	1.0 厚合成高分子防水卷材	
16	2.0 厚水乳型丙烯酸防水涂料			1.2 厚橡化沥青非固化防水涂料	

8.3.2 卷材、涂膜防水屋面构造

平屋面根据其最上一层（保护层除外）的构造做法的不同可分为卷材、涂膜防水屋面（屋面类型代号为 A）、倒置式屋面（屋面类型代号为 B）、架空屋面（屋面类型代号为 C）、种植屋面（屋面类型代号为 D）、蓄水屋面等类型（屋面类型代号为 E）。卷材、涂膜防水屋面是指屋面最上一层（保护层除外）防水为卷材防水层、涂膜防水层、卷材＋涂膜的复合防水层的平屋面。倒置式屋面是将保温层设置在防水层上的屋面。架空屋面是在卷材、涂膜防水屋面或倒置式屋面上做架空隔热层的屋面。种植屋面是在卷材、涂膜防水屋面上种植植物。蓄水屋面是在卷材、涂膜防水屋面或倒置式屋面上蓄水。本节主要介绍工程中最常见的卷材、涂膜防水屋面的构造做法。

1. 卷材、涂膜防水屋面的构造层次

卷材、涂膜防水屋面构造层次自上而下为：保护层、防水层、找平层、找坡层、保温层、隔气层、找平层、结构层和顶棚层（其中隔气层、找平层设不设，由工程设计确定）。

1）保护层

保护层设置在防水层的上面，对防水层起保护作用。卷材、涂膜防水屋面分为上人屋面和不上人屋面。上人屋面保护层采用现浇细石混凝土或块体材料。不上人屋面保护层采用预制板或浅色涂料或铝箔或粒径 10～30mm 的卵石。块体材料、细石混凝土保护层与卷

材、涂膜防水层之间应采用低强度等级的砂浆作为隔离层。块体材料、细石混凝土保护层与女儿墙或山墙之间应预留宽度为30mm的缝隙，缝内用密封胶封严。采用细石混凝土板保护层时，应设分格缝，纵横间距不宜大于6m，分格缝宽20mm，并用密封胶封严。

2）防水层

由前所述，设计者应根据屋面的防水等级确定屋面防水层的做法。识图时应注意防水层的材料、层数和厚度。

3）找平层

找平层设置的目的是为铺设卷材、涂膜防水层或铺设保温层提供一个坚实而平整的基层，以避免防水层或保温层凹陷或断裂。找平层的厚度和技术要求见表8-5。因保温层上的找平层容易变形和开裂，故规范规定保温层上的找平层应留设分格缝，缝宽5～20mm，纵横缝的间距不大于6m。而结构层上的找平层可以不设分格缝。

表8-5 找平层的厚度和技术要求

找平层分类	适用的基层	厚度/mm	技术要求
水泥砂浆	整体现浇混凝土板	15～20	1:3 水泥砂浆
	整体现喷保温层	20～25	
细石混凝土	装配式混凝土板	40	C20 混凝土
	板状材料保温层		
混凝土随浇随抹	整体现浇混凝土板	—	原浆表面抹平、压光

注：表中数据摘自《屋面工程技术规范》（GB 50345—2012）。

4）找坡层

当屋面结构层不起坡时，应做找坡层。找坡层应尽量采用轻质材料，如陶粒、浮石、膨胀珍珠岩、炉碴、加气混凝土碎块等轻集料混凝土，也可以利用现制保温层兼做找坡层。找坡层坡度应不小于2%，檐沟及天沟的坡度应不小于1%。

5）保温层

在寒冷地区，为防止冬季顶层房间过冷，需在屋顶构造中设置保温层。保温层宜选用吸水率低、导热系数小，并有一定强度的保温材料，如膨胀珍珠岩、加气混凝土块、聚苯乙烯泡沫塑料板等。保温层的厚度应根据工程所在地区现行节能设计标准按照平屋面建筑构造标准图集(12J201)附录中的选用表选定或经计算确定。当工程设计采用矿物纤维毡、板做保温层时，应采取防止压缩的措施并注意防潮。在混凝土结构屋面保温层干燥有困难时，应采取排气措施。排汽道设置在保温层内，排汽道应纵横贯通，并与大气连通的排气管相通，排汽管可设在檐口下或屋面排汽道的交叉处，排气道纵横间距6m，屋面面积每36m² 设一个排气管。排气管应固定牢靠，并做好防水处理，如图8.10所示。

6）隔汽层

在严寒及寒冷地区且室内空气湿度大于75%，其他地区室内空气湿度常年大于80%，或采用纤维状保温材料时，保温层下应选用气密性、水密性好的材料做隔汽层。如温水游泳池、公共浴室、厨房操作间、开水房等的屋面应设置隔汽层。隔汽层在屋面上应形成全

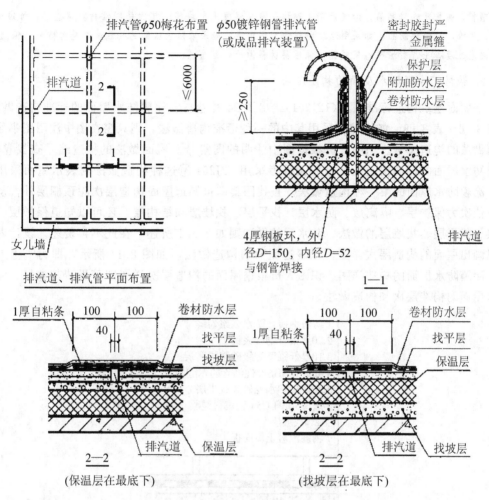

图8.10 卷材、涂膜屋面排气措施

封闭的构造层,沿周边女儿墙或立墙面向上翻至与屋面防水层相连接,或高出保温层上表面不小于150mm。隔汽层可采用防水卷材或涂料,并宜选择其蒸汽渗透阻较大者。隔汽层采用卷材时宜优先采用空铺法铺贴。如采用局部隔汽层时,隔汽层应扩大至潮湿房间以外至少1.0m处。

7)结构层

平屋顶主要采用钢筋混凝土结构。按施工方法不同,有现浇钢筋混凝土结构、预制装配式钢筋混凝土结构和装配整体式钢筋混凝土结构3种形式。

8)顶棚层

顶棚层的作用及构造做法与楼板层顶棚基本相同,分直接抹灰式顶棚和悬吊式顶棚。

 **阅读资料**

保温层分类

保温层按所用材料的不同可分为3类:其一是板状材料保温层,如聚苯乙烯泡沫塑料,硬质聚氨酯

泡沫塑料，膨胀珍珠岩制品，加气混凝土砌块，泡沫混凝土砌块等。其次是纤维材料保温层：如玻璃棉制品，岩棉，矿渣棉制品，如采用这种材料作为保温层，应采取防止压缩的措施。再是整体材料保温层：如现浇泡沫混凝土，喷涂硬泡聚氨酯。保温层材料由设计者选定。

2. 卷材、涂膜防水屋面的构造做法

平屋面建筑构造标准图集(12J201)给出了 24 种卷材、涂膜防水屋面的标准构造做法，见表 8-6~表 8-8。如设计者采用其中的一种标准构造做法，则只需在图中注明图集号及屋面做法的构造编号。识图人员根据图中注明的图集号及屋面做法的构造编号查找卷材、涂膜防水屋面的标准构造做法。如设计者采用 12J201 Ⓐ 这种构造做法则表示屋面采用卷材、涂膜防水屋面的第一种构造做法。查找图集即可知道屋面构造层次除顶棚层外，从上到下依次为保护层、隔离层、防水层、找平层、找坡层和结构层，还可以知道保护层、隔离层、找平层、找坡层的做法。防水层的做法则如 8.3.1 所述，在此不再赘述。设计者也可以画出屋面的构造层次详图，以表达屋面的构造做法，如图 8.11 所示，即为一上人卷材、涂膜防水屋面的构造详图。识图人员根据屋面的构造层次详图即可弄清楚卷材、涂膜防水屋面的构造层次和构造做法。

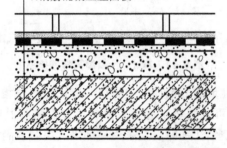

1.防滑地砖，防水砂浆勾缝
2.20厚聚合物砂浆铺卧
3.10厚低强度等级砂浆隔离层
4.4mm厚SBS改性沥青防水卷材
5.20厚1：3水泥砂浆找平层
6.最薄30厚LC5.0轻集料混凝土2%找坡层
7.钢筋混凝土屋面板

图 8.11 上人卷材、涂膜防水屋面构造详图

● 特 别 提 示 //

卷材、涂膜防水屋面的构造层次和构造做法由设计者确定，识图时应注意卷材、涂膜防水屋面由哪几个构造层次组成及各构造层次的构造做法（包括各构造层选用的材料及各构造层的厚度等信息）。

//

观察与思考

表 8-6 所示的 24 种卷材、涂膜防水屋面的构造做法有何异同？上人卷材、涂膜防水屋面保护层的做法有哪几种？不上人卷材、涂膜防水屋面保护层的做法有哪几种？图 8.10 采用的是哪一种构造做法？

表8-6 卷材、涂膜防水屋面的构造做法

构造编号	简 图	屋面构造	备 注
A1	无保温上人屋面	1. 40厚C20细石混凝土保护层，配ϕ6或冷拔ϕ4的Ⅰ级钢，双向@150，钢筋网片绑扎或点焊(设分格缝) 2. 10厚低强度等级砂浆隔离层 3. 防水卷材或涂膜层 4. 20厚1：3水泥砂浆找平层 5. 最薄30厚LC5.0轻集料混凝土2‰找坡层 6. 钢筋混凝土屋面板	防水层做法见附录J1、J2防水做法选用表
A2	有保温上人屋面	1. 40厚C20细石混凝土保护层，配ϕ6或冷拔ϕ4的Ⅰ级钢，双向@150，钢筋网片绑扎或点焊(设分格缝) 2. 10厚低强度等级砂浆隔离层 3. 防水卷材或涂膜层 4. 20厚1：3水泥砂浆找平层 5. 最薄30厚LC5.0轻集料混凝土2‰找坡层 6. 保温层 7. 钢筋混凝土屋面板	防水层做法见附录J1、J2防水做法选用表
A3	有保温上人屋面	1. 40厚C20细石混凝土保护层，配ϕ6或冷拔ϕ4的Ⅰ级钢，双向@150，钢筋网片绑扎或点焊(设分格缝) 2. 10厚低强度等级砂浆隔离层 3. 防水卷材或涂膜层 4. 20厚1：3水泥砂浆找平层 5. 保温层 6. 最薄30厚LC5.0轻集料混凝土2‰找坡层 7. 钢筋混凝土屋面板	防水层做法见附录J1、J2防水做法选用表
A4	无保温上人屋面	1. 防滑地砖，防水砂浆勾缝 2. 20厚聚合物砂浆铺卧 3. 10厚低强度等级砂浆隔离层 4. 防水卷材或涂膜层 5. 20厚1：3水泥砂浆找平层 6. 最薄30厚LC5.0轻集料混凝土2‰找坡层 7. 钢筋混凝土屋面板	1. 地砖种类、规格及厚度见工程设计 2. 防水层做法见附录J1、J2防水做法选用表

续表

构造编号	简 图	屋面构造	备 注
A5	有保温上人屋面	1. 防滑地砖，防水砂浆勾缝 2. 20 厚聚合物砂浆铺卧 3. 10 厚低强度等级砂浆隔离层 4. 防水卷材或涂膜层 5. 20 厚 1∶3 水泥砂浆找平层 6. 最薄 30 厚 LC5.0 轻集料混凝土 2% 找坡层 7. 保温层 8. 钢筋混凝土屋面板	1. 地砖种类、规格及厚度见工程设计 2. 防水层做法见附录 J1、J2 防水做法选用表
A6	有保温上人屋面	1. 防滑地转，防水砂浆勾缝 2. 20 厚聚合物砂浆铺卧 3. 10 厚低强度等级砂浆隔离层 4. 防水卷材或涂膜层 5. 20 厚 1∶3 水泥砂浆找平层 6. 保温层 7. 最薄 30 厚 LC5.0 轻集料混凝土 2% 找坡层 8. 钢筋混凝土屋面板	1. 地砖种类、规格及厚度见工程设计 2. 防水层做法见附录 J1、J2 防水做法选用表
A7	无保温上人屋面	1. 490×490×40，C25 细石混凝土预制板，双向 4φ6 2. 20 厚聚合物砂浆铺卧 3. 10 厚低强度等级砂浆隔离层 4. 防水卷材或涂膜层 5. 20 厚 1∶3 水泥砂浆找平层 6. 最薄 30 厚 LC5.0 轻集料混凝土 2% 找坡层 7. 钢筋混凝土屋面板	防水层做法见附录 J1、J2 防水做法选用表
A8	有保温上人屋面	1. 490×490×40，C25 细石混凝土预制板，双向 4φ6 2. 20 厚聚合物砂浆铺卧 3. 10 厚低强度等级砂浆隔离层 4. 防水卷材或涂膜层 5. 20 厚 1∶3 水泥砂浆找平层 6. 最薄 30 厚 LC5.0 轻集料混凝土 2% 找坡层 7. 保温层 8. 钢筋混凝土屋面板	防水层做法见附录 J1、J2 防水做法选用表

续表

构造编号	简　图	屋面构造	备　注
A9	有保温上人屋面	1. 490×490×40，C25 细石混凝土预制板，双向 4φ6 2. 20 厚聚合物砂浆铺卧 3. 10 厚低强度等级砂浆隔离层 4. 防水卷材或涂膜层 5. 20 厚 1：3 水泥砂浆找平层 6. 保温层 7. 最薄 30 厚 LC5.0 轻集料混凝土 2‰ 找坡层 8. 钢筋混凝土屋面板	防水层做法见附录 J1、J2 防水做法选用表
A10	无保温不上人屋面	1. 390×390×40，预制块 2. 20 厚聚合物砂浆铺卧 3. 10 厚低强度等级砂浆隔离层 4. 防水卷材或涂膜层 5. 20 厚 1：3 水泥砂浆找平层 6. 最薄 30 厚 LC5.0 轻集料混凝土 2‰ 找坡层 7. 钢筋混凝土屋面板	防水层做法见附录 J1、J2 防水做法选用表
A11	有保温不上人屋面	1. 390×390×40，预制块 2. 20 厚聚合物砂浆铺卧 3. 10 厚低强度等级砂浆隔离层 4. 防水卷材或涂膜层 5. 20 厚 1：3 水泥砂浆找平层 6. 最薄 30 厚 LC5.0 轻集料混凝土 2‰ 找坡层 7. 保温层 8. 钢筋混凝土屋面板	防水层做法见附录 J1、J2 防水做法选用表
A12	有保温不上人屋面	1. 390×390×40，预制块 2. 20 厚聚合物砂浆铺卧 3. 10 厚低强度等级砂浆隔离层 4. 防水卷材或涂膜层 5. 20 厚 1：3 水泥砂浆找平层 6. 保温层 7. 最薄 30 厚 LC5.0 轻集料混凝土 2‰ 找坡层 8. 钢筋混凝土屋面板	防水层做法见附录 J1、J2 防水做法选用表
A13	无保温不上人屋面	1. 50 厚直径 10～30 卵石保护层 2. 防水卷材或涂膜层 3. 20 厚 1：3 水泥砂浆找平层 4. 最薄 30 厚 LC5.0 轻集料混凝土 2‰ 找坡层 5. 钢筋混凝土屋面板	防水层做法见附录 J1、J2 防水做法选用表

续表

构造编号	简　图	屋面构造	备　注
A14	有保温不上人屋面	1. 50 厚直径 10～30 卵石保护层 2. 防水卷材或涂膜层 3. 20 厚 1∶3 水泥砂浆找平层 4. 最薄 30 厚 LC5.0 轻集料混凝土 2‰ 找坡层 5. 保温层 6. 钢筋混凝土屋面板	防水层做法见附录 J1、J2 防水做法选用表
A15	有保温不上人屋面	1. 50 厚直径 10～30 卵石保护层 2. 防水卷材或涂膜层 3. 20 厚 1∶3 水泥砂浆找平层 4. 保温层 5. 最薄 30 厚轻集料混凝土 2‰ 找坡层 6. 钢筋混凝土屋面板	防水层做法见附录 J1、J2 防水做法选用表
A16	无保温不上人屋面	1. 浅色涂料保护层 2. 防水卷材或涂膜层 3. 20 厚 1∶3 水泥砂浆找平层 4. 最薄 30 厚 LC5.0 轻集料混凝土 2‰ 找坡层 5. 钢筋混凝土屋面板	防水层做法见附录 J1、J2 防水做法选用表
A17	有保温不上人屋面	1. 浅色涂料保护层 2. 防水卷材或涂膜层 3. 20 厚 1∶3 水泥砂浆找平层 4. 最薄 30 厚 LC5.0 轻集料混凝土 2‰ 找坡层 5. 保温层 6. 钢筋混凝土屋面板	防水层做法见附录 J1、J2 防水做法选用表
A18	有保温不上人屋面	1. 浅色涂料保护层 2. 防水卷材或涂膜层 3. 20 厚 1∶3 水泥砂浆找平层 4. 保温层 5. 最薄 30 厚 LC5.0 轻集料混凝土 2‰ 找坡层 6. 钢筋混凝土屋面板	防水层做法见附录 J1、J2 防水做法选用表
A19	有保温隔汽上人屋面	1. 40 厚 C20 细石混凝土保护层，配 $\phi 6$ 或冷拔 $\phi 4$ 的 I 级钢，双向 @150（设分格缝） 2. 10 厚低强度等级砂浆隔离层 3. 防水卷材或涂膜层 4. 20 厚 1∶3 水泥砂浆找平层 5. 最薄 30 厚 LC5.0 轻集料混凝土 2‰ 找坡层 6. 保温层 7. 隔气层 8. 20 厚 1∶3 水泥砂浆找平层 9. 钢筋混凝土屋面板	1. 防水层做法见附录 J1、J2 防水做法选用表 2. 隔气层可参见说明和附录选用表

构造编号	简　图	屋面构造	备　注
A20	有保温隔汽上人屋面	1. 40 厚 C20 细石混凝土保护层，配 ϕ 6 或冷拔 ϕ 4 的 I 级钢，双向 @150（设分格缝） 2. 10 厚低强度等级砂浆隔离层 3. 防水卷材或涂膜层 4. 20 厚 1:3 水泥砂浆找平层 5. 保温层 6. 最薄 30 厚轻集料混凝土 2% 找坡层 7. 隔气层 8. 20 厚 1:3 水泥砂浆找平层 9. 钢筋混凝土屋面板	1. 防水层做法见附录 J1、J2 防水做法选用表 2. 隔气层可参见说明和附录选用表
A21	有保温隔汽上人屋面	1. 防滑地砖，防水砂浆勾缝 2. 20 厚聚合物砂浆铺卧 3. 10 厚低强度等级砂浆隔离层 4. 防水卷材或涂膜层 5. 20 厚 1:3 水泥砂浆找平层 6. 最薄 30 厚 LC5.0 轻集料混凝土 2% 找坡层 7. 保温层 8. 隔气层 9. 20 厚 1:3 水泥砂浆找平层 10. 钢筋混凝土屋面板	1. 地砖种类、规格及厚度见工程设计 2. 防水层做法见附录 J1、J2 防水做法选用表
A22	有保温隔汽上人屋面	1. 防滑地砖，防水砂浆勾缝 2. 20 厚聚合物砂浆铺卧 3. 10 厚低强度等级砂浆隔离层 4. 防水卷材或涂膜层 5. 20 厚 1:3 水泥砂浆找平层 6. 保温层 7. 最薄 30 厚 LC5.0 轻集料混凝土 2% 找坡层 8. 隔气层 9. 20 厚 1:3 水泥砂浆找平层 10. 钢筋混凝土屋面板	1. 地砖种类、规格及厚度见工程设计 2. 防水层做法见附录 J1、J2 防水做法选用表

续表

构造编号	简　图	屋面构造	备　注
A23	有保温隔汽上人屋面	1. 490×490×40，C25细石混凝土预制板，双向4φ6 2. 20厚聚合物砂浆铺卧 3. 10厚低强度等级砂浆隔离层 4. 防水卷材或涂膜层 5. 20厚1∶3水泥砂浆找平层 6. 最薄30厚LC5.0轻集料混凝土2%找坡层 7. 保温层 8. 隔气层 9. 20厚1∶3水泥砂浆找平层 10. 钢筋混凝土屋面板	1. 防水层做法见附录J1、J2防水做法选用表 2. 隔气层可参见说明和附录选用表
A24	有保温隔汽上人屋面	1. 490×490×40，C25细石混凝土预制板，双向4φ6 2. 20厚聚合物砂浆铺卧 3. 10厚低强度等级砂浆隔离层 4. 防水卷材或涂膜层 5. 20厚1∶3水泥砂浆找平层 6. 保温层 7. 最薄30厚LC5.0轻集料混凝土2%找坡层 8. 隔气层 9. 20厚1∶3水泥砂浆找平层 10. 钢筋混凝土屋面板	1. 防水层做法见附录J1、J2防水做法选用表 2. 隔气层可参见说明和附录选用表

知 识 链 接

防水卷材的种类及铺设

防水卷材是一种可卷曲的片状防水材料。我国工程中常用的防水卷材有高聚物改性沥青防水卷材和合成高分子防水卷材两大类。

高聚物改性沥青防水卷材是以玻纤毡、聚酯毡、黄麻布、聚乙烯膜、聚酯无纺布、金属箔或者两种复合材料为胎基，以掺量不少于10%的合成高分子聚合物改性沥青、氧化沥青为浸涂材料，以粉状、片状、粒状矿质材料，合成高分子薄膜，金属膜为覆面材料制成的可卷曲的片状类防水材料。如SBS改性沥青防水卷材、APP改性沥青防水卷材和再生橡胶改性沥青防水卷材。高聚物改性沥青防水卷材具有光洁柔软，高温不流淌、低温不脆裂、弹性好、寿命长等优点。

合成高分子防水卷材是以合成橡胶、合成树脂或两者的混合体为基料，加入适量的化学助剂和填充剂等，经加工而成的可卷曲片状防水材料。如三元乙丙橡胶防水卷材、聚氯乙烯防水卷材、氯化聚乙烯—橡胶共混防水卷材等。合成高分子防水卷材具有抗拉伸强度和抗撕裂强度高、伸长率大、耐热性和低温柔性好、耐腐蚀和耐老化等性能，是新型高档防水卷材。

卷材一般分层铺设,当屋面坡度小于3%时,卷材宜平行于屋脊铺贴,从檐口到屋脊层层向上粘贴,上下边搭接80~120mm,左右边搭接100~150mm,并在屋脊处用整幅卷材压住坡面卷材;当屋面坡度在3%~15%时,卷材可平行或垂直屋脊铺贴。当屋面坡度大于15%或受震动时,卷材宜垂直于屋脊铺贴。分层铺贴时,上下层及相邻两幅卷材的搭接位置应错开。防水卷材一般用满粘法、条粘法和空铺法来进行铺贴。

屋面卷材的铺贴程序,一般来说:"先高跨、后低跨,先节点、后大面;由檐向脊、由远及近"。即高低跨屋面相连,应先做高跨、后做低跨;所有节点附加层铺粘好后,方可铺粘大面卷材,先做较远的,后做较近的,从而使操作人员不过多地踩踏已完工的卷材。

特 别 提 示

卷材防水也称柔性防水,是目前我国在工程中最常用的防水做法。

8.3.3 卷材、涂膜防水屋面的细部构造

1. 檐口构造

1) 自由落水挑檐

自由落水挑檐即无组织排水的檐口。檐口部位的防水层收头和滴水是檐口防水处理的关键,卷材防水层收头应压入找平层的凹槽内,用金属压条钉压牢固并进行密封处理,钉距宜为500~800mm;涂膜防水层收头可以采用涂料多遍涂刷并进行密封处理,以防止防水层收头翘边或被风揭起;檐口下端应同时做鹰嘴和滴水槽,如图8.12所示。

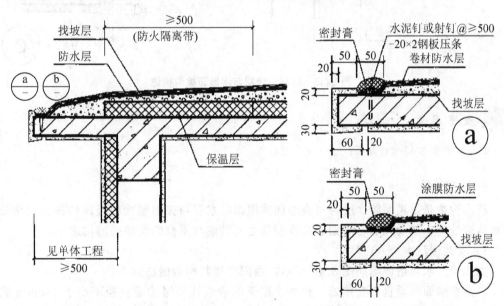

图8.12 卷材、涂膜防水屋面檐口挑檐构造

特 别 提 示

无组织排水檐口800mm范围内应采用满粘法(铺贴防水卷材时,卷材与基层采用全部粘结

的施工方法）。当屋面和外墙均采用 B1、B2 级保温材料时，应采用宽度不小于 500mm 的不燃材料设置防火隔离带将屋面和外墙分隔。

2）檐沟

檐沟为有组织排水檐口。设置檐沟应解决好卷材收头及与屋面交界处的防水处理。檐沟与屋面的交接处应做成弧形，檐沟的防水层下应增设附加防水层，附加防水层伸入屋面的宽度不应小于 500mm；檐沟防水层和附加防水层应由沟底翻上至外侧顶部，凡防水层转折的部位，下面的找平层应做成弧形，卷材收头应用金属压条钉压，并用密封材料封严，涂膜收头应用防水涂料多遍涂刷并用密封材料封严；檐沟外侧下端应做鹰嘴和滴水槽，如图 8.13 所示。

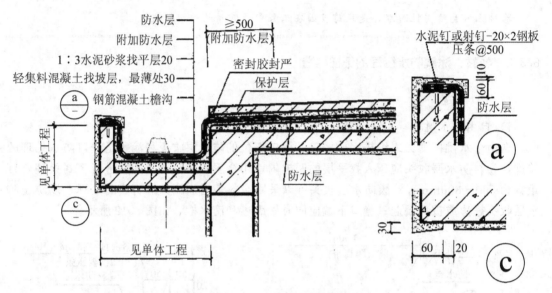

图 8.13　卷材、涂膜防水屋面檐沟构造

观察思考

图 8.12 和图 8.13 有何异同？

2. 泛水构造

泛水构造是指屋面防水层与垂直墙面或屋面防水层与突出屋面的竖向构件相交接处的防水构造处理，如女儿墙与屋面、高低屋面之间的墙与屋面的交接处的构造。

1）女儿墙泛水

女儿墙泛水构造详图如图 8.14 所示，由图可知其构造做法如下。

（1）在屋面与垂直面交接处，把防水层下的砂浆找平层抹成直径不小于 150mm 的圆弧或 45°斜面，以防止防水层被折坏。

（2）将屋面的防水层继续铺贴或涂刷至垂直面上，形成泛水。为了增加泛水处的防水能力，泛水处的防水层下应增设附加防水层，附加防水层在平面和立面的宽度均不应小于250mm。当女儿墙高度小于 500mm 时，也可将立墙附加防水层提高到女儿墙压顶下缘。

（3）应做好泛水上口的卷材收头固定，防止卷材在垂直面上下滑。卷材收头应用金属压条钉压固定，并应用密封材料封严。如为涂膜防水，则收头处应用防水涂料多遍涂刷，并应用密封材料封严。

（4）女儿墙压顶可采用混凝土压顶。压顶向内排水坡度不应小于5%，压顶内侧下端应作滴水处理。

2）立墙泛水（略）

 观察与思考

立墙泛水构造详图如图8.15所示。比较图8.14和图8.15，你能发现这两张图的异同，并用文字表达出立墙泛水的构造做法吗？

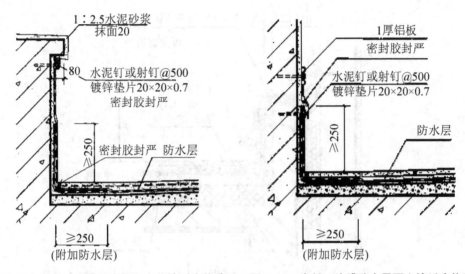

图 8.14 卷材、涂膜防水屋面女儿墙泛水构造　　图 8.15 卷材、涂膜防水屋面立墙泛水构造

3. 变形缝构造

卷材、涂膜防水屋面变形缝构造详图如图8.16所示，其构造做法如下。

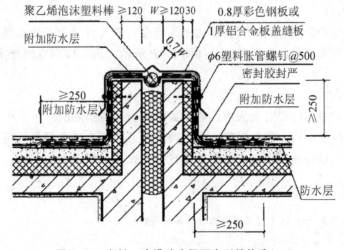

图 8.16 卷材、涂膜防水屋面变形缝构造（一）

（1）变形缝翻边厚度不小于120mm，高度不小于250mm。

（2）变形缝翻边与屋面相交处形成泛水，该处防水层下应增设附加防水层，附加防水层在平面的宽度不应小于250mm，并沿变形缝翻边的立面铺贴或涂刷至变形缝的边缘。

（3）变形缝内应预填不燃保温材料，上部应采用U形防水卷材封盖，并放置衬垫材料，再在其上干铺一层卷材。

（4）等高变形缝顶部宜加扣混凝土或金属盖板。

观察与思考

图8.17也是一个卷材、涂膜防水屋面变形缝的构造详图，比较图8.17和图8.16，你能发现这两张图的异同吗？

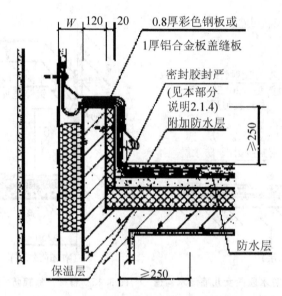

图 8.17　卷材、涂膜防水屋面变形缝构造（二）

4. 屋面出入口构造

1）水平出入口

水平出入口是指从楼梯间或阁楼到达上人屋面的出入口。为了防止屋面积水从入口进入室内，出入口要高出屋面两级踏步，如图8.18所示。出入口形成的泛水构造如前所述，在此不再赘述。

2）垂直出入口

垂直出入口为屋面检修时上人用。若屋顶结构为现浇钢筋混凝土，可直接在上人口四周浇出孔壁，将防水层收头压在混凝土或角钢压顶下，上人口孔壁也可用砖砌筑，其上做混凝土压顶。上人口应加盖钢制或木制包镀锌铁皮孔盖，如图8.19所示。

观察与思考

比较图8.18和图8.19，你能发现这两张图的异同吗？

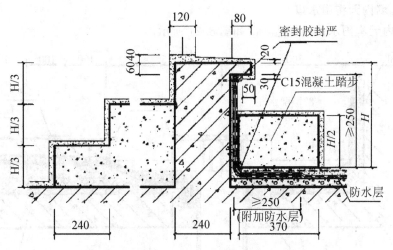

图 8.18 卷材、涂膜防水屋面出入口构造(一)

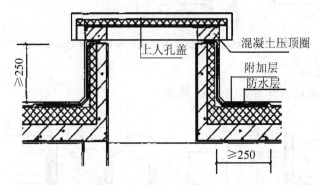

图 8.19 卷材、涂膜防水屋面出入口构造(二)

5.雨水口

1)檐沟雨水口

檐沟雨水口的构造详图如图 8.20 所示。

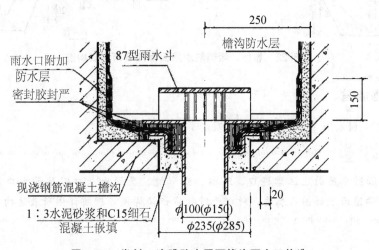

图 8.20 卷材、涂膜防水屋面檐沟雨水口构造

2）女儿墙内天沟雨水口

女儿墙内天沟雨水口的构造详图如图 8.21 所示。

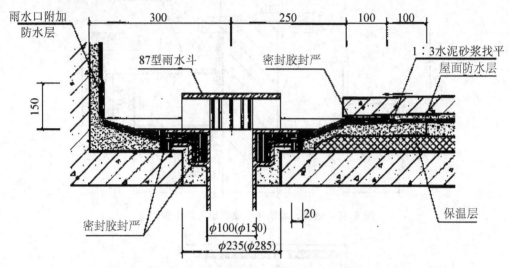

图 8.21　卷材、涂膜防水屋面女儿墙内天沟雨水口构造

3）女儿墙雨水口

女儿墙雨水口的构造详图如图 8.22 所示。

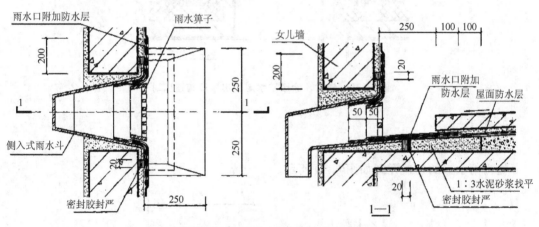

图 8.22　卷材、涂膜防水屋面女儿墙雨水口构造

　观察与思考

比较图 8.20、图 8.21 和图 8.22，你能发现这 3 张图的异同吗？

　**特　别　提　示**

卷材、涂膜防水屋面应注意檐口、泛水、变形缝、屋面出入口以及雨水口等处的细部构造，这些细部构造通过详图来表达，所以平时要多识读详图，理解详图所表达的构造做法。

8.4 平屋顶的保温与隔热

阅读资料

倒置式屋面

为防止建筑物的热量散失过多过快,需在建筑屋顶设置保温层。工程中一般将保温层设在结构层之上、防水层之下,如上节所述的卷材、涂膜屋面。但工程中也有一些屋面,如88层的上海金茂大厦、66层的上海恒隆广场、青松城大酒店屋顶网球场以及上海现代设计集团有限公司申元大厦的保温屋面,均采用了把保温层设在防水层之上的构造做法,人们把这种屋面称为倒置式屋面。倒置式屋面就是将憎水性保温材料设置在防水层上的屋面。倒置式屋面的定义中,特别强调"憎水性"保温材料。工程中常用的保温材料如水泥膨胀珍珠岩、水泥蛭石、矿棉、岩棉等都是非憎水性的,这类保温材料如果吸湿后,其导热系数将陡增,所以才出现了普通保温屋面中需在保温层上做防水层,在保温层下做隔气层,从而增加了造价,使构造复杂化。其次,防水材料暴露于最上层,加速其老化,缩短了防水层的使用寿命,故应在防水层上加做保护层,这又将增加额外的投资。再次,对于封闭式保温层而言,施工中因受天气、工期等影响,很难做到其含水率相当于自然风干状态下的含水率,如因保温层和找平层干燥困难而采用排气屋面的话,则由于屋面上伸出大量排气孔,不仅影响屋面使用和观瞻,而且人为地破坏了防水层的整体性,排气孔上防雨盖又容易碰掉脱落,反而使雨水灌入孔内。即使是按规范设排气道、排气孔有时还会出现防水层起泡现象。这里面一个根本的问题是保温材料中的含水率。过去采用水泥膨胀珍珠岩或水泥蛭石等无机胶结材料在现场拌和做屋面保温层,加上找平层也是湿作业,施工中用水量较大,要保证及时蒸发以达到自然风干状态下的含水率常常难以做到,这不仅影响到防水工程的施工质量,更大大影响了实际保温效果。近年来虽然采用树脂等有机胶结材料的保温层,如防水树脂珍珠岩等逐渐在市场上广泛应用,但由于市场上压价竞争,质量良莠不齐,其实际含水大大超过其测试报告,质量关难以把握。材料科学的发展,新型高效节能材料的发展应用,终于使倒置式屋面中憎水性保温材料技术难关得以克服,为倒置式屋面的设计应用提供了材料基础。倒置式屋面与普通保温屋面相比较,主要有如下优点:构造简化,避免浪费;不必设置屋面排气系统;防水层受到保护,避免热应力、紫外线以及其他因素对防水层的破坏;出色的抗湿性能使其具有长期稳定的保温隔热性能与抗压强度;如采用挤塑聚苯乙烯保温板能保持较长久的保温隔热功能,持久性与建筑物的寿命等同;憎水性保温材料可以用电热丝或其他常规工具切割加工,施工快捷简便;日后屋面检修不损材料,方便简单;采用了高效保温材料,符合建筑节能技术发展方向。由此可见,倒置式屋面虽然造价较贵,但优越性显而易见。

8.4.1 倒置式屋面

特 别 提 示

严寒及多雪地区不宜采用倒置式屋面。倒置式屋面工程的防水等级应为Ⅰ级。

1. 倒置式屋面的构造层次和构造做法

倒置式屋面是将保温层设置在防水层上的屋面,是保温隔热屋面的类型之一。倒置式屋面的构造层次自下而上为:结构层、找坡层、找平层、防水层、保温隔热层、隔离层和保护层。

1）找坡层

倒置式屋面应优先选择结构找坡，坡度为 3%。如采用材料找坡，厚度不得小于 20mm，找坡层上应设找平层。

2）保温隔热层

倒置式屋面保温隔热材料宜选用板状制品，其性能除应具有必要的密度、耐压缩性能和导热系数外，还必须具有良好的憎水性或高抗湿性，体积吸水率不应大于 3%，设计厚度应按计算厚度增加 25% 取值，且最小厚度不得小于 25mm，可供选用的板状制品主要有：挤塑型聚苯乙烯泡沫塑料板、硬泡聚氨酯板、硬泡聚氨酯防水保温复合板、泡沫玻璃等，板材厚度应按工程的热工要求通过计算确定。不得使用松散保温材料。保温层使用年限不宜低于防水层使用年限。如保温板直接铺设在防水层上，保温板与防水材料及粘结剂应相容匹配，否则应在防水层和保温层之间设隔离层。

3）保护层

上人倒置式屋面保护层的材料和做法如下。

（1）现浇细石混凝土保护层。现浇细石混凝土保护层应设分格缝，分割面积不宜大于 36m²，并在分格缝内嵌填弹性密封胶。细石混凝土保护层与山墙、凸出屋面墙体、女儿墙之间应预留宽度为 30mm 的缝隙，并用密封胶封严。

（2）块材保护层。块材保护层做法是坐浆铺设或干铺水泥砖、地砖、仿石砖、细石混凝土预制板，块材分割面积不宜大于 100m²，分格缝宽度不宜小于 20mm，并用密封胶封严。

（3）人造草皮保护层。人造草皮保护层做法是在 40mm 厚现浇细石混凝土上做人造草皮层，现浇细石混凝土层应设分格缝。

不上人倒置式屋面保护层的材料和做法如下。

（1）铺压卵石（直径 10～30mm，厚 50mm）。

（2）做 20mm 厚水泥砂浆，表面设分格缝，分格面积为 1m²。

特 别 提 示

其他构造层次同卷材、涂膜屋面，在此不再赘述。

平屋面建筑构造标准图集（12J201）给出了 7 种倒置式屋面的标准构造做法，如表 8-7 所示。如设计者采用其中的一种标准构造做法，则只需在图中注明图集号及屋面做法的构造编号。识图人员根据图中注明的图集号及屋面做法的构造编号查找倒置式屋面的标准构造做法。如设计者采用 12J201B1 这种构造做法则表示屋面采用倒置式屋面的第一种构造做法。则查找图集，即可知道屋面构造层次除顶棚层外，从上到下依次为保护层、隔离层、保温层、防水层、找平层、找坡层和结构层，还可以知道保护层、隔离层、找平层、找坡层的做法。防水层的做法则如 8.3.1 所述，在此不再赘述。保温层的材料和构造做法由设计者根据建筑物的使用要求、屋面结构形式、环境气候条件、防水处理方法和施工条件等因素综合考虑决定。保温层的厚度是通过热工计算确定的，一般可从当地建筑标准设计图集中查得。设计者也可以画出屋面的构造层次详图，以表达屋面的构造做法，如图 8.22 所示，即为倒置式屋面屋面的构造详图。识图人员根据屋面的构造层次详图即可弄清楚倒置式屋面屋面的构造层次和构造做法。

特 别 提 示

倒置式屋面的构造层次和构造做法由设计者确定，识图时应注意倒置式屋面由哪几个构造层次组成及各构造层次的构造做法（包括各构造层选用的材料及各构造层的厚度等信息）。

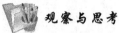 **观察与思考**

表8-7所示的7种倒置式屋面的构造做法有何异同？上人倒置式屋面屋面保护层的做法有哪几种？不上人倒置式屋面保护层的做法有哪几种？图8.23采用的是哪一种构造做法？

表8-7 倒置式屋面的构造做法

构造编号	简 图	屋面构造	备 注
B1	有保温上人屋面	1. 40厚C20细石混凝土保护层，配φ6或冷拔φ4的Ⅰ级钢，双向@150，钢筋网片绑扎或点焊（设分格缝） 2. 10厚低强度等级砂浆隔离层 3. 保温层 4. 防水卷材层 5. 20厚1:3水泥砂浆找平层 6. 最薄30厚LC5.0轻集料混凝土2%找坡层 7. 钢筋混凝土屋面板	防水层做法见附录J1、J2防水做法选用表
B2	有保温上人屋面	1. 防滑地砖，防水砂浆勾缝 2. 20厚聚合物砂浆铺卧 3. 10厚低强度等级砂浆隔离层 4. 保温层 5. 防水卷材层 6. 20厚1:3水泥砂浆找平层 7. 最薄30厚LC5.0轻集料混凝土2%找坡层 8. 钢筋混凝土屋面板	1. 地砖种类、规格及厚度见工程设计 2. 防水层做法见附录J1、J2防水做法选用表
B3	有保温上人屋面	1. 490×490×40，C25细石混凝土预制板，双向4φ6 2. 20厚聚合物砂浆铺卧 3. 10厚低强度等级砂浆隔离层 4. 保温层 5. 防水卷材 6. 20厚1:3水泥砂浆找平层 7. 最薄30厚LC5.0轻集料混凝土2%找坡层 8. 钢筋混凝土屋面板	防水层做法见附录J1、J2防水做法选用表

构造编号	简　图	屋面构造	备　注
B4	有保温不上人屋面	1.390×390×40，素水泥预制块 2.20 厚聚合物砂浆铺卧 3.10 厚低强度等级砂浆隔离层 4. 保温层 5. 防水卷材层 6.20 厚 1：3 水泥砂浆找平层 7. 最薄 30 厚 LC5.0 轻集料混凝土 2‰找坡层 8. 钢筋混凝土屋面板	防水层做法见附录 J1、J2 防水做法选用表
B5	有保温不上人屋面	1.50 厚直径 10～30 卵石保护层 2. 干铺无纺聚酯纤维布一层 3.10 厚低强度等级砂浆隔离层 4. 保温层 5. 防水卷材层 6.20 厚 1：3 水泥砂浆找平层 7. 最薄 30 厚 LC5.0 轻集料混凝土 2‰找坡层 8. 钢筋混凝土屋面板	防水层做法见附录 J1、J2 防水做法选用表
B6	有保温不上人屋面	1. 涂料粒料保护层 2.20 厚 1：3 水泥砂浆找平层 3. 保温层 4. 防水卷材层 5.20 厚 1：3 水泥砂浆找平层 6. 最薄 30 厚 LC5.0 轻集料混凝土 2‰找坡层 7. 钢筋混凝土屋面板	防水层做法见附录 J1、J2 防水做法选用表
B7	有保温上人屋面	1. 人造草皮（或化纤地毯）专用胶粘接，在人造草皮中填充石英砂（橡胶粒）保护 2.40 厚 C20 细石混凝土保护层，配φ6 或冷拔φ4 的 I 级钢，双向@150，钢筋网片绑扎或点焊（设分格缝） 3.10 厚低强度等级砂浆隔离层 4. 保温层 5. 防水卷材层 6.20 厚 1：3 水泥砂浆找平层 7. 最薄 30 厚 LC5.0 轻集料混凝土 2‰找坡层 8. 钢筋混凝土屋面板	防水层做法见附录 J1、J2 防水做法选用表

1. 防滑地砖，防水砂浆勾缝
2. 20厚聚合物砂浆铺卧
3. 10厚低强度等级砂浆隔离层
4. 100mm硬质聚氨酯泡沫塑料
5. 4mm厚SBS改性沥青防水卷材
6. 20厚1：3水泥砂浆找平层
7. 最薄30厚LC5.0轻集料混凝土2%找坡层
8. 钢筋混凝土屋面板

1. 涂料粒料保护层
2. 20厚1：3水泥砂浆找平层
3. 100mm硬质聚氨酯泡沫塑料
4. 4mm厚SBS改性沥青防水卷材
5. 20厚1：3水泥砂浆找平层
6. 最薄30厚LC5.0轻集料混凝土2%找坡层
7. 钢筋混凝土屋面板

图8.23　倒置式屋面构造详图

2. 倒置式屋面的细部构造

1）檐口构造

（1）自由落水挑檐。倒置式屋面自由落水挑檐构造与卷材、涂膜防水屋面挑檐构造基本相同，但应在保温层端部设预制混凝土堵头，预制混凝土堵头采用C20细石混凝土浇制，堵头内每隔150mm设置一个泄水孔。堵头高度 H 应根据保温层及保护层高度确定，如图8.24所示。

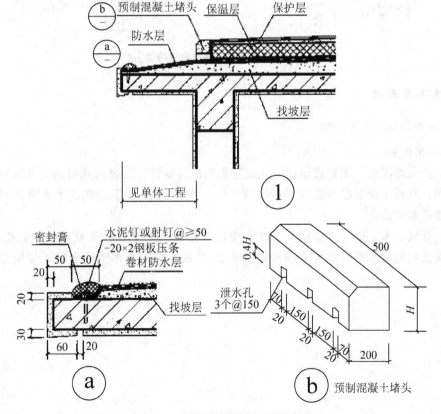

图8.24　倒置式屋面檐口挑檐构造

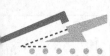

（2）檐沟。倒置式屋面檐沟构造与卷材、涂膜防水屋面檐沟构造基本相同，但在保温层端部应设现浇混凝土堵头，现浇混凝土堵头采用 C20 细石混凝土浇制，堵头内每隔 250mm 预埋直径为 100mm 的半圆 PVC 管作为泄水孔，以防止保温层积水。堵头高度 H 应根据保温层及保护层高度确定，如图 8.25 所示

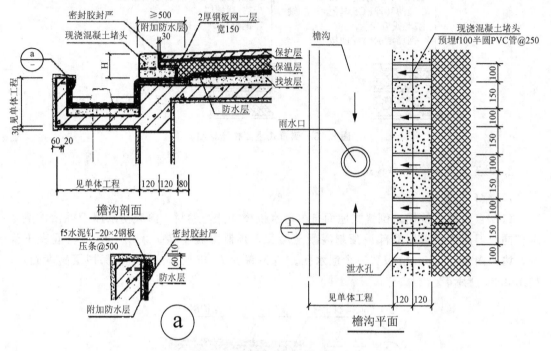

图 8.25　倒置式屋面檐沟构造

观察与思考

图 8.24 和图 8.25 有何异同？

2）泛水构造

（1）女儿墙泛水。倒置式屋面女儿墙泛水构造与卷材、涂膜防水屋面女儿墙泛水构造基本相同，只是把保温层和防水层的位置互换，如图 8.26 所示。在此不再赘述倒置式屋面女儿墙泛水构造。

（2）立墙泛水。倒置式屋面立墙泛水构造与卷材、涂膜防水屋面立墙构造基本相同，只是把保温层和防水层的位置互换，如图 8.27 所示。在此不再赘述倒置式屋面立墙泛水构造。

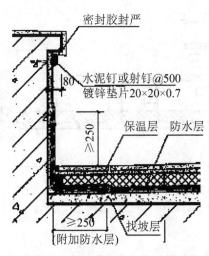

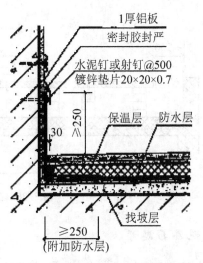

图 8.26 倒置式屋面女儿墙泛水构造　　　图 8.27 倒置式屋面立墙泛水构造

8.4.2 架空屋面

1. 架空屋面构造层次

架空屋面是采用防止太阳直接照射屋面上表面的隔热措施的一种平屋面。其基本构造做法是在卷材、涂膜防水屋面或倒置式屋面上做支墩(或支架)和架空板。屋面构造层次自上而下为架空隔热层、保护层、防水层、找平层、找坡层、保温层、结构层和顶棚层。

特 别 提 示

架空屋面宜在通风条件较好的建筑物上使用。适用于夏季炎热和较炎热的地区。除多一个架空隔热层，其他构造层做法与卷材、涂膜防水屋面或倒置式屋面相同。

2. 架空屋面的构造要求

架空屋面的架空层应有适当的层间高度，一般以 180～300mm 为宜，由设计者根据屋面的宽度和坡度大小确定。标准图集 12J201《平屋面建筑构造》给出了 3 种支墩做法和架空高度(混凝土砌块架空 190mm；砖墩架空 240mm 或 180mm；纤维水泥架空板凳架空 200mm)。支墩间距视隔热板的尺寸由设计者确定。当屋面深度方向宽度大于 10m 时，在架空隔热层的中部应设通风屋脊(即通风桥)，如图 8.28 所示。架空板与女儿墙之间应留出不小于架空层空间高度的空隙，一般不小于 250mm。综合考虑女儿墙处的屋面排水构件的安装与维修及靠近女儿墙的屋面排水反坡与清扫，建议架空板与女儿墙之间的距离加大至 450～550mm。这种屋面不仅能达到通风降温、隔热防晒的目的，还可以保护屋面防水层。

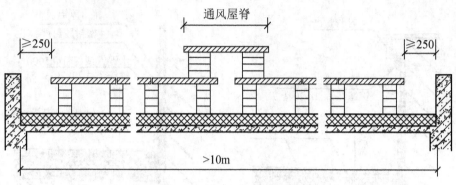

图 8.28　架空屋面剖面示意图

观察与思考

　　图 8.29 是某架空屋面的构造详图，这个详图表达出了屋面的哪些构造做法呢？你能用文字表达出来吗？

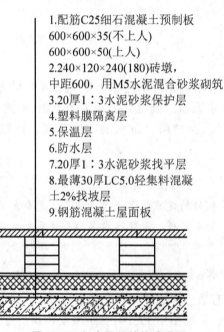

1.配筋C25细石混凝土预制板
600×600×35(不上人)
600×600×50(上人)
2.240×120×240(180)砖墩，
中距600，用M5水泥混合砂浆砌筑
3.20厚1：3水泥砂浆保护层
4.塑料膜隔离层
5.保温层
6.防水层
7.20厚1：3水泥砂浆找平层
8.最薄30厚LC5.0轻集料混凝
土2%找坡层
9.钢筋混凝土屋面板

图 8.29　架空屋面的构造详图

8.4.3　蓄水屋面

　　蓄水屋面是平屋面的隔热措施之一。其构造做法是在平屋顶上蓄积一定深度的水，利用水吸收大量太阳辐射热，将热量散发，以减少屋顶吸收的热量，从而达到降温隔热的目的。蓄水屋面的蓄水池应采用强度等级不低于 C25 的钢筋混凝土，蓄水池内采用 20mm 厚防水砂浆抹面。蓄水屋面的蓄水深度一般为 150～200mm，且不应小于 150mm。蓄水屋面应根据建筑物平面布局划分为若干蓄水区，每区的边长不宜大于 10m。分区的隔墙

(分区墙)可采用混凝土浇筑或砌体砌筑,过水孔应设在分区墙的底部。在变形缝的两侧,应分成两个互不连通的蓄水区,如图 8.30 所示。长度超过 40m 的蓄水屋面,应做分仓设计,如图 8.31 所示。蓄水屋面应设置排水管、给水管和溢水口,排水管应与水落管或其他排水出口连通,以保证多雨季节不超过蓄水深度和检修屋面时能将蓄水排除。溢水口距分仓墙顶面的距离不应小于 100mm,如图 8.32 所示。

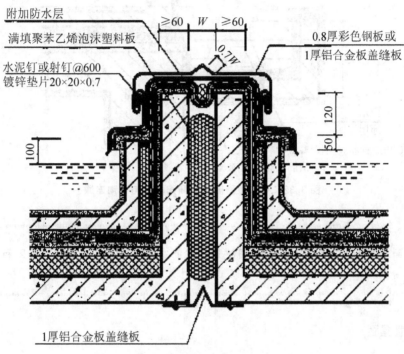

图 8.30　蓄水屋面变形缝构造

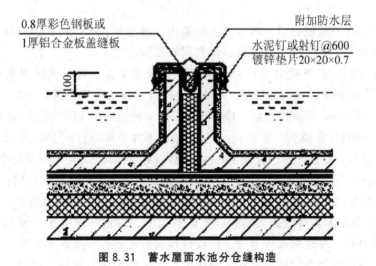

图 8.31　蓄水屋面水池分仓缝构造

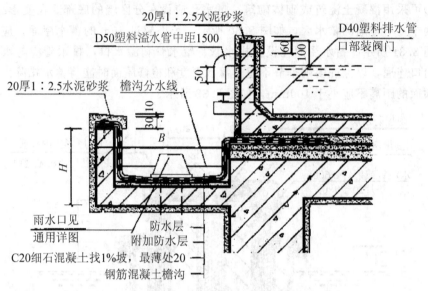

图 8.32 蓄水屋面溢水管和排水管与檐沟连通

特 别 提 示

蓄水屋面适用于炎热地区的一般民用建筑，不宜在寒冷地区、地震设防地区和震动较大的建筑物上采用。

8.4.4 种植屋面

种植屋面是在屋面防水层上铺以种植土，并种植植物起到隔热及保护环境作用的屋面。

种植屋面的基本构造包括：植被层、种植土、过滤层、排（蓄）水层、保护层、耐根穿刺防水层、防水层、找平层、找坡层、保温层和结构层等。

种植土层的配比和厚度由设计者按屋面绿化要求确定，种植土的厚度一般不宜小于100mm。过滤层采用土工布，沿种植土周边向上铺设，并与种植土高度一致。土工布的搭接宽度不应小于 150mm，接缝应密实。排（蓄）水层分 3 种做法，即凹凸型排（蓄）水板、网状交织排（蓄）水层和陶粒（粒径不小于 25mm，堆积密度不大于 500kg/m³）排（蓄）水层。水泥砂浆保护层应设分格缝，纵横间距不宜大于 6m，分格缝宽 20mm，并用密封胶封严。种植屋面的防水很关键，应做两道防水，其中必须有一道耐根穿刺防水层，普通防水层在下，耐根穿刺防水层在上。防水层做法应满足 I 级防水设防要求。保温层应采用憎水性的密度小于 100kg/m³的轻质保温板（如聚苯乙烯泡沫塑料板、挤塑型聚苯乙烯泡沫塑料板和硬泡聚氨酯板等），不应采用松散材料，厚度由设计者按工程设计建筑节能设计标准计算确定。

种植屋面屋顶四周须设栏杆或女儿墙作为安全防护措施，保证上屋顶人员的安全；种植屋面的女儿墙、周边泛水和屋面檐口部位，均应设置直径为 20～50mm 的卵石隔离带，宽度为 300～500mm，并应设挡土墙，以防水土流失，如图 8.33 所示。

观察与思考

图 8.33 中的两张图有何异同？

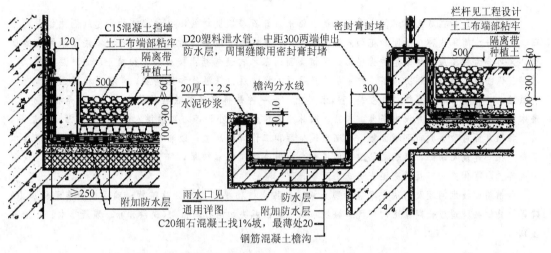

图 8.33 种植屋面立墙泛水、种植土挡墙及檐沟构造

观察与思考

图 8.34 为种植屋面的构造详图，图中表达了种植屋面哪些构造做法？

1.植被层
2.种植土厚度按工程设计
3.土工布过滤层
4.20高凹凸型排(蓄)水板
5.20厚1：3水泥砂浆保护层
6.耐根穿刺防水层
7.普通防水层
8.20厚1：3水泥砂浆找平层
9.最薄30厚LC5.0轻集料混凝土2%找坡层
10.保温层
11.钢筋混凝土屋面板

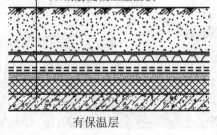

有保温层

图 8.34 种植屋面构造详图

种植屋面

种植屋面是指在屋面防水层上覆土或铺设锯末、蛭石等松散材料，并种植植物，起到隔热作用的屋面。它可分为简单式种植屋面和花园式种植屋面。简单式种植屋面仅指以地被植物和低矮灌木绿化的屋面，又可分为种植屋面和草毯种植屋面。种植屋面的基本构造包括：植被层、种植土、过滤层、排（蓄）水层、保护层、耐根穿刺防水层、防水层、找平层、找坡层、保温层和结构层。草毯种植屋面构造有两种做法，一种是将草毯直接铺放在排（蓄）水层上；另一种是将草毯铺放在种植土上。后者是指以乔木、灌木和地被植物绿化，并设有亭台、园路、园林小品和水池、小溪等，可提供人们进行休闲活动的屋面。

种植屋面可改善城市环境面貌，提高市民生活和工作环境质量；改善城市热岛效应；减低城市排水负荷；保护建筑物顶部，延长屋顶建材使用寿命；提高建筑保温效果，降低能耗；削弱城市噪音，缓解大气浮尘，净化空气以及提高国土资源利用率。

种植屋面技术问题及解决方案包括防止渗水；防止植物根部生长到建筑物；确保植物能承受风力；确保植物的品种适应长期暴晒的环境和该城市的气候；解决如何打理植物（提供营养、灌溉排水、防治害虫）。

8.5 坡屋顶

相信大家看了图 8.35 所示的建筑，一定会被图中建筑的建筑形象所吸引。而图中建筑的屋顶形式，则为其立面形象增色不少。与我们生活中最常见的千篇一律的平屋顶相比，风格各异、色彩丰富的坡屋顶总能让我们眼前一亮，给我们带来耳目一新的感觉。毋庸置疑，坡屋顶的立面造型要比平屋顶美观得多，这也是别墅往往采用坡屋顶的原因。近代，随着防水材料的出现，平屋顶由于节省造价被广泛使用，但是近年来，由于经济发展了，人们又开始大量采用美观的坡屋顶了，特别是低、多层住宅。

图 8.35 坡屋顶

坡屋顶的构造组成和平屋顶有何异同？坡屋顶有哪些构造做法？坡屋顶怎么防水保温隔热？相信学完这一节，你都能给出明确的答案。

8.5.1 坡屋顶的组成

1. 承重结构

承重结构主要承受作用在屋面上的各种荷载并将其传至墙或柱上。坡屋顶的承重结构一般由椽条、檩条、屋架或钢筋混凝土梁等组成。

2. 屋面面层

屋面面层是屋顶的上覆盖层，起承受雨、雪、风、霜和太阳辐射等大自然侵蚀的作用。它包括屋面覆盖材料和基层，如挂瓦条、屋面板等。

3. 顶棚

顶棚是屋顶下面的遮盖部分，起遮蔽上部结构构件，使室内上部平整，改变空间形状及保温隔热和装饰作用。

4. 保温、隔热层

保温层或隔热层起保温、隔热作用，可设在屋面层或顶棚层。

● 特 别 提 示

坡屋顶一般由承重结构和屋面面层两部分组成，根据使用要求不同，有时还需增设顶棚层和保温层、隔热层等。

8.5.2 坡屋顶的承重结构

1. 承重结构类型

1）横墙承重

横墙承重是指按屋顶所要求的坡度，将横墙上部砌成三角形，在墙上直接搁置檩条来承受屋面重量的一种结构方式。这种承重方式又称山墙承重或硬山搁檩。横墙承重构造简单、施工方便，有利于屋顶的防火和隔音。适用于开间为4.5m以内、尺寸较小的房间，如住宅、宿舍、旅馆等，如图8.36所示。

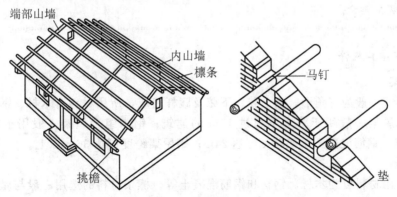

图8.36 横墙支承檩条屋面

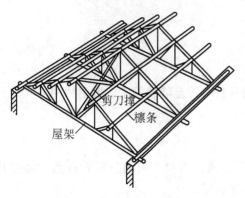

图 8.37 屋架承重结构

2) 屋架承重

屋架承重是指由一组杆件在同一平面内互相结合成整体屋架，屋架支承于墙或柱上，在其上搁置檩条来承受屋面重量的一种结构方式。这种承重方式可以形成较大的内部空间，多用于要求有较大空间的建筑，如食堂、教学楼等，如图 8.37 所示。

3) 梁架承重

梁架承重是我国传统的木结构形式，由柱和梁组成排架，檩条搁置于梁间，并利用檩条及连系梁（枋），使整个房屋形成一个整体的骨架，内外墙体均填充在骨架之间，不承受荷载，仅起分隔和围护作用，如图 8.38 所示。

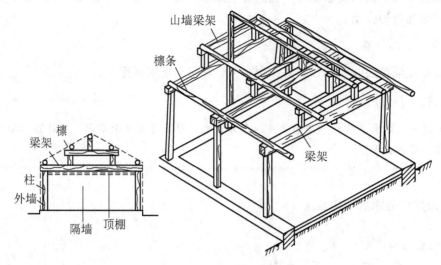

图 8.38 梁架承重结构

⬤ 特 别 提 示 ⬤ ⬤⬤⬤⬤⬤⬤⬤⬤⬤⬤⬤⬤⬤⬤⬤⬤⬤⬤

坡屋顶中常用的承重结构类型有横墙承重、屋架承重和梁架承重 3 种。现代的框架结构房屋的坡屋顶的承重结构一般是钢筋混凝土梁板结构，倾斜的楼板支撑在下方倾斜的梁上面，具体形式参见楼地层章。

2. 承重结构构件

1) 屋架

屋架形式一般为三角形，由上弦、下弦及腹杆组成，所用材料有木材、钢材和钢筋混凝土等。木屋架一般用于跨度不超过 12m 的建筑；钢木组合屋架一般用于跨度不超过 18m 的建筑；钢筋混凝土屋架跨度可达 24m；钢屋架跨度可达 36m 以上。

2) 檩条

檩条所用材料可为木材、钢材和钢筋混凝土等。檩条材料的选用一般与屋架所用材相同，以使两者的耐久性接近。檩条的断面形式如图 8.39 所示。木檩条有矩形和圆形（即原木）两种；钢筋混凝土檩条有矩形、L 形和 T 形等；钢檩条有型钢或轻型钢檩条。当采用木檩条时一般跨度在 4m 以内；钢筋混凝土檩条可达 6m。

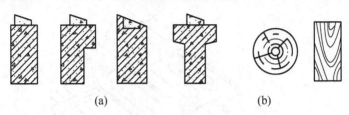

图 8.39 檩条断面形式

（a）钢筋混凝土檩条；（b）木檩条

特 别 提 示 ....

坡屋顶的承重结构构件主要有屋架和檩条两种。现代的框架结构房屋的坡屋顶一般是钢筋混凝土倾斜的楼板与撑在下方倾斜的梁上面，此时梁是重要的承重构件。

....

8.5.3 坡屋顶的排水

坡屋顶上的排水分为无组织排水和有组织排水，有组织排水又分为内排水和外排水。

坡屋顶上的雨水直接顺挑出的檐口排至室外，称为无组织排水（自由落水）。这种排水方式构造简单、经济，但对于较高的建筑或临街建筑不允许自由排水影响行人交通，以及为避免底层窗台沾水，要采用有组织排水，其方法是在屋檐处设置略带纵坡的水平檐沟，使雨水汇集于有一定间距的垂直雨水管排下。

8.5.4 坡屋顶的屋面构造

1. 传统的坡屋顶构造

根据坡屋顶面层防水材料的不同，传统的坡屋顶可分为平瓦屋面、小青瓦屋面等。其中，平瓦屋面应用较为广泛。其细部构造层次分别由屋面板、防水卷材、顺水条、挂瓦条、椽条、平瓦等所组成。这里只介绍传统平瓦屋面的构造。

传统的平瓦屋面根据基层的不同有冷摊平瓦屋面和屋面板平瓦屋面等。

1）冷摊平瓦屋面

冷摊平瓦屋面是平瓦屋面中最简单的构造做法，即在檩条上钉固椽条，然后在椽条上钉挂瓦条并直接挂瓦，如图 8.40 所示。这种做法的缺点是雨雪易从瓦缝中飘入室内，保温效果差，通常用于南方地区质量要求不高的建筑。木椽条断面尺寸一般为 40mm×60mm 或 50mm×50mm，其间距为 400mm 左右。挂瓦条断面尺寸一般为 30mm×30mm，中距 330mm。

2）屋面板平瓦屋面

屋面板平瓦屋面也称木望板瓦屋面，是先在檩条上铺钉 15～20mm 厚的木望板（亦称屋面板），在望板上干铺一层油毡，在油毡上顺着屋面水流方向钉 10mm×30mm、中距

500mm 的顺水条，然后在顺水条上面平行于屋脊方向钉挂瓦条并挂瓦，挂瓦条的断面和间距与冷摊瓦屋面相同，如图 8.41 所示。这种做法比冷摊瓦屋面的防水、保温隔热效果要好，但耗用木材多、造价高。

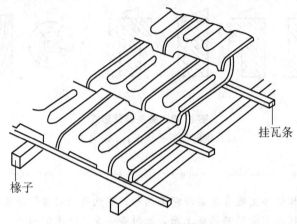

图 8.40　冷摊瓦屋面

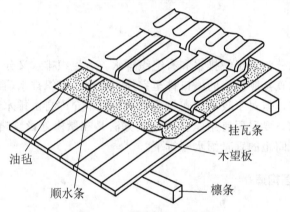

图 8.41　屋面板平瓦屋面

2. 钢筋混凝土坡屋顶

由于建筑技术的进步，传统的坡屋顶已很少在城市建筑中采用，但因坡屋顶具有其特有的造型特征，坡屋顶仍应用广泛。

1）钢筋混凝土挂瓦板平瓦屋面

挂瓦板是把檩条、屋面板、挂瓦条三者功能结合为一体的预制钢筋混凝土构件。挂瓦板有预应力和非预应力构件之分，板肋根部预留泄水孔，以便排除由瓦面渗漏下的雨水。挂瓦板的断面形式有双 T 形、单 T 形和 F 形，板肋中距为 330mm。挂瓦板直接搁置在横墙上或屋架上，板上直接挂瓦，板缝采用 1∶3 水泥砂浆嵌填，如图 8.42 所示。

2）钢筋混凝土板瓦屋面

由于保温、防火或造型等的需要，可将预制钢筋混凝土空心板或现浇平板作为瓦屋面的基层，在其上盖瓦。盖瓦的方式有两种：一种是在找平层上铺油毡一层，用压毡条钉在嵌在板缝内的木楔上，再钉挂瓦条挂瓦；另一种是在屋面板上直接粉刷防水水泥砂浆并贴瓦或陶瓷面砖或平瓦。在仿古建筑中也常常采用钢筋混凝土板瓦屋面，如图8.43所示。

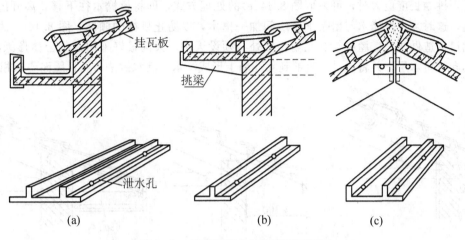

图 8.42 钢筋混凝土挂瓦板平瓦屋面
（a）双肋板；（b）单肋板；（c）F板

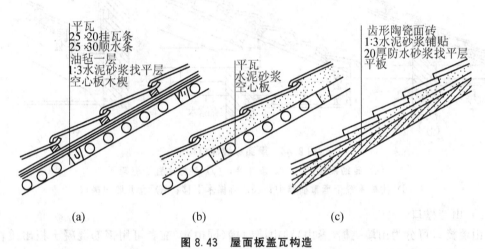

图 8.43 屋面板盖瓦构造
（a）木条挂瓦；（b）砂浆贴瓦；（c）砂浆贴面砖

8.5.5 坡屋顶的细部构造

平瓦屋面是坡屋顶中应用最多的一种形式，其细部构造主要包括：檐口构造、天沟和斜沟构造等。

1. 檐口构造

檐口按位置可分为纵墙檐口和山墙檐口。

1）纵墙檐口

纵墙檐口根据构造方法不同有挑檐和封檐两种形式，如图8.44(a)所示。为砖挑檐，即在檐口处将砖逐皮外挑，每皮挑出1/4砖（60mm），挑出总长度不大于墙厚的1/2。图8.44(b)是将椽条直接外挑，适用于较小的出挑长度。当需要出挑长度大时，应采取挑檐木将檐口挑出，图 8.44(c)为挑檐木置于屋架下，图 8.44(d)为在承重横墙中置挑檐木的做法。当挑檐长度更大时，可采取图 8.44(e)的处理方式，即将挑檐木往下移，离开屋架一段距离，这时须在挑檐木与屋架下弦之间加一撑木，以防止挑檐的倾覆。图 8.44(f)为女儿墙包檐口构造做法，在屋架与女儿墙相接处必须设天沟。天沟最好采用混凝土槽形天沟板，沟内铺卷材防水层，并将卷材一直铺到女儿墙上形成泛水。泛水做法与卷材屋面要求相同。

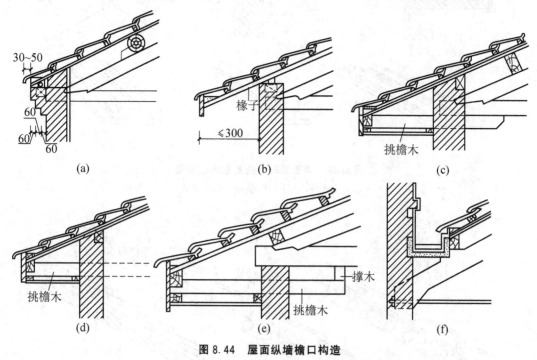

图 8.44 屋面纵墙檐口构造

（a）砖砌挑檐；（b）椽条外挑；（c）挑檐木置于屋架下
（d）挑檐木置于承重横墙中；（e）挑檐木下移；（f）女儿墙包檐口

2）山墙檐口

山墙檐口可分为山墙挑檐（悬山）和山墙封檐（硬山）。前者可用钢筋混凝土板出挑，平瓦在山墙檐边隔块锯成半块，用 1：2.5 水泥砂浆抹成高 80～100mm、宽 100～120mm 的封边，称封山压边或瓦出线，如图 8.45 所示。后者是将山墙高出屋面，高度达 500mm 以上者可作封火墙，在山墙与屋面交接处做泛水，如图 8.46 所示。

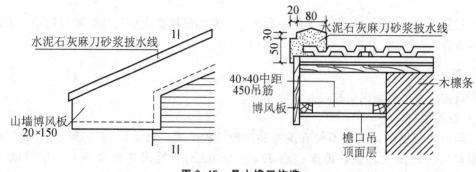

图 8.45 悬山檐口构造

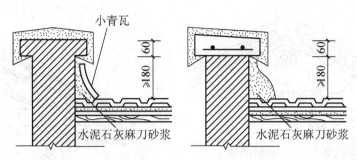

图 8.46　硬山檐口构造

2. 天沟和斜沟构造

在等高跨或高低跨相交处，常常出现天沟，而两个相互垂直的屋面相交处则形成斜沟，其做法如图 8.47 所示。沟应有足够的断面积，上口宽度不宜小于 300～500mm，一般用镀锌铁皮铺于木基层上，镀锌铁皮伸入瓦片下面至少 150mm。高低跨和包檐天沟若采用镀锌铁皮防水层时，应从天沟内延伸至立墙（女儿墙）上形成泛水。

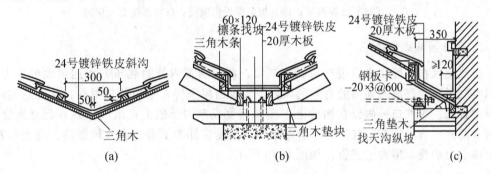

图 8.47　天沟、斜沟构造

（a）三角形天沟（双跨屋面）；（b）矩形天沟（双跨屋面）；（c）高低跨屋面天沟

🔵 特 别 提 示 ····································

平瓦屋面应做好檐口、天沟、屋脊等部位的细部处理。

8.5.6　坡屋顶的保温与隔热

1. 坡屋顶保温构造

坡屋顶的保温层一般布置在瓦材与檩条之间或吊顶棚上面。保温材料可根据工程具体要求选用松散材料、块体材料或板状材料。在一般的瓦屋面中，采用基层上铺一层粘土稻草泥作为保温层，瓦片粘结在该层上，如图 8.48（a）所示。在平瓦屋面中，可将保温材料填充在檩条之间，如图 8.48（b）所示。在设有吊顶的坡屋顶中，将保温层铺设在顶棚上面，可收到保温和隔热双重效果，如图 8.48（c）所示。

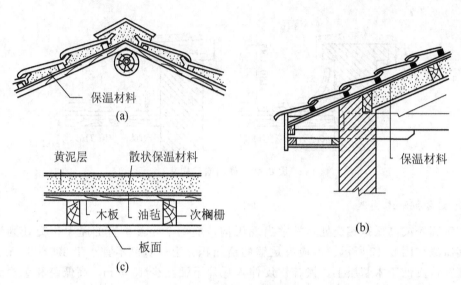

图 8.48　坡屋顶保温构造

（a）瓦材下设保温层；（b）檩条间设保温层；（c）顶棚上设保温

2. 坡屋顶隔热构造

炎热地区在坡屋顶中设进气口和排气口，利用屋顶内外的热压差和迎风面的压力差，组织空气对流，形成屋顶内的自然通风，以减少由屋顶传入室内的辐射热，从而达到隔热降温的目的。进气口一般设在檐墙上、屋檐部位或室内顶棚上；出气口最好设在屋脊处，以增大高差，有利加速空气流通，有些坡屋顶房屋顶部为了采光和通风散热，通常在斜屋面上做凸出的窗，俗称老虎窗。如图 8.49 所示。

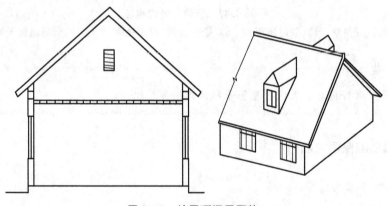

图 8.49　坡屋顶通风隔热

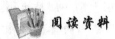 **阅读资料**

复合太阳能屋面

在不对传统坡屋顶外部形态进行改造的前提下，从屋顶材料的运用上入手，以实现构筑绿色建筑的目标。即变传统的单层屋顶为双层屋顶。第一层是太阳能储热板，它所贮存的太阳能可用于室内的供冷、采暖、热水供应等，最大限度的利用太阳能这种无污染的绿色能源；第二层是敷设于屋顶的高密度泡沫板保温层，其能有效阻挡紫外线入侵，并在很大程度上减少了夏季室内的热量吸收及冬季的热量散失。复合太阳能屋面板面层由涂黑不锈钢板和太阳能电池板组成，白天用于吸收太阳能，夜间则向天空辐射热量自然冷却。中间设置集热通气层，即集热钢板下面铺设骨架架空其下方使之形成多条通气道。集热通气层可以尽可能防止屋顶热量传入室内，同时在混凝土坡屋面上铺贴了岩棉隔热层，也可以有效防止屋顶热空气的热量传入。在坡屋顶上设置复合太阳能屋面板既能够有效收集太阳能资源又能增强屋面保温隔热性能，如图 8.50 所示。

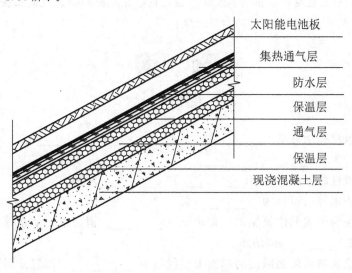

图 8.50　复合太阳能屋面

本章小结

（1）常用的坡度表示方法有斜率法、百分比和角度法，屋顶坡度较小时常用百分比法表示，坡度较大时常用斜率法表示，角度法应用较少。

（2）屋顶可分为平屋顶、坡屋顶、曲面屋顶等多种形式。

（3）平屋顶坡度的形成方式有材料找坡和结构找坡两种。

（4）屋顶的排水方式分为无组织排水和有组织排水两大类。无组织排水是指屋面伸出外墙，屋面雨水自由地从檐口滴落至地面的一种排水方式；有组织排水是指将屋面划分成若干区域，按一定的排水坡度把屋面雨水有组织地引导至檐沟或雨水口，通过雨水管排到散水或明沟中。

（5）有组织排水根据落水管的位置不同可分为内排水和外排水两种形式。外排水又包括挑檐沟外排水、女儿墙外排水和女儿墙挑檐沟外排水 3 种形式。

（6）屋顶平面图是指将房屋的顶部单独向下所做的俯视图。它主要是用来表达屋顶形式、屋面排水情况和突出屋面设施的图样。

（7）我国现行的《屋面工程技术规范》（GB 50345—2012)根据建筑物的类别、重要程度、使用功能要求以及防水层耐久年限等，将屋面防水划分为两个等级。

（8）本章介绍了屋面防水层做法、保温层做法、卷材、涂膜防水屋面构造做法、倒置式屋

面构造做法、架空屋面构造做法、种植屋面构造做法，同时介绍了屋面构造详图及细部构造详图的识读。

（9）坡屋顶一般由承重结构和屋面面层两部分组成，根据使用要求不同，有时还需增设顶棚层和保温层、隔热层等。

（10）坡屋顶中常用的承重结构类型有横墙承重、屋架承重和梁架承重3种。坡屋顶的承重结构构件主要有屋架和檩条两种。

（11）钢筋混凝土坡屋顶包括钢筋混凝土挂瓦板平瓦屋面和钢筋混凝土板瓦屋面。平瓦屋面应做好檐口、天沟、屋脊等部位的细部处理。

习 题

一、填空题

1. 常用的坡度表示方法有_____、_____和_____。
2. 屋顶可分为_____、_____和_____等多种形式。
3. 平屋顶坡度的形成方式有_____和_____两种。
4. 屋顶的防水等级可分为_____级。
5. 防水等级为Ⅰ级的建筑屋面，要求设置_____道防水；防水等级为Ⅱ级的建筑屋面，要求设置_____道防水。
6. 卷材、涂膜防水屋面屋面的屋面类型代号为_____；倒置式屋面屋面类型代号为_____；架空屋面屋面类型代号为_____；种植屋面屋面类型代号为_____；蓄水屋面等类型屋面类型代号为_____。
7. 坡屋顶一般由_____和_____两部分组成。
8. 钢筋混凝土坡屋顶包括_____和_____两种。

二、名词解释

1. 平屋顶
2. 有组织排水
3. 卷材、涂膜防水屋面
4. 泛水
5. 倒置式屋面
6. 架空屋面
7. 蓄水屋面

三、简答题

1. 试述平屋顶有哪几种排水方式。
2. 试述卷材、涂膜防水屋面的构造层次及做法。
3. 试述卷材、涂膜防水屋面的细部构造。
4. 试述倒置式屋面的构造层次及做法。
5. 试述倒置式屋面的细部构造。

6. 试述架空屋面的构造层次。

7. 试述种植屋面的构造层次。

8. 试述蓄水屋面的构造层次。

9. 简述平瓦屋面的做法和细部构造。

四、作图题

1. 画出带保温层的卷材防水屋面的构造层次图。

2. 画出卷材防水屋面女儿墙泛水的构造图。

五、综合实训

1. 组织参观屋顶的模型，了解屋顶的构造组成，熟悉常见屋顶的外观形式。

2. 观察学院的建筑物说明其排水方式和屋顶构造，以小组为单位写出观察报告。

3. 组织参观平屋顶的施工现场，对照屋顶施工图，了解其构造特点，熟悉其构造做法。

4. 组织参观坡屋顶的施工现场，对照屋顶施工图，了解其构造特点，熟悉其构造做法。

第 9 章

门　窗

理解门窗的作用、分类和尺寸，掌握木门窗的构造，掌握门窗的图例。

知识要点	能力要求	相关知识	权重
门窗的作用、分类和尺寸	看图上门窗的设置位置、开启方式、尺寸	门窗的设置位置、开启方式、尺寸的设计	40%
木门窗的构造	门窗的详图	木门窗的施工方式	35%
门窗的图例	各种不同种类门窗的图例	建筑制图标准	25%

章节导读

最早的直棂窗在汉墓和陶屋明器中就有，唐、宋、辽、金的砖、木建筑和壁画亦有大量表现。从明代起，它在重要建筑中逐渐被槛窗取代，但在民间建筑中仍有使用。唐代以前仍以直棂窗为多，固定不能开启，因此功能和造型都受到限制。宋代起开关窗渐多，在类型和外观上都有很大发展。宋代大量使用格子窗，除方格之外还有球纹、古钱纹等，改进了采光条件，增加了装饰效果。宋代槛窗已适用于殿堂门两侧各间的槛墙上，是由格子门演变而来的，所以形式相仿，但只有格眼、腰花板和无障水板。支摘窗最早见于广州出土的汉陶楼明器。清代北方的支摘窗也用于槛墙上，可分为二部，上部为支窗，下部为摘窗，两者面积相等。南方建筑因夏季需要较多通风，支窗面积较摘窗面积大一倍左右，窗格的纹样也很丰富。明、清时，门窗式样基本承袭宋代做法，在清代中叶玻璃开始应用在门窗上。我国现代建筑门窗是在20世纪发展起来的，以钢门窗为代表的金属门窗在我国已经有90年的历史。但是，中国当代建筑门窗发展的黄金时代，是1981—2001年的二十年。1911年钢门窗传入中国，主要是来自英国、比利时、日本的产品，集中在上海、广州、天津、大连等沿海口岸城市的"租借地"。1925年，我国上海民族工业开始小批量生产钢门窗，到新中国成立前，也只有20多间作坊式手工业小厂。新中国成立后，上海、北京、西安等地钢门窗企业建起了较大的钢门窗生产基地，在工业建筑和部分民用工程中得到了广泛的应用。20世纪70年代后期，国家大力实施"以钢代木"的资源配置政策，全国掀起了推广钢门窗、钢脚手、钢模板（简称"三钢代木"）的高潮，大大推进了钢门窗的发展。20世纪80年代是传统钢门窗的全盛时期，市场占有率一度达到70%（1989年）。铝合金门窗20世纪70年代传入我国，但是仅在外国驻华使馆及少数涉外工程中使用。而随着国民经济治理整顿深入发展并取得成效，铝门窗系列也由20世纪80年代初的4个品种、8个系列，发展到40多个品种、200多个系列，形成较为发达的铝门窗产品体系，确立了支柱产品地位。门窗在图样上是如何表示的呢？门窗所用的材料、开启方式、做法等在图纸的哪些地方表示呢？你会看懂门窗的详图吗？

9.1 门窗的作用与分类

阅读资料

门窗是建筑造型的重要组成部分，对建筑的整体造型有很大的影响。古今中外建筑中门窗的造型处理无不体现了人们对美的追求。图9.1是门窗和建筑外立面示意图。

图9.1 门窗和建筑外立面

图 9.1　门窗和建筑外立面(续)

9.1.1　门窗的作用

1. 门的作用

门在房屋建筑中最重要的作用是室内外和各房间的通行作用以及紧急情况发生时的安全疏散,另外有房间保温、隔声及防止自然界各种不利因素侵袭时的围护作用,辅助采光作用和通风作用,对安全有特殊要求的房间防盗、防火作用,当然还有美观作用。

2. 窗的作用

窗在房屋建筑中最重要的作用是采光,另外有通风、调节温度作用,房间保温、隔声及防止自然界各种不利因素侵袭时的围护作用,通过窗口可以观察室外情况和传递物品作用,也有特殊作用比如防火作用等,外墙面上的窗的装饰对建筑立面形象风格起很重要的作用。

9.1.2　门窗的分类

1. 门窗的分类

1) 按所使用的材料划分

门窗按其制作的材料可分为:木门窗、钢门窗、铝合金门窗、塑钢门窗、彩钢门窗等。门还有无框玻璃门等。

 观察与思考

各种材料的门窗通常用在什么类型的建筑或者建筑物的什么位置呢?

由于木门较轻便、密封性能好、较经济,应用较广泛,通常用于建筑的室内房间门,但木窗相对透光面积小,防火性能差,耗用木材,耐久性能低,易变形、损坏等,现在使用很少。

钢门多用于住宅的入户门和有防盗要求的房间的门。钢窗密封性能差,保温性能低,耐久性差,易生锈,维修费用高,现在使用很少。

铝合金门塑钢门一般在门洞口较大时的室内使用。

铝合金窗是由铝合金型材用拼接件装配而成,具有轻质高强,美观耐久,耐腐蚀,刚度大,变形小,开启方便等优点;塑钢窗是由塑钢型材拼接而成,具有密闭性能好,保温、隔热、隔声,表面光洁,便于开启等优点。塑钢窗窗扇和窗框的构造组成与铝合金窗的构造组成相类似,窗扇玻璃的安装、窗框与洞口的连接等构造与铝合金窗的构造相同，铝合金窗和塑钢窗使用广泛。

玻璃钢门、无框玻璃门多用于大型建筑和商业建筑的出入口，美观、大方，但成本较高；而玻璃钢窗通常用于工业建筑。

2）按开启方式划分

门按开启方式分为平开门、推拉门、弹簧门、旋转门、折叠门、卷帘门、翻板门等，如图9.2所示。

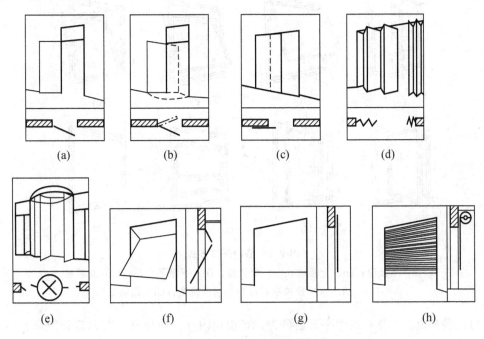

图9.2　门的开启形式

(a) 平开门；(b) 弹簧门；(c) 推拉门；(d) 折叠门；

(e) 旋转门；(f) 上翻门；(g) 升降门；(h) 卷帘门

（1）平开门。水平开启的门，它的铰链装于门扇的一侧与门框相连，使门扇围绕铰链轴转动。有向内开和向外开、单扇和双扇之分。其构造简单，开启灵活，密封性能好，制作和安装较方便，但开启时占用空间较大。

（2）推拉门。开启时门扇沿轨道左右滑行，开启时门扇可隐藏于墙内或悬于墙外。通常分单扇和双扇，左右推拉且不占空间，但密封性能较差，可手动和自动。自动推拉门多用于办公楼、银行等公共建筑，采用光控较多。在民用建筑中，一般采用轻便推拉门分隔内部空间。

（3）弹簧门。弹簧门的开启方式与普通平开门相同，所不同处是以弹簧铰链代替普通铰链，借助弹簧的力量使门扇能向内、向外开启并可经常保持关闭。

（4）旋转门。由3扇或4扇门组成风车形，绕中竖轴在两个固定弧形门套内旋转的门。旋转门对隔绝室外气流有一定作用，可作为寒冷地区公共建筑的外门，但不能作为疏散门。当设置在疏散口时，需在转门两旁另设疏散用门。转门构造复杂，造价高，不宜大量采用。

（5）折叠门。多用于尺寸较大的洞口。开启后门扇相互折叠，占用空间较少，但构造较复杂，一般用作商业建筑的门，或公共建筑中作灵活分隔空间用。

（6）卷帘门。有手动和自动、正卷和反卷之分。开启时不占用空间。

（7）翻板门。外表平整，不占空间。多用于仓库、车库。

窗按开启方式分为平开窗、推拉窗、悬窗、立转窗、固定窗等，如图9.3所示。

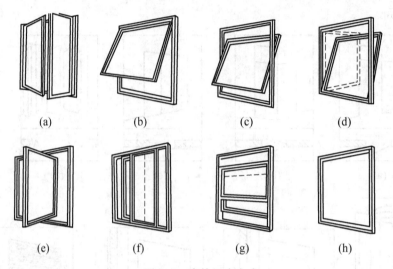

图9.3　窗的开启方式

（a）平开窗；（b）上悬窗；（c）中悬窗；（d）下悬平开窗；（e）立转窗
（b）、（f）水平推拉窗；（g）垂直推拉窗；（h）固定窗

（1）平开窗。它是可以水平开启的窗，可以向内开、向外开，有单扇、双扇、多扇之分，构造简单、制作、安装、维修、开启等都比较方便，是常用的一种窗。

（2）推拉窗。窗扇沿导轨槽可左右推拉、上下推拉，不占空间，水平推拉窗扇受力均匀，窗扇尺寸可以较大，但不能全部开启所有的窗扇，通风面积小，目前铝合金窗和塑钢窗普遍采用这一种开启方式。

（3）固定窗。无窗扇，窗户玻璃直接铅固在窗框上，固定窗不能开启，仅用于采光、观察、围护。固定窗有时做成花格，比如在房间窗上部做成花格固定窗，中国古代房间的木窗或者游廊、院墙上的固定窗经常做成各种花格。图9.4是固定窗示意。

图9.4　固定窗示意

（4）悬窗。依悬转轴的位置不同分为上悬窗、中悬窗和下悬窗 3 种。

 观察与思考

上悬窗、中悬窗和下悬窗 3 种悬窗的开启方向怎样合适呢？

为防雨水飘入室内，上悬窗必须向外开启；中悬窗上半部内开、下半部外开，有利通风，开启方便，适于高窗；下悬窗一般内开，不防雨，不能用于外窗。

（5）立转窗。窗扇可以绕竖向轴转动，竖轴可设在窗扇中心也可以略偏于窗扇一侧，通风效果较好。多用于单层厂房的低侧窗。

 观察与思考

防火门的耐火极限是多少？民用建筑疏散门应该采用什么开启方式的门？民用建筑疏散门开启方向有什么要求？

隔热防火门窗按耐火极限可以分为甲级、乙级和丙级，其耐火极限分别不低于 1.50h，1.0h，0.5h。

民用建筑的疏散门应采用平开门，不应该采用推拉门、卷帘门、吊门、转门；安全出口房间的疏散门的净宽度不应该小于 0.9m。

具有疏散作用的封闭楼梯间、防烟楼梯间的门应采用乙级防火门，门顺着疏散的方向开启；人员密集公共建筑的门也应顺着疏散的方向开启。

 观察与思考

生活中可以随处可见各类门窗，分析图 9.5 中门窗的开启方式和材料类别。

图 9.5　门窗示意

节 能 门 窗

世界范围能源日趋枯竭，而我国的能源问题更加严重，加强节能是关系到人类后代的可持续发展的重要环节之一。每个人几乎从早到晚都在建筑中"使用"建筑，因而降低建筑物的能耗，节约能源意义重大。

门窗和玻璃不仅是建筑物的眼睛，还是建筑节能的关键结构所在。加强窗户的水密性和气密性，使用适当的开启方式，选择节能的玻璃，这些都是门窗节能的措施。

有良好的水密性和气密性，空气很难在窗框与墙面接触处形成对流，对流热损失会很少。门窗框扇可以采用断热型材，在特定设计的铝合金或者镀锌彩钢空腔之中灌注 PU 树脂作为隔热条，再将铝壁分离形成断桥，从而阻止热量的传导。

建筑中常用的窗型，一般为推拉窗、平开窗和固定窗。平开窗要比推拉窗有明显的节能优势。

窗体越大越不节能，玻璃占不同类型窗面积的 70%～90%，窗体散热大面积是玻璃，因而为节能可以适当设计窗户面积，还要采用节能玻璃，如镀膜玻璃、中空玻璃和带薄膜型热反射材料玻璃。镀膜玻璃可以有效地阻挡炽热的太阳辐射能，在我国北方寒冷地区采用低辐射镀膜玻璃，既能有效地阻挡室内热量通过玻璃门窗的泄漏，同时还可以把太阳辐射能引入室内。中空玻璃比单层玻璃具有明显的阻隔热量的功能，另外在玻璃朝向室内一侧不易结露，中空玻璃的隔音效果也很好。我国北方寒冷地区窗户经常会采用中空玻璃或者采用双层窗户，既可以保温，又有良好的隔音效果。

9.2　木门窗的构造

9.2.1　门窗的尺寸

本节所说的门窗的尺寸是指门窗洞口的宽和高。建筑施工图上标明的是门窗洞口的标志尺寸。门窗洞口的标志尺寸要符合《建筑门窗洞口尺寸系列》(G/T 5824—2008)的要求。至于门窗的规格在建筑施工图的设计总说明里面会列有门窗表，在门窗表里面详细列出了门窗的规格、开启方式、数量等。门窗所用材料和施工注意要点在设计总说明也会有说明。

1. 门的尺寸

门洞口宽度和高度尺寸是由人体平均高度、搬运物体(如家具、设备)尺寸、人流股数、人流量来确定的。一般门洞宽高的尺寸以 3M 为模数，特殊时可以 1M 为模数。

门的高度一般为 2 100mm，2 400mm、2 700mm、3 000mm、3 300mm 等。当门高超过 2 200mm 时，门上方应设亮子。

单扇门门宽一般为 800～1 000mm，辅助用门的宽度为 700～800mm。门宽为 1 200～1 800mm 时可做成双扇门，门宽为 2 400mm 以上时，做成四扇门。

2. 窗的尺寸

窗的尺寸大小由建筑的采光、通风要求来确定，同时综合考虑建筑的造型及模数等。窗的基本尺寸一般以 3M 为模数。常见窗的宽度有：600～3 600mm 等。常见窗的高度有：600～2 700mm 等，一般窗的高度超过 1 500mm 时，窗上部设亮子。

9.2.2　平开木门的组成与构造

平开木门是建筑中最常用的一种门。它主要由门框、门扇、亮子、五金零件组成。门框又称门樘，由上槛、中槛和边框组成，多扇门还有中竖框。图9.6中所示门扇由上冒头、中冒头、下冒头和边梃组成。门高度大时，一般在门的上部设亮子通风采光，构造同窗扇，有固定窗形式或者其他形式窗扇。门框与墙间的缝隙常用木条盖缝，称门头线（俗称贴脸）。门上常见的五金零件有铰链、门锁、插销、拉手、停门器，风钩等。

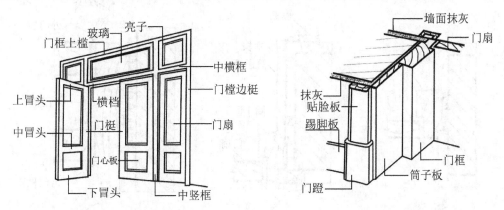

图9.6　木门的组成

1. 门框

1）断面形状和尺寸

门框断面尺寸和形状取决于开启方向、裁口的大小等。门框也有单裁口和双裁口之分，一般裁口深度为10～12mm，单扇门门框断面为60mm×90mm，双扇门门框断面为60mm×100mm。门框断面形状与尺寸如图9.7所示。

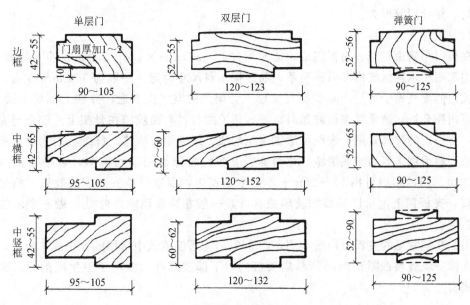

图9.7　平开门门框的断面形状尺寸

2）门框与墙的关系

门框在墙洞中的位置有门框内平、门框居中和门框外平 3 种情况，一般情况下多做在开门方向一边，与抹灰面平齐，使门的开启角度较大。但对较大尺寸的门，为牢固地安装，多居中设置，如图 9.8(a)、图 9.8(b)所示。

门框靠墙一边也应开背槽防止因受潮而变形，并做防潮处理，门框外侧的内外角做灰口，缝内填弹性密封材料[图 9.8(c)]。

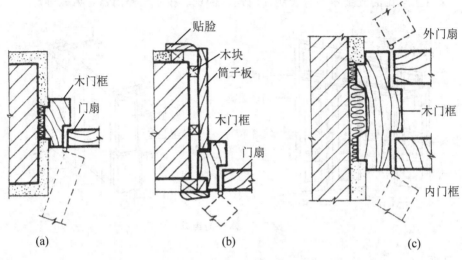

图 9.8　木门框在墙洞中的位置
(a) 居中；(b) 内平；(c) 背槽及填缝处理

2. 门扇

门的名称一般以门扇所选的材料和构造来命名，民用建筑中常见有夹板门、镶板门、拼板门、百叶门等形式。

1）夹板门

夹板门门扇由骨架和面板组成，通常用(32～35)mm×(34～60)mm 的木料做骨架，骨架内部用小木料做成格形纵横肋条，肋距据木料尺寸而定，一般为 300 mm 左右。为了使夹板内的湿气易于排出，减少面板变形，骨架内的空气应贯通，并在上部设小通气孔。面板可用胶合板，硬质纤维板或塑料板等，用胶结材料双面胶结在骨架上。胶合板有天然木纹，有一定的装饰效果，表面可涂刷聚氨酯漆、蜡克漆或清漆。纤维板的表面一般先涂底色漆，然后刷聚氨酯漆或清漆。塑料面板有各种装饰性图案和色彩，可根据室内设计要求选用。门的四周可用 15～20mm 厚的木条镶边，以取得整齐美观的效果。根据功能的需要，夹板门上也可以局部加玻璃或百叶，一般在装玻璃或百叶处，做一个木框，用压条镶嵌。

图 9.9 是常见的夹板门构造实例，图 9.9(a)为医院建筑中常用的大小扇夹板门，大扇的上都镶一块玻璃；图 9.9(b)为单扇夹板门，下部装百叶，多用于卫生间的门，腰窗为中悬式窗。

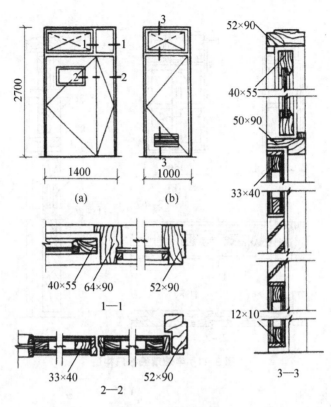

图 9.9　夹板门构造

2）镶板门

镶板门是在骨架（由上冒头、下冒头、中冒头、竖向中挺、边梃等组成）内镶入门心板（木板、胶合板、纤维板、玻璃等）而制成的门。

镶板门门扇骨架上冒头、中间冒头和边梃的宽度一般为 75～120mm，下冒头的宽度习惯上同踢脚高度，一般为 200 mm 左右，下冒头比上冒头尺寸要大，可减少门扇因靠近地面易受潮变形和保护门芯板不被行人撞坏。中冒头为了便于开槽装锁，其宽度可适当增加，以弥补开槽对中冒头材料的削弱。门扇的底部要留出 5mm 空隙，以保证门的自由开启。

木制门芯板一般用 10～15mm 厚的木板拼装成整块、镶入边梃和冒头中。板缝应结合紧密，不能因木材干缩而裂缝，门芯板之间的拼接方式工程中常用的为高低缝和企口缝（图 9.10）。门芯板在边梃和冒头中的镶嵌方式有暗槽、单面槽以及双边压条 3 种。其中，暗槽结合最牢，工程中用得较多，其他两种方法多用于玻璃、纱门及百叶的安装。另外为门芯板镶入冒头，边梃槽内应留一定空隙以防板吸潮膨胀鼓起。图 9.11 是半玻璃镶板门构造。

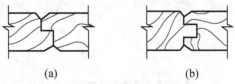

图 9.10　门芯板的拼接方式

（a）高低缝；（b）企口缝

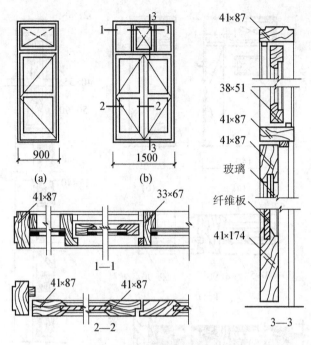

图 9.11 半玻璃镶板门构造

3. 五金零件及附件

平开木门上常用五金有铰链(合页)、拉手、插锁、门锁、铁三角、门碰头等。五金零件与木门间采用木螺钉固定。其中图 9.12(a)为门把手和把手门锁、图 9.12(b)为各类闭门器、图 9.12(c)为门碰头。门附件主要有木质贴脸板、筒子板等(图 9.8)。

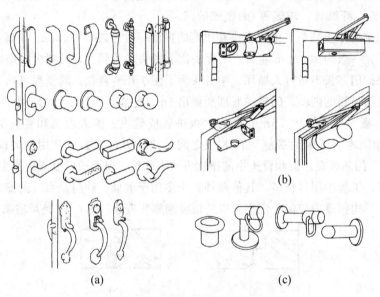

图 9.12 门的五金零件及附件

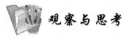

观察与思考

安装有闭门器的门当门开启后能通过压缩后释放，将门自动关上，有像弹簧门的作用，可以保证门被开启后，准确、及时地关闭到初始位置。生活中什么样的门需要自动关闭？什么样的门后面安装有闭门器？图9.13是安装有闭门器的门示意。

图9.13　安装有闭门器的门

观察与思考

在住宅中入户门采用防盗门，由钢材制作的，通常是门框门扇成一套，观察该门厚度、门与墙体的连接，在住宅中室内门通常采用木门，观察该门的做法，是什么类型的门扇呢？观察你所经常看到的门的材质、开启方式等。

9.2.3　平开木窗的组成与构造

平开木窗主要是由窗框、窗扇、五金零件等组成，如图9.14所示。窗框是边框、上框、下框、中横框、中竖框等榫接而成。若有亮子，则设中横框，若有三扇以上的窗扇，则加设中竖框。窗扇是由边梃、上、下冒头、窗棂等榫接而成。

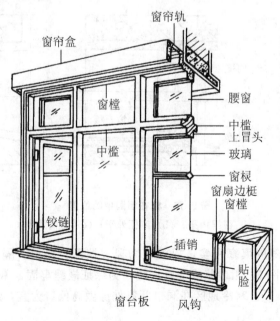

图9.14　木窗的组成

1. 窗框

1）窗框的断面形状与尺寸

窗框的断面尺寸主要按材料的强度和接榫的需要确定，一般多为经验尺寸（图 9.15）。图中虚线为毛料尺寸，粗实线为刨光后的设计尺寸（净尺寸）。

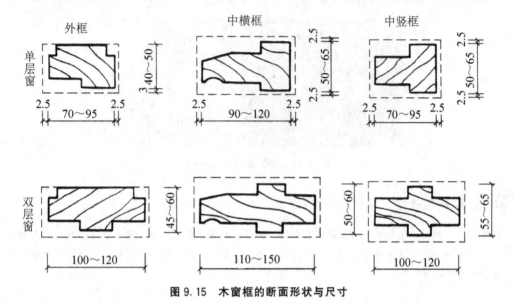

图 9.15　木窗框的断面形状与尺寸

2）窗框与墙的关系

窗框相对外墙位置可分为窗框内平、居中、窗框外平 3 种情况（图 9.16）。窗框内平时，对内开的窗扇，可贴在内墙面。当墙体较厚时，窗框居中布置，外侧可设外窗台，内侧可做窗台板。窗框外平多用于板材墙或厚度较薄的外墙。

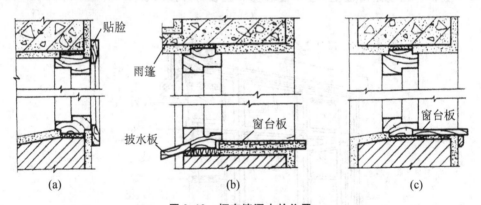

图 9.16　框在墙洞中的位置

（a）窗框内平；（b）窗框外平；（c）窗框居中

窗框与墙间的缝隙应填塞密实，以满足防风、挡雨、保温、隔声等要求。一般情况下，洞口边缘可采用平口，用砂浆或油膏嵌缝。为保证嵌缝牢固，常在窗框靠墙一侧内外两角做灰口［图 9.17（a）］。寒冷地区在洞口两侧外缘做高低口为宜，缝内填弹性密封材料，以增强密闭效果[图 9.17(d)]。标准较高的常做贴脸或筒子板[图 9.17(b)、图 9.17(c)]。木窗框靠墙一面，易受潮变形，通常当窗框的宽度大于 120mm 时，在窗框外侧开槽，俗称背槽，并做防腐处理，见图 9.17(b)中的窗框。

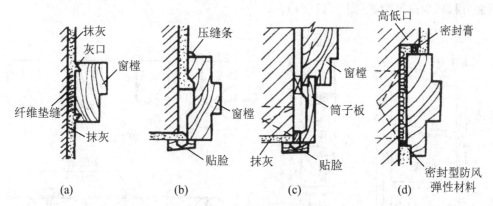

图 9.17 窗框的墙缝处理

(a) 平口抹灰；(b) 贴脸；(c) 筒子板和贴脸；(d) 高低口，缝内填弹性密封材料

3) 窗框与窗扇的关系

窗扇与窗框之间既要开启方便，又要关闭紧密。通常在窗框上做裁口(也叫铲口)，深度为 10～12mm，也可以钉小木条形成裁口，以节约木料。为了提高防风挡雨能力，可以在裁口处设回风槽，以减小风压和渗透量，或在裁口处装密封条。在窗框接触面处窗扇一侧做斜面，可以保证扇、框外表面接口处缝隙最小。

外开窗的上口和内开窗的下口，是防雨水的薄弱环节，常做披水和滴水槽，以防雨水渗透(图 9.18)。

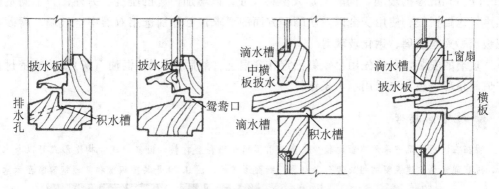

图 9.18 窗的防水措施

2. 窗扇

1) 玻璃窗扇的断面形状和尺寸

窗扇料断面与窗扇的规格尺寸和玻璃厚度有关。窗扇的厚度为 35～42mm，多为 40mm。上、下冒头及边挺的宽度一般为 50～60mm，窗芯宽度一般为 27～40mm。下冒头若加披水板，应比上冒头加宽 10～25mm[图 9.19(a)、图 9.19(b)]。

为镶嵌玻璃,在窗扇外侧要做裁口,其深度为 8~12mm,但不应超过窗扇厚度的 1/3。窗扇内侧常做装饰性线脚,既少挡光又美观[图 9.19(c)]。

两窗扇之间的接缝处,常做高低缝的盖口,也可以一面或两面加钉盖缝条,以提高防风雨能力和减少冷风渗透[图 9.19(d)]。

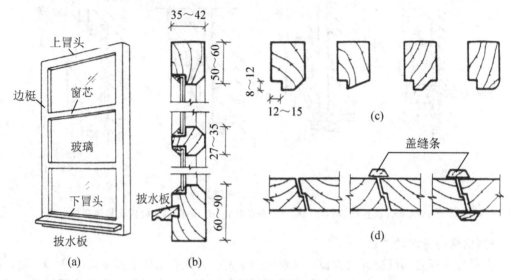

图 9.19 窗扇的构造处理

(a) 窗扇立面;(b) 窗扇剖面;(c) 线脚示例;(d) 盖缝处理

2)玻璃的选用

普通窗大多数采用 3mm 厚无色透明的平板玻璃,若单块玻璃的面积较大时,可选用 5mm 或 6mm 厚的玻璃,同时应加大窗料尺寸,以增加窗扇的刚度。另外,为了满足保温隔声、遮挡视线、使用安全以及防晒等方面的要求,可分别选用双层中空玻璃、磨砂或压花玻璃、夹丝玻璃、钢化玻璃等。

玻璃的安装,一般先用小铁钉固定在窗扇上,然后用油灰(桐油石灰)或玻璃密封膏镶嵌成斜角形,也可以采用小木条镶钉。

 观察与思考

现在在民用建筑中采用木窗比较少,多采用塑钢和铝合金材料,但其组成和构造形式可以与木窗类比,观察你常见的建筑窗的组成部分、材质、断面形式等,图 9.20 是某塑钢窗和某塑钢窗断面示意。

图 9.20 某塑钢窗和某塑钢窗断面

3. 五金零件

平开木窗上常用的五金零件有：铰链(合页)、拉手、风钩、插销、铁三角等。五金零件均用相应大小的木螺钉固定在窗框或窗扇上。

观察与思考

去五金商店参观五金零件，或观察常见的窗户上的五金零件。

9.2.4 木门窗框的安装

门窗框的安装，分立口和塞口两种施工方法。

窗框安装方式采用立口时，先立窗框后砌筑窗间墙，窗上下框两侧伸出长度120mm(俗称羊角)压砌入墙内；窗框安装方式采用塞口时，在砌墙时，先留出比窗框四周大的洞口，墙体砌筑完毕后将窗框塞入。为了保证窗框与墙体间有可靠连接，砌墙时沿窗洞两侧每隔500～700mm砌入一块防腐木砖，再用长钉将窗框固定在墙内的防腐木砖上，也可用膨胀螺栓将窗框直接固定于砖墙上，每边至少2个固定点，如图9.21所示。

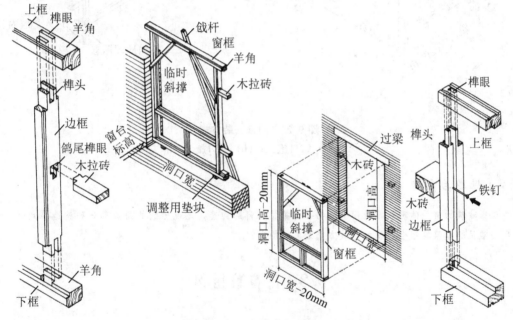

图9.21 窗框安装方式

(a) 立口窗框构造与施工示意；(b) 塞口窗框构造与施工示意

安装门框时门框防腐及与墙体连接方式与木窗相类似。门一般不设门槛。因而不设门槛时，在门框下端应设临时固定拉条，待门框固定后取消，如图9.22所示。

立口的优点是门窗框与墙体结合紧密、牢固；缺点是施工中洞口门窗和砌墙相互影响，若施工组织不当，影响施工进度。塞口法施工方便，但框与墙间的缝隙较大。工厂化生产的成品门，其安装多要用塞口法施工。

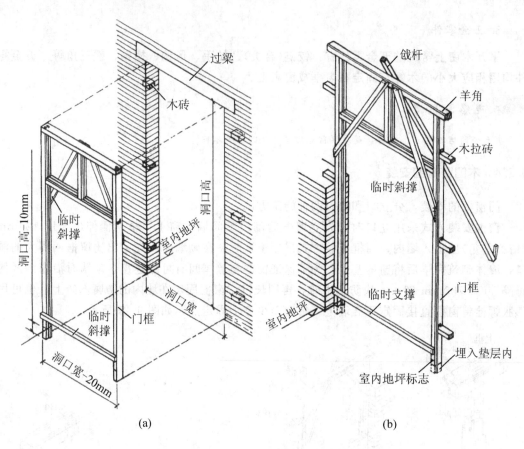

图 9.22　门框安装方式

（a）塞口施工；（b）立口施工

 观察与思考

观察建筑物常见的塑钢推拉门窗和铝合金推拉门窗的构造，能说出它的组成部分和构造要点吗？思考我们常见的建筑的铝合金窗的安装方式是怎样的呢？

9.3　门窗的图例

 问题引领

某一个木门、木窗按投影原理投影其平面图、立面图和剖面图是怎样的？建筑平面图、立面图和剖面图的比例一般是 1∶100，门窗会比较小，那么在平面图上是如何表示门窗的呢？在建筑施工图的图样中门窗的图例是怎样的呢？关于门窗的表达内容有哪些？

 观察与思考

观察图 9.23 思考各类窗在立面图上的图例是怎样的呢？

图 9.9、图 9.11 是单独的门的立面图和剖面图，建筑平面图、立面图和剖面图的比例一般比较小，门窗在其上面要用图例表示。

图 9.23 显示了各种开启方式窗的对应的立面图上的图例，图上要画开启线，开启线实线表示外开，开启线虚线表示内开，线相交处是窗户铰链处，若窗扇有移动画箭头，具体看图例的画法总结。事实上在建筑立面图上可以不画开启线或者不全画，一是每个窗户都有编号，同类窗户只需要画一个作为代表，其他窗户只画轮廓，但在窗户详图上对每种类型窗户都要标示开启线或者做相应的说明。

门的开启方式见平面图。具体图例见后面图例介绍。

在建筑施工图里面关于门窗的表达内容有门窗位置，门窗洞的尺寸，门窗的详细尺寸，门窗的开启方式，门窗的安装方式以及安装注意事项等。门窗洞的尺寸在施工图上表达，门窗的详细尺寸可以通过门窗表和详图方式表达。

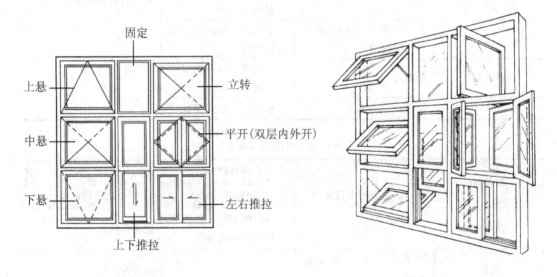

图 9.23　窗的开启方式立面图例及示意

以下是建筑制图标准 GB/T 50104—2010 中的图例内容，仔细阅读图例，总结出有关门窗在建筑平面图立面图剖面图中的图例表达特征见表 9 - 1、表 9 - 2 和表 9 - 3。

表 9 - 1　门图例阅读总结

门名称		图例特点		
		在平面图中特点	在剖面图中特点	在立面图中特点
空门洞		平面图无线条	剖面图中两条细线	立面图中细实线门洞轮廓
平开门	单面开启	实线开启线	四条中粗线	外开是细实线
	双面开启	由实线和虚线组成的双面开启线		由实线和虚线组成的开启线
	双层	实线双面开启线		由实线和虚线组成的两层开启线

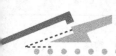

门名称	图例特点		
	在平面图中特点	在剖面图中特点	在立面图中特点
折叠门	折叠线	普通折叠门三条线，推拉折叠门同平开门	按实际绘制，若画开启线则实线外开，虚线内开，若门有移动画箭头
推拉门	在推拉门推拉位置画直线	三条竖线，注意其中一条线画的位置	
门连窗	窗三条线和门的开启线连在一起	四条竖线一条横线	
旋转门	旋转箭头，圆形框	按实际绘制	
竖向卷帘门	虚线	三条竖线，有卷筒示意的图例	
自动门	在门中间线两侧各有两条重叠线段	三条竖线，中间线上部有特殊处	
提升门	虚线	三条竖线，注意洞口旁的线型	
人防门	双层线，无弧线	三条竖线，注意线型	

表 9-2　窗图例阅读总结

窗名称		图例特点		
		在平面图中特点	在剖面图中特点	在立面图中特点
百叶窗		四条线	四条中粗竖线，中间两条竖线有斜线相交	按实际绘制
高窗		四条线，中间两条是虚线		按实际绘制
推拉窗	单层推拉	两条墙边缘线，中间线是左右各一条小短线并相错	四条中粗竖线	按实际绘制，画出推拉的方向箭头
	双层推拉	两条墙边缘线，中间线是左右各二条小短线并相错		
	上推窗			
固定窗		四条线		两个矩形
平开窗				画开启线，实线表示外开，虚线内开，开启线交角一侧安装合页一侧
立转窗		四条线和虚线开启线		由实线和虚线组成的开启线
悬窗		四条线	四条中粗竖线和虚线开启线	画开启线，实线表示外开，虚线内开，开启线交角一侧安装合页一侧

表 9-3 构造及配件图例

序号	名 称	图 例	备 注
1	墙体	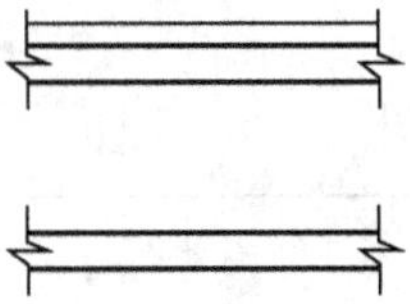	1. 上图为外墙，下图为内墙 2. 外墙细线表示有保温层或有幕墙 3. 应加注文字或涂色或图案填充表示各种材料的墙体 4. 在各层平面图中防火墙宜着重以特殊图案填充表示
2	隔断		1. 加注文字或涂色或图案填充表示各种材料的轻质隔断 2. 适用于到顶与不到顶隔断
3	玻璃幕墙		幕墙龙骨是否表示由项目设计决定
4	栏杆		—
5	楼梯	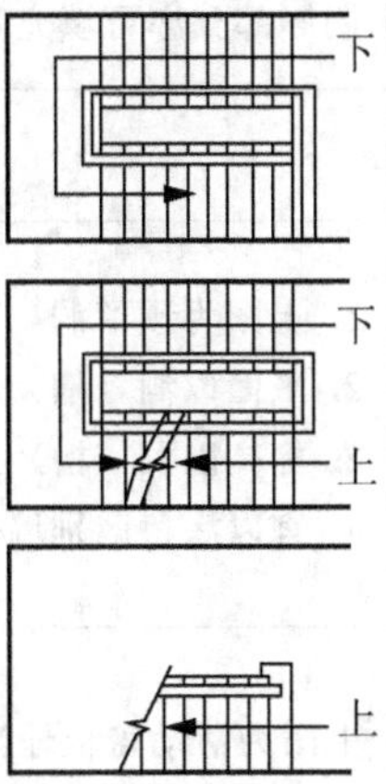	1. 上图为顶层楼梯平面，中图为中间层楼梯平面，下图为底层楼梯平面 2. 需设置靠墙扶手或中间扶手时，应在图中表示
6	坡道		长坡道 上图为两侧垂直的门口坡道，中图为有挡墙的门口坡道，下图为两侧找坡的门口坡道

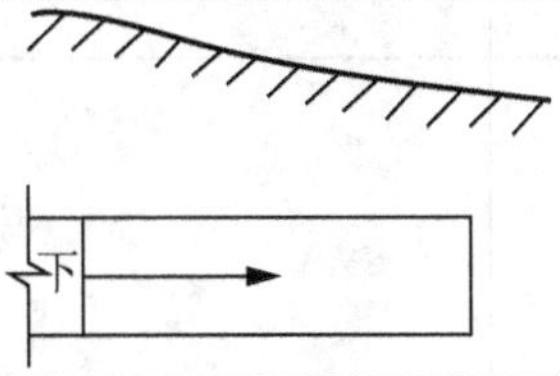

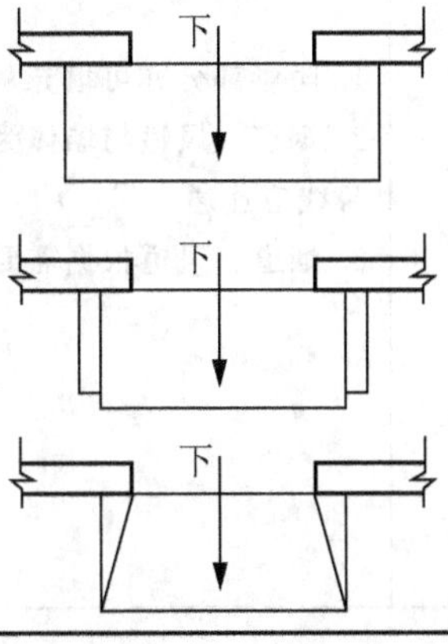

续表

序号	名　称	图　例	备　注
7	台阶		—
8	平面高差	XX XX	用于高差小的地面或楼面交接处，并应与门的开启方向协调
9	检查口		左图为可见检查口，右图为不可见检查口
10	孔洞		阴影部分亦可填充灰度或涂色代替
11	坑槽		—
12	墙预留洞、槽	宽×高或φ 标高 宽×高或φ×深 标高	1. 上图为预留洞，下图为预留槽 2. 平面以洞（槽）中心定位 3. 标高以洞（槽）底或中心定位 4. 宜以涂色区别墙体和预留洞（槽）
13	地沟		上图为活动盖板地沟，下图为无盖板明沟
14	烟道		1. 阴影部分亦可填充灰度或涂色代替 2. 烟道、风道与墙体为相同材料，其相接处墙身线应连通 3. 烟道、风道根据需要增加不同材料的内衬
15	风道		

序号	名　称	图　例	备　注
16	新建的墙和窗	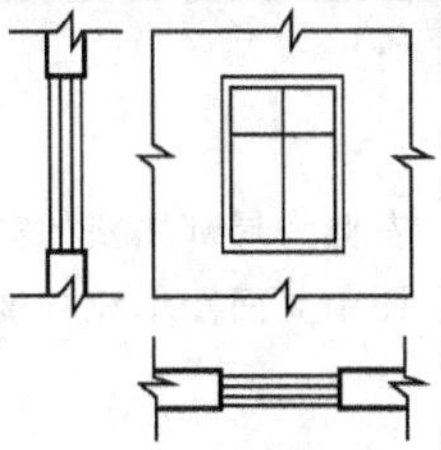	—
17	改建时保留的墙和窗	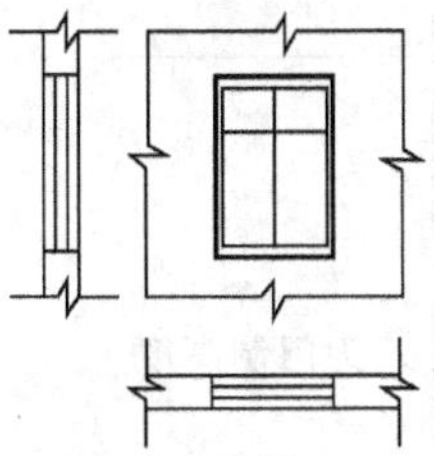	只更换窗，应加粗窗的轮廓线
18	拆除的墙	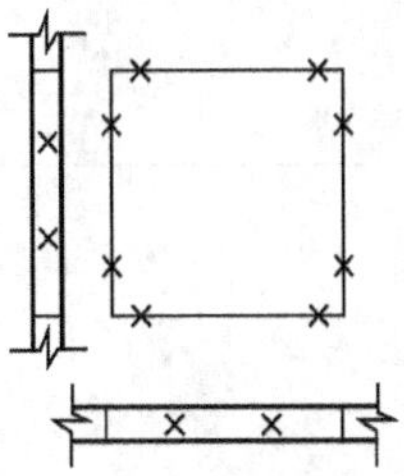	—
19	改建时在原有墙或楼板新开的洞	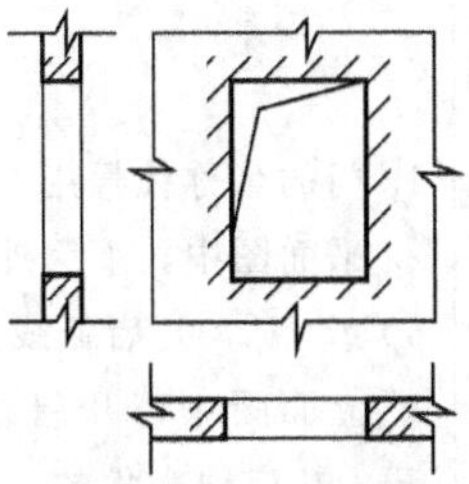	—
20	在原有墙或楼板洞旁扩大的洞	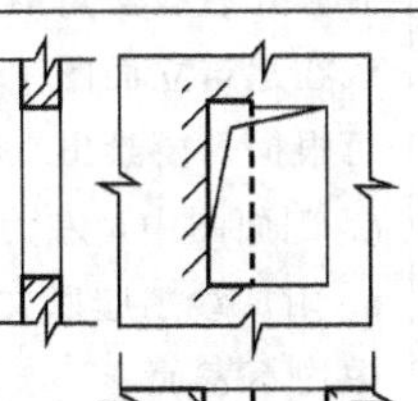	图示为洞口向左边扩大
21	在原有墙或楼板上全部填塞的洞	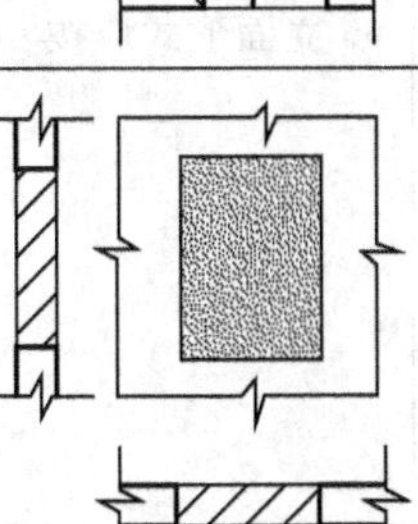	全部堵塞的洞 图中立面填充灰度或涂色

序号	名 称	图 例	备 注
22	在原有墙或楼板上局部填塞的洞		左侧为局部填塞的洞 图中立面图填充灰度或涂色
23	空门洞	$h=$	h 为门洞高度
24	单面开启单扇门（包括平开或单面弹簧）		1. 门的名称代号用 M 表示 2. 平面图中，下为外，上为内门开启线为 90°、60°或 45°，开启弧线宜绘出 3. 立面图中，开启线实线为外开，虚线为内开。开启线交角的一侧为安装合页一侧。开启线在建筑立面图中可不表示，在立面大样图中可根据需要绘出 4. 剖面图中，左为外，右为内 5. 附加纱扇应以文字说明，在平、立、剖面图中均不表示 6. 立面形式应按实际情况绘制
	双面开启单扇门（包括双面平开或双面弹簧）		
	双层单扇平开门		

序号	名 称	图 例	备 注
25	单面开启双扇门（包括平开或单面弹簧）	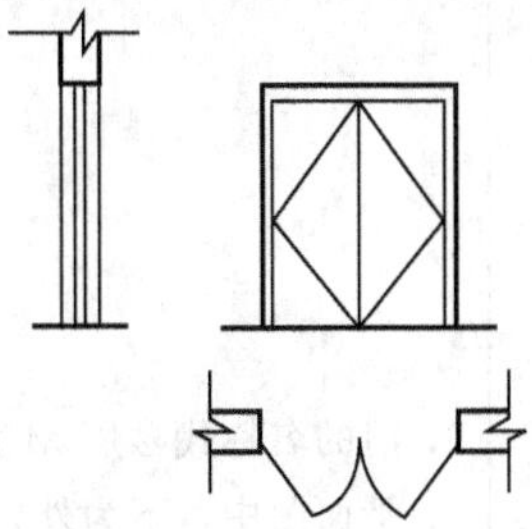	1. 门的名称代号用 M 表示 2. 平面图中，下为外，上为内门开启线为 90°、60°或 45°，开启弧线宜绘出 3. 立面图中，开启线实线为外开，虚线为内开。开启线交角的一侧为安装合页一侧。开启线在建筑立面图中可不表示，在立面大样图中可根据需要绘出 4. 剖面图中，左为外，右为内 5. 附加纱扇应以文字说明，在平、立、剖面图中均不表示 6. 立面形式应按实际情况绘制
	双面开启双扇门（包括双面平开或双面弹簧）	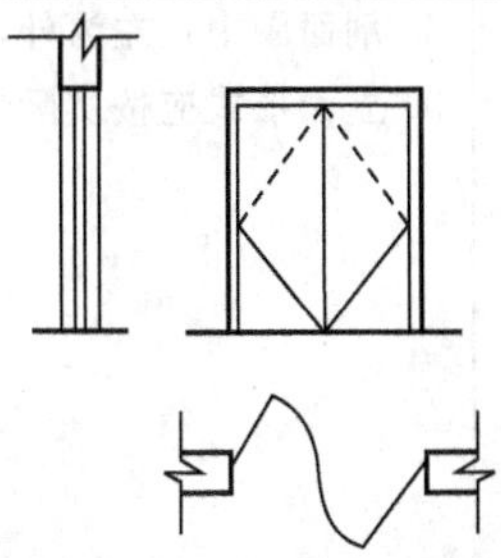	
	双层双扇平开门	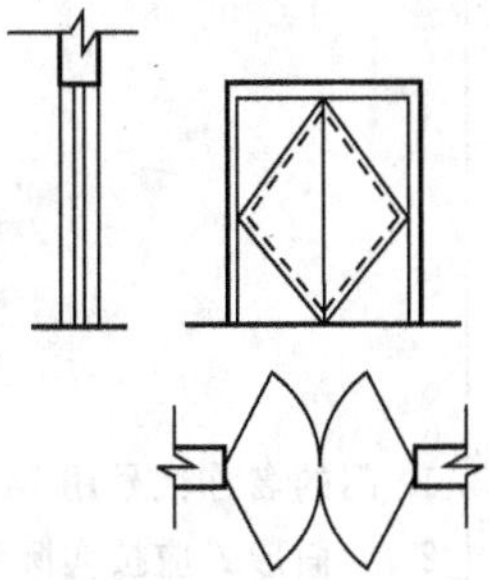	
26	折叠门	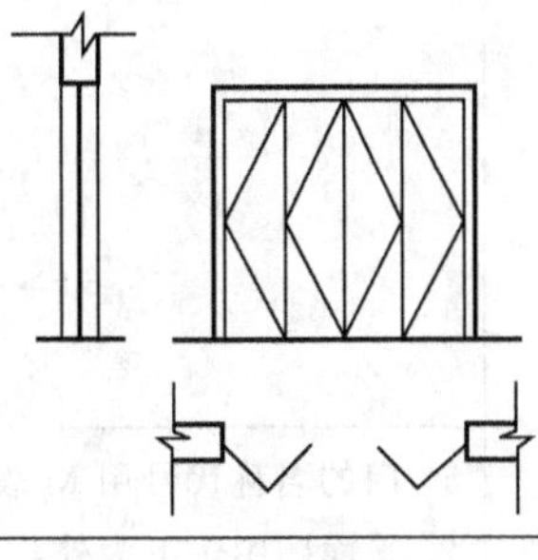	1. 门的名称代号用 M 表示 2. 平面图中，下为外，上为内 3. 立面图中，开启线实线为外开，虚线为内开。开启线交角的一侧为安装合页一侧 4. 剖面图中，左为外，右为内 5. 立面形式应按实际情况绘制
	推拉折叠门	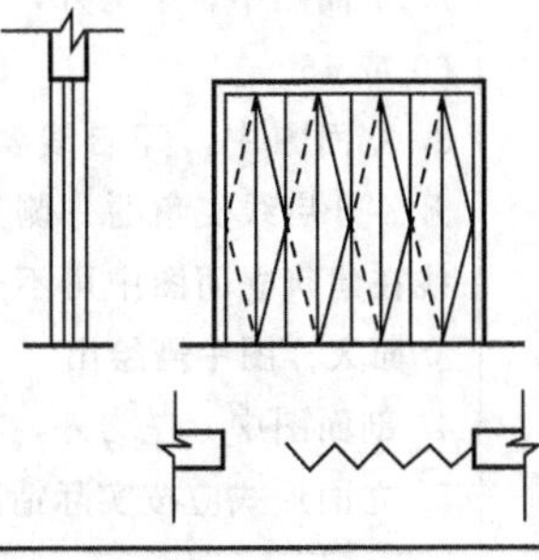	

序号	名 称	图 例	备 注
27	墙洞外单扇推拉门		1. 门的名称代号用 M 表示 2. 平面图中，下为外，上为内 3. 剖面图中，左为外，右为内 5. 立面形式应按实际情况绘制
	墙洞外双扇推拉门		
	墙中单扇推拉门		1. 门的名称代号用 M 表示 2. 立面形式应按实际情况绘制
	墙中双扇推拉门		
28	推杠门		1. 门的名称代号用 M 表示 2. 平面图中，下为外，上为内门开启线为 90°、60°或 45° 3. 立面图中，开启线实线为外开，虚线为内开。开启线交角的一侧为安装合页一侧。开启线在建筑立面图中可不表示，在室内设计门窗立面大样图中需绘出 4. 剖面图中，左为外，右为内 5. 立面形式应按实际情况绘制

续表

序号	名 称	图 例	备 注
29	门连窗	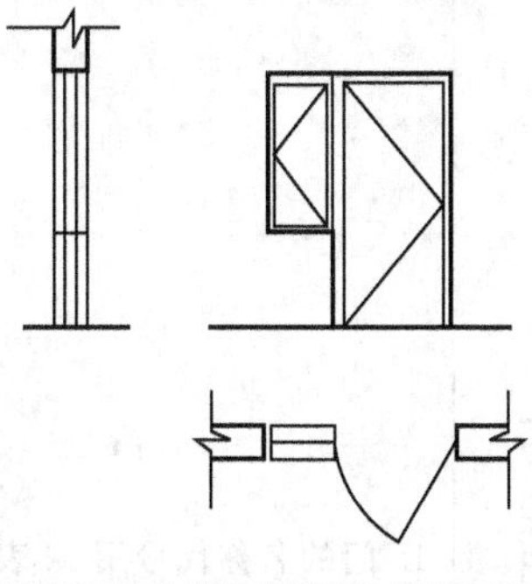	1. 门的名称代号用 M 表示 2. 平面图中，下为外，上为内门开启线为 90°、60° 或 45° 3. 立面图中，开启线实线为外开，虚线为内开。开启线交角的一侧为安装合页一侧。开启线在建筑立面图中可不表示，在室内设计门窗立面大样图中需绘出 4. 剖面图中，左为外，右为内 5. 立面形式应按实际情况绘制
30	旋转门	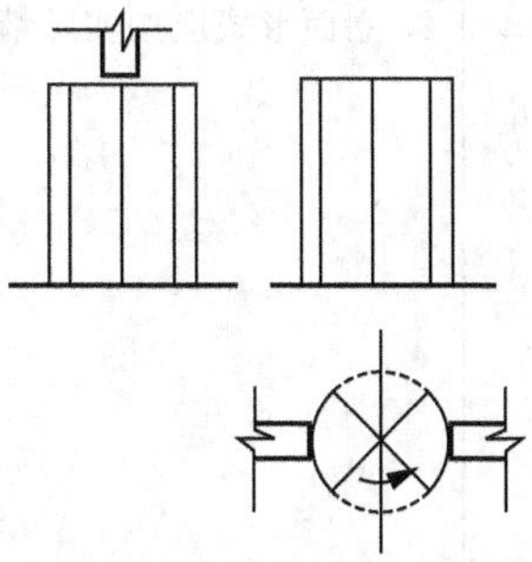	1. 门的名称代号用 M 表示 2. 立面形式应按实际情况绘制
	两翼智能旋转门	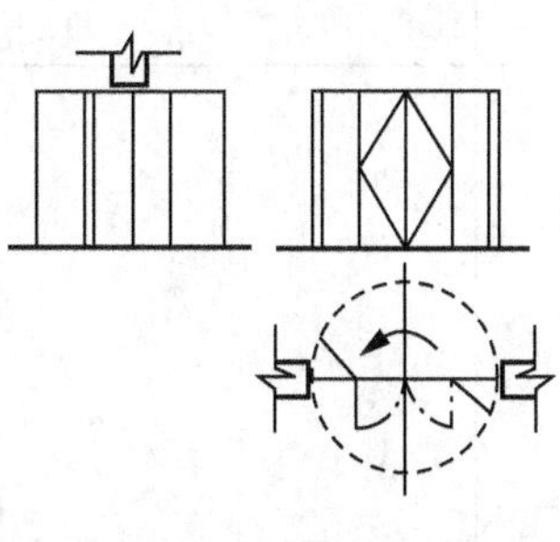	
31	自动门	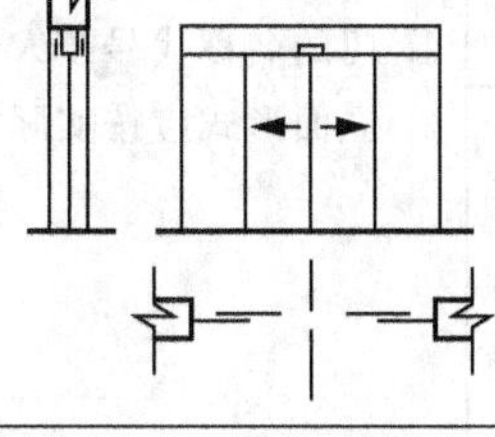	1. 门的名称代号用 M 表示 2. 立面形式应按实际情况绘制
32	折叠上翻门	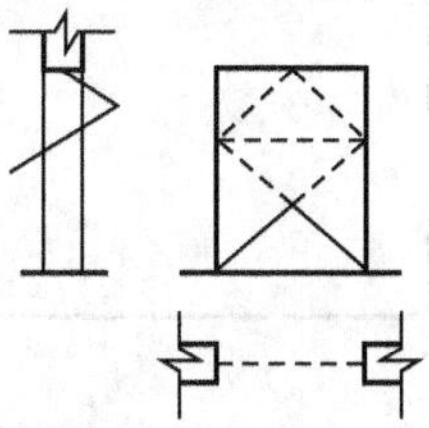	1. 门的名称代号用 M 表示 2. 平面图中，下为外，上为内 3. 剖面图中，左为外，右为内 4. 立面形式应按实际情况绘制

建筑构造与施工图识读

续表

序号	名　称	图　例	备　注
33	提升门		
34	分节提升门		1. 门的名称代号用 M 表示 2. 立面形式应按实际情况绘制
35	人防单扇防护密闭门		
	人防单扇密闭门		1. 门的名称代号按人防要求表示 2. 立面形式应按实际情况绘制

序号	名　称	图　例	备　注
36	人防双扇防护密闭门		1. 门的名称代号按人防要求表示 2. 立面形式应按实际情况绘制
	人防双扇密闭门		
37	横向卷帘门		
	竖向卷帘门		
	单侧双层卷帘门		
	双侧单层卷帘门		

续表

序号	名　称	图　例	备　注
38	固定窗		
39	上悬窗		1. 窗的名称代号用 C 表示 2. 平面图中，下为外，上为内 3. 立面图中，开启线实线为外开，虚线为内开。开启线交角的一侧为安装合页一侧。开启线在建筑立面图中可不表示，在门窗立面大样图中需绘出 4. 剖面图中，左为外，右为内，虚线仅表示开启方向，项目设计不表示 5. 附加纱窗应以文字说明，在平、立、剖面图中均不表示 6. 立面形式应按实际情况绘制
	中悬窗		
40	下悬窗		

序号	名 称	图 例	备 注
41	立转窗	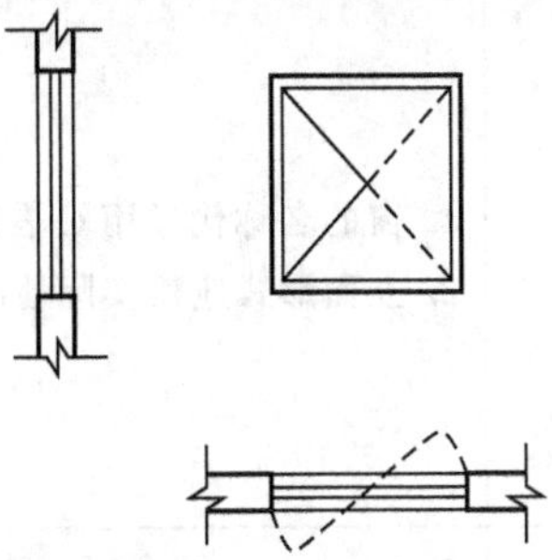	
42	内开平开内倾窗	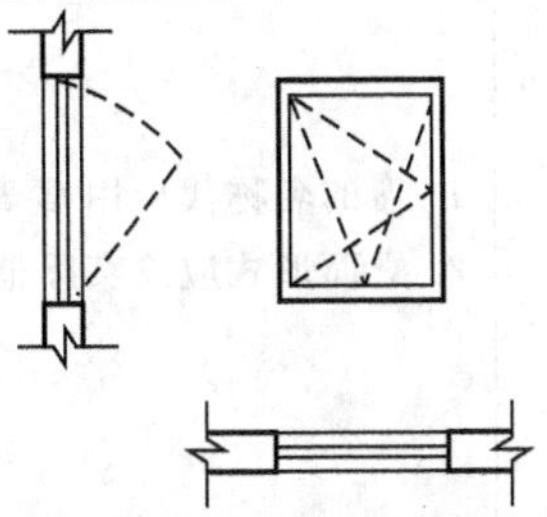	
43	单层外开平开窗	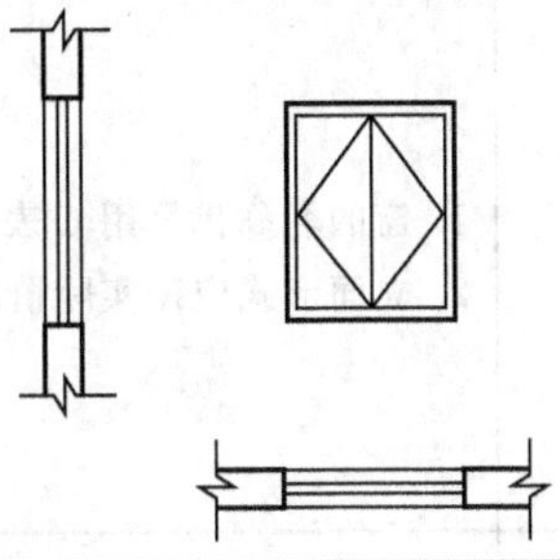	1. 窗的名称代号用 C 表示 2. 平面图中，下为外，上为内 3. 立面图中，开启线实线为外开，虚线为内开。开启线交角的一侧为安装合页一侧。开启线在建筑立面图中可不表示，在门窗立面大样图中需绘出 4. 剖面图中，左为外，右为内，虚线仅表示开启方向，项目设计不表示 5. 附加纱窗应以文字说明，在平、立、剖面图中均不表示 6. 立面形式应按实际情况绘制
	单层内开平开窗	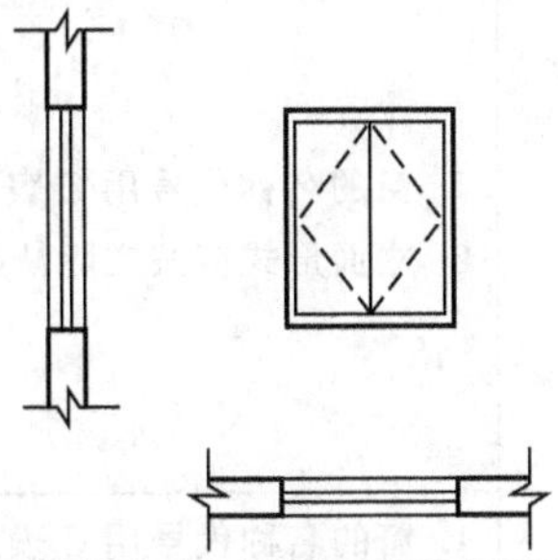	
	双层内外开平开窗	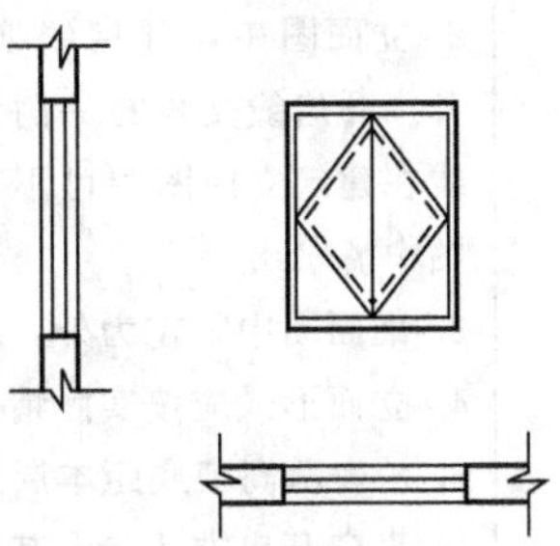	

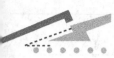
续表

序号	名 称	图 例	备 注
44	单层推拉窗		1. 窗的名称代号用 C 表示 2. 立面形式应按实际情况绘制
	双层推拉窗		1. 窗的名称代号用 C 表示 2. 立面形式应按实际情况绘制
45	上推窗		1. 窗的名称代号用 C 表示 2. 立面形式应按实际情况绘制
46	百叶窗		1. 窗的名称代号用 C 表示 2. 立面形式应按实际情况绘制
47	高窗	$h=$	1. 窗的名称代号用 C 表示 2. 立面图中，开启线实线为外开，虚线为内开。开启线交角的一侧为安装合页一侧。开启线在建筑立面图中可不表示，在门窗立面大样图中需绘出 3. 剖面图中，左为外，右为内 4. 立面形式应按实际情况绘制 5. h 表示高窗底距本层地面高度 6. 高窗开启方式参考其他窗型

序号	名　称	图　例	备　注
48	平推窗	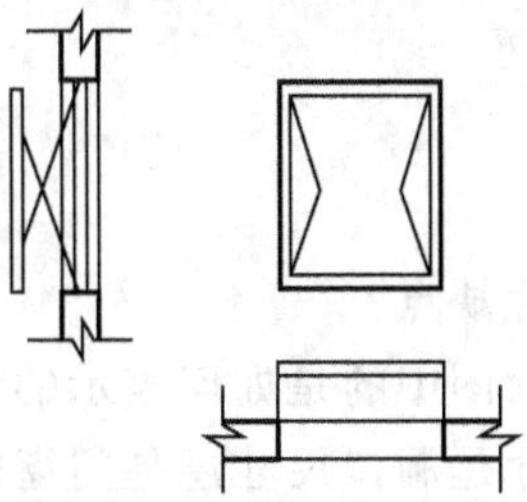	1. 窗的名称代号用C表示 2. 立面形式应按实际情况绘制

本章小结

（1）门和窗是建筑物的重要组成部分。门的主要作用是通行、紧急疏散，并兼有采光、通风等作用，窗的主要作用是采光通风，还有传递眺望等作用。

（2）门窗按其制作的材料可分为：木门窗、钢门窗、铝合金门窗、塑钢门窗、彩钢门窗等。门还有无框玻璃门等。门的开启方式有平开门、弹簧门、推拉门、折叠门、旋转门、卷帘门等。按窗的开启方式分有固定窗、平开窗、推拉窗、悬窗等。

（3）门一般由门框、门扇、亮子、五金零件组成。木门扇按门板的材料分为夹板门、镶板门等，窗一般由窗框、窗扇和五金零件组成。门窗框的安装，分立口和塞口两种施工方法。

（4）门窗洞宽高的尺寸以3M为模数，也有1M为模数的门洞，住宅里面比较小的门是以1M为模数的。

（5）门的图例在平面图中画出其开启方向，在立面图中按实际情况画，实线表示外开，虚线内开，开启线交角一侧安装合页一侧，窗的图例在剖面图中在平面图中一般是4条竖线表示，在立面图中按实际情况画，实线表示外开，虚线内开，开启线交角一侧安装合页一侧。

习　题

一、填空题

1. 门的作用有 _____、_____、_____。窗的作用有 _____、_____、_____。

2. 按照门的开启方式分类，门可以分为 _____、_____、_____、_____、_____和卷帘门等。按照窗户的开启方式分类，窗可以分为_____、_____、_____、_____等。

3. 人员密集场所如影剧院、会议室等场所的大门的开启方向应该向 _____方向开。

二、名词解释

1. 立口

2. 塞口

3. 镶板门

4. 夹板门

三、简答题

1. 木门窗的组成部分分别有哪些？

2. 窗框的安装有哪两种形式？各有什么优缺点？

3. 平开门窗在建筑平面图、立面图和剖面图中的是如何表示的？

4. 建筑平面图、立面图上表示门窗的尺寸是洞口尺寸还是门窗的实际尺寸？

5. 建筑平面图上高窗如何表示的？建筑平面图上推拉窗如何表示的？

6. 建筑平面图上可以表示门的开启方式吗？

四、综合实训

1. 对学院教学楼或者其他建筑的门窗的种类、开启方式、组成部分观察，以小组的形式写出观察报告。

2. 组织学习门窗图例，阅读门窗表和门窗详图。

第 10 章

变 形 缝

⚙ 教学目标

　　理解变形缝的设置原因和设置位置，掌握变形缝的盖缝原则，掌握变形缝处的构造要求。

⚙ 教学要求

知识要点	能力要求	相关知识	权重
变形缝的设置原因和设置位置	观察图样中变形缝设置在房屋的哪个位置	如何设置变形缝	40%
变形缝的盖缝原则	变形缝处的构造处理	三缝盖缝的原则异同点	30%
变形缝处的构造要求	构造详图识读	墙、楼板、地面、屋顶处盖缝要求	30%

章 节 导 读

我们可以看到在某些建筑物的墙面或者屋顶、楼板上有用金属的材料盖住的缝，如图 10.1 所示。那么为什么要设置这些缝呢？通常设置的位置在哪里？缝宽有没有要求？仔细观察盖缝处，盖缝材料连接有什么特点呢？

图 10.1　变形缝盖缝图片示意

10.1　变形缝的设置

阅读资料

图 10.2(a)是某学院一教学楼的某一入口，经过台阶可以直接进入该楼的二层，在台阶与二层楼板外走廊相交处地面上有一个盖起来的缝，如图 10.2(b)所示，从台阶进入二层楼板外走廊再进入二层的左边教学楼大门，该门边上地面上又有一道缝，如图 10.2(c)所示，同时观察墙上相同位置也有盖缝。分析该楼把室外台阶和主体断开，二层楼板外走廊与左边建筑入口处断开，这是图 10.2(c)所示的缝。由于该建筑左右尺寸大楼层高度不同所以左右也通过缝断开。

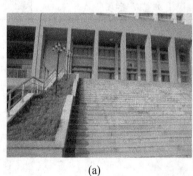

(a)　　　　　　　　　　　　　　(b)　　　　　　　　　　　　　　(c)

图 10.2　某教学楼的变形缝示意

10.1.1　变形缝的概念

变形缝是伸缩缝、沉降缝、防震缝的统称。建筑物由于受温度变化、地基不均匀沉降和地震因素的影响，结构内某些部位发生变形，若变形受到限制将产生应力，使建筑物产生裂缝和变形，那么可以在这些变形敏感部位将结构断开，预留缝隙，将建筑物划分为若干个独立部分，使各部分能自由变形，不受约束。这种将建筑物垂直分开的预留缝称为变形缝。

10.1.2　变形缝的设置要求

变形缝设置的原因、设置的依据、缝宽度、断开的部位以及盖缝的原则见表10-1。

表10-1　变形缝的设置

变形缝类别	设置原因	设置依据	断开部位	缝宽度	盖缝的原则
伸缩缝	防止建筑物因温度变化产生的热胀冷缩变形受到约束而使之开裂	按建筑物长度、结构类型与屋盖刚度确定，见表10-2、表10-3	建筑物除基础外沿全高断开	伸缩缝缝宽20～30mm	所有填缝及盖缝材料和构造应保证结构在水平方向自由伸缩而不导致破坏
沉降缝	预防建筑物各部分由于地基承载力不同或各部分荷载差异较大等原因引起建筑物不均匀沉降而导致建筑物破坏而设置的变形缝	按建筑物地基情况和建筑物高度，见文中要求	建筑物从基础到屋顶沿全高断开	缝宽一般为50mm以上，见表10-4	墙体沉降缝的盖缝处理应满足水平伸缩和垂直变形的要求
抗震缝	防止地震时产生应力集中而引起建筑结构破坏而设置的缝	与房屋结构类型、材料、高度以及抗震设防烈度有关	建筑物沿全高设置缝，基础可以断开，也可以不断开	钢筋混凝土框架结构防震缝的缝宽应根据烈度和房屋高度确定，可采用100mm以上	要有一定的变形能力。在抗震设防地区，防震缝应同伸缩缝、沉降缝协调布置，做到一缝多用或多缝合一

1. 伸缩缝的设置要求

伸缩缝要求将建筑物的墙体、楼层、屋顶等地面以上构件全部断开，基础因受温度变化影响较小，不必断开。伸缩缝的宽度一般为 20～30mm。

伸缩缝的位置和间距与建筑物使用的材料、结构类型、施工条件及建筑所处环境等因素有关。据《混凝土结构设计规范》[GB 50010—2010（2015 年版）]和《砌体结构设计规范》（GB 50003—2011）规定，钢筋混凝土结构和砌体结构建筑建筑的伸缩缝最大间距的规定见表 10-2 和表 10-3。

表 10-2　钢筋混凝土结构伸缩缝最大间距　　　　　　　　单位：m

结构类别		室内或土中	露　天
排架结构	装配式	100	70
框架结构	装配式	75	50
	现浇式	55	35
剪力墙结构	装配式	65	40
	现浇式	45	30
挡土墙、地下室墙壁等类结构	装配式	40	30
	现浇式	30	20

表 10.3　砌体房屋伸缩缝的最大间距　　　　　　　　単位：m

屋盖或楼盖类别		间　距
整体式或装配整体式钢筋混凝土结构	有保温层或隔热层的屋盖、楼盖	50
	无保温层或隔热层的屋盖	40
装配式无檩体系钢筋混凝土结构	有保温层或隔热层的屋盖、楼盖	60
	无保温层或隔热层的屋盖	50
装配式有檩体系钢筋混凝土结构	有保温层或隔热层的屋盖	75
	无保温层或隔热层的屋盖	60
瓦材屋盖、木屋盖或楼盖、轻钢屋盖		100

2. 沉降缝的设置要求

根据《建筑地基基础设计规范》（GB 50007—2011）规定，当建筑体型比较复杂时，宜根据其平面形状和高度差异情况，在适当部位用沉降缝将其划分成若干个单元，当高度差异或荷载差异较大时，可以将两者隔开一定距离，当拉开距离后的两单元必须连接时，应采用能自由沉降的连接构造，当建筑物设置沉降缝时，应该符合下列规定。

（1）建筑平面的转折部位。

（2）高度差异或荷载差异处。

（3）长高比过大的砌体承重结构或钢筋混凝土框架结构的适当部位。

（4）地基土的压缩性有显著差异处。

（5）建筑结构或基础类型不同处。

（6）分期建造房屋的交界处。

设置沉降缝时，必须将建筑的基础、墙体、楼层及屋顶等部分全部在垂直方向断开，使各部分形成能各自沉降的独立的单元。沉降缝应该有足够的宽度，可以按表10-4选用。

表 10-4 房屋沉降缝的宽度

房屋层数	沉降缝宽度/mm
二～三	50～80
四～五	80～120
五层以上	不小于120

3. 防震缝的设置要求

据《建筑抗震设计规范(附条文说明)》[GB 50011—2010(2016 年版)]规定，当设置防震缝时，防震缝应沿建筑物全高设置。一般基础可不设防震缝，但与震动有关的建筑各相连部分的刚度差别很大时，必须将基础分开。缝的两侧一般应布置墙或柱，形成双墙或者双柱或者一墙一柱，使各部分结构封闭，以加强防震缝两侧房屋的整体刚度。

钢筋混凝土框架结构房屋当设置防震缝时，防震缝宽度建筑高度不超过 15m 时取100mm，当建筑高度超过 15m 时，设计烈度 6 度、7 度、8 度和 9 度时，建筑物分别每增高 5m、4m、3m 和 2m，缝宽宜增加 20mm。

特 别 提 示

通常情况下两缝合一或三缝合一，缝宽就最大的缝的缝宽。

10.2 变形缝处的构造

阅读资料

关于变形缝的构造中南地区可以参见中南地区工程建设标准设计之《变形缝建筑构造》(11ZJ111)图集。

该图集适用于新建、扩建的一般民用建筑和工业建筑。该图集中的构造图分两部分，第一部分为现场制作变形缝建筑构造，第二部分为工厂定型生产变形缝装置。本节介绍缝宽小的第一部分变形缝建筑构造。

该图集根据建筑物使用部位介绍了外墙变形缝、内墙及顶棚变形缝、吊顶、楼面平接及与墙体交接变形缝、屋面变形缝、女儿墙变形缝、平屋面与外墙交接及转角变形缝、外天沟挑檐、雨篷变形缝等部位的构造。该图集按变形缝宽度分为 W=50～100mm、W=100～150mm、W=150～250mm、W=250～570mm 画出 4 类不同的变形缝建筑构造。本节只介绍部分部位小的变形缝盖缝。

10.2.1 墙体变形缝

1. 墙体伸缩缝

根据墙体的材料、厚度及施工条件，伸缩缝一般做成平缝、企口缝和错口缝等截面形式，如图 10.3 所示。

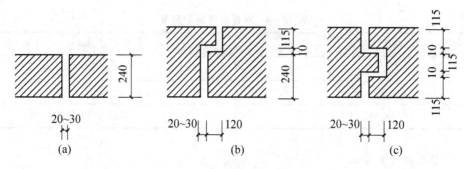

图 10.3 砖墙伸缩缝截面形式
（a）平缝；（b）错口缝；（c）企口缝

为避免外界自然条件对墙体以及室内环境的影响，外墙伸缩缝内应填塞具有防水、保温和防腐性能的弹性材料，如沥青麻丝或者玻璃棉毡、泡沫塑料条、橡胶条、油膏等，外侧缝口还应用镀锌铁皮或者铝片等金属片覆盖和装饰，内侧缝口通常用具有一定装饰效果的金属片、塑料片或者木质盖缝条覆盖和装修，内墙伸缩缝内不填保温材料，缝口处理与外墙内侧缝口相同如图 10.4 所示。注意所有填缝及盖缝材料和构造应保证结构在水平方向自由伸缩而不导致破坏。

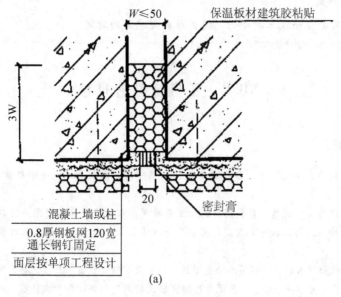

图 10.4 墙体伸缩缝

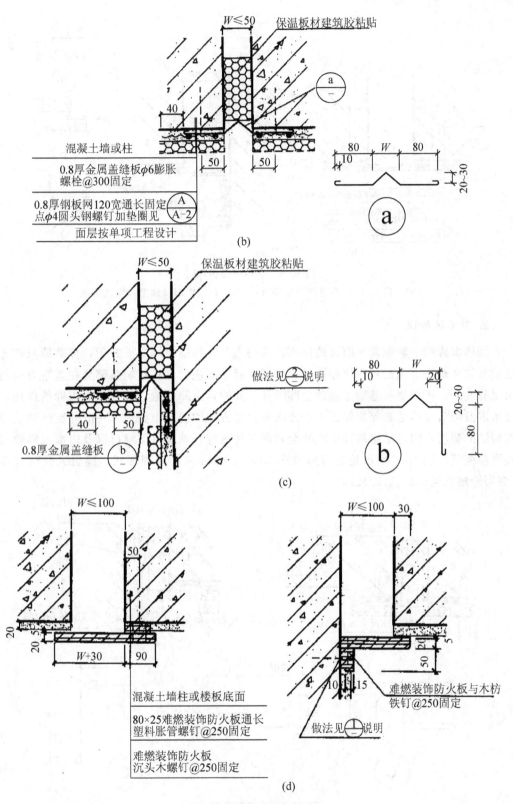

图 10.4　墙体伸缩缝(续)

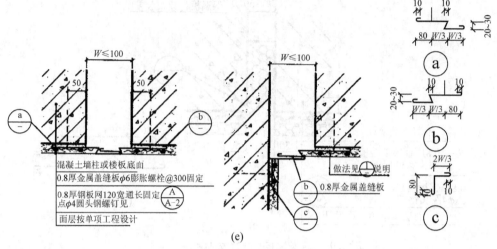

图 10.4　墙体伸缩缝(续)

(a)、(b)、(c) 外墙伸缩缝构造；(d)、(e) 内墙及顶棚伸缩缝构造

2. 墙体沉降缝

墙体沉降缝一般兼起伸缩缝的作用，其构造与伸缩缝不同之处在于，伸缩缝只需要保证建筑物在水平方向的自由伸缩变形，而沉降缝主要应满足建筑物各部分在垂直方向的自由沉降变形，所以要从基础到屋顶全部断开。同时，沉降缝也应该兼顾伸缩缝的作用，盖缝条以及调节片构造必须能保证水平方向和垂直方向均能自由变形。一般外墙外侧缝口宜根据缝的宽度不同，采用两种形式的金属调节片盖缝，外墙内侧缝口以及内墙沉降缝的盖缝同伸缩缝。图 10.5 所示是当沉降缝在 50～100mm 时的处理形式，缝更大时可以参见《变形缝建筑构造》(11ZJ111)。

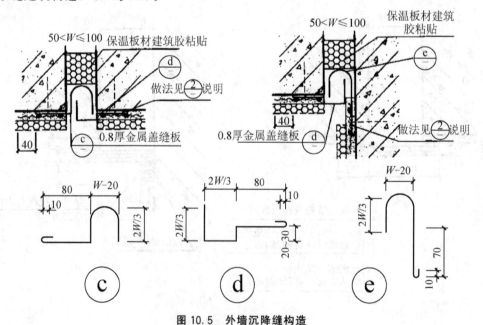

图 10.5　外墙沉降缝构造

3. 墙体防震缝

防震缝的构造基本上和伸缩缝、沉降缝相同。但因缝口宽度较大，构造上更应注意盖缝的牢固、防风防雨等防护措施。寒冷地区的外缝口还应用具有弹性的软质聚氯乙烯泡沫塑料、聚苯乙烯泡沫塑料等保温材料填实，如图 10.6 所示。

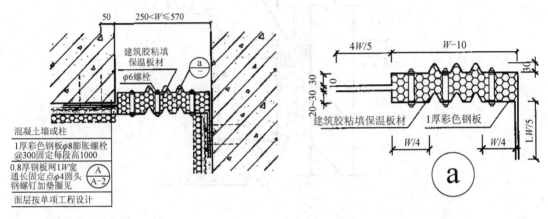

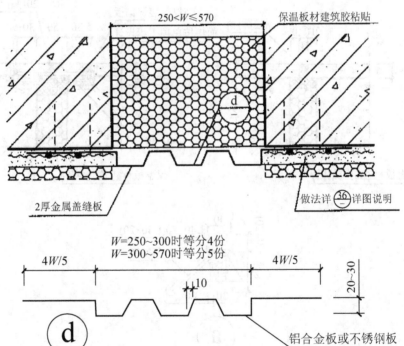

图 10.6 外墙防震缝构造

10.2.2 楼地层变形缝

楼地层变形缝的位置、缝宽应与墙体和屋顶的变形缝一致。内部以可压缩变形的油膏、沥青麻丝、金属或塑料调节片等材料做封缝处理，上铺活动盖板或橡皮等以防灰尘下落。顶棚的缝隙一般采用木质或硬质塑料盖缝条。盖缝条只能一端固定于顶棚，以保证缝两端构件自由伸缩。图10.7、图10.8是楼地面变形缝处盖缝示意。

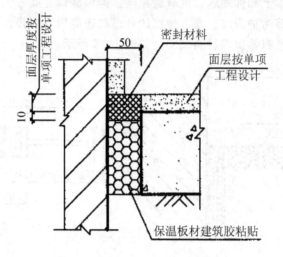

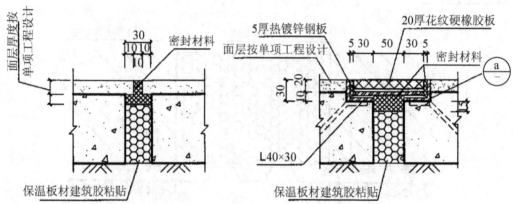

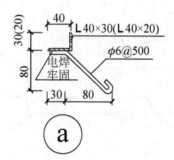

图 10.7　地层变形缝构造

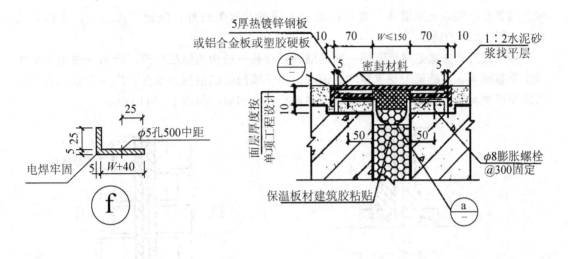

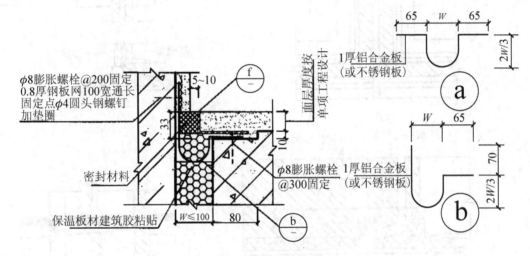

图 10.8　楼板面变形缝盖缝示意

10.2.3　屋顶变形缝

　　屋顶变形缝的位置、缝宽应与墙体和楼地层的变形缝一致。其构造因缝两侧屋面标高是否相同及屋顶是否上人等因素的不同而不同，主要解决好防水、保温等问题。屋顶变形缝的处理见本书第 8 章。

10.2.4　基础沉降缝

　　基础沉降缝的构造处理方案有双墙式、交叉式和悬挑式 3 种，如图 10.9 所示。

　　双墙式处理方案，缝两侧的基础平行设置，施工简单，造价低，但易出现两墙之间间距较大或基础偏心受压的情况，因此常用于基础荷载较小的房屋，如图 10.9（a）所示。

　　交叉式处理方案是将沉降缝两侧的基础均做成墙下独立基础，交叉设置，在各自的基础上设置基础梁以支承墙体。这种做法受力明确，效果较好，但施工难度大，造价也较高。如图 10.9(c)所示。

悬挑式处理方案是将沉降缝一侧的墙和基础按一般构造做法处理，而另一侧则采用挑梁支承基础梁，基础梁上支承墙体的做法。由于墙的荷载由挑梁承受，应尽量选用轻质墙以减少挑梁承受的荷载，挑梁下基础的底面要相应加宽，如图 10.9(b)所示。

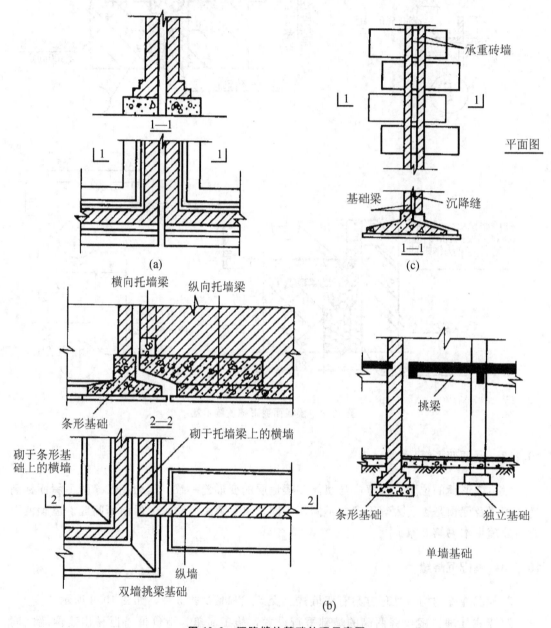

图 10.9　沉降缝处基础处理示意图

(a) 双墙方案沉降缝；(b) 悬挑基础方案的沉降缝；

(c) 双墙基础交叉排列方案的沉降缝

本章小结

(1) 变形缝是伸缩缝、沉降缝、防震缝的统称,是在变形敏感部位将结构断开预留的缝隙。

(2) 伸缩缝把建筑物的墙体、楼板层、屋顶等地面以上部分全部断开,基础部分因受温度变化影响较小,不需断开。楼地面变形缝的位置与墙体变形缝一致,应贯通楼板层和地坪层。对于采用沥青类材料的整体楼地面和铺在砂、沥青胶体结合层上的板块楼地面,可只在楼板层、顶棚层或混凝土垫层设变形缝。缝内填塞有弹性的松软材料,如沥青玛蹄脂、沥青麻丝、金属调节片等,上铺活动盖板或橡皮条等,地面面层也可用沥青胶嵌缝。等高上人屋面伸缩缝两侧做矮墙并做好泛水处理,不等高屋面应在低侧屋面板上砌半砖矮墙,与高侧墙之间留出变形缝隙,并做好屋面防水和泛水处理。矮墙之上可用从高侧墙上悬挑的钢筋混凝土板或镀锌薄钢板盖缝。墙体伸缩缝的盖缝处理应满足水平伸缩变形的要求。

(3) 建筑物从基础到屋顶沿全高断开。墙体沉降缝的盖缝处理应满足水平伸缩和垂直变形的要求。

(4) 一般情况下,防震缝的基础可以不断开。在抗震设防地区,防震缝应同伸缩缝、沉降缝协调布置,做到一缝多用或多缝合一。防震缝的构造要求及做法与伸缩缝、沉降缝类似。

习 题

一、填空题

1. 变形缝分为_____、_____、_____3种形式。

2. _____缝从基础以上的墙体、楼板到屋顶全部断开。

3. _____缝从基础、墙体、楼板到屋顶全部断开。

4. 钢筋混凝土框架结构房屋当设置防震缝时,防震缝宽度建筑高度不超过15m时取_____,当建筑高度_____,缝宽越大。

二、名词解释

1. 伸缩缝

2. 沉降缝

3. 防震缝

三、简答题

1. 什么情况下设置伸缩缝?其宽度是多少?

2. 什么情况下设置沉降缝?缝宽一般是怎样的?

3. 防震缝的宽度怎么确定?

4. 伸缩缝的盖缝原则是怎样的?

5. 沉降缝的盖缝原则是怎样的?

 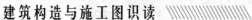
四、作图题

1. 绘制屋面的伸缩缝处的构造处理。

2. 绘制外墙伸缩缝盖缝节点图。

3. 绘制楼板面缩缝盖缝节点图。

五、综合实训

1. 观察学院教学楼或者其他建筑物，观察墙面、地面某处是否有盖缝材料，观察该缝的宽度、盖缝材料，分析其位置和设置原因，以小组为单位写出观察报告，图以照片形式说明。

2. 识读有关有变形缝的图纸。

第11章

建筑装修

教学目标

掌握墙面、楼地面、顶棚装修的种类、构造特点。

教学要求

知识要点	能力要求	相关知识	权重
墙面、楼地面、顶棚装修的种类、构造特点	建筑设计总说明中的墙面、楼地面、顶棚装修说明识读	墙面、楼地面、顶棚装修的各种类施工工艺	100%

章 节 导 读

如图 11.1 建筑装修设计方式采取了法式空间特有的造型，同时，又区别于传统法式的繁复。异形的天花形体，决定了设计手法要依形就势，不必刻意地去处理，保持部分的几何，并在立面形体上也采用一些建筑结构语言的设计手法，与之呼应些，与本案大格局的空间，相得益彰。在装饰效果上，力求一种刚柔并济感觉，营造一个气宇不凡的空间建筑物的内外装修情况在哪里表达呢？有哪些种类？有什么构造特点呢？

图 11.1   法式空间造型实例

11.1   概   述

 阅读资料

北京的陈先生经常头痛、头晕、乏力、睡眠不好，还胸闷、喉部不适，老往医院跑，医生猜测与新房装修有关，经过检测，发现其新房室内空气中污染物不少，检测后陈先生心理负担明显加重，不愿在房子里多待。这是因为装修而引起的室内污染。无论何种建筑物，一般都需要进行装修。建筑的功能得以实现给人以美的精神享受很大程度上要依赖于饰面装修，饰面装修可以保护建筑、给人良好的使用环境，但一定要注意健康环保。

饰面装修是指一栋建筑在结构主体工程完成以后，为满足人们的使用和建筑功能的要求，而对建筑结构表面内、外墙面，楼、地面，顶棚等有关部位进行的一系列的加工处理，即进行装修。

可以说，结构主体完成之后的工作都是装修工程涉及的范围，其规模虽然不及主体工程宏大，但它关系到工程质量标准和人们的生产、生活和工作环境的优劣，是建筑物不可缺少的有机组成部分。

11.1.1   饰面装修的作用

1. 保护作用

建筑构件暴露在大气中，在风、霜、雪、雨、温度、湿度和太阳辐射等作用下，构件可能因热胀冷缩而导致结构节点被拉裂，影响牢固、耐久与安全。建筑表面如果通过抹灰、油漆等饰面装修进行处理，不仅可以提高构件、建筑物对外界各种不利因素如水、火、酸、碱、氧化、风化等的抵抗能力,还可以保护建筑构件不直接受到外力的磨损、碰撞和破坏,从而提高结构构件的耐久性,延长其使用年限。

2. 改善环境条件,满足房屋的使用功能要求

为了创造良好的生产、生活和工作环境,无论何种建筑物,一般都需要进行装修,通过对建筑物表面装修,不仅可以改善室内外清洁、卫生条件,且能增强建筑物的采光、保温、隔热、隔声性能。如砖砌体抹灰后不但能提高建筑物室内及环境照度,而且能防止冬天砖缝可能引起的空气渗透。

3. 美观作用

装修不仅有功能和保护的作用,还有美化和装饰作用。建筑师根据室内外环境的特点,正确、合理运用建筑线型以及不同饰面材料的质地和色彩给人以不同的感受。同时,通过巧妙组合,还创造出优美、和谐、统一而又丰富的空间环境,以满足人们在精神方面对美的要求。

11.1.2 饰面装修的设计要求

1. 根据使用功能,确定装修的质量标准

不同等级和功能的建筑除在平面空间组合中满足其要求外,还应采用不同装修的质量标准。如高级公寓与普通住宅就不能同等对待,就应为之选择相应的装修材料、构造方案和施工措施。即使是同等建筑,由于其所处位置不同,装修标准也不相同,如面临城市主要干道与在街坊内部的建筑。同一栋建筑的不同部位,如正立面与背立面、重要房间与次要房间等,均可按不同标准进行处理。另外,有特殊要求的,如声学要求较高的录音室、广播室,除选择声学性能良好的饰面材料外,还应采用相应的构造措施和施工方案。

2. 正确合理地选用材料

建筑装修材料是装饰工程的重要物质基础,在装修费用中一般占70%左右。装修工程所用材料,量大面广,品种繁多。从粘土砖到大理石、花岗石,从普通砂、石到黄金、锦缎,价格相差巨大。能否正确选择和合理地利用材料,直接关系到工程质量、效果、造价、做法。而材料的物理、化学性能及其使用性能是装修材料选择的依据。除大城市重要的公共建筑可采用较高级装修材料外,对大量性建筑讲,因造价不高,装修用料尽可能因地制宜,就地取材。不要舍近求远,舍内求外。只要合理利用材料,就既能达到经济节约的目的,又能保证良好的装饰效果。

3. 充分考虑施工技术条件

装修工程是通过施工来实现的。如果仅有良好的设计、材料,没有好的施工技术条件,理想的效果也难以实现。因此,在设计阶段就要充分考虑影响装修做法的各种因素:工期长短、施工季节、温度高低、具体施工队伍的技术管理水平和技术熟练程度以及施工组织和施工方法等。

11.1.3 饰面装修的基层

饰面装修是在结构主体完成之后进行的。饰面装修的基层是指附着或支托饰面层的结构构件或骨架。如内外墙体、楼地板、吊顶骨架等。

1. 基层处理原则

1) 基层应有足够强度和刚度

饰面层附着于基层。为了保证饰面不至于开裂、起壳、脱落，要求基层须具有足够承载力。饰面变形不仅影响美观而且影响使用，如果墙体或顶棚饰面开裂、脱落，还可能砸伤行人，酿成事故。可见，具有足够承载力和刚度的基层，是保证饰面层附着牢固的重要因素。

2) 基层表面必须平整

饰面层平整均匀是达到美观的必要条件，而基层表面的平整均匀又是使饰面层达到平整均匀的重要前提。为此，对饰面主要部位的基层如内外墙体、楼地板、吊顶骨架等在砌筑、安装时必须平整。基层表面凹凸过大，必然使找平层厚度增加，且不易找平。厚度不仅浪费材料，材料的胀缩也会引起饰面层开裂、起壳，甚至脱落，同时影响美观、使用，乃至危及安全。

3) 确保饰面层附着牢固

饰面层附着于基层表面应牢固可靠。但实际工程中，不论地面、墙面、顶棚到处可见饰面层出现开裂、起壳、脱落现象。其原因常常是由于构造方法不妥和面层与基层材料性能差异过大或粘结材料选择不当等因素所致。所以应根据不同部位和不同性质的饰面材料采用不同材料的基层和相应的构造连接措施，如粘、钉、抹、涂、贴、挂等使其饰面层附着牢固。

2. 基层类型

1) 实体基层

实体基层是指用砖、石等材料组砌或用混凝土现浇或预制的墙体，以及预制或现浇的各种钢筋混凝土楼板等。这种基层强度高、刚度好，其表面可以做任何一种饰面。如罩刷各种涂料、抹涂各种抹灰、铺贴各类面砖、粘贴各种卷材等。为保证实体基层的饰面层平整均匀，附着牢固，施工时还应对各种材料的基层做如下处理(见表11-1)。

(1) 砖、石基层。主要用于墙体。因砖、石表面粗糙，加之凹进墙面的缝隙较多，故粘接力强。做饰面前必须清理基层，除去浮灰，必要时用水冲净，另外墙体砌筑应垂直。

 应用案例 11-1

某小区王先生家正在装修卫生间墙面，贴完一面墙面砖后，王先生用手敲击墙面发现有"空空"的声音，问工人做的工序，发现有一个环节出了问题，原来王先生家房子是旧房，工人师傅对墙面没有铲去原来的松散的装修层只是将表面部分地方打毛，结果用手从瓷砖边缘一揭，已经成片的瓷砖就象一张硬纸一样脱离开了墙面。这说明为了与基层粘接牢固对旧房屋墙面的松散装修层要铲掉。

（2）混凝土及钢筋混凝土基层。由于这些构件是由混凝土浇筑成型，为脱模方便，其表面均加机油之类的脱模剂，加上钢模板的广泛采用，构件表面较为光滑平整。为使饰面层附着牢固，施工时必须除掉脱模剂，还须将表面打毛，用水冲去浮尘。为保证平整，无论是预制安装或现场浇筑，都要求墙体垂直，楼板水平。

（3）轻质填充墙基层。由于各类轻质填充墙基层与钢筋混凝土基层的热膨胀系数不同，在做抹灰面层时由于热胀冷缩容易造成面层开裂、脱落，影响美观和使用。因此在基层处理时，不同基体材料相接处应铺钉金属网，金属网与各基体搭接宽度不应小于100mm。如在轻质填充墙的外墙面抹灰饰面时，基层处理应满挂钢丝网后再做面层，钢丝网两边搭接 200～500mm。

表 11-1 实体基层的部位及饰面

基层部位 \ 基层饰面	涂 料	抹 灰	贴 面	裱 糊
墙面				
楼地面				
顶棚				

2）骨架基层

骨架基层主要是指骨架隔墙、架空木地板、各种形式吊顶的基层等这一类型。

骨架基层由于材料不同，有木骨架基层和金属骨架基层之分，构成骨架基层的骨架通常称为龙骨。木龙骨多为方木，金属龙骨多为型刚或薄壁型钢，铝合金型材等。龙骨中距视面材料而定，一般不大于 600mm。骨架表面，通常不做大理石等较重材料的饰面层（表 11-2）。

表 11-2 骨架基层类型及部位

	墙 面	地 面	顶 棚
木骨架	 (a)	(b)	(c)

续表

墙　面	地　面	顶　棚
（图略） (d)		（图略） (e)

金属骨架

观察与思考

城市工业区工业废气、汽车尾气，这些室外污染物大家都知道，那么室内装修污染有哪些?

民用建筑工程设计必须根据建筑物的类型和用途，选择符合《民用建筑工程室内环境污染控制规范》(GB 50325—2010)所规定的建筑材料和装修材料。

民用建筑工程所使用无机非金属建筑主体材料(如砂、石、砖、水泥等)和装修材料(如石材、建筑卫生瓷砖、石膏板、无机瓷质砖粘接剂等)放射性指标要在一定限量里面。比如氡是来自一些劣质的混凝土、水泥、花岗岩等建筑材料中的放射性元素，它成为伤人于无形的"杀手"，因为氡就像一个幽灵，没有味道，没有颜色，感觉不到，能增加肺癌发病率。

民用建筑工程室内用人造木板及饰面人造板，必须测定游离甲醛含量或者游离甲醛释放量，要在一定限量里面。

民用建筑工程室内装修所采用的涂料、胶粘剂、水性处理剂，起挥发性有机化合物和游离甲醛要在一定限量里面。

民用建筑工程中室内装修所采用的木质材料严禁采用沥青、煤焦油类防腐、防潮处理剂。

现在请总结室内装修污染物有哪些。

11.2　建筑物主要部位的饰面装饰

问题引领

某建筑施工图设计总说明中关于建筑物装饰装修有一张表，其中装修做法代号是墙18E，地17A，楼17A，那么这些符号是什么含义呢? 一般建筑物的装饰装修做法可以在《工程做法》(J909)中选择，每个代号都有相应的构造层次做法。比如查中国建筑标准设计研究院出版的《工程做法》(J909)的外墙饰面工程部分发现18E是陶瓷饰面砖墙面，其构造做法有6个构造层次。那"地17A、楼17A"你知道是说明的哪部分的装饰装修吗? 本节只需要了解建筑物装饰装修的种类和构造层次。

在基层面上起美观保护作用的覆盖层为饰面层。饰面层包括构成饰面的各种构造层次，如抹灰饰面不仅包括面灰，而且包括中灰和底灰。如板材饰面，饰面层就是板材本身。通常把饰面层最表面的材料作为饰面种类的名称。

建筑物主要装修部位有内外墙面、地面及顶棚3大部位。各部分饰面种类很多，均附着于结构基层表面起美观保护作用。本节只介绍一般民用建筑普通饰面装修。

11.2.1　墙面装修

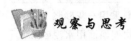

观察与思考

室内外装饰装修对材料有什么不同的要求？各有哪些种类呢？

墙面装修是建筑装修中的重要内容，它对提高建筑的艺术效果、美化环境起着重要的作用，还具有保护墙体的功能和改善墙体热工性能的作用。墙体表面的饰面装修因其位置不同有外墙面装修和内墙面装修两大类型。又因其饰面材料和做法不同，外墙面装修可分为抹灰类、贴面类和涂料类；内墙面装修则可分为抹灰类、贴面类、涂料类和裱糊类。

在这里主要介绍常用的大量性民用建筑的墙体饰面装修做法。

1. 抹灰类墙面装修

建筑抹灰工程包括一般抹灰、装饰抹灰和清水砖墙勾缝 3 个分项工程。它是将水泥、石灰、砂、石粒等抹灰材料根据要求制成砂浆后，再用手工或者机械操作的方法做成的一种装饰面。抹灰是装饰工程中的一种基础性装饰工艺，许多的饰面的做法都是在抹灰面上完成的。

1）一般抹灰的等级

一般抹灰是指采用砂浆对建筑物的面层进行罩面处理，其主要目的是对墙体表面进行找平处理并形成墙体表面的涂层。常用的有纸筋石灰抹灰、混合砂浆抹灰、石灰砂浆抹灰、水泥砂浆抹灰、麻刀石灰浆抹灰。一般抹灰按质量标准分为普通抹灰、高级抹灰两种，见表 11 - 3。

表 11 - 3　一般抹灰的级别、适用范围和工序要求

级　别	适用范围	工序要求
普通抹灰	适用于一般住宅、公共和工业建筑（如居民住宅、普通商店、教学楼、地下室以及要求不高的厂房等）	普通抹灰的一般要求是：一底层、一中层、一面层（或者一底层、一面层），要求设置标筋，分层抹平，表面洁净，线角顺直，接槎平整
高级抹灰	用于具有高级装修要求的大型公共建筑（如宾馆、饭店、商场、影剧院），高级住宅、公寓、纪念性建筑物等	一底层、数遍中层、一面层，抹灰时要求找方，设置标筋，分层抹平，表面光滑洁净，颜色均匀一致，线角平直，清晰美观无接缝

2）抹灰的分层构造

为保证抹灰质量，做到表面平整、粘结牢固、色彩均匀、不开裂，施工时须分层操作。抹灰一般分 3 层，即底灰（层）、中灰（层）、面灰（层）。抹灰的组成、作用一般做法见表 11 - 4。

表 11-4 抹灰的组成、作用一般做法

层次	作用	基层材料	一般做法
底灰（又叫刮糙）	起与基层粘结和初步找平作用。又叫找平层或打底层	砖墙基层	1. 室内墙面一般采用石灰砂浆 2. 室外、有水房间墙面用水泥砂浆 3. 有防水防潮要求的用水泥砂浆或者防水砂浆
		混凝土、加气混凝土基层	表面先用聚合物水泥浆做一道封闭底层，然后再用水泥砂浆水泥混合砂浆或者聚合物水泥砂浆打底
		硅酸盐砌块	宜用水泥混合砂浆打底
		平整的光滑的混凝土基层	可不用抹灰，采用刮腻子处理
		骨架板条基层	采用石灰砂浆做底灰，并在砂浆中掺入适量麻刀灰(纸筋)或其他纤维，施工时将底灰挤入板条缝隙，以加强拉结，避免开裂、脱落
中灰	进一步找平作用减少底层干缩或面层砂浆开裂的可能，同时亦作为底层与面层之间的粘结层		中灰所采用的材料与底层材料相同，可以一遍成活，也可以几遍成活，但要注意水泥砂浆不得涂抹在石灰砂浆上
面灰	起装饰美观作用		可以采用不同的砂浆来取得装饰效果，如果是面层砂浆仅起抹光作用

3）抹灰饰面的厚度

当抹灰层的总厚度或者每一遍涂抹的砂浆厚度过大时，既浪费材料，又容易使抹灰层的内外干燥速度不同而使抹灰层出现开裂、空鼓和脱落现象，因而抹灰层的总厚度和每一遍涂抹的厚度不宜太厚。

抹灰层的平均总厚度要符合表 11-5 的规定，当抹灰的总厚度大于和等于 35mm 时，应该采取加强措施。

分层抹灰每遍抹灰的厚度应根据抹灰砂浆的品种和部位而定，一般要求水泥砂浆每遍 5~7mm，石灰砂浆以及混合砂浆每遍 7~9mm，面层抹灰按抹平压实后的平均厚度而定，麻刀石灰不得大于 3mm，纸筋石灰、石灰膏不得大于 2mm。

4）装饰抹灰

装饰抹灰按面层材料的不同可分为：石碴类(水刷石面、水磨石面、干粘石面、斩假石面)，水泥石灰类(拉条灰、拉毛灰、洒毛灰、假面砖、仿石)和聚合物水泥砂浆类(喷涂、滚涂、弹涂)等。常见装饰抹灰饰面做法如图 11.2 所示。

表 11-5 抹灰层的总厚度

部 位	基体材料或等级标准	抹灰层平均总厚度/mm
顶棚	板条、现浇混凝土、空心砖	15
	预制混凝土	18
	金属网	20
内墙	普通抹灰	20
	高级抹灰	25
外墙		20
勒脚及突出墙面部分		25
石墙		35

(a)   (b)   (c)   (d)

图 11.2 常见装饰抹灰饰面做法

（a）水刷石饰面；（b）剁斧石饰面；（c）干粘石饰面；（d）弹涂饰面

石碴类饰面材料是装饰抹灰中使用较多的一类，以水泥为胶结材料，以石碴为骨料做成水泥石碴浆作为抹灰面层，然后用水洗、斧剁、水磨等方法出去表面水泥浆皮，或者在水泥砂浆面上甩粘小粒径石碴，使饰面显露出石碴的颜色、质感，具有丰富的装饰效果，常用石碴类装饰抹灰构造层次见表 11-6。

表 11-6 常用石碴类装饰抹灰做法及选用表

种类	做法说明	厚度/mm	适用范围	备 注
水刷石	底：1：3 水泥砂浆	7	砖石基层墙面	用中 8 厘石子，当用小于 8 厘石子时比例为 1：1.5，厚度为 8mm
	中：1：3 水泥砂浆	5		
	面：1：2 水泥白石子用水刷洗	10		
干粘石	底：1：3 水泥砂浆	10	砖石基层墙面	石子粒径 3～5mm，做中层时按设计分格
	中：1：1：1.5 水泥石灰砂浆	7		
	面：刮水泥浆，干粘石压平实	1		
斩假石	底：1：3 水泥砂浆	7	主要用于外墙局部加门套、勒脚等装修	
	中：1：3 水泥砂浆	5		
	面：1：2 水泥白石子用斧斩	12		

5）清水砖墙饰面装修

凡在墙体外表面不做任何外加饰面的墙体称为清水墙。为防止灰缝不饱满而可能引起的空气渗透和雨水渗入，须对砖缝进行勾缝处理。一般采用 1∶1 水泥砂浆勾缝；也可在砌墙时用砌筑砂浆勾缝，称为原浆勾缝。勾缝形式有平缝、平凹缝、斜缝和弧形缝等（如图 11.3 所示）。

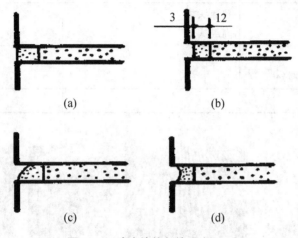

图 11.3　清水墙的勾缝形式(mm)
（a）平缝；（b）平凹缝；（c）斜缝；（d）弧形缝

清水砖墙的外观处理一般可从色彩、质感、立面变化取得多样化装饰效果。目前清水墙材料多为红色，色彩较单调。但可以用刷透明色的方法改变色调。做法是用红、黄两种颜料如氧化铁红、氧化铁黄等配成偏红或偏黄的颜色，加上颜料重量的 5% 的聚醋酸乙烯乳液，用水调成浆刷在砖面上。这种做法给人以面砖的错觉，若能和其他饰面相互配合、衬托，能取得较好的装饰效果。另外，清水墙砖缝较多，其面积约占墙面的 1/6，改变勾缝砂浆的颜色能有效地影响整个墙面色调的明暗度。如用白水泥勾白缝或水泥掺颜料勾成深色或其他颜色的缝。由于砖缝颜色突出，整个墙面质感效果也有一些变化。

2. 涂料类墙面装修

涂料饰面是在木基层表面或抹灰饰面的底灰、中灰及面灰上喷、刷涂料涂层的饰面装修。建筑涂料具有保护、装饰功能并且能改善建筑构件的使用功能。涂料饰面是靠一层很薄的涂层起保护和装饰作用，并根据需要可以配成多种色彩。涂料饰面涂层薄抗蚀能力差，外用乳涂料使用年限 4～10 年，但由于涂料饰面施工简单、省工省料、工期短、效率高、自重轻、维修更新方便，故在饰面装修工程中得到广泛应用。按涂刷材料种类不同，可分为刷浆类饰面、涂料类饰面、油漆类饰面 3 类。

1）刷浆饰面

它是指在表面喷刷浆料或水性涂料的做法。适用于内墙粉刷工程的材料有石灰浆、大白浆、色粉浆、可赛银浆等。刷浆与涂料相比，价格低廉但不耐久。

（1）石灰浆。它用石灰膏化水而成，根据需要可掺入颜料。为增强灰浆与基层的粘结力，可在浆中掺入 108 胶或聚醋酸乙烯乳液，其掺入量约为 20%～30%。石灰浆涂料的施工要待墙面干燥后进行，喷或刷两遍即成。石灰浆耐久性、耐水性以及耐污染性较差，主要用于室内墙面、顶棚饰面。

（2）大白浆。它是由大白粉掺入适量胶料配制而成。大白粉为一定细度的碳酸钙粉末。常用胶料有 108 胶和聚醋酸乙烯乳液，其掺入量分别是 15％和 8％～10％，以掺乳胶者居多。大白浆可掺入颜料而成色浆。大白浆覆盖力强，涂层细腻洁白，且货源充足，价格低，施工、维修方便，广泛应用与室内墙面及顶棚。

（3）可赛银浆。它是由碳酸钙、滑石粉与酪素胶配制而成的粉末状材料。产品有白、杏黄、浅绿、天蓝、粉红等。使用时先用温水将粉末充分浸泡，使酪素胶充分溶解，再用水调制成需要的浓度即可使用。可赛银浆质细、颜色均匀其附着力以及耐磨性均好。主要用于室内墙面及顶棚。

2）涂料类饰面

涂料是指涂敷于物体表面能与基层牢固粘结并形成完整而坚韧保护膜的材料。建筑涂料是现代建筑装饰材料较为经济的一种材料，施工简单、工期短、功效高、装饰效果好、维修方便。

（1）水溶性涂料。

① 内墙涂料。有聚乙烯醇水玻璃内墙涂料（俗称 106 内墙涂料）、聚乙烯醇缩甲醛（SJ－803 内墙涂料）等内墙涂料。聚乙烯醇涂料是以聚乙烯醇树脂为主要成膜物质。优点：不掉粉，造价不高，施工方便，有的还能经受湿布檫。它主要用于内墙。

② 真石漆：由丙烯酸树脂、彩色砂粒、各类辅助剂组成。与真材石质相似，色彩丰富，具有不然、防火、耐久等优点，施工方便，对基层的限制较少，适用于宾馆、剧场、办公楼等场所的内外墙饰面。

（2）乳液涂料。乳液涂料是以各种有机物单体经乳液聚合反应后生成的聚合物，它以非常细小的颗粒散在水中，形成非均相的乳状液。将这种乳状液作为主要成膜物质配成的涂料称为乳液涂料。当填充料为细小粉末时，所配制的涂料能形成类似油漆漆膜的平滑涂层，故习惯称为"乳胶漆"。

乳液涂料以水为分散介质、无毒、不污染环境。由于涂膜多孔而透气，故可在初步干（抹灰）的基层上涂刷。涂膜干燥快，对加快施工进度缩短工期十分有利。另外，所涂饰面可擦洗，易清洁，装饰效果好。乳液涂料施工须按所用涂料品种性能及要求（如基层平整、光洁、无裂纹等）进行，方能达到预期的效果。乳液涂料品种较多，属高级饰面材料，主要用于内外墙饰面。若掺有粗填料（如云母粉、粗砂）配得的涂料，能形成一定粗糙质感的涂料，称为乳液厚质涂料，通常用于外墙涂料。

（3）溶剂性涂料。溶剂性涂料是以高分子合成树脂为主要成膜物，有机溶剂为稀释剂，加入一定量的颜料、填料及辅料，经辊轧塑化、研磨、搅拌、溶解配制而成的一种挥发性的涂料。具有较好的硬度、光泽、耐蚀性、耐水性和耐候性，但施工时挥发出有害气体，潮湿基层上施工会引起脱皮现象。它主要用于外墙。

（4）氟碳树脂涂料。氟碳树脂涂料是一种性能优于其他建筑涂料的新型涂料。由于采用具有特殊分子结构的氟碳树脂，使这种类涂料具有突出的耐污染性、耐候性及防腐性能。作为外墙涂料其耐久性可达 15～20 年，可称之为超耐候性建筑涂料。特别适用于高

耐候性、高耐污染性要求和有防腐要求的高层建筑及公共、市政建筑的构筑物。不足之处是价位偏高。

3）油漆类饰面

油漆涂料是由胶粘剂、颜料、溶剂和催干剂组成的混合剂。油漆涂料能在材料表面干结成漆膜，使与外界空气、水分隔绝，从而达到防潮、防锈、防腐等保护作用。常用的油漆涂料有调和漆、清漆、防锈漆等。

3. 陶瓷贴面类墙面装修

1）面砖饰面

内墙面砖是用瓷土或耐火粘土经焙烧而成，其吸水率较大，适用于室内墙面，不适于室外。内墙面砖外形除有正方形、矩形外还有各种配件异形体砖。它主要有白色釉面砖、彩色釉面砖、图案砖等种类。

外墙面砖是用优质耐火粘土为主要原料，经混炼成型、素烧、施釉、煅烧而成，质地密实，釉质耐磨，具有较好的耐水性、耐久性。外墙面砖按外观及使用功能，主要有无釉质砖、彩色釉砖、金属釉砖以及仿石砖等几种。

面砖规格、色彩、品种繁多，根据需要可按厂家产品目录选用。常用 150mm×150mm、75mm×150mm、113mm×77mm、145mm×113mm、233mm×113mm、265mm×113mm 等几种规格，厚度约为 5~17mm（陶土无釉面砖较厚为 13~17mm，瓷土釉面砖较薄为 5~7mm 厚）。

内墙釉面砖粘贴前先将面砖放入水中浸泡 2h 以上，贴前取出晾干或擦干，至手按砖背无水迹时方可粘贴。砖墙要提前一天湿润好，混凝土墙可以提前 3~4 天湿润，以避免吸走粘结砂浆中的水分。面砖安装时用 1:2（体积比）水泥砂浆为宜，或者填加少量石灰膏，或者填加水泥量的 2%~3% 的 108 胶，在釉面砖背面满抹灰浆，四周刮成斜面，厚度 5mm 左右，注意边角满浆，然后将面砖贴于墙上，轻轻敲实，使其与底灰粘牢。一般面砖背面有凹凸纹路，更有利于面砖粘贴牢固。

对贴于外墙的面砖常在面砖之间留出一定缝隙，以利湿气排除，如图 11.4（a）所示。而内墙面为便于擦洗和防水则要求安装紧密，不留缝隙。如图 11.4（b）所示。

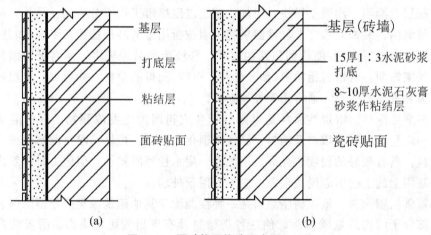

图 11.4　面砖饰面构造示意图（mm）

（a）面砖贴面；（b）瓷砖贴面

2）陶瓷锦砖饰面

陶瓷锦砖也称为马赛克，分为陶瓷马赛克和玻璃马赛克两种，高温烧结而成的小型块材，其材料致密光滑、坚硬耐磨，耐酸耐碱、一般不易变色，广泛用与内外墙饰面。马赛克的尺寸较小，根据它的花色品种，可拼成各种花纹图案。铺贴时，先按设计的图案将小块的马赛克正面向下贴于 500mm×500mm 大小的牛皮纸上，然后牛皮纸面向外将马赛克贴于饰面基层，待半凝后将纸洗去，同时修整饰面。它可用于墙面装修，更多用于地面装修，常见墙面装修做法如图 11.5 所示。

清水砖墙

外墙面砖饰面

天然石材外墙

陶瓷锦砖(马赛克)墙面

人造石材外墙

图 11.5　常见墙面装修做法

4. 石材贴面类墙面装修

 观察与思考

某单位的大门口一边是门房，另外一边是一个高高的立柱，上面铺贴有大块的红麻点色的瓷砖，到了潮湿的季节瓷砖上总有白色的污染物粘在上面，上面还有地方掉了一块瓷砖，那么那白色的污染物是什么呢？要想比较厚重的石材不掉下来应该怎样铺贴呢？

装饰用的石材有天然石材和人造石材之分，按其厚度有厚型和薄型两种，通常厚度在 30～40mm 以下的称板材，厚度在 40～130mm 及以上的称为块材。用于墙面装修的天然石板有大理石板和花岗岩板，属于高级装修饰面。

石材的安装必须牢固，防止脱落。石材贴面类墙面常见的方法有以下两种。

1）拴挂法(湿挂法)

这种做法的特点是在铺贴时，基层应拴挂钢筋网，然后用金属丝绑扎或用金属挂扣件固定石材面板，并在板材与墙体的夹缝内灌以水泥砂浆[图 11.6(a)]。图 11.6(b)、(c)是另外的拴挂法示意。

拴挂法的构造要点如下。

（1）在墙柱表面拴挂钢筋网前，应先将基层剁毛，若墙上没有预埋钢筋，需要用电钻打直径 6mm 左右，深度 60mm 左右的孔，插入 $\phi6$ 钢筋，外露 50mm 以上并弯钩。将竖向钢筋插入不弯钩焊接固定，在同一标高上插上水平钢筋并绑扎固定。

（2）把打好安装孔的板材用双股 16 号铜丝或不易生锈的金属丝拴结在钢筋网上；或用镀锌挂件扣挂在钢筋网上。

（3）灌注砂浆一般采用 1∶2.5 的水泥砂浆，砂浆层厚 30mm 左右。每次灌浆高度不宜超过 150～200mm，且不得大于板高的 1/3，待下层砂浆凝固后，再灌注上一层，使其连接成整体。

（4）最后将表面挤出的水泥砂浆擦净，并用与石材同颜色的水泥浆勾缝，然后清洗表面。

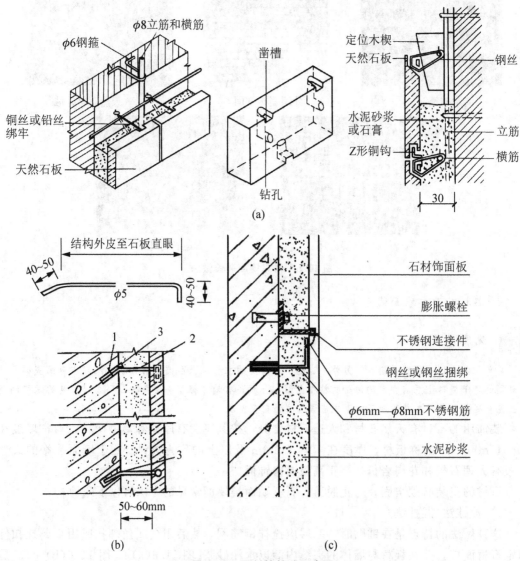

图 11.6　石材拴挂法示意图

（a）拴挂法安装节点；（b）楔固法示意（1—混凝土基体上钻 45°斜孔，2—U 形钉，

3—木楔）；（c）改进的湿挂法示意

由于拴挂法采用先绑后灌浆的固定方式，板材与基层结合紧密，适合于室内墙面的安装。其缺点是灌浆易污染板面，且在使用阶段板面易泛碱，影响装饰效果。

● **特 别 提 示**

采用传统的湿作业安装天然石材，由于水泥砂浆在水化时析出大量的氢氧化钙，在石材表面产生不规则的花斑，俗称返碱现象，严重影响建筑物室内外石材饰面的装饰效果。为此，在天然石材安装前，必须对石材饰面采用防碱背深处理剂进行背涂处理。

人造石板装修的构造做法与天然石板相同，但不必在板上钻孔，而是利用板背面预留的钢筋挂钩，用铜丝或镀锌铁丝将其绑扎在水平钢筋上，就位后再用砂浆填缝。

2）干挂法

干挂法是用一组金属连接件，将板材与基层可靠地连接，其间形成的空气间层不作灌浆处理。干挂法装饰效果好，石材表面不会出现泛碱，采用干作业使施工不受季节限制，且施工速度快，减轻了建筑物自重、有利于抗震，适用于外墙装修。

干挂法的施工步骤是将天然石材上下两端各钻两个孔，将可调节的连接件插入其中固定石材，定位后用胶封固。

根据建筑外围护墙的不同特征，连接件与结构体系的连接可分为有龙骨体系和无龙骨体系。一般框架结构建筑采用石材外墙时，由于填充墙不能满足强度要求，往往采用有龙骨体系。有龙骨体系由主龙骨（竖向）和次龙骨（横向）组成，主龙骨可选用镀锌方钢、槽钢、角钢，并与框架边缘可靠连接，次龙骨多用角钢，间距由石材规格确定，通常直接焊接或拴接在主龙骨上，连接件与次龙骨连接。钢筋混凝土墙面采用石材外墙时，往往采用无龙骨体系，将连接件与墙体在确定的位置直接连接（焊接或拴接）。如图 11.7 所示是有骨架干挂法示意图，如图 11.8 所示是无骨架干挂法示意图。

必须强调的是，石材在安装前必须根据设计要求核对石材品种、规格、颜色，进行统一编号，天然石材要用电钻打好安装孔，较厚的板材应在背面凿两条 2～3mm 深的砂浆槽。板材阳角交接处，应做好 45°的倒角处理。最后根据石材的种类及厚度，选择适宜的连接方法。

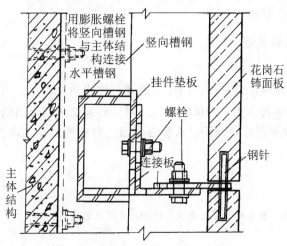

图 11.7　石材有骨架干挂法示意图

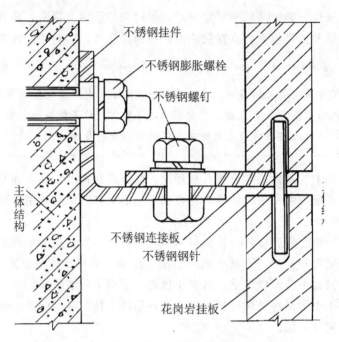

图 11.8　干挂法无骨架安装节点

特 别 提 示

大理石属于中硬石材，表面硬度不大，而化学稳定性和大气稳定性不是太好，除了少数纯质、杂质少的品种如汉白玉、艾叶青等外，一般不宜用于室外装饰。

3）聚酯砂浆固定法

这种做法适用于尺寸较小、重量较轻的石材。其特点是采用聚酯砂浆粘接固定。聚酯砂浆的胶砂比常为 1：4.5～1：5.0，固化剂的掺加量随要求而定。施工时先用聚酯砂浆固定板材的四角和填满板材之间的缝隙。待聚酯砂浆固化并能起到固定拉结作用以后，再进行灌缝操作。砂浆层一般厚 20mm 左右。灌浆时，一次灌浆量应不多于 150mm 高，待下层砂浆初凝后再灌注上层砂浆。

5．特殊部位的墙面装修

1）墙裙

墙裙又称台度，在内墙抹灰中，门厅、走廊、楼梯间、厨房、卫生间等处因常受到碰撞、摩擦、潮湿的影响而变质，为保护墙身，对这些部位采取适当的保护措施，做成高度一般为 1.2～1.8m 的水泥砂浆饰面、水磨石饰面、瓷砖饰面、大理石饰面等护墙墙裙（如图 11.9 所示）。

观察与思考

观察你所见过的建筑，现在建筑室内装修做墙裙的是不是已经很少见了？

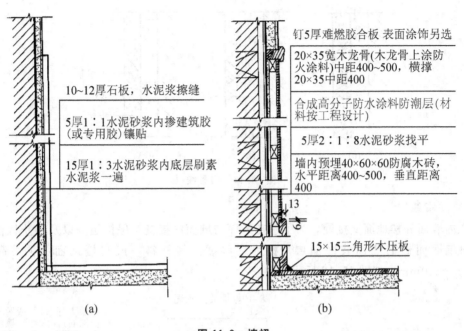

图 11.9 墙裙

(a) 大理石墙裙；(b) 胶合板墙裙

2) 护角

对于经常受到碰撞的内墙阳角，门洞转角等处，常抹以高度 2 000mm 的 1：2 水泥砂浆，俗称水泥砂浆护角。暗护角高度一般为 2 000mm，每侧宽度不小于 50mm，但其确切高度以及墙面粉刷做法见单项工程设计。根据要求护角也可以用其他材料如木材制作，如图 11.10。

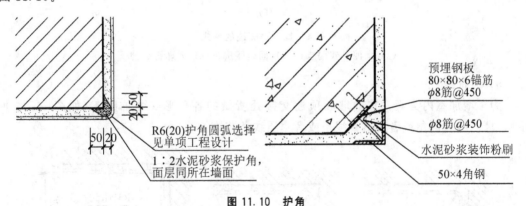

图 11.10 护角

3) 引条线

在外墙抹灰中，由于墙面抹灰面积较大，为防止面层开裂，方便操作和立面设计的需要，常在抹灰面层做分格，称为引条线。引条线的做法是在底灰上埋设梯形、三角形或半圆形的木引条，面层抹灰完成后，即可取出木引条。再用水泥砂浆勾缝，以提高其抗渗能力，如图 11.11 所示。

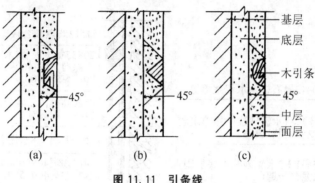

图 11.11 引条线

4）踢脚线

在内墙面和楼地面交接处，为了遮盖地面与墙面的接缝、保护墙身以及防止擦洗地面时弄脏墙面而做的墙面装饰面层，称为踢脚线。其材料一般与楼地面相同，高度为120mm～150mm，如图 11.12 所示。

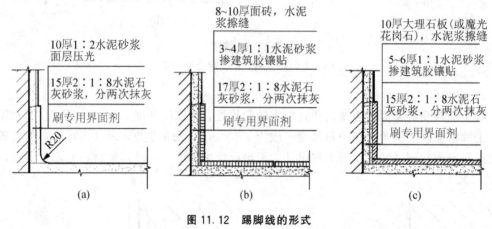

图 11.12 踢脚线的形式

（a）水泥砂浆踢脚；（b）面砖踢脚；（c）大理石踢脚

5）装饰线

为了增加室内美观，在内墙和顶棚交接处所做的各种形式装饰线条（如图 11.13 所示），可以抹成圆角或者用石膏线条或者木质线条装饰。

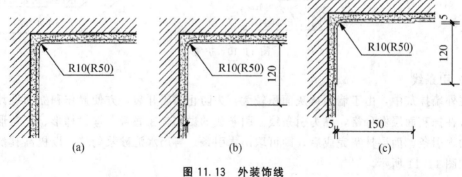

图 11.13 外装饰线

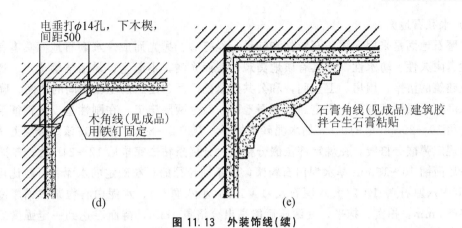

图 11.13 外装饰线（续）

（a）粉刷角线 1；（b）粉刷角线 2；（c）粉刷角线 3；（d）木角线；（e）石膏角线

观察与思考

观察住宅的客厅，在内墙和顶棚交接处如果不采用线条装饰还可以采用什么方式装饰？

11.2.2 楼地面装修

楼地面装修主要是指楼板层和地坪层的面层。面层一般包括面层和面层下面的找平层两部分。楼地面装修做法的名称是以面层的材料和做法来命名的。如面层为水磨石，则该地面称为水磨石地面；面层为木材，则为木地面等。

常用的楼地面装修按其材料和做法可分为 4 大类，即整体地面、块材地面、塑料地面和木地面。

1. 整体地面

整体地面包括水泥砂浆地面、水泥石屑地面、水磨石地面等现浇地面。

1）水泥砂浆地面

水泥砂浆地面通常用于对地面要求不高的房间或需进行二次装修的房屋地面。原因在于水泥地面构造简单、坚固、能防潮防水且造价又低。但水泥地面蓄热系数大，冬天感觉冷，空气湿度大时易产生凝结水，而且表面起灰，不易清洁。

水泥砂浆地面，即在混凝土垫层或结构层上抹水泥砂浆面层。一般有单层和双层两种做法。单层做法：只抹一层 20～25mm 厚 1：2 或 1：2.5 水泥砂浆面层；双层做法：是增加一层 10～20mm 厚 1：3 水泥砂浆找平层，表面再抹一层 5～10mm 厚 1：2～1：2.5 水泥砂浆面层。双层做法虽增加了工序，但不易开裂。

2）水泥石屑地面

水泥石屑地面是以石屑替代砂的一种水泥地面，亦称为豆石地面或瓜米石地面。这种地面性能近似水磨石，表面光洁，不起尘，易清洁，但造价仅为水磨石地面的 50％。水泥石屑地面构造也有一层和双层做法之别，一层做法是在垫层或结构层上直接做 25mm 厚 1：2 水泥石屑提浆抹光；双层做法是增加一层 15～20mm 厚 1：3 水泥砂浆找平层，面层铺 15mm 厚 1：2 水泥石屑，提浆抹光即成。

3) 水磨石地面

水磨石地面是采用水泥和石粒拌和铺设,经打磨、抛光而成。水磨石地面具有良好的耐磨性、耐久性、防水性,并具有质地美观,表面光洁,不起尘,易清洁等优点。通常用于居住建筑的浴室、厨房、卫生间,和公共建筑的门厅、走道及主要房间的地面、墙裙。

水磨石面层厚度按设计规定。水磨石地面一般分两层施工。在刚性垫层或钢筋混凝土楼板上用10~20mm厚的1:3的水泥砂浆找平,养护2~3天,然后在该结合层上按施工图设计规定弹嵌分格线,在规定部位嵌分格条,分格条粘嵌完毕后12~24h后,养护3~5天,最后面铺10~15mm厚水泥白石粒浆,按不同粒径的石粒确定的水泥和石粒比可以是1:1.5(中八厘石)、1:2(大八厘石)、1:1.25(小八厘石),水泥白石粒浆虚铺厚度应高于分格条5mm,拍实、抹平,使滚压后能高出分格条1mm,待面层达到一定强度后加水用磨石机磨光、打蜡即成。所用水泥为普通水泥或白水泥,所用石子为中等强度的方解石、大理石、白云石屑等。

为适应地面变形可能引起的面层开裂以及施工和维修方便,做好找平层后,用嵌条把地面分成若干小块,尺寸约1 000mm左右。分块形状可以设计成各种图案。嵌条用料常为玻璃、塑料或金属条(铜条、铝条),嵌条高度同磨石面层厚度,先用1:1水泥砂浆固定。嵌固砂浆不宜过高,否则会造成面层在嵌条两侧仅有水泥而无石子,影响美观,如图11.14所示。

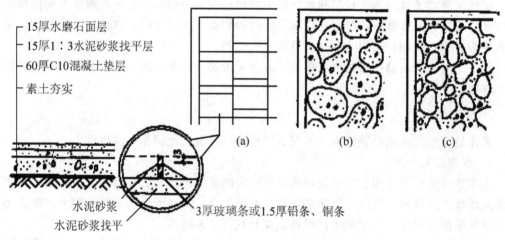

图 11.14 水磨石地面

(a) 分格嵌条;(b) 无分格缝;(c) 混合石屑

如果将普通水泥换成白色水泥,并掺入不同颜料做成各种彩色地面,称之该地面为美术水磨石地面,此种地面造价较普通水磨石地面高约4倍,通常在公共建筑中采用较多。

2. 块料地面

块料地面是把地面材料加工成块(板)状,然后借助胶结材料贴或铺砌在结构层上。胶结材料既起胶结又起找平作用,也有先做找平层再做胶结层的。常用胶结材料有水泥砂浆、沥青玛蹄脂等,也有用细砂和细炉渣做结合层的。块料地面种类很多,常用的有粘土砖、水泥砖、大理石和花岗石、缸砖、陶瓷锦砖、陶瓷地砖等。

1）粘土砖地面

粘土砖地面采用普通标准砖，有平砌和侧砌两种。这种地面施工简单、造价低廉，适用于要求不高或临时建筑地面以及庭院小道等。

2）水泥制品块地面

水泥制品块地面常见的有水泥砂浆砖（常见尺寸为 150～200mm 见方，厚 10～20mm），水磨石块、预制混凝土块（尺寸常为 400～500mm 见方，厚 20～50mm）。

水泥制品块与基层粘结有以下两种方式。当预制块尺寸较大且较厚时，常在板下干铺一层 20～40mm 厚细砂或细炉渣，待校正后，板缝用砂浆嵌填。这种做法施工简单、造价低、便于维修更换，但不易平整。城市人行道常按此方法施工[如图 11.15(a)所示]。当预制块小而薄时，则采用 12～20mm 厚 1∶3 水泥砂浆做结合层，铺好后再用 1∶1 水泥砂浆嵌缝。这种做法坚实、平整，但施工较复杂，造价也较高，如图 11.15(b)所示。

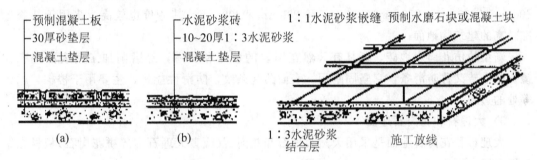

图 11.15　水泥制品块地面(mm)

3）缸砖及陶瓷锦砖地面

缸砖也称防潮砖，是用陶土加矿物颜料烧制而成的，形状有正方形（尺寸为 100mm×100mm×10mm，150mm×l50mm×13mm）、长方形、六边形、八角形等。其表面平整，质地坚硬，耐磨、耐压、耐酸碱、吸水率小；可擦洗，不脱色不变形；色釉丰富，色调均匀，可拼出各种图案。背面有凹槽，是砖块和基层粘结牢固，铺贴时一般用 15mm～20mm 厚 1∶3 水泥砂浆做结合材料，要求平整，横平竖直，如图 11.16 所示。

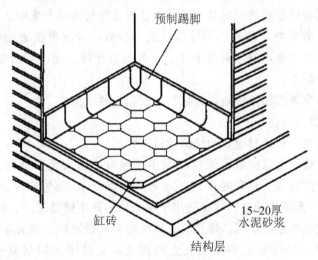

图 11.16　缸砖地面(mm)

陶瓷锦砖又称马赛克，是以优质瓷土烧制而成的小尺寸瓷砖，按一定图案反贴在牛皮纸上而成。陶瓷马赛克用于地面，玻璃马赛克用于墙面。它具有抗腐蚀、耐磨、耐火、吸水率小、抗压强度高、易清洗和永不褪色等优点，而且质地坚硬，色泽多样，加之规格小，不易踩碎，主要用于防滑卫生要求较高的卫生间、浴室等房间的地面。其构造与面砖相似，施工时先在牛皮纸反面每块间的缝隙中抹以白水泥浆（加 5％107 胶），然后将整块纸皮砖粘贴在粘结层上，半小时左右用水将牛皮纸洗掉。

4）陶瓷地砖地面

陶瓷地砖又称墙地砖，其类型有釉面地砖、无光釉面砖和无釉防滑地砖及抛光同质地砖。陶瓷地砖色彩丰富、色调均匀，砖面平整，抗腐耐磨，施工方便，且块大缝少，装饰效果好，特别是防滑地砖和抛光地砖又能防滑，因而越来越多地用于办公、商店、旅馆和住宅中，陶瓷地砖一般厚 6mm～10mm，其规格有 500mm×500mm、400mm×400mm、300mm×300mm、250mm×250mm 和 200mm×200mm。其造价也较高，多用于装修标准较高的建筑物地面。

新型的仿花岗岩地砖，还具有天然花岗岩的色泽和质感，经磨削加工后表面光亮如镜。梯沿砖又称防滑条，它坚固耐用，表面凸起条纹，防滑性能好，主要用于楼梯、站台等处的边缘。

5）大理石和花岗石地面

大理石和花岗石地面是采用天然大理石和花岗石（或者大理石和碎拼花岗石）板材在结合层上铺设而成。

铺贴前，板块应浸水、晾干，随即在基层上刷水泥素浆一道（内掺建筑胶），摊铺 30mm 厚干硬性水泥砂浆结合层，表面撒水泥粉，将石板均匀铺在结合层上，随即用橡胶捶捶击石块，以保证粘接牢固，表面用同块颜色的水泥浆擦缝，再用干锯屑擦亮，并彻底清除滴在板面的砂浆，铺湿锯屑养护 3 天，打蜡、擦光。

3. 塑料地面

从广义上讲，塑料地面包括一切由有机物质为主所制成的地面覆盖材料。如以一定厚度平面状的块材或卷材形式的油地毡、橡胶地毯以及涂料地面和涂布无缝地面。

塑料地面装饰效果好，色彩选择性强，施工简单，清洗更换方便，且还有一定的弹性，脚感舒适，轻质耐磨，但它有易老化、日久失去光泽、受压后产生凹陷、不耐高温、硬物刻画易留痕等缺点。

下面重点介绍聚氯乙烯塑料地面、橡胶地面和涂料地面。

1）聚氯乙烯塑料地面

聚氯乙烯塑料地面有卷材地板和块状地板两种。

聚氯乙烯卷材地板是以聚氯乙烯树脂为主要原料，加入适当助剂，在片状连续基材上，经涂敷工艺生产而成。其宽度有 1 800mm、2 000mm，每卷长度 20m、30m，总厚度有 1.5mm、2mm。聚氯乙烯卷材地板适用于中高档装修中铺设客厅、卧室地面。

聚氯乙烯块状地板是以聚氯乙烯及其共聚树脂为主要原料，加入填料、增塑剂、稳定剂、着色剂等辅料，经压延或挤压工艺生产而成，有单层和同质复合两种。其规格为

300mm×300mm，厚度1.5mm。聚氯乙烯块状地板可由不同色彩和形状拼成各种图案，加上价格较低，因而使用广泛。

2）橡胶地面

橡胶地面是以橡胶为主要原料再加入多种材料在高温下压制而成，有橡胶地砖、橡胶地板、橡胶脚垫、橡胶卷材、橡胶地毯等。橡胶地面具有良好的弹性，在抗冲击、绝缘、防滑、隔潮、耐磨、易清理等方面显示出优良的特性。橡胶地板在户内和户外都能长期使用，广泛运用在工业场地（车间、仓库）、停车库、现代住房中的一些房间（盥洗室、厨房、阳台、楼梯间等）、花圃、运动场、游泳池畔、轮椅斜坡以及潮湿地面防滑部位等。由于其强度高耐磨性好，尤其适用于人流较多、交通繁忙和负荷较重的场合。通过配方的调整，橡胶地板还可以制成许多特殊的性能和用途：如高度绝缘、抗静电、耐高温、耐油、耐酸碱等。同时还可以制成仿玉石、仿天然大理石、仿木纹等各种表面图案。不同型号和不同颜色的橡胶地板搭配组合还可以形成独特的地面装饰效果。

3）涂料地面

涂料地面和涂布无缝地面，它们的区别在于：前者以涂刷方法施工，涂层较薄；而涂布地面以刮涂方式施工，涂层较厚。

用于地面涂料有地板漆、过氯乙烯地面涂料、苯乙烯地面涂料等。这些涂料施工方便，造价较低，可以提高地面耐磨性和韧性以及不透水性。适用于民用建筑中的住宅、医院等。但由于过氯乙烯、苯乙烯地面涂料是溶剂型的，施工时有大量有机溶剂挥发，污染环境；另外，由于涂层较薄耐磨性差，故不适于人流密集、经常受到物或鞋底摩擦的公共场所。

4. 实木（复合）地面

实木（复合）地面是采用条材、块材或者拼花木地板在基层上铺设而成的。木地面按其构造方法有空铺，实铺和粘贴3种。

实铺木地面是直接在实体基层（结构层）上铺设条材木地板，木搁栅固定在结构层上，搁栅在结构层中的固定可采用埋铅丝绑扎或U型铁件嵌固等方式。底层地面为防潮，在结构层上涂刷冷底子油和热沥青。将实木地板面材铺贴在木搁栅上，用铁钉在企口处固定，如图11.17所示。

空铺则先砌筑地垄墙，墙顶铺垫木和搁栅，以地垄墙顶预埋锚件固定，将实木地板面材铺贴在木搁栅上，用铁钉在企口处固定，如图11.18所示。

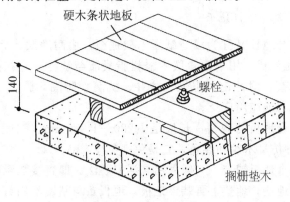

图 11.17　实铺木地板

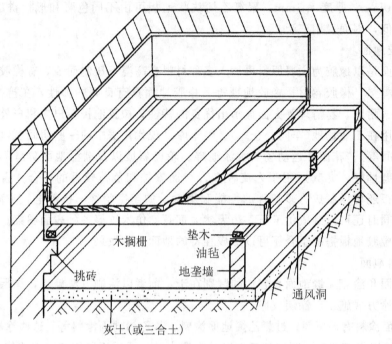

木搁栅　　垫木
　　　　　油毡
挑砖　　　地垄墙
　　　　　　　　　通风洞
灰土(或三合土)

图 11.18　空铺木地板

地板面层之下先铺毛地板再在其上钉硬木(或者松木、复合)地板而成,称为双层面层,单层面层则不铺钉毛地板。双层木地板如图 11.19(a)、图 11.19(b)所示。

弹性木地面适用于室内体育用房、排练厅、舞台、交谊舞厅等对弹性有特殊要求的楼地板,其构造上分为衬垫式或弓式两种,衬垫式即在地垄墙顶垫木与搁栅之间增设弹性衬垫材料(橡皮、弹簧等),以增加木地板的弹性,弓式则以木或钢弓支托木搁栅来增加搁栅弹性,在实际使用中,以衬垫式弹性木地面较为常见,如图 11.19(d)所示。

拼花木地面是由长度 200～300mm 窄条硬木地板纵横穿插镶铺而成的,铺设时在格栅上斜铺毛板,拼花地板铺设于毛板上,拼花木地面不得单层铺设。常见的有方块、席纹和人字纹等形式,如图 11.20 所示。

块材地板则可以直接粘贴在找平层上,粘贴材料常用沥青胶,环氧树脂,乳胶等。粘贴木地面省去搁栅,构造简单,但应注意保证粘贴质量和基层平整,如图 11.19(c)所示。

5. 中密度(强化)复合地板地面

中密度(强化)复合地板又称为浸渍纸压木质地板。由耐磨层、装饰层、基材层(高密度木纤维板)和防潮层组成,用三聚氰胺甲醛树脂浸渍与基材一起在高温、高压下压制而成。此种地板具有耐磨、耐冲击、阻燃、防蛀、抗腐、防潮,施工工艺简单,施工速度快,无污染等特点,目前应用广泛。

中密度(强化)复合地板的规格:长度是 1 280～1 380mm、宽度是 190～200mm,厚度是 8mm,并有各种仿真木纹和颜色。它是免刨免漆产品。

中密度(强化)复合地板铺装,一般采用悬浮安装法,即直接在混凝土和水泥砂浆基面或者毛地板上铺泡沫地垫,地垫上再装该地板,地板条与基层不用钉子钉结,地板条之间用胶液粘结。

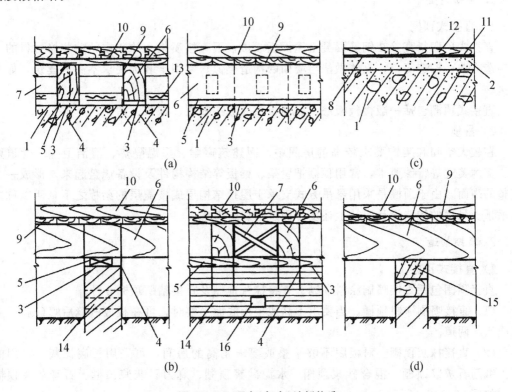

图 11.19 硬木(复合)地板构造

(a) 实铺双层条材硬木(复合)地板;(b) 空铺双层条材硬木(复合)地板;
(c) 实铺硬木块材 (复合) 地板;(d) 空铺双层条材硬木(复合)条材地板下加弹性橡胶垫
1—混凝土基层(或预制钢筋混凝土圆孔板);2—水泥砂浆找平层;3—干铺油毡;
4—预埋螺栓或 10 号镀锌铁丝;5—垫木;6—木搁栅;7—撑木(剪刀撑);
8—防潮层;9—毛地板;10—硬木(复合)地板;11—胶粘剂;12—块材地板;
13—保温隔声材料;14—地垄墙;15—弹性橡胶垫;16—通风洞

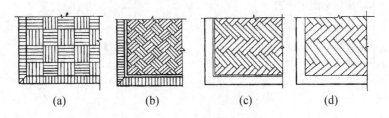

图 11.20 拼花地板形式

(a) 方块;(b) 席文;(c) 窄席纹;(d) 人字纹

11.2.3 顶棚装修

顶棚同墙面、楼地面一样,是建筑物主要装修部位之一。

1. 顶棚类型

1) 直接式顶棚

直接式顶棚指直接在钢筋混凝土屋面板或楼板下直接喷浆、抹灰或粘贴装修材料的一种构造方法。构造简单，具体做法与墙面的构造类似，常用于装饰要求不高的建筑，如办公室。

直接式顶棚包括一般楼板板底、屋面板板底直接喷刷、抹灰、贴面。

2) 吊顶

在较大空间和装饰要求较高的房间中，因建筑声学、保温隔热、清洁卫生、管道敷设、室内美观等特殊要求，常用顶棚把屋架、梁板等结构构件及设备遮盖起来，形成一个完整的表面。由于顶棚是采用悬吊方式支承于屋顶结构层或楼盖层的梁板之下，所以称之为吊顶。吊顶的构造设计应从上述多方面进行综合考虑。

2. 顶棚构造

1) 直接式顶棚

直接顶棚包括直接喷刷涂料顶棚、直接抹灰顶棚及直接粘贴顶棚 3 种。

(1) 直接喷刷涂料顶棚。当要求不高或楼板底面平整时，可在板底嵌缝后喷(刷)石灰浆或涂料两道。

(2) 直接抹灰顶棚。对板底不够平整或要求稍高的房间，可采用板底抹灰，常用的有：纸筋石灰浆顶棚、混合砂浆顶棚、水泥砂浆顶棚、麻刀石灰浆顶棚、石膏灰浆顶棚等，如图 11.21(a)所示。

(3) 直接粘贴顶棚。对某些装修标准较高或有保温吸声要求的房间，可在板底直接粘贴装饰吸声板、石膏板、塑胶板等，如图 11.21(b)所示。

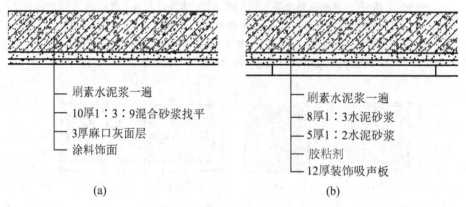

(a)

- 刷素水泥浆一遍
- 10厚1:3:9混合砂浆找平
- 3厚麻口灰面层
- 涂料饰面

(b)

- 刷素水泥浆一遍
- 8厚1:3水泥砂浆
- 5厚1:2水泥砂浆
- 胶粘剂
- 12厚装饰吸声板

图 11.21 直接顶棚

(a) 抹灰顶棚；(b) 粘贴顶棚

2) 吊顶

吊顶又称悬吊式顶棚，是将饰面层悬吊在楼板结构上而形成的顶棚。饰面层可做成平直或弯曲的连续整体式。

吊顶棚应具有足够的净空高度，以便于各种设备管线的敷设；合理地安排灯具、通风口的位置，以符合照明、通风要求；选择合适的材料和构造做法，使其燃烧性能和耐火极限符合防火规范的规定；吊顶棚应便于制作、安装和维修，自重宜轻，以减少结构负荷。

吊顶按设置的位置不同分为屋架下吊顶和混凝土楼板下吊顶；按基层材料分有木骨架吊顶和金属骨架吊顶。

吊顶一般由基层和面层两大部分组成（如图 11.22 所示）。

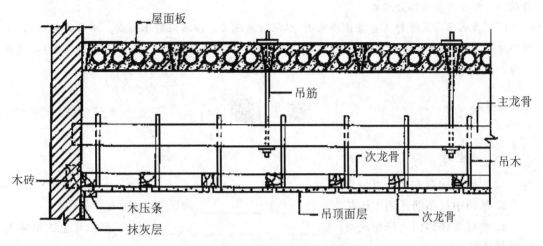

图 11.22　木基层吊顶的构造组成

（1）基层。基层承受吊顶的荷载，并通过吊筋传给屋顶或楼板承重结构。它是由吊筋、龙骨组成。龙骨又可分为主龙骨和次龙骨。吊筋通常为直径为 8~10mm 的钢筋，主龙骨间距为 1m，次龙骨间距为 300~500mm，可允许扩大为 600mm。龙骨可以是外露、半露或者不外露。

（2）面层。面层分为抹灰面层和板材面层两大类。抹灰面层为湿作业，费时费工；板材面层既可加快施工速度，又容易保证施工质量。吊顶面层板材的类型很多，一般可分为植物型板材（如胶合板、纤维板、木工板等）、矿物型板材（如石膏板、矿棉板等）、金属板（如铝合金板、金属微孔吸收板等）等几种。

 观察与思考

想象看普通住宅的室内装修可以分为几部分装修？施工的先后顺序是怎样的？墙面地面顶棚一般怎样装修？

▊本▊章▊小▊结▊

（1）建筑饰面装修的作用有：保护作用；改善环境条件满足房屋的使用功能要求；建筑美观作用。

（2）建筑物主要装修部位有内外墙面、地面及顶棚 3 大部位。

（3）墙面装修按其所处的部位不同，分为室外装修和室内装修。墙面按材料及施工方式的不同，可分为抹灰类、贴面类、涂料类、裱糊类和铺钉类等 5 大类。建筑抹灰工程一般包括一般抹灰、装饰抹灰和清水砖墙勾缝 3 个分项工程。贴面类的材料：花岗岩板和大理石板等天然

石板、水磨石板、水刷石板、剁斧石板等人造石板，面砖、瓷砖、锦砖等陶瓷和玻璃制品，施工方式是根据不同材料分别采用通过绑、挂或直接粘贴于基层表面。墙面局部处理有：墙裙、踢脚、装饰线、护角、木引条。

（4）楼板层的最底部构造即是顶棚。顶棚应表面光洁、美观，特殊房间还要求顶棚有隔声、保温、隔热等功能。按构造做法分为直接式顶棚、悬吊式顶棚。悬吊式顶棚一般由基层、面层、吊筋 3 个基本部分组成。

（5）楼地面的装修种类有整体楼地面（水泥砂浆地面、细石混凝土地面、水磨石地面），块材楼地面（面砖、陶瓷锦砖地面、花岗石、大理石、预制水磨石楼地面、木制楼地面），塑料地面。

习 题

一、填空题

1. 顶棚按构造方式分可分为_____和_____。

2. 吊顶中的吊筋是用来连接_____和_____的承重构件。

3. 块材类楼地面装修做法有_____、_____、_____等。常见的整体类地面装修有_____、_____、_____。

4. 墙面装修做法按照材料和工艺分类可以分为_____、_____、_____、_____、_____等。

二、名词解释

1. 护角

2. 引条线

三、简答题

1. 简述饰面装修的作用。

2. 简述墙面装修的种类及特点。

3. 简述水泥砂浆地面、水泥石屑地面、水磨石地面的组成及优缺点、适应范围。

4. 简述常用的块料地面的种类、优缺点及适应范围。

5. 简述直接抹灰顶棚的类型及适应范围。

6. 吊顶由哪几部分组成？

四、作图题

用图示例说明墙面阳角处水泥砂浆护角做法。

五、综合实训

1. 观察学院建筑或者周围建筑外墙面装修形式。

2. 观察学院各种不同功能的建筑或者其他建筑的地面面层选择材料，分析下选择时有区别吗？有什么利弊吗？

第 12 章

建筑施工图阅读与绘制

80 教学目标

　　熟悉建筑施工图的组成、形成原理、表达内容和图示特点；掌握建筑施工图的看图要点，能看懂建筑施工图，能绘制较简单施工图。

80 教学要求

知识要点	能力要求	相关知识	权重
首页图表达内容、建筑设计总说明、总平面图的识读要点、表达内容	读懂首页图表达内容，建筑设计总说明、总平面图的识读要点	总平面图在施工组织设计中的作用	25%
建筑平面图的识读要点、表达内容	读懂建筑平面图的识读要点	建筑平面图的绘制	30%
建筑立、剖面图的识读要点、表达内容	读懂建筑立、剖面图的识读要点	建筑立、剖面图的绘制	35%
建筑详图的图示特点	读懂建筑详图的图示特点、表达内容	建筑详图的绘制	10%

建筑施工图是建筑工程界的技术语言，读图能力的强弱会直接影响后续相关知识的学习，识图能力是建筑行业工作中应具备的最基本的职业技能。在前面的章节中已经学习了建筑施工图的形成原理——正投影法，也已经学习了民用建筑物的构造组成，在此基础上本章按照建筑施工图的编排顺序，系统地学习一套建筑施工图的表达内容、图示特点和读图要点以及绘制步骤。

12.1　建筑施工图首页图与总平面图

12.1.1　建筑施工图首页图

建筑施工图首页图通常由图纸目录和设计说明组成。

1. 图纸目录

图纸目录按专业编制，主要说明专业图纸的图别、每张图纸的编号、名称、图幅大小、图纸总张数。

图纸类别通常按专业划分，可分为建施、结施、水施、电施、暖施等。

看图前首先按图纸目录检查全套施工图与目录是否完整和一致，防止缺页或错漏。表 12-1 为某住宅楼建筑施工图图纸目录。

表 12-1　某住宅楼建筑施工图图纸目录

工程名称	×××住宅楼	图　别	建　施
图号	图名	图幅	备注
建施 01	建筑设计说明	A1	
建施 02	室内外装修明细表 门窗表	A2	
建施 03	一层平面图	A2	
建施 04	二层平面图	A2	
建施 05	三～六层平面图	A2	
建施 06	七层平面图	A2	
建施 07	屋顶平面图	A2	
建施 08	①～⑩轴、⑩～①轴立面图	A2	
建施 09	Ⓐ～Ⓖ轴、Ⓖ～Ⓐ轴立面图	A2	
建施 10	1-1、2-2 剖面图	A2	
建施 11	楼梯详图及卫生间厨房详图	A1	
建施 12	墙身及节点大样（一）	A1	
建施 13	墙身及节点大样（二）	A1	

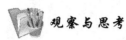

观察与思考

从表12-1可以看出本套建筑施工图共有多少张？图别是什么？图幅有几种？该住宅有几张平面图、几张立面图和几张剖面图呢？该住宅有几层楼呢？

特 别 提 示 ┄┄┄┄┄┄┄┄┄┄┄┄┄┄┄┄┄┄┄┄┄┄┄┄┄┄┄┄┄┄┄┄┄

从表中可以看出本套建筑施工图共有13张，图别为建施，包含内容为建筑设计说明，平立剖面图及详图等图纸内容，图幅有A1、A2，分别标注于各图纸后。从表中可以看出该房屋有七层楼，标准层是3～6层楼，有5张平面图图纸，该房屋的立面图有4张，分别在两张图纸中，有2张剖面图在一张图纸中表达，楼梯详图和卫生间厨房详图在一张图纸中表达，墙身详图有两张在图纸中表达。

2．设计说明

设计说明是以文字形式表述对所建工程项目的总体描述、设计依据及建筑施工要求，对图纸中未能详尽表示或不能清楚表达的内容进行说明，主要包括以下几部分。

（1）设计依据。规划条件要求、设计所依据的规范名称与代号、选用的标准图集名称和代号以及相关的地方性规程与要求。

（2）工程概况。工程名称、位置、绝对标高、建设单位、建筑规模、经济技术指标、结构类型等内容。

（3）主要的施工方法与构造要求。对设计中选用的材料、尺寸规格、施工构造做法和建筑装修要求等进行统一说明，包括门窗表，施工做法表和装修明细表等。

（4）节能、消防、人防说明。根据目前建设部门的要求，各工程项目要求进行节能计算和消防专项设计，详细说明各项技术指标情况、各专业技术措施相关选材及施工要求；有人防要求的工程项目需进行人防设计说明。必要时编制各项专项设计专篇。

3．建筑施工图设计说明举例

1）设计依据

（1）甲方提供的地形图、规划条件。

（2）《建筑设计防火规范》［GB 50016—2014(2018年版)]。

（3）《民用建筑设计统一规范》（GB 50352—2019）。

（4）《住宅设计规范》（GB 50096—2011）。

（5）《住宅建筑规范》（GB 50368—2005）。

（6）《民用建筑热工设计规范》（GB 50176—2016）。

（7）《夏热冬冷地区居住建筑节能设计标准》（JGJ 134—2010）。

（8）《建筑玻璃应用技术规程》（JGJ 113—2015）。

（9）《××省城市住宅建筑设计标准》。

（10）《××省居住建筑节能设计标准》。

2）工程概况

（1）本项目为××市××小区一期工程3#楼。

（2）建设地点：××市建设路。具体位置详见总平面图。

（3）建设单位：××市建设有限公司。

（4）建筑规模：建筑占地面积：421.5m²，建筑面积：1835.2m²，建筑层数：6层，建筑高度：18.50m（室外地面至屋面檐口高度）。

（5）建筑定位：本工程室内地坪标高±0.000相当于绝对标高44.25m（黄海高程）。

（6）建筑物耐火等级为二级，屋面防水等级为Ⅰ级。

（7）本工程结构形式为钢筋混凝土框架结构，合理使用年限为50年。

（8）本工程抗震设防烈度为6度。

（9）建筑气候区划：夏热冬冷地区（Ⅲ类气候带）。

3）墙体

（1）本工程为框架结构，外墙、分户墙及公共楼梯间墙为240mm厚混凝土空心砌块，卫生间墙厚为240mm（120mm），内墙为120mm厚或240mm混凝土空心砌块，除注明外均为240mm墙，轴线均居墙中。厨房烟道内壁采用60mm厚耐火砖内砌。

（2）为防止外墙填充墙部分开裂漏水，要求在框架梁、柱与填充墙交界部分用水泥砂浆填缝并加钉钢丝网，内墙与柱的交界部分用水泥砂浆填缝并用纤维布加固。

（3）窗台压顶做法：100mm高，宽同墙厚。C20细石混凝土二次浇捣，内配2ϕ10，箍筋ϕ6。

（4）所有砌块墙除注明者外，均在室内地面下60mm处做20mm厚1：2水泥砂浆防潮层（内加3％～5％的防水剂）。当室内地面低于室外地面时，室内地面下60mm处的防潮层，与外墙外侧20mm厚1：2水泥砂浆防潮层垂直相连并闭合。

（5）所选用的墙体材料，应严格按照有关规定、规程及该产品的施工要点、构造节点要求进行施工。

4）楼、地面

（1）卫生间、厨房、阳台的楼地面标高比同层标注的楼面低50mm，并作泛水，坡向地漏，其四周墙面（或管井壁）及空调搁板沿立墙处须用C20素混凝土翻高150mm（门洞处除外）。

（2）各层楼地面具体做法详见建筑构造做法表。所有室外台阶、坡道地面标高均低于室内标高15mm。

（3）当管道穿过有水浸的楼面时，采用预埋套管，具体做法详设备说明。

5）屋面工程及防水

（1）根据《屋面工程技术规范》（GB 50345—2012），本项目屋面防水等级为Ⅰ级。

（2）卷材防水屋面基层在突出屋面结构（如女儿墙、立墙等）的连接处以及基层的阳角、阴角形状变化处（如水落口、檐沟等），均应由1：2水泥砂浆做成圆弧状，并增设一道防水卷材加强层。

（3）屋面排水组织见屋面平面图，除图中另有注明者外排水管选型详水施图。

（4）出屋面管道泛水，屋面上人孔，平屋面技术要求详××标准图集第××页。

（5）凡上人屋面和露台的防护栏杆高度不小于1 100mm，起算点为该部分屋面面层临空部位的最高点。

（6）屋面构造做法详见建筑构造做法表。

6）室外工程

（1）无障碍坡道采用 20mm 厚花岗石面层，干石灰粗砂扫缝后洒水分缝。

（2）底层四周散水宽 600mm，每 6m 设一缝，与墙缝宽 20mm，沥青砂嵌缝。

（3）室外踏步尺寸详×××－××（标准图集）第×页图×。

7）门窗

（1）所有门窗规格，尺寸详见门窗表。

（2）本工程建筑外立面门窗为塑钢低辐射中空玻璃门窗，窗玻璃的选用应遵照《建筑玻璃应用技术规定》（JGJ 113—2015），外立面选用透明白色玻璃，其安装详见产品说明，所有窗尺寸必须现场足尺放样。

（3）立樘位置处特别注明外，平开内门与开启方向墙面平，平开外门与墙外中平窗立墙中。

（4）卫生间门窗玻璃均为磨砂玻璃。

（5）门窗预埋在墙或柱内的木、铁件应作防腐、防锈处理。

（6）各类门窗的断面构造。技术要求等详见全国通用标准，并按要求配齐五金零件。由生产厂家提供的加工图纸，需经设计人员确认。

（7）外墙窗台、窗楣、雨篷、压顶及突出墙面的腰线等均须上做流水坡，下做滴水线。

8）室内外装修

（1）外墙外保温的建筑构造详见索引标准图。

（2）内外装修设计和做法详见建筑装修一览表。

（3）采用的装修材料必须符合《民用建筑工程室内环境污染控制规范》（GB 50325—2010）的相关规定。

（4）选用的各项材料及其材质、规格、颜色等，由施工单位提供样板，经建设和设计单位确认。

9）其他说明

（1）本设计图除注明外，标高以米为单位，其他尺寸以毫米为单位。建筑图所标注地面、楼面、楼梯平台阳台、踏步面等标高均为建筑粉刷完成面标高，屋面为结构板面标高。

（2）本套图纸中的结构构件的具体尺寸和定位详见结施，相关尺寸如跟结施不一致则以结施为准。

（3）图中所选用标准图中有对结构工种的预埋件、预留洞、如楼梯、平台钢栏杆、门窗、建筑配件等，本图所标注的各种留洞与预埋件应与各工种密切配合后，确认无误方可施工。

（4）窗台高度小于 900mm，须做 900mm 高护栏，详见具体节点详图。

（5）所有临空的栏杆，栏板高度不小于 1 100mm（从完成后的可踏面算起）栏杆构造必须不易于攀爬，竖杆之间的净距不大于 110mm。

（6）本说明未详尽之处，施工中必须严格按照国家施工验收规范及有关规定执行。

节能消防说明略。

 观察与思考

仔细阅读以上的建筑设计总说明思考以下问题。

(1) 框架结构房屋的建筑设计说明与砖混结构房屋有何异同点? 在房屋的组成部分中有哪些部分必须在建筑设计总说明中进行说明呢?

(2) 从该房屋建筑设计总说明中可以得出的信息见表 12-2,根据该表你能说明该房屋的表达内容的具体要点并回答下列相关的问题吗?

表 12-2 设计说明信息表

部分表达内容	具体要点	相关问题
基本尺寸	占地面积、建筑面积、层数、建筑高度	建筑高度如何计算? 建筑高度在哪些图纸上表达? 建筑施工图上有标注的是结构标高的位置吗?
	有水房间与无水房间的标高差	在哪些图纸可找出标高差?
墙体	选用材料和厚度以及有无变化	墙有几种厚度? 采用了什么材料? 在哪些图纸中表达墙厚? 是否在图纸中标注了墙厚?
窗台	材料以及尺寸,窗下墙高度	窗下墙高度有否说明? 有无窗户护栏?
防潮层	位置、材料	防潮层的位置与做法是怎样的?
散水、台阶、坡道、护角	构造层次、尺寸	是采用的图集中的详图还是在图纸中有详图?
栏杆	高度,连接节点图	阳台或者楼梯的栏杆高度是多少? 关于连接节点是采用的图集中的详图还是在图纸中有详图?
防水	突出外墙窗台、窗楣、雨篷、女儿墙压顶及突出墙面的线条	哪些位置需要做防水构造措施——滴水线或滴水槽? 屋面防水如何做? 有无构造详图? 楼地面如何防水?
门窗	门窗材料、规格、开启方式、安装	有无门窗表? 门窗安装有无说明? 门窗框在墙中的位置有无说明?
装修	楼地面装修、内墙装修、外墙装修、顶棚装修的做法与材料	不同材料墙体连接部位抹灰有什么构造措施防开裂? 有无装修构造做法说明? 在哪些图纸中表达了建筑的装修?

12.1.2 总平面图

总平面图是在地形图上画出新建、拟建、原有和拆除的建筑物、构筑物在室外地坪上的墙基外包线,以及周边的场地、道路及绿化的平面布置图。作为工程项目定位放样、土方施工、管网布置、施工现场规划布置的依据。

 观察与思考

某学院识图兴趣班有同学有疑问:一张总平面图新建建筑只有一栋,该新建建筑旁边绘制有不少的已有建筑,还绘制有不少道路,该建筑占地面积比较大,旁边还需要绘制很大区域的图,为什么?

⦿ 特 别 提 示 ∙∙∙

　　如上所说：总平面图作为工程项目定位放样、土方施工、管网布置、施工现场规划布置的依据，该建筑物周围环境复杂，道路狭小，道路画到了离新建建筑比较远的大道上，可以给施工施工现场规划布置提供依据。

∙∙

　　总平面图上要表示出建筑总体布局、新建房屋的位置、朝向、平面轮廓、层数、与原有建筑的相对位置，周边的地形地物等。

　　1. 总平面图的比例、图线和图例

　　(1) 总平面图一般采用1:500、1:1 000、1:2 000，需较大比例时可采用1:5 000、1:10 000。比例根据建设场地面积和图幅大小选择。

　　(2) 图线宽度 b 据图样的复杂程度和比例按《房屋建筑制图统一标准》(GB/T 50001—2017)规定选用。

　　(3) 图例按《总图制图标准》(GB/T 50103—2010)规定的图例，也可自行设定图例，在总平面图上进行图例说明，注明图例、名称和表示内容。常用的总平面图例见表12-3。

表 12-3　常见的总平面图例

序号	名　称	图　例	备　注
1	新建建筑物	① 12F/2D H=59.00m X= Y=	新建建筑物以粗实线表示与室外地坪相接处±0.00外墙定位轮廓线。 建筑一般以±0.00高度处的外墙定位轴线交叉点坐标定位。轴线用细实线表示，并标明轴线号。 根据不同设计阶段标注建筑编号，地上、地下层数，建筑高度，建筑出入口位置(两种表示方法均可，但同一图纸采用一种表示方法)。 地下建筑物以粗虚线表示其轮廓。 建筑上部(±0.00以上)外挑建筑用细实线表示。 建筑物上部连廊用细虚线表示并标注位置
2	原有建筑物		用细实线表示
3	计划扩建的预留地或建筑物		用中粗虚线表示
4	拆除的建筑物		用细实线表示

序号	名　称	图　例	备　注
5	建筑物下面的通道		—
6	散状材料露天堆场		需要时可注明材料名称
7	其他材料露天堆场或露天作业场		需要时可注明材料名称
8	铺砌场地		—
9	敞棚或敞廊		—
10	高架式料仓		—
11	漏斗式贮仓		左、右图为底卸式 中图为侧卸式
12	冷却塔（池）		应注明冷却塔或冷却池
13	水塔、贮罐		左图为卧式贮罐 右图为水塔或立式贮罐
14	水池、坑槽		也可以不涂黑
15	明溜矿槽（井）		—
16	斜井或平硐		—
17	烟囱		实线为烟囱下部直径，虚线为基础，必要时可注写烟囱高度和上、下口直径

序号	名　　称	图　　例	备　　注
18	围墙及大门	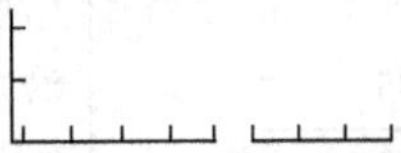	—
19	挡土墙	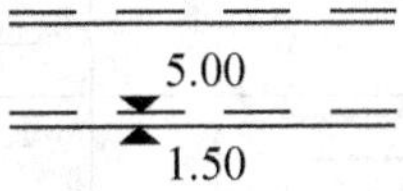 5.00 1.50	挡土墙根据不同设计阶段的需要标注；$\dfrac{墙顶标高}{墙底标高}$
20	挡土墙上设围墙	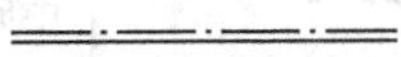	—
21	台阶及无障碍坡道	1. 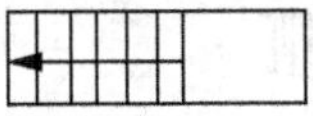 2. 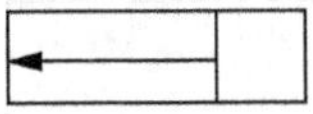	1. 表示台阶（级数仅为示意）； 2. 表示无障碍坡道
22	露天桥式起重机	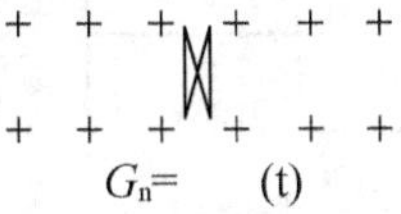 $G_n=$　(t)	起重机起重量 G_n，以吨计算 "＋"为柱子位置
23	露天电动葫芦	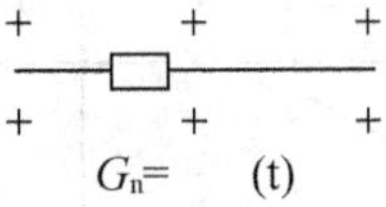 $G_n=$　(t)	起重机起重量 G_n，以吨计算 "＋"为支架位置
24	门式起重机	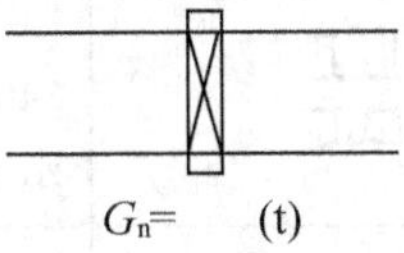 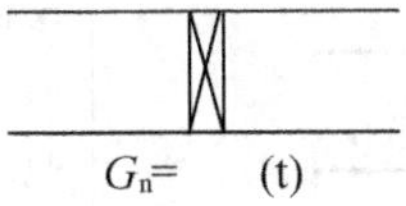 $G_n=$　(t) $G_n=$　(t)	起重机起重量 G_n，以吨计算 上图表示有外伸臂； 下图表示无外伸臂
25	架空索道		"Ｉ"为支架位置
26	斜坡卷扬机道		—
27	斜坡栈桥（皮带廊等）	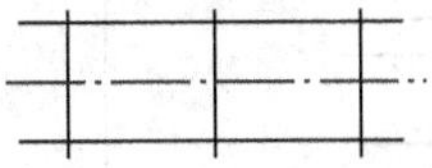	细实线表示支架中心线位置
28	坐标	1. 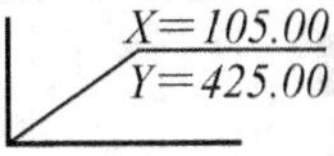 $X=105.00$ 　$Y=425.00$ 2. $A=105.00$ 　$B=425.00$ 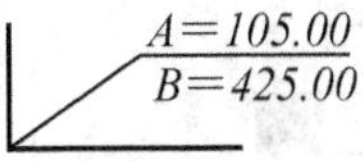	1. 表示地形测量坐标系； 2. 表示自设坐标系； 坐标数字平行于建筑标注

续表

序号	名 称	图 例	备 注
29	方格网交叉点标高	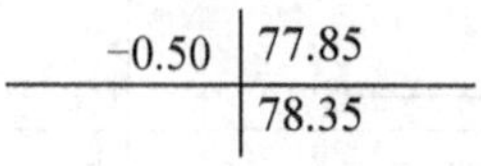 -0.50 | 77.85 78.35	"78.35"为原地面标高； "77.85"为设计标高； "−0.50"为施工高度； "−"表示挖方（"+"表示填方）
30	填方区、挖方区、未整平区及零线	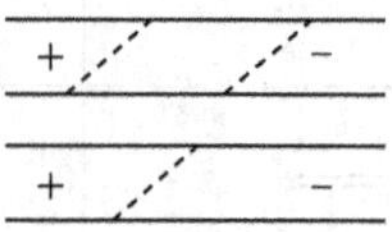	"+"表示填方区； "−"表示挖方区； 中间为未整平区； 点画线为零点线
31	填挖边坡	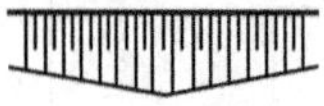	—
32	分水脊线与谷线	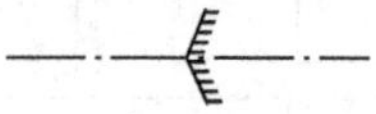 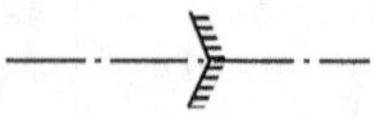	上图表示脊线； 下图表示谷线
33	洪水淹没线	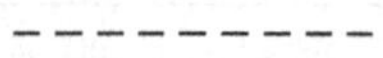	洪水最高水位以文字标注
34	地表排水方向		—
35	截水沟	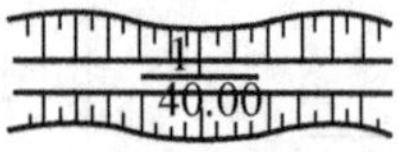 $\dfrac{1}{40.00}$	"1"表示1%的沟底纵向坡度，"40.00"表示变坡点间距离，箭头表示水流方向
36	排水明沟	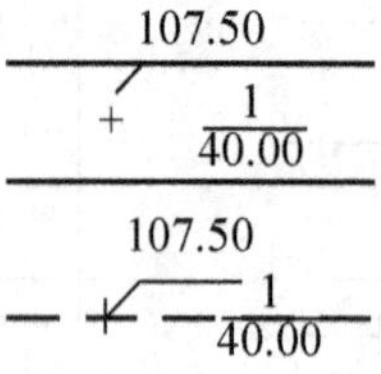 107.50 $+\dfrac{1}{40.00}$ 107.50 $\dfrac{1}{40.00}$	上图用于比例较大的图面； 下面用于比例较小的图面； "1"表示1%的沟底纵向坡度，"40.00"表示变坡点间距离，箭头表示水流方向； "107.50"表示沟底变坡点标高（变坡点以"+"表示）
37	有盖板的排水沟	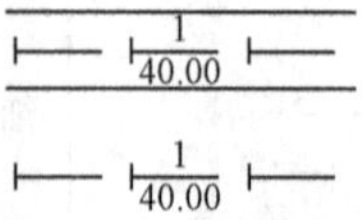 $\dfrac{1}{40.00}$ $\dfrac{1}{40.00}$	—
38	雨水口	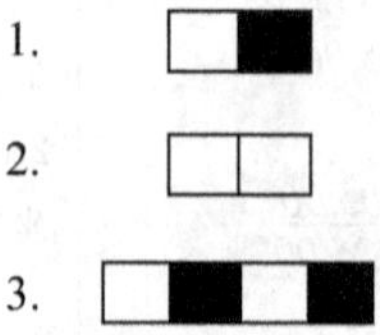 1. 2. 3.	1. 雨水口； 2. 原有雨水口； 3. 双落式雨水口

续表

序号	名　　称	图　　例	备　　注
39	消火栓井	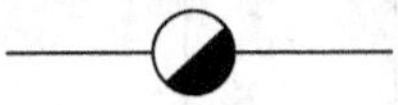	—
40	急流槽	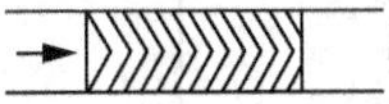	箭头表示水流方向
41	跌水	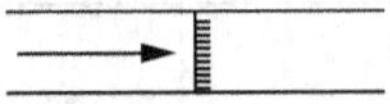	箭头表示水流方向
42	拦水(闸)坝	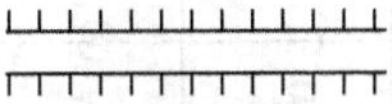	—
43	透水路堤	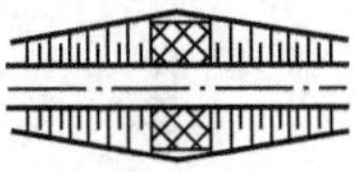	边坡较长时，可在一端或两端局部表示
44	过水路面	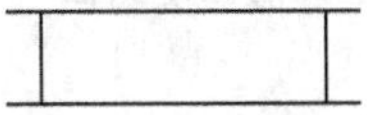	—
45	室内地坪标高	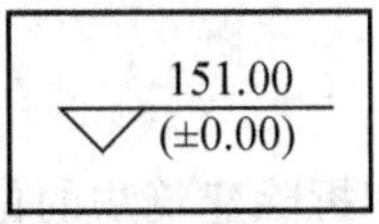 151.00 (±0.00)	数字平行于建筑物书写
46	室外地坪标高	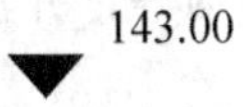 143.00	室外标高也可采用等高线
47	盲道	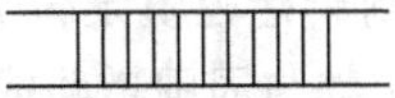	—
48	地下车库入口	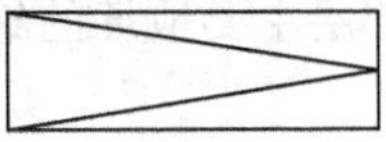	机动车停车场
49	地面露天停车场	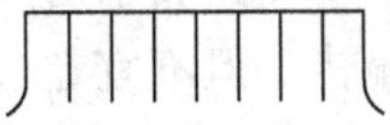	—
50	露天机械停车场	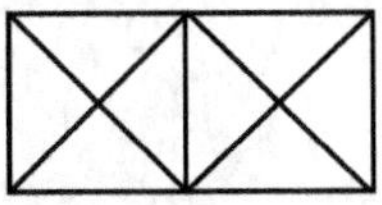	露天机械停车场

2. 总平面图的内容

(1) 建筑场地地形。在建筑场地上标注测量坐标网或建筑坐标网，地形变化大时画出相应的等高线。图中尺寸以米为单位，注写至小数点后两位，不足时以“0”补足。测量坐标网画成交叉十字线，坐标代号用“X、Y”表示，建筑坐标网画应画成通线，自设坐标代号用“A、B”表示。坐标为负数时，应标注“－”号；正数时“＋”号可省略，如图 12.1 所示。

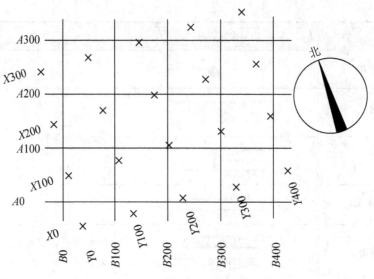

图 12.1　坐标定位示意图

　观察与思考

图 12.1 中的建筑坐标的方格网尺寸是多少?

（2）场地中原有建筑物、拟建建筑物和拆除建筑物的位置或范围。

（3）附近的道路、河流、池塘、土坡、水沟等，并注明其起点、转折点、终点，道路的标高，坡道的坡向。

（4）新建建筑位置。总平面图中需绘制新建建筑定位方式、楼号名称、层数及标高。平面定位方式可利用坐标确定，也可以建筑物与周围道路或者与原有建筑物之间的定位尺寸确定。高度定位要表示出新建建筑室内首层主要地坪的绝对标高和建筑物室外地坪面的绝对标高。

（5）新建建筑方位。指北针或风向频率玫瑰图表示房屋的朝向及常年的风向频率；总平图通常按上北下南绘制，可向左或向右偏转，但不宜超过 45°。

（6）用地范围内的绿化布置和管线布置。

3. 总平面图识图示例

　观察与思考

图 12.2 是某小区的工程总平面图，读图回答下面的问题。

（1）该图的比例是多少?

（2）该项目内所有房屋朝向是怎样的? 该地区全年风向是怎样的? 地形高低你能看出来吗?

（3）新建建筑有几栋? 如何定位这些建筑的位置呢? 各建筑物的层数、总尺寸、室内外高差分别是多少呢?

分析某总平面图如图 12.2 所示。

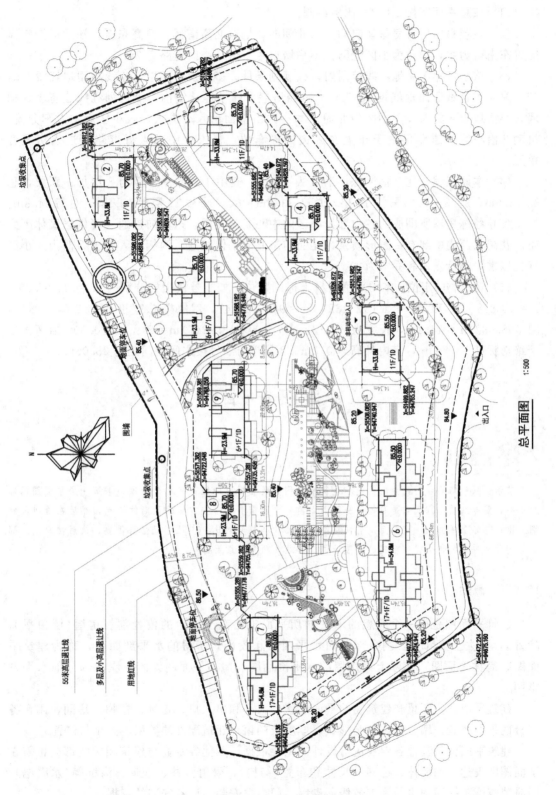

图 12.2　某总平面图

（1）该总平面图按 1：500 比例绘制。

（2）该项目内所有房屋朝向均为南北朝向，场地北高南低，西高东低。该地区全年风向以东南风为主，周边为小区道路，不临城市主干道，小区道路宽7m。

（3）该小区建于用地红线范围内，按规划条件，多层及小高层退让线距用地红线5m，55m高层退让线距用地红线13.75m，本期房屋全建于退让线内。沿规划红线建有小区围墙，小区垃圾收集点设于小区最北面。本小区由南面出入口进入，入小区后，人车分流，机动车沿小区内道路停泊于布置在周边的停车位，行人由中部人行道路可进入房屋各单元。

（4）本期工程有住宅楼9栋，编号从1至9，其中1、8、9号楼为8层加一跃层，总高23.9m；2、3、4、5号楼11层，总高33.8m；6、7号楼17层加一跃层，总高54.8m。

（5）各栋房屋所围成的各中部为小区内中心景观花园，东西向连通，可供居民休闲娱乐。花园东西向中部有一圆形喷泉，北面与南北向水体相连，两侧有人工土石假山。小区绿化以常绿阔叶灌木和乔木为主。

（6）建筑物的定位。本图采用测量坐标网定位，如2号楼坐标分别为 $X=51\,598.082$，$Y=94\,818.247$ 和 $X=51\,612.182$，$Y=94\,842.247$，2号楼总宽度为$(51\,612.182-51\,598.082)\text{m}=14.1\text{m}$，长度为$(94\,842.247-94\,818.9247)\text{m}=24\text{m}$；$\pm0.000$ 标高相当于绝对标高85.700m，室内外高差0.3m。2号楼与3号楼之间的间距为28.06m。

12.2　建筑平面图

问题引领

某识图兴趣班同学讨论如何快速看建筑平面图，最后得出的结论有几个选项。①第一层平面图识图最重要，要详细看；②重点是看每层平面图之前有自己需要看哪些方面的预期的要点，然后在看时与预期对比；③各层平面图一定要对比看，从图形、尺寸和符号对比；④尺寸记忆很重要，最后要总结。那么你有什么自己的体会呢？学完这一节后你认为这几项哪项最重要？

12.2.1　概述

建筑平面图是用一个假想的水平剖切平面沿略高于窗台的位置剖切房屋（屋顶平面除外），移去上面部分，剩余部分向水平面做正投影，所得的水平剖面图，称为建筑平面图，简称平面图，实际上是房屋的水平剖面图。屋顶平面图为俯视屋面部分的水平投影图。

建筑平面图主要反映建筑物的平面形状、大小和出入口、走廊、楼梯、房间、阳台各部分的平面布置，墙、柱位置与形状、厚度及门窗等建筑配件的类型、大小与位置。

建筑平面图是其他各专业进行设计的主要依据，其他各专业与建筑相关的部分也需在平面图中表达，如墙体、柱网的尺寸和布置（结构），管道竖井、烟道、沟坑等（水暖电）。同时建筑施工平面图也是施工放线、砌墙、门窗框安装、设备安装的依据。

建筑平面图按层数绘制，一般每层都有其对应的平面图，沿底层门窗洞口剖切得到的平面图称为底层（一层）平面图，沿二层门窗洞口剖切得到的平面图称为二层平面图，依次可得到每层的平面图。当其中有些楼层平面完全相同时，可以归并为一张平面图，称为标准层平面图。屋顶平面图主要表达层面的形状、屋顶上部分的布置和屋面排水方式。

12.2.2　建筑平面图图线和图例

（1）图线的宽度 b，应根据图样的复杂程度和比例，按国家标准《房屋建筑制图统一标准》（GB/T 50001—2010）的有关规定选用。绘制较简单的图样时，可采用两种线宽的线宽组，其线宽比宜为 $b:0.25b$。

平面图的线型一般可用：剖到墙柱断面轮廓线用粗实线，剖到的门窗扇用中实线或细实线，定位轴线为细单点长画线，未被剖到能看到的轮廓线用细实线，被挡住的用细虚线。参见第 1 章图 1.14～图 1.16。

（2）建筑平面图例按《建筑制图标准》（GB/T 50104—2010）的规定执行。图 12.3 列举了一些常用图例。

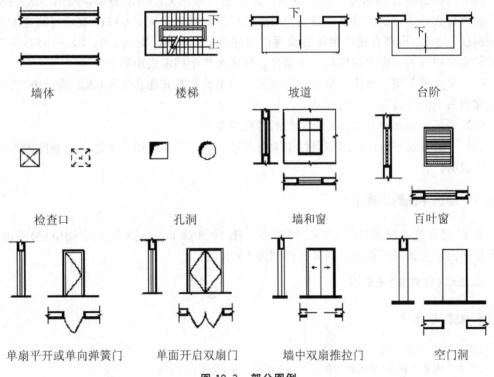

图 12.3　部分图例

12.2.3　建筑平面图的内容

（1）建筑平面图的图名、比例和图例。

建筑平面图的图名一般以表示的层数来命名，见前面说明。

建筑平面图的比例一般是 1∶100、1∶200 等。平面图的图例见建筑平面图的常见图例。

（2）建筑物的平面形状，各部分（房间、走廊、楼梯、井道、坡道、阳台、雨篷等）的组织关系和布置。

（3）所有轴线、编号以及平面尺寸。

轴线和编号说明见第 3 章。建筑平面的尺寸分为外部尺寸和内部尺寸。内部尺寸标注在图形内部，说明房间的净空大小、内门窗的宽度和定位、内墙厚度以及某些配件设备的尺寸和定位。外部尺寸有 3 道，自外向内，第 1 道为总体尺寸，表示房屋总长、总宽；第 2 道尺寸表示轴线之间的距离，为轴线间尺寸；第 3 道为细部尺寸，表示细节部分（门窗、墙垛、柱等）的定位和大小。

（4）楼地面及相关室外标高。

在建筑平面图中，室内外地面、楼面、楼梯平台、台阶、阳台、走道、厨房卫生间等处的竖向高度不同，一般要分别标注标高，有时厨房卫生间楼地面标高可能在建筑设计总说明中进行说明而不标注。建筑物的底层主要室内地面是基准标高±0.000。

（5）门窗的位置和编号、开启方向。通常窗编号用 CXXXX 表示，门用 MXXXX 表示，前两位数表示门窗洞宽度，后两位数表示门窗洞高度，例如 C1518 表示窗洞宽 1.5m，窗洞高度 1.8m。也可直接在字母后编写门窗序号 CX、MX（X＝1，2，3，…n），构造尺寸材料完全相同的门窗可使用同一个编号，具体尺寸于门窗表中列出。

（6）表示地下室、地坑、水池、检查孔、雨水管等与其他各工种（水、暖、电）需要反映在建筑图上的各设施定位与标高。

（7）底层平面图中画出指北针和剖面图剖切符号。

（8）了解各层平面图中的节点详图索引符号。如有需要，图中表达不清楚的内容可加以文字说明。

12.2.4　建筑平面图识图示例

某 15 层住宅平面图如图 12.4、图 12.5、图 12.6 所示，分别为底层（架空层）平面图、标准层平面图和顶层平面图。图纸比例均为 1∶100。

1. 底层（架空层）平面图

观察与思考

阅读图 12.4 回答下面问题。

（1）该建筑物的朝向（建筑物主要出入口面向的方向）是什么方向？

（2）底层平面图外部尺寸有几道？从外到内第 3 道尺寸表示什么尺寸？建筑物的总长总宽是多少？底层平面图有几根纵向轴线和横向轴线？轴线间距是多少？

（3）墙体厚度是多少？门窗在首层有几种规格？在该平面图上标有几种标高？室内外高差是多少？

（4）该房屋底层房间功能有哪些？在哪个位置有楼梯或者电梯？有无台阶和坡道？有图示意散水吗？

（5）有无剖切符号和详图索引符号？

分析底层平面图 12.4 如下。

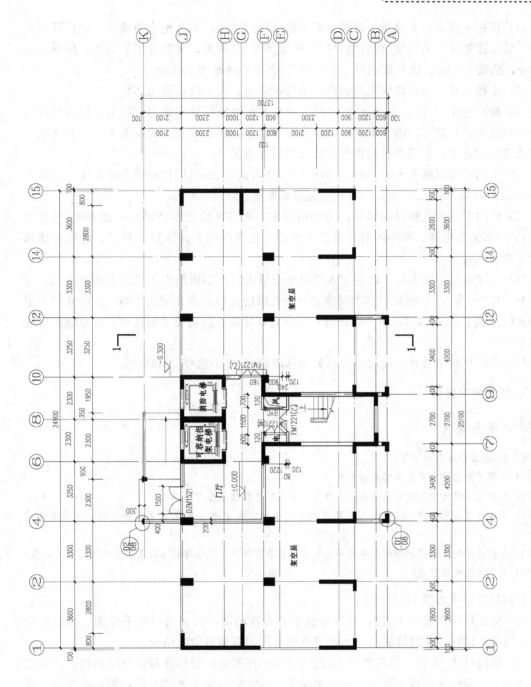

架空层平面图 1:100

图 12.4 首层平面图

（1）该住宅仅有一个单元，底层为架空层，除门厅外，无其他室内部分。除门厅围护墙外，其他位置仅有结构墙（剪力墙）柱（图中涂黑部分）落地，无其他围护墙体。房屋总长 25.1m，总宽 13.7m。除井道墙厚 120mm，其余部分墙厚为 200mm。

（2）由指北针可知该住宅坐北朝南，略偏西方向，入口设于房屋北面。

（3）横向轴线 15 根，纵向轴线 10 根，通常底层轴线按顺序编写，其他各层有新增轴线时应以分轴线号编写。由于本例中底层为架空层，故部分轴线在此层未出现，此层轴线主要确定墙柱定位，也基本反映出各房间开间进深情况。

（4）室内地面标高为 ±0.000，室外地面较室内低 0.3m。门厅前设台阶两级，台阶宽 300mm，每阶高 150mm。另设 3.6m 长无障碍坡道，坡度 1∶12。

（5）由门厅进入电梯间和楼梯间的合用前室，该房屋设电梯两部，一部客梯（可容纳担架），一部消防电梯。按图示阶梯及箭头方向，在楼梯间东面设第一梯段。前室与楼梯间设电井和风井。

（6）门厅有两个出入口，北面正入口设电子双扇门，东面侧出入口设乙级防火门，双扇外开，1.2m 宽，2.1m 高；楼梯间前室也设乙级防火门，高宽同门厅侧门。电井门为甲级防火门，宽 1.2m，高 2.1m；风井设 0.9 米宽百叶窗。门窗位置见其与定位轴线间尺寸标注。

（7）门厅柱与阳台转角柱尺寸大样分别见图建施 08 中的 01、02 详图。

2. 标准层平面图

观察与思考

阅读图 12.5 回答下面问题。

（1）看图可知该平面图表示哪些楼层的平面图？

（2）外部的 3 道尺寸与底层平面图对比有什么变化？定位轴线有无增减？

（3）墙体厚度有无变化？门窗有几种规格如何定位的？在该平面图上标有几种标高？各层层高是多少？

（4）各楼层房间功能是怎样的？各房间的开间进深是怎样的？在该建筑物底层出入口上方有无雨篷？

（5）有无详图索引符号？

分析标准层平面图 12.5 如下。

（1）标准层由 1 层至 15 层，每层建筑平面布置相同，归并为一张平面图。涂黑部分为结构混凝土墙柱，位置同底层，由此可见该房屋为框架剪力墙结构。

（2）横向轴线 15 根，纵向轴线 10 根，每层一梯两户，对称布置，户型相同，均为三室两厅两卫。餐厅、厨房、客卫与一卧室朝北，卧室带一间走入式衣柜，厨房设烟道。客厅和两卧室朝南，其中一个卧室带有卫生间。每户两个阳台，工作阳台较小朝北，生活阳台较大，朝南，南面一间卧室和北面走入式衣柜外设有空调隔板。

（3）一层楼面标高 2.9m，由各层标高可知，以上各层层高均为 2.9m。卫生间、厨房、阳台处的房间门在图纸中都有一条细线，表示门口线，由图纸说明可知，卫生间、厨房楼面标高低于楼面 20mm，阳台楼面标高低于楼面 50mm。

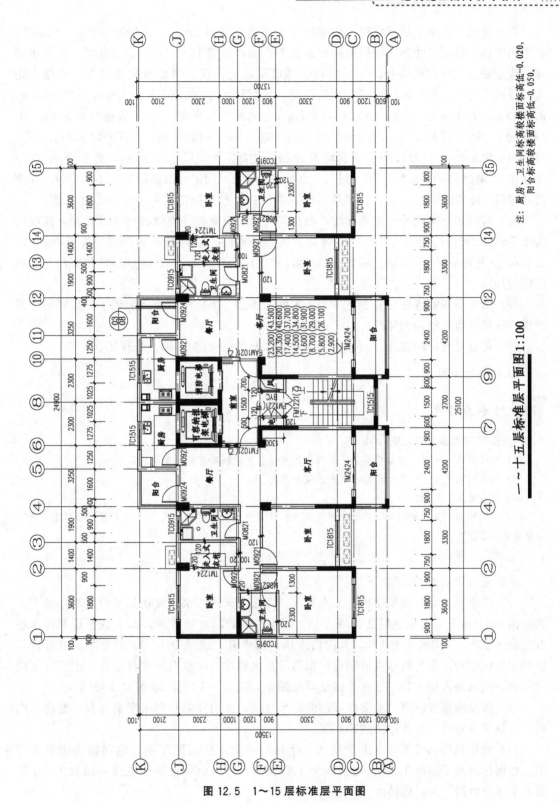

注：厨房、卫生间标高较楼面标高低-0.020，
阳台标高较楼面标高低-0.050。

一~十五层标准层平面图 1:100

图 12.5　1～15 层标准层平面图

（4）建筑平面图上的尺寸线。内部尺寸说明内横墙厚200m、隔墙厚120m，及隔墙、井道墙定位；外部尺寸第1道说明房屋总长25.1m，总宽13.7m，与底层相同，阳台厨房部对应于底层门厅门廊部分，一层阳台兼做底层此处雨篷。第2道尺寸线表示轴线间距离，反映了各房间的开间和进深，北面各间：餐厅开间2 000mm＋1 250mm＝3 250mm，即3.25m，客卫开间1.9m，卧室开间3.6m，走入式衣柜开间1.4m，进深均为3.3m，厨房开间3.55m，进深2.1m，工作阳台长2m，宽2.1m；南面各间，客厅开间4.2m，两卧室开间一为3.3m，一为3.6m，进深均为4.2m；主卧卫生间尺寸长2.3m，宽2.1m(此为内部标注)；楼梯间开间2.7m。第三道尺寸线标注说明外墙门窗的细部位置大小和定位，如南面各房间，卧室窗宽1.8m，客厅推拉门门洞宽2.4m，楼梯间窗宽1.5m，均居中布置。

（5）各门窗上按代号＋窗高标注，各房间外墙门窗宽标注与细部尺寸线相同，高度均为1.5m，入户门门洞宽为1m宽乙级防火门，卧室门、阳台及厨房门采用宽0.9m、高2.1m，卫生间采用宽0.8m、高2.1m，客厅推拉门门洞高2.4m。楼(电)梯前室门与井道门同底层。

（6）由楼梯间箭线标注的上下可知，东面为到上一层梯段，西面为到下一层梯段。其梯段详细尺寸可见楼梯的详图。

（7）阳台处有一剖切线，由标注可知此处详图可见建施08第3号详图。

3. 屋顶平面图

观察与思考

阅读图12.6回答下面问题。

（1）定位轴线、外部尺寸与标准层平面图对比有什么变化？若有变化变化的原因是什么？

（2）屋顶标高是多少？是结构标高还是建筑标高？

（3）是否是上人屋面？

（4）有无檐沟、女儿墙？屋面排水分区有几块？排水方式是怎样的？有几个雨水管？屋顶上有无其他管道突出屋面？

（5）有无详图索引符号？

分析屋顶平面图12.6如下。

（1）该屋顶为女儿墙平屋顶，上人屋面。双坡内天沟排水，坡顶见于分水线，位于 F 轴以南100mm处，与电梯机房外墙齐平。图中箭线表示水流方向，其上数字说明排水坡度层面为2%，天沟坡度为1%，天沟内水排向雨水管。房屋于4、12轴南北面处各设两根共4根雨水管。南面两处生活阳台的雨篷，排水坡度方向坡向屋面过水孔，汇于屋面内天沟内，最后进入雨水管。过水孔做法详见图集05YJ 5－1的第28页第2号图。

（2）因屋面布置需要，屋面仅标注两道尺寸线，说明外墙和突出屋面部分的定位，内部尺寸说明分水线位置和门窗楼梯布置。

（3）电梯机房和楼梯间突出于屋面，楼梯间在此层标高同屋面，电梯机房因设备要求，板面标高高于屋面1.5m。由楼梯间上到屋面，进入电梯机房后走过一段长1.2m平台，上8个台阶，到机房楼面。

（4）楼梯间和电梯机房均采用乙级防火门，门洞宽1m，门洞高2.1m。

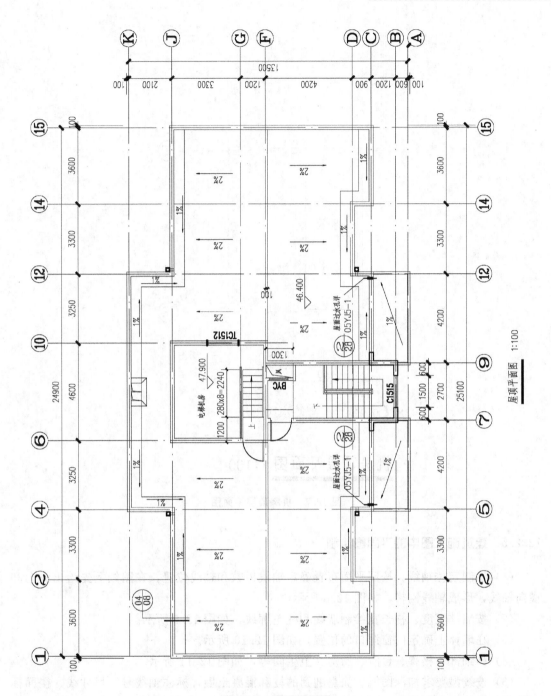

图12.6 屋顶平面图

（5）屋面设烟道孔。天沟上有剖切线，其详图见建施 08 的 4 号图。

（6）机房顶层平面图另绘一图，如图 12.7 所示。有时也可直接于屋顶平面图中引出绘于此层平面图内。由标注可知，电梯机房顶面标高 50.500，楼梯间屋面标高 49.100。均为单坡排水至内天沟，并汇于雨水管内排于房屋屋面，再由屋面统一组织排水。

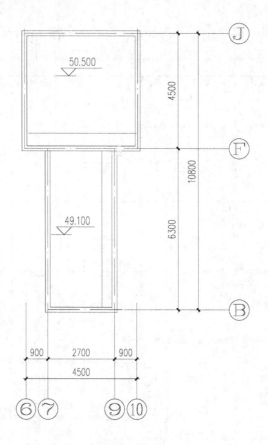

机房顶层平面图 1:100

图 12.7　机房顶层平面图

12.2.5　建筑施工图中的平面图绘制

(1) 绘制定位轴线；按照平面布置确定轴线根数和轴线位置，在图纸上先绘出纵向和横向轴线，形成轴线网格，如图 12.8 所示。

(2) 按墙体宽度、柱长宽绘制墙线和柱轮廓线，如图 12.9 所示。

(3) 在墙体上确定门窗洞口的位置，如图 12.10 所示。

(4) 画细部：楼梯、台阶、厨房、卫生间等，如图 12.11 所示。

(5) 按线型要求加深图线、涂黑剖到的柱和混凝土墙，标注轴线号、尺寸线、楼面标高和房间名称、门窗编号。平面图中被剖切的主要轮廓线如墙身线、柱身线线宽一般为 b，次要的轮廓线和未剖切到的配件轮廓线用中实线，尺寸线、索引符号细部用细实线。绘制完成后分别如图 12.4、图 12.5、图 12.6 所示。

(6) 最后绘指北针(底层平面图中)、写图名、比例和说明。汉字宜用仿宋体，图名通常为 10～14 号字。

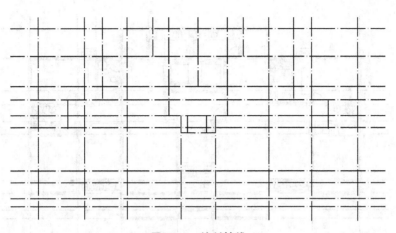

图 12.8 绘制轴线

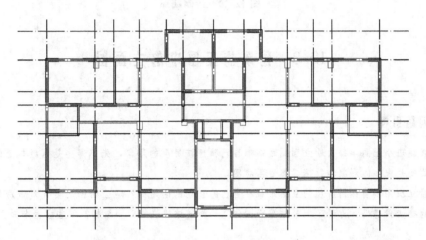

图 12.9 绘制墙线

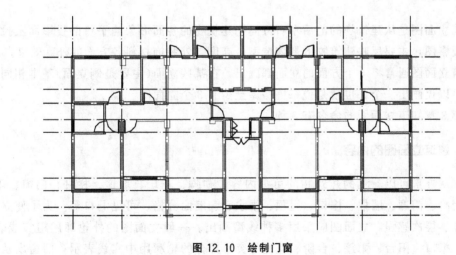

图 12.10 绘制门窗

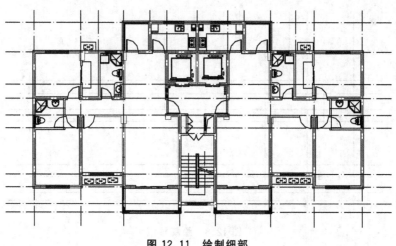

图 12.11　绘制细部

12.3　建筑施工图中的立面图

 问题引领

　　识图兴趣班小王同学每次看立面图之前都自己猜想该房屋的形象，先想哪些是已经知道的形象和数据，再想哪些是未知的形象和数据，然后再看图。

　　那么看立面图之前你对房屋的立面形象有自己的预期的问题吗？看立面图之前你对该房屋的立面形象有自己的初步猜想吗？你看了上节的平面图你已经知道该建筑的哪些数据？哪些数据未知呢？

12.3.1　概述

　　建筑立面图是从建筑物的前后左右方向把建筑物的各面形象向平行的投影面上投影形成的正投影图，主要反映建筑物的形体造型、高度、外装饰材料各方面的外观效果。

　　建筑立面图通常将 4 个方面的立面都画出，在某些立面(主要是侧立面)基本相同的情况下，可以仅画出一个，也就是说每栋房屋至少有 3 个立面图。

　　从第 3 章知道立面图的命名有 3 种。

12.3.2　建筑立面图的内容

　　(1) 从外部可以看见的建筑物的可见内容：勒脚、花坛、坡道、栏杆、门窗、阳台、雨篷、台阶、门廊、墙柱、檐口、屋顶、雨水管、墙面分格、可见洞口等。为了使立面图外形清晰、层次感强，立面图应采用多种线型画出。一般立面图的外轮廓用粗实线表示，门窗洞、檐口、阳台、雨篷、台阶、花池等突出部分的轮廓用中实线表示；门窗扇及其分格线、花格、雨水管、有关文字说明的标注线及标高等均用细实线表示；室外地坪线用加粗实线表示。不可见的内部线不用画出。

（2）标注立面两端的定位轴线。

（3）建筑立面上的主要标高：室内外地面标高、各层楼面标高、各层门窗洞口标高、台阶、阳台雨篷、檐口、女儿墙顶，突出屋面各部分如楼梯间、机房顶等标高。标高间一般不标注尺寸线，但由于现在建筑立面越来越复杂，所以立面图也可加入一些尺寸标注以便对窗台、立面分格等元素表达得更为清晰。

（4）详图索引及文字说明：立面图上因比例较小，通常都只将各部分的轮廓线画出，细部做法可通过详图索引，在详图中详细表示。文字说明主要是表述建筑立面的颜色、材料及其做法。

12.3.3　建筑立面图识图示例

上接第2节平面图示例，图12.12、图12.13为该房屋的①～⑮轴立面和⑮～①立面图，图12.14为Ⓐ～Ⓚ轴立面。

 观察与思考

阅读图12.12、图12.13、图12.14之前回答下面问题。

（1）看各层建筑平面图四周的定位轴线上有哪些门窗？平面上的凹凸位置分别在哪些轴线处？

（2）建筑物的层高是多少？

（3）建筑物入口处和屋顶形象分别是怎样的？

（4）想象一下在读平面图基础上的建筑立面形象要表达清楚还需要了解哪些尺寸信息？

阅读图12.12、图12.13、图12.14回答下面问题。

（1）与平面图对比有关尺寸：层高、室内外高差是多少？

（2）各层房间窗台高、窗高、女儿墙高和屋顶最高标高分别是多少？

（3）建筑立面的装饰做法是怎样的？可以看见雨水管吗？

（4）有无索引符号？

分析图12.12、图12.13和图12.14如下。

（1）3张立面图比例都为1∶100，按观察面的轴线号命名，可与平面图对照识图。

（2）外轮廓线的范围表达了该房屋的总长、宽、高。按观察面方向可见的内容画出了墙面凹凸进退、门窗及窗台、阳台、雨篷、女儿墙，并可看出屋面为平屋顶。每层空调板位置设有装饰性百叶窗栏板，阳台底、女儿墙顶、一层与底层架空层之间以造型勾线丰富立面效果。南面阳台由两侧立柱直贯通，增加立面层次感。长边方面各有两根雨水管。

（3）由立面标高及辅助标注可知，房屋共15层，底部架空。室内外高差0.3m，每层层高2.9m，各层房间窗台高0.9m，窗高1.5m，窗顶距上层楼面0.5m，位置与平面图一致。上人屋面女儿墙高1.5m，墙顶标高47.9m；楼梯间与电梯机房顶面为不上人屋面，女儿墙高0.6m，墙顶面标高分别为49.700和51.100。

（4）在北向立面中，即⑮～①立面图中表示门厅入口左侧为无障碍坡道及栏杆，门前有台阶两级，门厅为双扇开启门。

（5）房屋主体采用棕黄色外墙涂料，底部架空层外墙采用分格勾缝，并使用棕色仿花岗岩真石漆，仿石料材质显厚重感。

（6）一层楼面勾线根据详图索引见建施08的第5号图。

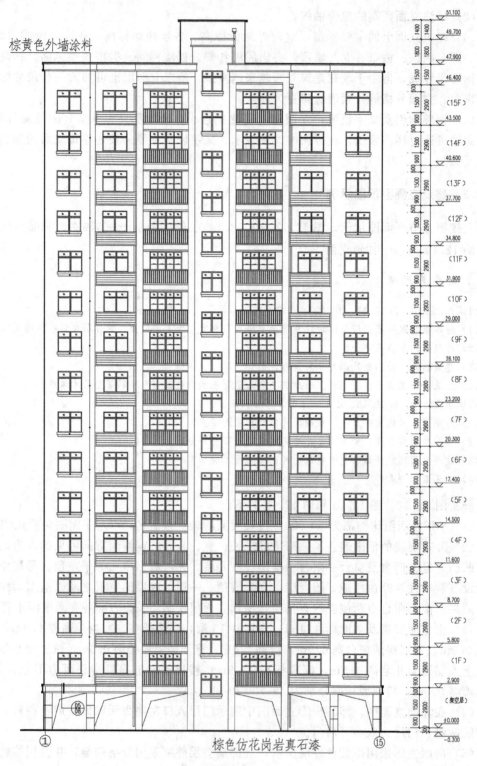

棕黄色外墙涂料

棕色仿花岗岩真石漆

①~⑮ 轴立面图 1:100

图12.12 正立面图

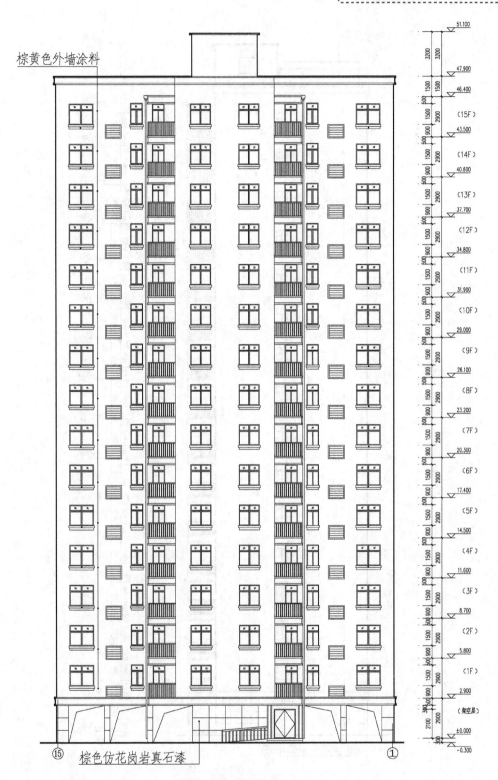

棕黄色外墙涂料

棕色仿花岗岩真石漆

⑮ ~ ① 轴立面图 1:100

图12.13 背立面图

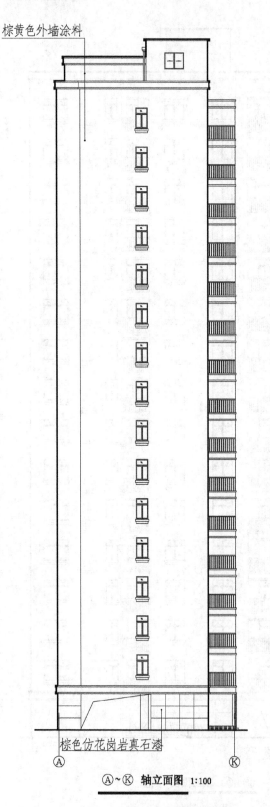

棕黄色外墙涂料

棕色仿花岗岩真石漆

Ⓐ~Ⓚ 轴立面图 1:100

图 12.14 右侧立面图

12.3.4 建筑施工图中的立面图绘制

（1）画室外地坪线、定位轴线、室内地平面线、屋顶线和建筑物外轮廓线，如图 12.15 所示。

（2）按平面图的外墙布置，画出观察方向的外墙凹凸进退处的外墙转折线。画各层门窗洞口线。按各层门窗洞口的标高画出其上下高度线，再由平面图定出其宽度线，绘出门窗，绘出阳台高度画出阳台的外轮廓线，如图 12.16 所示。

（3）绘制窗台、阳台、挑檐、雨篷、栏杆、台阶，墙面细部等，如图 12.17 所示。完成各项细部后，删除多余线条，标注详图索引符号，按立面图图线要求进行加粗。标注标高、图名、比例。有需要时加注文字说明，如图 12.12 所示。

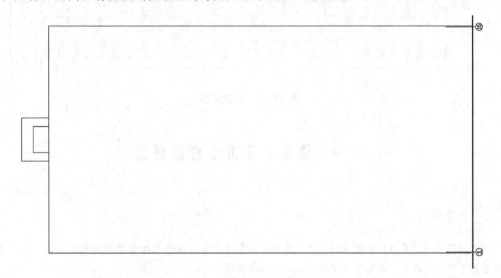

图 12.15　绘制轮廓

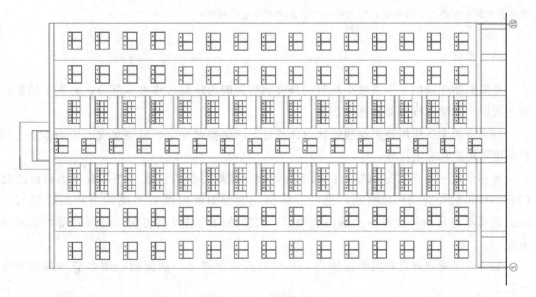

图 12.16　绘制门窗洞

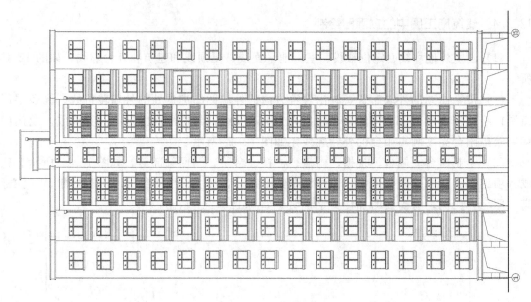

图 12.17　绘制细部

12.4　建筑施工图中的剖面图

 问题引领

识图兴趣班小王同学在看剖面图之前对比平面图和立面图就自己先想象该剖面图的形象，然后看图与自己想象对比找原因，看图进步很快，而且记忆很深刻。

那么看剖面图之前该建筑剖面图已经有图名，你知道吗？而且在看完前面的图纸你大概已经知道了该剖面图的大概形象，那么还有哪些是未知的或者需要确认的呢？

12.4.1　概述

建筑剖面图是用一个或多个假想的竖直剖切面剖切建筑，移去一部分，对剩下的部分做正投影，得到的投影图就是剖面图。

剖面图的主要作用是表达建筑物内部的情况，如楼面分层、屋顶坡度、层高净空、门窗高度等构造和相关尺寸。

剖切位置一般选在建筑物内部构造有代表性或较复杂的位置，并尽量使剖切面通过门窗洞口；剖切方向可以横剖，也可以纵剖，根据图纸深度需要确定剖切的位置与方向。较简单的房屋可选择一个横向剖面图，较复杂的可增加剖切面，必要时增加纵向剖面图。

剖切符号通常画在底层平面图内，并注写剖切面编号，剖面图的图名应与剖切符号一致。

12.4.2　建筑剖面图的内容

（1）被剖切到的墙柱轴线及编号，并标注轴线间尺寸及总体尺寸。

（2）被剖切到的室内外地面、楼板、屋面、梁、阳台、门窗、楼梯、台阶、雨篷及其他可见到的内容。被剖切到的构件采用粗实线，混凝土的墙柱梁进行图案填充，未被剖到的仅为可见部分构件采用细实线表示。

（3）与建筑立面相同，标注图中各部分的相应标高。与立面图有区别的是，剖面图在标高之间必须进行尺寸标注，并进行细部尺寸标注。根据需要增加内部尺寸标注，表达楼地面高差、坑沟深度、内部门窗洞口高度等。

（4）对楼地面、墙体、门窗、屋面、坡度等构造加以表达，当图纸比例较大时，图中表达不清楚时，可用详图表示，剖面图中绘制索引符号。

12.4.3　建筑剖面识图示例

上接2、3节平立面识图示例，图12.18为该房屋的1—1剖面图。

 观察与思考

阅读图12.18之前回答下面问题。

(1) 看底层(架空层)平面图看剖切面通过了哪些墙柱及其上的门窗？各层剖到的内容有什么不同？

(2) 剖视方向是向哪里？有哪些没有剖到而可以看见的地方？各层没剖到而看到的内容有什么不同？阅读图12.18后与自己想象的剖面图对比。

（1）从图12.4底层(架空层)平面图可见，剖切面通过南面的⑨~⑫轴和北面的⑩~⑫轴间，为横向剖切面，该剖切面从生活阳台穿过客厅、餐厅、工作阳台。剖切后移除右边部分向左投影，得到的房屋正投影图，即为1-1剖面如图12.18所示。

（2）剖面图比例1：100，墙柱梁轴线Ⓐ、Ⓒ、Ⓕ、Ⓙ、Ⓚ，均于剖面图中绘出并标注，由此可知被剖到的墙柱梁构件。图中还被剖到的构件有室外地面、各层楼地面、阳台、通向阳台的两个门、雨篷、屋面、女儿墙。看到的部分有两侧外墙线，底层门厅入口处台阶和坡道及扶手栏杆、侧门和门下两级台阶，结构墙柱外轮廓线，各层入户门，突出屋面的楼梯间与电梯机房外轮廓线及墙上窗。

（3）据标高及尺寸标注，可知层高2.9m，门洞高2.4m；屋面女儿墙高1.5m。

12.4.4　建筑剖面图的绘制

（1）据剖切面的位置画出定位轴线，室内外地坪线、楼面线，墙身线，如图12.19所示。

（2）画出楼板、屋顶构造厚度，过梁圈梁、门窗洞口、阳台、檐口及雨篷等，如图12.20所示。

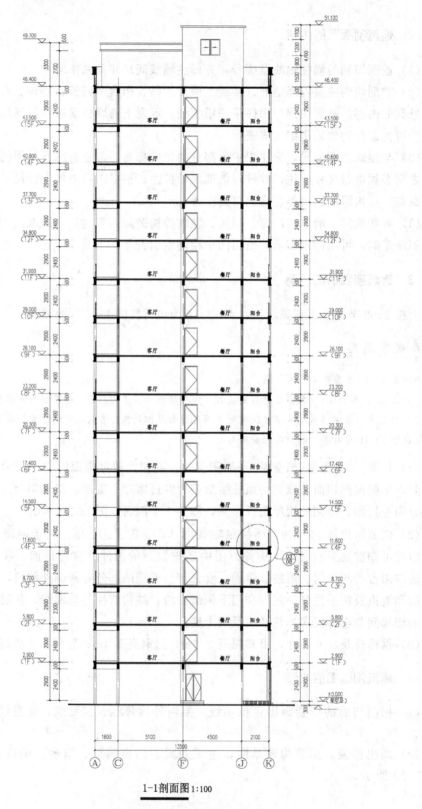

1-1剖面图1:100

图 12.18　1-1 剖面图

（3）画出没有剖到，但是从剖切方向可以看到的部分，如外墙线、门窗洞口、台阶、坡道，如图12.21所示。

（4）按建筑剖面图的图线要求加深图线，梁板和墙体涂黑或填充，标注定位轴线编号、索引符号、文字说明、图名、比例。完成图纸如图12.18所示。

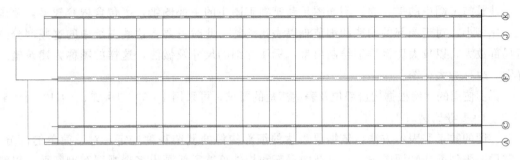

图 12.19 绘制轮廓

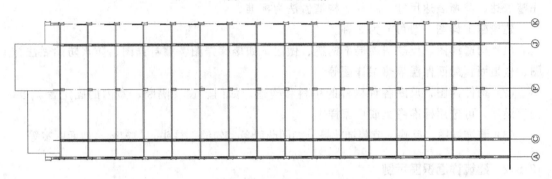

图 12.20 绘制楼板、门窗

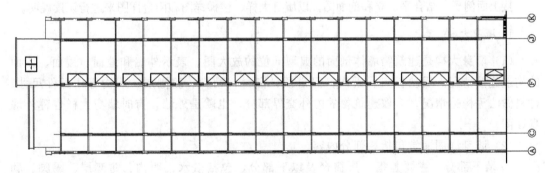

图 12.21 绘制看线

12.5 建筑施工图中的详图

 问题引领

识图兴趣班小王同学看完主要的图纸就会总结该建筑会有多少详图，然后与前面图对比。

那么你看完前面主要的图纸已经知道该建筑施工图的详图有多少吗？有没有很想查看某处详图的想法呢？该建筑的楼梯有几部？在平面图中的哪个位置？你需要了解楼梯的哪些尺寸信息？

12.5.1 概述

建筑施工图中的平、立、剖面图是建筑施工图中的主要图纸，因包含内容较多，范围大，比例小，对于局部的构造和细节难以表达清楚，此时需要将这些图纸中的这些部分进行局部放大，以较大比例详细绘制出来，标注详细的尺寸及做法，这样的图称为建筑施工详图，也称为大样图。

详图使用的比例根据构造部位及表达清楚的要求，可采用1：50、1：20、1：10、1：5、1：2、1：1等比例。

详图的数量和表示方法，依据要表达的细部构件的复杂程度选定，对于简单的部分，只需用一张剖面或断面图表示，复杂的局部和构件可能需要画出多个视图和剖断面，以能完整表达、清晰表达尺寸、材料、构造做法为标准。

建筑施工详图一般可分为3种。

（1）构造详图，反映房屋局部构造、做法。如楼梯详图、墙身详图、防水防潮做法详图、楼地面、屋面保温隔热层详图等。

（2）构件详图，反映各种构件的用料和构造。如门、窗、隔断、室内的固定台、板、柜等设施，可选用标准图集或厂家样本。

（3）装饰详图，反映细节装饰效果。如凹凸线条、勾缝、柱头、门窗套、地面图案等。

12.5.2 建筑详面识图示例

接上面例子，结合平、立和剖面图，以墙身大样、楼梯详图和阳台详图来进行识读说明。

1. 墙身大样

（1）墙身大样是建筑物墙体剖面的典型部位的放大图，表示外墙和地面、楼面、屋面的构造连接情况，反映檐口、天沟、门窗顶、窗台、勒脚、防潮层、明沟等构配件尺寸、材料做法等构造情况。多取建筑物的内外交界部分，也就是外墙，有时墙身大样也称外墙身详图。

（2）墙身详图通常包括3部分内容。

① 墙下部分：主要是指一层窗台及以下部分，包括散水、明沟、防潮层、踢脚、勒脚、一层地面等部分的形状、尺寸和大小。

② 墙中间部分：指楼板、门窗过梁及圈梁的形状、尺寸和大小，楼板和外墙的构造关系。

③ 檐口：主要表达屋顶、檐口、女儿墙及屋顶圈梁的形状、尺寸和大小和构造情况。

墙身详图的数量视房屋的复杂程度确定，在较简单的情况下，各层构造情况基本同，可只画3个节点反映3个部分的内容。在房屋构造有不同的位置另增加墙身详图。在房屋各层和各部分构造较复杂时，应分别画出对应部分的墙身详图进行表达说明，以能清楚完整的表达为标准。

（3）在上例图12.6中，也就是屋顶平面图中，对屋面于①～②轴间剖切墙体，绘制其剖面图，就是屋面檐口的墙身大样图，如图 12.22 所示。

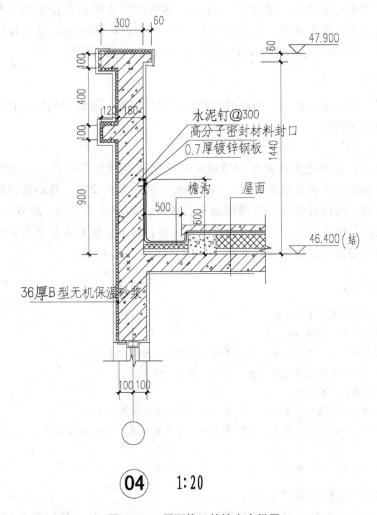

图 12.22　屋面檐口的墙身大样图

　观察与思考

阅读图 12.22 回答下面问题。

(1) 女儿墙高度、厚度是多少？

(2) 女儿墙上凸出的线条与建筑立面图对比其高度，尺寸相符吗？

(3) 女儿墙顶、屋面标高与建筑立面图、平面图对比高度一致吗？

(4) 女儿墙内檐沟宽多少？檐沟如何防水？

分析图 12.22 屋面檐口墙身大样图如下。

此墙身大样按比例 1:20 绘制。图中可以看到女儿墙高 1.5m，墙顶宽 360mm，压顶高 60mm。屋面标高 46.400，女儿墙顶标高 47.900，与平立剖面图一致。屋顶处两处造型线条突出宽度为 120mm，凸出高度 100mm。线条净距 400mm，墙体外侧做 36mm 厚的B 型无机保温砂浆。

屋面板墙体下可见 15 层北面卧室窗顶。屋顶有保温防水层，具体做法未示出，可见设计说明中的屋面施工做法。檐沟宽 500mm，防水层沿水平面铺设至墙角后，沿檐沟底部向垂直的立面方向连续铺设，在垂直立面上铺设高度为 600mm，端部以高分子密封材料收口，上压 0.7mm 厚镀锌钢板，以间距 300mm 的水泥钉固定。

2. 楼梯详图

楼梯详图一般包括平面图、剖面图和踏步、栏杆详图。通常采用同一比例，绘制于一张图内，以便对照识读。

1）楼梯平面图

楼梯平面图就是将建筑平面图中的楼梯间比例放大后的平面图，一般包含底层平面图、标准层平面图和楼梯顶层平面图。如有其他不同布置的情况，需增加该层平面图。

楼梯间平面图的内容包括：楼梯间的定位轴线，楼梯间的开间、进深，梯段的长宽、踏步宽度与数量，休息平台的尺寸，梯段起步定位，各层楼面和各层平台标高、底层平面图中标注楼梯剖面图的剖切符号。

 观察与思考

阅读图 12.23 之前回答下面问题。

（1）楼梯平面图是如何形成的？

（2）楼梯底层平面图、中间层平面图、顶层平面图的图形有何不同？

（3）楼梯平面图中要表达的平面尺寸、标高和符号有哪些？

阅读图 12.23 回答下面问题。

（1）楼梯间的开间和进深是多少？梯段第一起步踏步是如何定位的？

（2）各梯段有几个踏面？梯段长、宽度是多少？梯井宽是多少？楼层休息平台、中间休息平台宽度是多少？

（3）各层楼层休息平台标高比中间休息平台分别高多少？

分析图 12.23 楼梯平面图如下。

图 12.23 所示为上例的楼梯详图平面图，图纸比例 1：50。楼梯间开间 2.7m，进深 6.3m。楼梯间窗户居中布置，门采用乙级防火门，宽 1.2m，与建筑施工图一致。

底层平面图是从第一个平台下方剖切，能看到标高 ±0.000 室内地面，看不到第一梯段上部的楼梯平台，剖切面将第一跑楼梯断开，向下看只能看到下半部分楼梯，所以用折断线表示，只需画下半跑楼梯。箭头表示上楼梯方向。梯段第一起步踏步定位由尺寸标注可知，距 F 轴 1 520mm+1 300mm=1 820mm，即 1.82m。

标准层楼梯从中间层房间窗台上方剖切，剖切后，由上往下看，能看到完整的下行梯段和转折后的半段下行梯段、中间的休息平台、和被剖切后只能看得到从本层向上的半个上行梯段。结合底层图，可看到由标高 2.9m 楼面下行一个梯段至标高为 1.45m 的休息平台，再继续下行的半个梯段与底层平面图中的半个梯段相接，即为自 ±0.000 标高至 1.45m 标高平台处的第一个梯段。由标高 2.9m 楼面再往上行的半个梯段，与自标高 4.35m 休息平台处下行的半个梯段是一个梯段。每个梯段有 8 个踏面，宽度 260mm，标注为 260mm×8=2 080mm，梯段长 2.08m，梯段净宽 1 300mm−100mm（半墙厚）=

1 200mm，即 1.2m。从楼面上下行起步踏面定位距ⓒ轴 2 080mm＋200mm＝2 280mm，即 2.28m；休息平台上下行起步定位为距ⓒ轴 0.2m。各平台标高以 H 代号表示，其数值可见图下加注的说明。各层楼板标高比休息平台高 1.45m，从各层标高数据也可得出，每梯段高度 1.45m。休息平台净宽 2.5m。

本屋顶是上人屋面，楼梯顶层平面图从楼梯到顶后平台栏杆上方剖切，得楼梯顶层平面图。因再无上行梯段，可看到由顶层楼面（房屋屋面）下行至休息平台的梯段，再由休息平台下行至顶层楼板的完整梯段，梯段长宽与标准层相同。楼梯扶手沿梯段和楼板洞口边布置。楼梯间西侧设 1m 宽乙级防火门，通向房屋顶面。

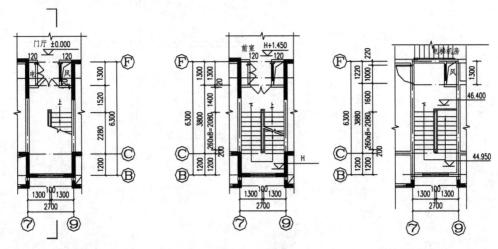

T1楼梯架空层平面图 1：50　　　T1楼梯一至十五层平面图 1：50　　　T1楼梯顶层平面图 1：50

注：H＝1.450、4.350、7.250、10.150、13.050、15.950、18.850、21.750、
24.650、27.550、30.450、33.350、36.250、39.150、42.050

图 12.23　楼梯平面图

2）楼梯剖面图

楼梯剖面图是用一垂直剖切面，通过各层的梯段和门窗洞口，将楼梯间剖切，并向另外一个梯段方向投影得到的剖面图。主要表达楼梯的踏步、平台构造、栏杆（板）的形状和相关尺寸。比例一般为 1：50、1：40 或 1：30。当楼梯各层构造相同，梯段的踏步数，尺寸数量相同时，可只画一层，其他部分用折断线省略，底层、顶层必须画出。

楼梯剖面图需注明的内容：各楼层板面标高、平台面标高、楼梯间窗洞标高、踢面高度、楼梯高度及栏杆高度。

图 12.24 是图 12.23 中楼梯底层平面图中的 2－2 剖面图。图中绘制相关轴线及尺寸标注，画出了底层、顶层和中间标准层，其他层采用折断线省略。对照其平面图可以看到每梯段长度 2.08m，梯段踏步宽 260mm，每踏步高 161mm，每梯段 8 个踏面，共 9 个步高，梯段总高 1.45m，栏杆扶手高 1.1m。梯段踏步高标注为 161mm×9＝1450mm。图中标注有各层楼板和休息平台标高，各梯段起步定位，与楼梯平面图一致。楼梯间顶面标高49.100，上人屋面，女儿墙高 600mm，女儿墙顶标高 49.700。剖切到的北侧电梯机房屋面及其女儿墙标高在图中也有标注。

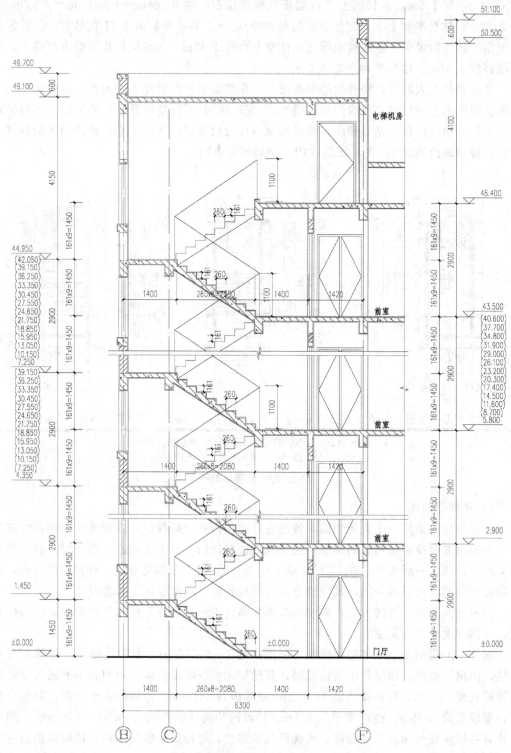

T1楼梯2-2剖面图 1:50

图 12.24 楼梯剖面图

3）楼梯节点详图

在楼梯剖面图中，有些部位需要以更大比例予以说明，可在图中用索引符号引出，绘制更详尽的图纸进行表达，说明具体尺寸、材料和做法。如踏步、栏杆、扶手详图。比例可采用1∶10、1∶5、1∶2或1∶1。

3. 构件详图和装饰详图

此部分详图根据建筑施工平立剖面图的内容，对于需要详细说明的部分进行绘制，标注局部或构配件具体尺寸、材料和做法。现以图平面图12.4、图12.5和剖面图12.18中的详图索引内容举例说明。

阳台详图：在标准层平面图12.5中北面⑪～⑫轴间有剖切号，此部分与剖面图12.18中的①～⑯轴间的索引图同为生活阳台部分，详图如图12.25所示。

图中绘有相关轴线及尺寸标注，可见阳台轴线间宽度为2.1m。此处剖切到餐厅通向阳台的门，可见门的剖切面，阳台板面标高比室内楼面标高底50mm，由阳台面梁断面标注可知该梁高度为600mm，上下各凸出宽50mm、高100mm的线条，线条底部做滴水，并对线条颜色加以标注。阳台栏杆高1.1m，横杆、转角立杆和立杆分别采用80mm、50mm、30mm边长的铝合金方管。

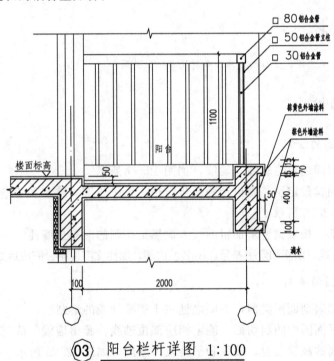

图12.25 阳台栏杆详图

4. 其他详图

图12.26表示上例房屋的平立面图中的局部详图，主要表达了平、立面图中没有详细说明的阳台转角柱、门厅入口墙边、架空层顶面线条的细节尺寸，作为平立面图的补充和施工的依据。

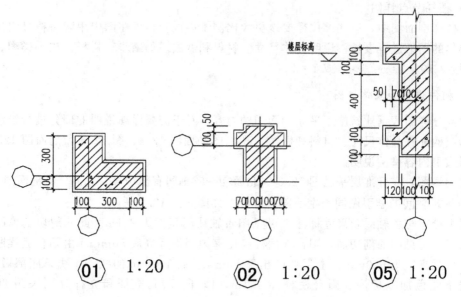

图 12.26　详图示意图

图 12.26 详图与平面图、立面图中的线条对比是一致的吗?

12.5.3　楼梯详图绘制

1. 楼梯平面图的绘制

(1) 画出楼梯间的定位轴线、墙线,如图 12.27 所示。

(2) 按楼梯间梯段定位,画出梯段起步定位,梯段长度,踏步和折断线。按门窗位置布置门窗,如图 12.28 所示。

(3) 画出细部,按线宽要求加粗图线,涂黑剖切到的混凝土墙柱。

(4) 标注尺寸线,剖切和索引符号,图名、比例,加注文字说明。完成后如图 12.23 所示。

2. 楼梯剖面图的绘制

绘制步骤与建筑剖面图类似,不同之处在于楼梯梯段的绘制。

(1) 按楼梯平面图中的剖切面,确定相应部位轴线,画出墙线。确定各层楼面、休息平台、室内外地面的高度位置,楼面和平台板的厚度,如图 12.29 所示。

(2) 确定梯段的起步点,在梯段长度和高度范围内画出踏步,如图 12.30 所示。

踏步的绘制方法可采用"网格法"和"辅助线"法。网格法是在水平和垂直方向按踏步宽高,将梯段等分成网格状,在网格内画出踏步。辅助线法又称斜线法,把梯段的第一个踏步画出后,将该踏步与梯段最后一个踏步面,也就是平台板或楼板面边线相连,顶与顶面相连,底面和底面相连,形成平行的两斜线,再根据踏步数进行竖向等分,得到的与斜线的竖向等分交点,即为各踏步踏面。

（3）画出被剖切到的梁板，门窗。没有剖到，从剖切方面可以看到的各部分线条，如墙线，门窗、栏杆、扶手、坡道、台阶等，如图12.31所示。

（4）按需要加粗线条、标注楼梯梯段尺寸、栏杆扶手高度、楼面和休息平台标高。标注图名、比例和文字说明，如图12.24所示。

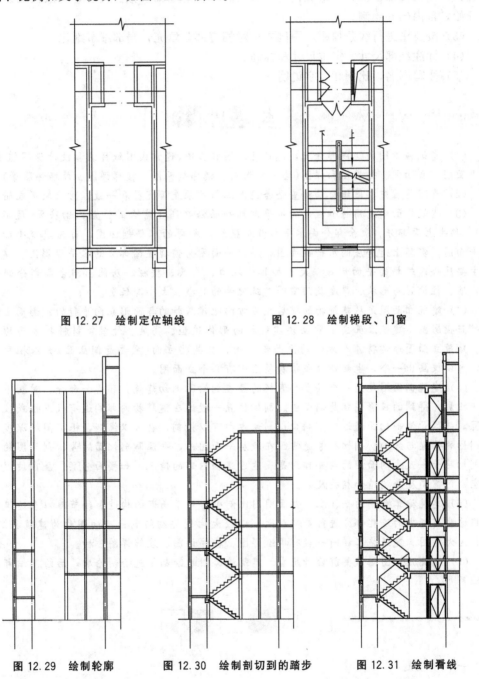

图12.27 绘制定位轴线　　　　图12.28 绘制梯段、门窗

图12.29 绘制轮廓　　　图12.30 绘制剖切到的踏步　　　图12.31 绘制看线

12.5.4　其他详图绘制

（1）画出定位轴线，据轴线确定墙线位置或定位轮廓线。

（2）按构件部位形状、组成构造、采用的材料绘制细节做法内容，一般从墙线或楼板面开始，自内向外绘制。

（3）按要求进行线条加粗，图例要求对相应部分填充，局部细节细化。

（4）标注细部尺寸、定位尺寸和标高。

（5）注写图名，比例和文字说明。

本章小结

（1）建筑施工图的组成部分有：建筑施工图首页图（通常由图纸目录和设计说明组成），建筑平面图、立面图、剖面图和详图（楼梯平面图、楼梯剖面图、楼梯详图、外墙详图等）。

（2）看图前首先按图纸目录检查全套施工图与目录是否完整和一致，防止缺页或错漏。

（3）建筑平面图是用一个假想的水平剖切平面沿略高于窗台的位置剖切房屋（屋顶平面除外），移去上面部分，剩余部分向水平面做正投影，所得的水平剖面图，称为建筑平面图，简称平面图，实际上是房屋的水平剖面图。屋顶平面图为俯视屋面部分的水平投影图。建筑平面图主要反映建筑物的平面形状、大小和其出入口、走廊、楼梯、房间、阳台各部分的平面布置，墙、柱位置与形状、厚度及门窗等建筑配件的类型、大小与位置。

（4）建筑立面图是从建筑物的前后左右方向把建筑物的各面形象向平行的投影面上投影形成的正投影图。建筑立面图主要反映建筑物的形体造型、高度、外装饰材料各方面的外观效果。建筑立面图通常将4个方面的立面都画出，在某些立面（主要是侧立面）基本相同的情况下，可以仅画出一个，也就是说每栋房屋至少有3个立面图。

（5）建筑剖面图是用一个或多个假想的竖直剖切面剖切建筑，移去一部分，对剩下的部分做正投影，得到的投影图就是剖面图。剖切位置一般选在建筑物内部构造有代表性或较复杂的位置，并尽量使剖切面通过门窗洞口；剖切方向可以横剖，也可以纵剖，根据图纸深度需要确定剖切的位置与方向。剖切符号通常画在底层平面图内，并注写剖切面编号，剖面图的图名应与剖切符号一致。剖面图的主要作用是表达建筑物内部的情况，如楼面分层、屋顶坡度、层高净空、门窗高度等构造和相关尺寸。

（6）建筑施工图中的平、立、剖面图因比例小，对于局部的构造和细节难以表达清楚，此时将这些图纸中的这些部分进行局部放大，以较大比例详细绘制出来的图称为建筑施工详图，也称为大样图。建筑施工详图一般有构造详图、构件详图、装饰详图3种。

（7）建筑施工图图纸要前后对照看。建筑施工图的绘制是先绘制轮廓，后绘制细部，最后标注尺寸。

习题

一、填空题

1. 建筑平面图中外墙尺寸应标注3道，最外一道是_____尺寸，中间一道是_____，最内一道是_____。

2. 房屋施工图按在专业的不同，一般分为_____、_____、_____。

3. 房屋建筑施工图中的详图索引符号用_____实线表示，其直径是_____。

4. 建筑施工图通常由_____、_____、_____、_____、_____、_____组成。

5. 建筑立面图常有3种命名方式，分别为_____、_____、_____。

6. 建筑总平面图中，表示新建建筑的线是_____线。

二、名词解释

1. 一层平面图

2. 屋顶平面图

3. 正立面图

4. 详图

5. 总平面图

三、简答题

1. 建筑平面图是怎样形成的？

2. 建筑平面图各层平面图主要表达哪些图形内容？剖切符号标注在哪一层平面图中？散水在哪一层平面图中表达？顶层阳台上方雨篷、一层入口处上方的雨篷分别在哪层平面图中表达？

3. 建筑平面图中的内部尺寸主要标注哪些内容？建筑平面图中需要在哪里标注标高？

4. 具体说说建筑立面图可以表达哪些内容？

5. 建筑剖面图的剖切位置在哪里表示？建筑剖面图的剖切位置一般在哪里？建筑剖面图的主要表达内容包括哪些？

6. 墙身节点详图主要是表达建筑物哪些部位的构造？

7. 楼梯详图中需要表达的尺寸信息包括哪些？

四、综合实训

1. 阅读一套简单建筑物建筑施工图，写出阅读建筑施工图的步骤、每张图的识图要点。

2. 读一套已经建成的建筑物的图纸，仔细阅读并与实物对照。

3. 抄绘一套简单的建筑施工图，体会作图步骤。

参 考 文 献

[1] 张天俊，刘天林. 建筑识图与构造[M]. 北京：中国水利水电出版社，2007.

[2] 李武生，沈本. 建筑图学[M]. 武汉：华中科技大学出版社，2004.

[3] 闫培明. 房屋建筑构造[M]. 北京：机械工业出版社，2008.

[4] 宋莲琴. 建筑制图与识图[M]. 北京：清华大学出版社，2005.

[5] 庞璐，卢玉玲，齐虹. 土木工程制图[M]. 武汉：武汉理工大学出版社，2009.

[6] 王鹏. 建筑工程施工图识读快学快用[M]. 北京：中国建材工业出版社，2011.

[7] 李晓东. 建筑识图与构造[M]. 北京：高等教育出版社，2012.

[8] 何培斌. 土木工程制图[M]. 北京：中国建筑工业出版社，2012.

[9] 罗康贤，左宗义，冯开平. 土木建筑工程制图[M]. 广州：华南理工大学出版社，2010.

[10] 杜军. 建筑工程制图与识图[M]. 上海：同济大学出版社，2009.

[11] 邓建平，张多峰. 建筑制图与识图[M]. 南京：南京大学出版社，2012.

[12] 郑贵超. 建筑识图与构造[M]. 北京：北京大学出版社，2014.

[13] 金梅珍. 建筑识图与构造技能训练手册[M]. 北京：人民交通出版社，2011.

[14] 孙刚，刘志麟. 建筑工程制图与识图[M]. 北京：化学工业出版社，2012.

[15] 赵研. 建筑识图与构造[M]. 北京：中国建筑工业出版社，2006.

[16] 谭立波. 建筑识图与构造[M]. 北京：中国劳动社会保障出版社，2011.

[17] 张建新. 怎样识读建筑施工图[M]. 北京：中国建筑工业出版社，2013.

[18] 中华人民共和国建设部，中华人民共和国国家质量监督检验检疫总局. 民用建筑设计通则（GB 50352—2019）[S]. 北京：中国建筑工业出版社，2019.

[19] 中华人民共和国住房和城乡建设部. 住宅设计规范（GB 50096—2011）[S]. 北京：中国计划出版社，2011.

[20] 中华人民共和国住房和城乡建设部. 房屋建筑制图统一标准（GB/T 50001—2017）[S]. 北京：中国建筑工业出版社，2010.

[21] 中华人民共和国住房和城乡建设部，中华人民共和国国家质量监督检验检疫总局. 总图制图标准（GB/T 50103—2010）[S]. 北京：中国建筑工业出版社，2010.

[22] 中华人民共和国住房和城乡建设部，中华人民共和国国家质量监督检验检疫总局. 建筑制图标准（GB/T 50104—2010）[S]. 北京：中国建筑工业出版社，2010.

[23] 中南地区工程建设标准设计办公室. 中南地区工程建设标准设计建筑图集[M]. 北京：中国建筑工业出版社，2011.

[24] 中华人民共和国住房和城乡建设部. 建筑地基基础设计规范（GB 50007—2011）[S]. 北京：中国计划出版社，2011.

[25] 中华人民共和国住房和城乡建设部. 混凝土结构设计规范[GB 50010—2010（2015 年版）][S]. 北京：中国建筑工业出版社，2010.

[26] 中华人民共和国住房和城乡建设部，中华人民共和国国家质量监督检验检疫总局. 建筑抗震设计规范[GB 50011—2010（2016 年版）][S]. 北京：中国建筑工业出版社，2010.

[27] 中华人民共和国住房和城乡建设部. 砌体结构设计规范（GB 50003—2011）[S]. 北京：中国计划出版社，2011.